VERHANDLUNGSBERICHTE DER KOLLOID- GESELLSCHAFT · BAND 27

Kolloidchemie heute

(Special Edition from Progress in Colloid and Polymer Science, Vols. 59 and 60)

Vorträge

Gehalten auf der 27. Hauptversammlung in Darmstadt vom 30. September bis 3. Oktober 1975

Herausgegeben von

Prof. Dr. HANS WOLFGANG KOHLSCHÜTTER – Darmstadt

Prof. Dr. F. HORST MÜLLER – Marburg

Prof. Dr. ARMIN WEISS – München

Mit 221 Abbildungen und 35 Tabellen

Springer-Verlag Berlin Heidelberg GmbH 1976

ISBN 978-3-662-16097-8 ISBN 978-3-7985-1815-5 (eBook)
DOI 10.1007/978-3-7985-1815-5

CIP-Kurztitelaufnahme der Deutschen Bibliothek

Kolloidchemie heute: (special ed. from Progress in colloid and polymer science, vols. 59 and 60); Vorträge, gehalten auf d. 27. Hauptversammlung in Darmstadt vom 30. September bis 3. Oktober 1975 / hrsg. von H. W. Kohlschütter . . . – 1. Aufl. – Darmstadt: Steinkopff, 1976.

(Verhandlungsberichte der Kolloid-Gesellschaft; Bd. 27)

NE: Kohlschütter, Hans Wolfgang [Hrsg.]; Kolloid-Gesellschaft

ISSN 0075-6555 (27)

Herstellung: Hans Meister KG, Kassel

Erscheinungsweise: in der Regel alle 2 Jahre – Bandpreis: DM 160,–

INHALT

KOLLOID-GESELLSCHAFT E. V.

Frühere 1. Vorsitzende

1922–1943 Prof. Dr. *Wo. Ostwald* †
1949–1967 Prof. Dr. *H. Erbring*

1. Vorsitzender 1975-1977

Prof. Dr. *A. Weiss*, München

Vorstand 1975-1977

Prof. Dr. *H. Lange*, Düsseldorf
J. Steinkopff, Darmstadt (Geschäftsführung)
Prof. Dr. *A. Weiss*, München

Vorstandsrat 1975-1977

Prof. Dr. *H. P. Boehm*, München
Prof. Dr. *H. Erbring*, Bensberg
Prof. Dr. *G. Ertl*, München
Prof. Dr. *G. Kanig*, Ludwigshafen
Prof. Dr. *F. H. Müller*, Marburg
Prof. Dr. *W. Noll*, Opladen
Dr. *H. Schuller*, Ludwigshafen
Prof. Dr. *E. Wolfram*, Budapest

Bisherige Hauptversammlungen

Lfd. Nr.	Jahr	Tagungsort	Tagungs-Vorsitzender	Thema, Tagung bzw. Berichtsband
1	1922	Leipzig	Prof. Dr. *Wo. Ostwald*	Kolloidchemie der Gegenwart
2	1923	Jena	Prof. Dr. *Wo. Ostwald*	–
3	1924	Innsbruck	Prof. Dr. *Wo. Ostwald*	Wasserbindung in Kolloiden
4	1925	Nürnberg	Prof. Dr. *Wo. Ostwald*	Experimentelle Methoden der Kolloidchemie
5	1926	Düsseldorf	Prof. Dr. *Wo. Ostwald*	Säurewirkung und Wasserstoffionenkonzentration in der reinen und angewandten Kolloidchemie
6	1927	Essen	Prof. Dr. *Wo. Ostwald*	Brownsche Bewegung und nichtflüssige disperse Systeme
7	1928	Hamburg	Prof. Dr. *Wo. Ostwald*	Gallerten und Gele
8	1930	Frankfurt/Main	Prof. Dr. *Wo. Ostwald*	Organische Chemie und Kolloidchemie
9	1932	Mainz	Prof. Dr. *Wo. Ostwald*	Filme und Fäden
10	1934	Hannover	Prof. Dr. *Wo. Ostwald*	Röntgenoskopie und Elektronoskopie von dispersen Systemen, Fäden, Filmen und Grenzschichten
11	1936	Dresden	Prof. Dr. *Wo. Ostwald*	Angewandte Kolloidchemie
12	1938	Stuttgart	Prof. Dr. *Wo. Ostwald*	Kolloidchemie und einige biologisch-medizinische Probleme
13	1941	Dresden	Prof. Dr. *Wo. Ostwald*	Struktur kolloider Systeme
14	1949	Wiesbaden	Prof. Dr. *H. Erbring*	Neue Ergebnisse der Kolloidwissenschaft
15	1951	Köln	Prof. Dr. *H. Erbring*	–
16	1953	Hamburg	Prof. Dr. *H. Erbring*	Kräfte und Strukturen bei Kolloiden
17	1955	Bad Oeynhausen	Prof. Dr. *H. Erbring*	Grenzflächenprobleme und Reaktionen im kolloiden Zustand
18	1957	Bad Oeynhausen	Prof. Dr. *H. Erbring*	Kolloidchemie makromolekularer Naturstoffe
19	1959	Bad Oeynhausen	Prof. Dr. *H. Erbring*	Anorganische Dispersoide
20	1961	Bad Oeynhausen	Prof. Dr. *H. Erbring*	Chemie und Physik der Makromoleküle
21	1963	Bad Oeynhausen	Prof. Dr. *H. Erbring*	Ordnungsstrukturen in biologischen, polymeren und kolloiden Systemen
22	1965	Bad Oeynhausen	Prof. Dr. *H. Erbring*	Polymere und Grenzschichten
23	1967	Bad Oeynhausen	Prof. Dr. *H. Erbring*	Grenzflächen und Stabilität von Dispersionen
24	1969	Heidelberg	Prof. Dr. *A. Weiss*	Grenzflächen: Grundlagen, Methoden, Anwendungen
25	1971	München	Prof. Dr. *A. Weiss*	Stabilität kolloider Systeme
26	1973	Marburg	Prof. Dr. *F. H. Müller*	Strukturen von Polymer-Systemen
27	1975	Darmstadt	Prof. Dr. *H. W. Kohlschütter*	Kolloidchemie heute

Empfänger des Laura-R.-Leonhard-Preises:

1923 Prof. Dr. *Wo. Pauli* †
Prof. Dr. *R. Zsigmondy* †
1924 Prof. Dr. *M. H. Fischer* †
1925 Prof. Dr. *H. Siedentopf* †
1926 Prof. Dr. *H. Ambronn* †
1927 Prof. Dr. *A. Lottermoser* †
1928 Prof. Dr. *H. Freundlich* †
Sir *William Hardy* †
1929 Dr. Dr. *R. E. Liesegang* †
1930 Prof. Dr. *H. Bechhold* †
1931 *Agnes Pockels* †
1932 Prof. Dr. *P. P. von Weimarn* †
1933 Prof. Dr. *G. Wiegner* †
1935 *A. Imhausen* †
1936 Prof. Dr. *L. Ubbelohde* †
1938 Prof. Dr. *M. Samec* †
1940 Dr.-Ing. E. h. *Theodor Steinkopff* †
1941 Dr. *H. Lüppo-Cramer* †

Empfänger des Felix-Cornu-Preises:

1924 Dr. Dr. *R. E. Liesegang* †

Empfänger des Thomas-Graham-Preises:

1926 Prof. Dr. *Wo. Ostwald* †
1969 Prof. Dr. *H. Erbring*
1975 Prof. Dr. *H. W. Kohlschütter*

Empfänger des Wolfgang-Ostwald-Preises:

1961 Prof. Dr. *O. Kratky*
1963 Prof. Dr. *F. H. Müller*
1965 Prof. Dr. *U. Hofmann*
1971 Prof. Dr. *W. Noll*
1973 Prof. Dr. *G. Rehage*
1975 Prof. Dr. *B. Tamamushi*

Empfänger des Richard-Zsigmondy-Stipendiums:

1961 Priv.-Doz. Dr. *K. Kühn*, Heidelberg
Prof. Dr. *R. C. Schulz*, Mainz
Prof. Dr. *K. Hummel*, Graz
1963 Prof. Dr. *H.-G. Kilian*, Ulm
Dr. *E. Brandt*, Kiel
1965 Priv.-Doz. Dr. *W. Funke*, Stuttgart
Prof. Dr. *K. Ebert*, Heidelberg
1969 Prof. Dr. *G. Lagaly*, Kiel
1973 Priv.-Doz. Dr. *W. Borchard*, Clausthal
1975 Prof. Dr. *H. Knözinger*, München

Verstorbene Ehrenmitglieder:

Prof. Dr. *P. Debye*
Prof. Dr. *M. H. Fischer*
Prof. Dr. *M. Samec*
Dr.-Ing. E.h. *Theodor Steinkopff*
Prof. Dr. *The Svedberg*

Mitglieder der Kolloid-Gesellschaft

(Mitgliederstand per 15. 2. 1976: 313)

Ehrenmitglieder

Erbring, Prof. Dr. Hans, Graf-von-Spee-Straße 5, D-5060 Bensberg

Huggins, Prof. Dr. M. L., 135 Northridge Lane, Woodside, Calif. 94062 (USA)

Ordentliche Mitglieder

Adam, Dr. Gerold, W.-Sombart-Straße 20III, D-7750 Konstanz

Affeldt, Dr. H., Reuterweg 14, D-6000 Frankfurt

Albrecht, Prof. Dr. Johannes, Bäumlstraße 11, D-8000 München 19

Antweiler, Prof. Dr. H. J., Ölbergstraße 7, D-5300 Bonn

Awad, Dr. Aida, Assiut University, Faculty of Science, Chemistry Department, Assiut (Ägypten)

Baaz, Dr. Katharina, Institut f. chem. Technologie organischer Stoffe T. H., Karlsplatz 13, A-1040 Wien

Baltá Calleja, Dr. F. J., Instituto de Quimica Fisica „Rocasolano", Serrano 119, Madrid 6 (Spanien)

Balzer, Dr. Dieter, Steinauerstraße 77, D-4010 Hilden

Barthell, Dr. E., Minkweg 18a, D-4150 Krefeld

Bartunek, Dr. Richard, Am Sonnenberg 11, D-8761 Mechenhard

Bartusch, Dr. Werner, Winzererstraße 50, D-8000 München 13

Baumann, Dr. Helmut, Grillostraße 4, D-4630 Bochum

Beck, Dr. Karlheinz Hanns, Brändli 1484, Heerbrugg-Widnau, Kt. St. Gallen (Schweiz)

Beckmann, Dr. Heinrich, Waldblick 17, D-5308 Rheinbach

Behre, Dr. Johannes, Rollfinckstieg 23, D-2000 Hamburg 64

Beneke, Klaus, Univ.-Inst. f. anorgan. Chemie, Olshausenstraße 40–60, D-2300 Kiel

Bergna, Dr. Horacio E., 34 Vining Lane, West Park, Wilmington, Delaware 19807 (USA)

Bergseth, Dr. Harald, Chemisches Institut d. Landwirtschaftl. Hochschule Norwegens, Vollebekk (Norwegen)

Beutelspacher, Dr. H., Bundesallee 50, D-3300 Braunschweig

Boehm, Prof. Dr. H. P., Meiserstraße 1, D-8000 München 2

Bonart, Prof. Dr. Richard, TU Berlin, Institut für nichtmetallische Werkstoffe – Polymerphysik, Englische Straße 20, D-1000 Berlin 12

Borchard, Dr. Werner, An der Ziegelhütte 7, D-3392 Clausthal-Zellerfeld 3

Brandt, Dr. Erik, Dorfstraße, D-2300 Ottendorf, Post Kiel 1

Brandt, Dr. Horst, Antoniusstraße 4, D-5074 Odenthal

Braun, Prof. Dr. Dietrich, Jakob-Jung-Straße 56, D-6100 Darmstadt-Arheilgen

Breitenbach, Prof. Dr. J. W., Währingerstraße 42, A-1090 Wien

Budde, Dr. Klaus, Mainzer Straße 85, D-6090 Rüsselsheim

Burkhardt, Dr. Ernst, Sossenheimer Weg 28, D-6230 Frankfurt 80

Corte, Dr. Herbert, Am Wasserturm 12, D-5670 Opladen

Cremer, Prof. Dr. Erika, Innrain 52a, A-6020 Innsbruck

Damm, Dr. Klaus, Am Freudenberg 13, D-5600 Wuppertal-Elberfeld

Davidescu, Dr. Yvette, B-dul Republicii 177, Bukarest (Rumänien)

Dervichian, Dr. D. G., Institut Pasteur, Avenue du Docteur Roux, F-75 Paris XV

Dialer, Prof. Dr. Kurt, Spalatinstraße 41, D-8000 München 83

Diemair, Prof. Dr. Dr. Willibald, Reichsforststraße 36, D-6000 Frankfurt/Main-Niederrad,

Dobry-Duclaux, Frau Dr. A., 39, rue de l'Arbalète, F-75 Paris V

Dövener, Dr. Dierk, Sonnenbergstraße 5, D-6701 Ellerstadt

Ebert, Prof. Dr. Gotthold, Gisselberger Straße 49, D-3550 Marburg

Ebert, Prof. Dr. Klaus, Werderstraße 1, D-6900 Heidelberg 1

Edelmann, Dr. Kurt, Via Tuarga 6, CH-7013 Domat/Ems, GB

von Eichborn, Dr. Johann Ludwig, Falkenburger Ring 20, D-2000 Hamburg 73

Eicke, Prof. Dr. Hans-Friedrich, Univ.-Inst. f. Physikalische Chemie, CH-4056 Basel

Ekwall, Prof. Dr. Per, Ytkemiska Laboratoriet, IVA:s försöksstation, Drottning Kristinas väg 47, S-114-28 Stockholm

Fikentscher, Dr. Hans, Holzweg 75, D-6702 Bad Dürkheim

Fitz, Stephan, Meiserstraße 1, D-8000 München 2

Flaig, Prof. Dr. Wolfgang, Bundesallee 50, D-3300 Braunschweig

Flumiani, Prof. Dr. Gilbert, Philosophische Fakultät, Skoplje (Jugoslawien)

Forslind, Prof. Dr. Erik, Inst. Fysikalisk Kemi, Kungl. Tekniska Högskolan, S-114-70 Stockholm

Forst, Prof. Dr. August W., Schönbergstraße 12, D-8000 München 80

Franck, Prof. Dr. Heinrich, Heinrich-Mann-Straße 20, DDR-111 Berlin-Niederschönhausen

Freyer, Dr. Peter, Pottberghöhe 1, D-2300 Kiel 14

Frens, Dr. G., Philips Research Laboratories, Eindhoven (Niederlande)
Freytag, Dr. Hans, Riedeselstraße 10, D-6100 Darmstadt
Funcke, Priv.-Doz. Dr. Werner, Liststraße 17, D-7250 Leonberg
Fürniss, Dr. Peter, Adalbert-Stifter-Straße 11, D-6901 Eppelheim

Garcia Fernandez, Prof. Dr. Serafin, Nucleo Universitario de Pedralba, Barcelona 14 (Spanien)
Gast, Apotheker Werner, Montplanelstraße 5, D-4132 Kamp-Lintfort
Gehatia, Priv.-Doz. Dr. Theodor M., 5749 Seven Gables Avenue, Dayton, Ohio 45426 (USA)
Gessner, Prof. Dr. Hermann, Stockenstraße 107, CH-8022 Kilchberg b. Zürich
Ghosh, Prof. Dr. S., Chemical Laboratories, University of Allahabad, Allahabad 2 (Indien)
Gille, Dr. Fritz, Bahnhofstraße 116, D-4033 Hösel
Gohr, Doz. Dr. Dr. Hans, Hauptstraße 2, D-5350 Eiserberg über Euskirchen
Götte, Dr. Ernst, Angermunder Weg 37, D-4030 Ratingen-Tiefenbroich
Grasenick, Dr. Fritz, Rechbauerstraße 12, A-8020 Graz
Grassmann, Prof. Dr. Wolfgang, Gachenaustraße 21, D-8036 Herrsching
Groh, Dr. Julius, Châlet Breitfeld, CH-1722 Bourguillon
Groh, Dr. Marguerite, Châlet Breitfeld, CH-1722 Bourguillon

Hamann, Prof. Dr. Karl, Wiederholdstraße 10, D-7000 Stuttgart 1
Hansen, Dr. Albert, Statens Seruminstitut, Amager Boulevard 80, Kopenhagen S (Dänemark)
Härtel, Dipl.-Ing. Chem. Martin, Eulenhardtweg 4, D-5340 Bad Honnef 1 (Röhndorf)
Helferich, Prof. Dr. Burckhardt, Bonner Talweg 66, D-5300 Bonn
Heller, Prof. Dr. Siegfried, Medizinische Forschungsanstalt MPG, Planck-Straße 10, D-3400 Göttingen
Hellmuth, Dr. Eckhard W., 3 East 55th Terrace, Kansas City, Mo. 64113 (USA)
Henning, Dr. Otto, Freiherr-vom-Stein-Allee 24 DDR-53 Weimar
Herminghaus, Dr. Helmut, Wetterstraße 49, D-5804 Herdecke
Herzog, Alfred, Univ.-Inst. f. anorg. Chemie, Meiserstraße 1, D-8000 München 2
Heusch, Dr. Rudolf, Morgengraben 12, D-5000 Köln 80
Hilke, Dr. Klaus-Jürgen, Wolfgang-Borchert-Straße 9, D-5102 Würselen
Hofmann, Prof. Dr. Ulrich, Tischbeinstraße 42, D-6900 Heidelberg
Holland-Moritz, Dr. K., Nikolausstraße 125, D-5000 Köln 41
Horn, Dr. Dieter, Görresstraße 81, D-6900 Heidelberg
Hosemann, Prof. Dr. R., Schorlemerallee 26a, D-1000 Berlin 33
Hummel, Prof. Dr. Klaus, Plüddemanngasse 71, A-8010 Graz

Imhausen, Prof. Dr. Karl-Heinz, Kaiserstraße 95 D-7630 Lahr

Jäckel, Dr. Karl, Kalmitstraße 18, D-6800 Mannheim-Lindenhof
Janeschitz-Kriegl, Dr. H., Landstetnerbocht 25, Delft (Holland)
Jasmund, Prof. Dr. K., Kerpener Straße 4, D-5000 Köln-Lindenthal
Jodl, Dipl.-Chem. Richard, Am Heidstamm 81, D-5023 Lövenich
Joly, Dr. Maurice, 55, rue Lacordaire, F-75015 Paris
Jost, Dr. Frantisek, Hügelstraße 30, D-4000 Düsseldorf,
Junghanss, Dr. Helmut P., Zieglerstraße 58, D-4100 Duisburg

Kalauch, Dr. Carl, Harnackstraße 9, DDR-705 Leipzig
Kamm, Dipl.-Phys. Gerhard, Altstadt 12, D-3508 Melsungen
Kanig, Prof. Dr. Gerhard, Saarlandstraße 40, D-6700 Ludwigshafen
Kassenbeck, Dir. Dr. Paul, Fraunhofer-Inst. f. angew. Mikroskopie, Photographie und Kinematographie, Breslauer Straße 48, D-7500 Karlsruhe-Waldstadt
Kast, Prof. Dr. Wilhelm, Kybfelsenstraße 48, D-7800 Freiburg
Katsurai, Prof. Dr. Tominosuke, 476, Shimo-ochiai 1-chome, Shinjuku-ku, Tokyo (Japan)
Kausch, Dr. H. H., Battelle Institut e. V., Am Römerhof 35, D-6000 Frankfurt 90
Kaulgud, Dr. M. V., 61 Dharampeth Extension, M. Azad Road, Ghanekar Bungelow, Nagpur 10 (India)
Kern, Dr. Rudolf, Winterbergstraße 3, D-6736 Hambach
Kern, Prof. Dr. Werner, Universität, Institut für Organische Chemie, D-6500 Mainz
Kiessig, Dr. Heinz, Finkenweg 30, D-7016 Gerlingen 2
Kilian, Prof. Dr. Hanns-Georg, Beyerstraße 37, D-7900 Ulm
Killmann, Prof. Dr. Erwin, Erdinger Platz 1, D-8046 Garching
Kiyek, Dipl.-Ing. H., Univ.-Inst. f. physikal. Chemie, Markusstraße 9–11, D-8700 Würzburg
Klein, Dipl.-Chem. Hermann, Arnimstraße 32, D-5000 Köln 30
Kleinschmidt, Prof. Dr. Albrecht, Universität Ulm, Abt. Mikrobiologie I, Oberer Eselsberg, D-7900 Ulm
Kleinstein, Dipl.-Chem. Ana, Catedra de chimie fizicâ, Strada 23 August Nr. 11, Jaşi (Rumänien)
Klemm, Prof. Dr. Wilhelm, Theresiengrund 22, D-4400 Münster
Klette, Dr. Hermann, Lützowstraße 40, D-8000 München-Pasing
Kling, Dr. Walter, Vennhauser Allee 40, D-4000 Düsseldorf-Eller
Knappwost, Prof. Dr. A., Laufgraben 24, D-2000 Hamburg 13
Knözinger, Priv.-Doz. Dr. Helmut, Alpenstraße 18III, D-8000 München 90
Koeck, Dr. Wolfgang, Waidmannstraße 11, D-6000 Frankfurt-Süd
Kohlschütter, Prof. Dr. H. W., Annastraße 19, D-6100 Darmstadt
Koppe, Dr. Paul, Parsivalstraße 32d, D-4430 Mülheim

Koppelmann, Prof. Dr. Jan, Montanistische Hochschule, A-8700 Leoben
Kosfeldt, Prof. Dr. Robert, In den Atzenbenden 30, D-5100 Aachen
Krämer, Dr. Karl-Heinz, Dorrlochstraße 15, D-6200 Wiesbaden-Bierstadt
Kratel, Dr. Rudi, Fritz-von-Grävenitz-Straße 23, D-7016 Gerlingen 2
Kratky, Prof. Dr. Oskar, Weltendorfer Hauptstraße 76E, A-8010 Graz
Krléza, Prof. Dr. Franjo, Lenjinova 9/IV, Sarajewo (Jugoslawien)
Krücke, Dipl.-Chem. Edgar, Kastanienweg 3, D-3406 Bovenden üb. Göttingen
Kurzendörfer, Dr. Claus-Peter, Kapellenstraße 7, D-4019 Monheim

Lagaly, Prof. Dr. Gerhard, Univ.-Inst. f. anorgan. Chemie, Olshausenstr. 40–60, Haus N 13a, N 13b, D-2300 Kiel
Lange, Dr. Burkhart, Rennweg 100, CH-4000 Basel
Lange, Prof. Dr. Hermann, Beethovenstraße 11, D-4018 Langenfeld
László, Dr. Zoltán, Sallai Imre u. 41, Budapest XIII (Ungarn)
Lehmann, Prof. Dr. Hans, Oberer Triftweg 28, D-3380 Goslar
Lohs, Dr. Karl-Heinz, Lindenberger Weg 70, DDR-1115 Berlin-Buch
Lüdde, Dr. K. H., Löwen-Apotheke, Güldeplatz 1, DDR-53 Weimar
Lyklema, Prof. Dr. J., Laboratorium voor Fysische en Kolloidchemie der Landbouwhogeschool, De Dreyen 6, Wageningen (Holland)

Malss, Dr. Hellmuth, Cheruskerstraße 36, D-4000 Düsseldorf-Oberkassel
Martin Sauras, Prof. Dr. Juan, Calvo Sotelo 25, Zaragoza (Spanien)
Matijević, Prof. Dr. Egon, 94 Market Street, Potsdam, N.Y., 13676 (USA)
Matthes, Prof. Dr. A., Kiefernweg 6, DDR-45 Dessau
Medina Romero, Ing. Antonio, C/Aben-Humeya 10, Granada (Spanien)
Meskat, Dr. Walter, Mühlenweg 90a, D-5090 Leverkusen 1
Metzger, Dr. Gisela, Mühlpforte 1, DDR-40 Halle
Milička, Dr. Lubomir, Smeralova 2, Bratislava (ČSSR)
Mitra, Dr. S. P., Sheila Dhar Institute of Soil Science, University of Allahabad, 2-D Beli Road, Allahabad (Indien)
Moeller, Dr. August, In der Au 28, D-6230 Frankfurt-Rödelheim
Moll, Dr. Walter, Schulstraße 18, D-3030 Walsrode
Moravek, Prof. Dr. Vladimir, Kotlarska 2, Brno (ČSSR)
Morlock, Dr. Gerhard, c/o Degussa Wolfgang, Abt. FC-P, Postfach 602, D-6450 Hanau
Müller, Prof. Dr. F. Horst, Haselhecke 26, D-3550 Marbach/Marburg

Nemetschek, Prof. Dr. Theobald, Hildastraße 24, D-6900 Heidelberg
Netter, Prof. Dr. Hans, Waitz-Straße 4, D-2300 Kiel
Neumann, Prof. Dr. A. W., 76 Ayrault Drive, North Tonananda 14120, N.Y. (USA)
Noll, Prof. Dr. Walter, Am Wasserturm 15A, D-5670 Opladen

Ohlenbusch, Prof. Dr. Hans-Dieter, Maria-Theresia-Allee 219, D-5100 Aachen
Otero Aenlle, Prof. Dr. Enrique, Universidad, Facultad de Farmacia, Barcelona (Spanien)
Ottewill, Prof. Dr. R. H., School of Chemistry, Bristol University, Bristol BS8 1TS (Großbritannien)

Patat, Prof. Dr. F., Arcisstraße 21, D-8000 München 2
Peterlin, Prof. Dr. Anton, Research Triangle Institute, P.O. Box 12194, Research Triangle Park, Durham, N.C. 27709 (USA)
Peschel, Priv.-Doz. Dr. G., Univ.-Inst. f. physik. Chemie, Markusstraße 9–11, D-8700 Würzburg
Peters, Dr. Freimut, Brahmsstraße 21, D-5800 Hagen
Pfefferkorn, Prof. Dr. Gerhard, Habichtshöhe 12, D-4400 Münster
Pfeiffer, Dr. Hans H., Pagentorner Straße 7, D-2800 Bremen I
Pich, Dr. Josef, C.Sc., Zahradni město-Zăpaol č. 2802, Praha 10 (ČSSR)
Pieper, Dr. Luise, Grünhofer Weg 45, D-1000 Berlin 20
Pohle, Dr. Hans, Am Weidenbusch 33, D-5670 Opladen
Prosch, Dr. Werner, Kurt-Schumacher-Straße 49, D-5810 Witten
Pucherna, Dir. Dr. Jaroslav, Sdruženi Cukrovar ů, Výzkumný Ustav Cukrovarnický Ředitel, Praha (ČSSR)

Quadvlieg, Dr. Mathieu, Andreasstraße 32, D-5300 Bonn-Bad Godesberg

Rehage, Prof. Dr. G., Inst. f. physik. Chemie TU, Ad.-Römer-Straße 2A, D-3392 Clausthal-Zellerfeld
Reinwald, Dr. Elmar, Werstener Dorfstraße 110, D-4000 Düsseldorf-Wersten
Reitstötter, Prof. Dr. Dr. Josef, Elisabethstraße 31, D-8000 München 13
Reske, Prof. Dr. Günter, Marbachweg 86, D-6000 Frankfurt 50
Revallier, Dr. L. J., Central Laboratorium, Staatsmijnen in Limburg, Geleen (Holland)
Rupprecht, Dr. Herbert, Elisabethstraße 73I, D-8000 München 13
Ruska, Prof. Dr. Ernst, Falkenried 7, D-1000 Berlin 33

Sachsse, Prof. Dr. Hans, Regerstraße 1, D-6200 Wiesbaden
Saechtling, Dr. Hans-Jürgen, Wilhelm-Beer-Weg 103, D-6000 Frankfurt 70
Saito, Dr. Shuji, Momotani Juntenkan Ltd., Minatoku, Osaka (Japan)
Sandera, Prof. Dr. K., Výzkumný Ustav Cukrovarnický, Modrany, Masarykova 76, Praha (ČSSR)
Sappok, Dr. Reinhard, Langgarten 15, D-6900 Heidelberg 1
Sato, Prof. Dr. Koichi, Shibuya-ku, Higashi-2–8, Tokyo 150 (Japan)

Sauerwald, Prof. Dr. H., Univ.-Inst. f. physikal. Chemie, DDR-40 Halle

Schaaffs, Prof. Dr. Werner, Im Heidewinkel 3, D-1000 Berlin 13

Schade, Dr. Herbert, Franz-Lehmann-Straße 24, DDR-422 Leuna

Schäfer, Prof. Dr. Herbert, Am Dürrenberg 5, D-8751 Mespelbrunn/Hessenthal

Schallreuther, Dieter, Paul-Löbe-Weg 7, 3400 Göttingen-Weende

Scharrer, Dr. Erich, Schnackebuschstraße, D-5101 Mulartshütte

Scheele, Prof. Dr. Walter, Diedenhofener Straße 14, D-3000 Hannover-Kirchrode

Scheludko, Prof. Dr. A., Bulgar. Akademie der Wissenschaften, Institut für physikalische Chemie, Sofia 13 (Bulgarien)

Schempp, Dr. W., Institut für makromolekulare Chemie THD, Alexanderstraße 24, D-6100 Darmstadt

Schindler, Prof. Dr. Paul, Univ.-Inst. f. anorganische Chemie, Freiestraße 3, CH-3000 Bern

Schlüter, Dr. Herbert, Hessische Straße 4, D-4370 Marl-Drewer

Schmid, Prof. Dr. Gerhard, Kardinal-Schulte-Straße 30, D-5060 Bensberg

Schmidt, Dr. Herbert, Saturnweg 16, D-2000 Hamburg-Wellingsbüttel

Schöllhorn, Prof. Dr. Robert, Meiserstraße 1, D-8000 München 2

Scholz, Dr. Werner, Schönauer Abteiweg 5, D-6904 Ziegelhausen

Schoon, Prof. Dr. Th. G. F., Univ.-Inst. f. physikal. Chemie, Markusstraße 9–11, D-8700 Würzburg

Schramm, Dr. Georg, Karwendelstraße 9, D-8021 Großhesselohe

Schreier, Dr. Gerhard, Holsteiner Straße 27, D-4370 Marl

Schuller, Dr. Helmut, Freinsheimer Straße 30, D-6700 Ludwigshafen

Schultze, Prof. Dr. Georg R., Gerlachstraße 24, D-3000 Hannover 1

Schulz, Prof. Dr. Rolf C., Organ.-Chem. Univ.-Inst., J.-J.-Becher-Weg 18/22, D-6500 Mainz

Schulz, Dr. Richard, Postfach 7540, D-4800 Bielefeld

Schurz, Prof. Dr. Dr. J., Univ.-Institut für Physikalische Chemie, Heinrichstraße 28, A-8010 Graz

Schwabe, Prof. Dr. Kurt, DDR-7301 Meinsberg üb. Döbeln

Schwiete, Prof. Dr. Hans Ernst, Drimbornallee 253, D-5100 Aachen

Schwiete, Dr. R., Mainzer Straße 35, D-6084 Gernsheim

Schwuger, Dr. Milan Joh., Sauerbruchstraße 18, D-5657 Haan

Sell, Dr. P.-J., Institut für Physik und Chemie der Grenzflächen, Römerstraße 32a, D-7000 Stuttgart S

Singh, Dr. Mahendra Kumar, Kolloidbiologisches Forschungslabor, Martinistraße, D-2000 Hamburg 20

Sippel, Dr. Arnulf, Weddigenstraße 3, D-7800 Freiburg

Sliwka, Dr. Wolfgang, Diemstraße 8, D-6940 Weinheim

Smolka, Dr. Heinz G., Karlstraße 2a, D-4018 Langenfeld

Springer, Prof. Dr. Jürgen, An den Hubertushäusern 3e, D-1000 Berlin 38

Spurný, Prof. Dr. Krětoslav, Fraunhofer-Institut für Aerobiologie, D-5949 Grafschaft (Sauerland)

Stampe, Dr. Gerhard, Wakenitzstraße 56, D-2400 Lübeck

Stanislaus, Dr. Fritz, Halserspitzstraße 12, D-8000 München 2

Stauff, Prof. Dr. Joachim, Briegelweg 21, D-6100 Darmstadt

Steenken, Dr. Gerhard, Auf der alten Kirche 3, D-5161 Berzbuir-Düren

Steinbach, Dr. Hans-Horst, Im Birkelshof 1, D-5072 Schildgen

Steinkopff, Verlagsbuchhändler Jürgen, Zimmerstraße 13, D-6100 Darmstadt

Störzbach, Wolfram, c/o Kinematica GmbH, Steinhofhalde, CH-6005 Luzern

Strauch, Dr. Georg, Minkweg 42, D-4150 Krefeld

Sucker, Dr. Christian, Hoppersheider Busch 6, D-5072 Schildgen

Szántó, Dr. Ferenc, Aradi Vértanúk tere 1, Szeged (Ungarn)

Tamamushi, Prof. Dr. Bun-ichi, Nezu Chemical Institute, Musashi University, 1–26 Toyotama-kami, Nerimaku, Tokyo (Japan)

van den Tempel, Dr. M., Unilever Research Laboratory, Olivier van Noort Laan 120, Vlaardingen (Holland)

Tewari, Dr. Swarup Narain, 15 Taj Road, Agra (Indien)

Težak, Prof. Dr. Božo, Postfach 131, Zagreb (Jugoslawien)

Thiele, Prof. Dr. Heinrich, Neue Universität Kolloidchemie, Olshausenstraße 40–60, D-2300 Kiel 1

Tönges, Dipl.-Chem. Carl-Heinz, Dieselstraße 12, D-5657 Haan

Traitteur, Dr. Heinz, Feldkirchner Straße 15, D-8016 Heimstetten

Tschapek, Prof. Dr. Max, Instituto de Edafologia e Hidrologia, Av. Alem. 925, Bahia Blanca (Argentinien)

Ullmann, Prof. Dr. Elsa, Sambergerstraße 6, D-8000 München 71

Ulmann, Prof. Dr. M., Institut für Ernährung, DDR-1505 Potsdam-Rehbrücke

Unger, Prof. Dr. Klaus, Zintl-Institut für Anorganische und Physikalische Chemie der THD, Hochschulstraße 4, D-6100 Darmstadt

Vavruch, Doz. Dr. Istvan, Ciba-Geigy Photochemie AG, Forschungszentrum Marly, CH-1701 Fribourg

Vitzthum, Dr. Otto, Hagstraße, D-2800 Bremen 1

Walter, Dr. G., Hessenring 75, D-6374 Steinbach

Walther, Dipl.-Chem. Horst, Panoramaweg 24, D-7890 Waldshut-Eschbach

Wannow, Dr. Hans Andreas, Tunselweg 28, D-7813 Staufen i. Br.

Weber, Dr. Eva, Holzstraße 5, D-4200 Oberhausen-Holten

Weiss, Prof. Dr. Armin, Meiserstraße 1, D-8000 München 2

Weiss, Dr. Willy, Roonstraße 8, D-5400 Koblenz

Welfers, Dr. Egi, Kirchstraße 2, D-6231 Niederhofheim

Wenning, Dr. Heinrich, Auf dem Berg 8, D-5170 Jülich-Barmen

Wiedemann, Dr. Erwin, Heubenstraße 5, CH-4125 Riehen

Wiegel, Dr. Ernst, Bortfelder Stieg 7, D-3300 Braunschweig

Wijnen, Dr. M. D., Philips' Gloeilampenfabrieken, Bibliotheekcentraale, Eindhoven (Holland)

Wild, Dr. Hellmuth, Wasserturmstraße 72, DDR-7027 Leipzig

Wirth, Dr. Hans, Eifelweg 7, D-6368 Bad Vilbel

Wittich, Erich K. H., Postfach 161, 8033 Planegg

Wolf, Dr. Friedrich, Karl-Heine-Straße 4b, DDR-7031 Leipzig

Wolfram, Prof. Dr. E., Puskin-u. 11/13, Budapest VIII (Ungarn)

Zahn, Prof. Dr. Helmut, Siegelallee 19, D-5100 Aachen

Zeil, Prof. Dr. Werner, Aiblestraße 10, D-7406 Mössingen b. Tübingen

Zichy, Erno L., 19 The Holdings, Hatfield, Herts. AL9 5HH (England)

Zocher, Prof. Dr. Hans, Laboratorio da Producão Mineral, Avenida Pasteur 404, Rio de Janeiro (Brasilien)

Korporative Mitglieder

Akzo-Chemie GmbH, Postfach 164, D-5160 Düren

Arbeitsgemeinschaft für Getreideforschung, Am Schützenberg 9, D-4930 Detmold

BASF, Badische Anilin- und Soda-Fabrik AG, Hauptlaboratorium, Postfach, D-6700 Ludwigshafen

P. Beiersdorf & Co. AG, Unnastraße 48, D-2000 Hamburg 20

Bibliothek der Chemischen Institute der Technischen Universität, Straße des 17. Juni 135, D-1000 Berlin 12

Bibliothek der Leuna-Werke, Chemiewerke Walter Ulbricht, DDR-422 Leuna

Bibliothek der Rheinisch-Westfälischen Technischen Hochschule, Wüllnerstraße, D-5100 Aachen

Bibliothek der Technischen Universität, Am Welfengraben 1, D-3000 Hannover

Bibliothek der Universität Fridericiana, Kaiserstraße 12, D-7500 Karlsruhe

Bundesanstalt für Materialprüfung, Unter den Eichen 87, D-1000 Berlin 33

Ceresit-Werke GmbH, Friedrich-Ebert-Straße 32, D-4750 Unna

Chemische Fabrik von Heyden GmbH, Volkardstr. 83, D-8000 München 19

Chemische Fabrik Kalk GmbH, Kalker Hauptstraße 22, D-5000 Köln-Kalk

Chemische Fabrik Stockhausen & Cie., Bäkerpfad 25, D-4150 Krefeld

Chemische Werke Hüls AG, Postfach, D-4370 Marl

Chemisches Institut der Humboldt-Universität, Hessische Straße 1/2, DDR-104 Berlin

Chemisches Staatsinstitut, Jungiusstraße 7, D-2000 Hamburg 36

Chemstrand Research Center, Inc., Library, Durham, N.C. (USA)

Consortium für elektrochemische Industrie GmbH, Zielstattstraße 20, D-8000 München 25

Continental Gummi-Werke AG, Continentalhaus, D-3000 Hannover 1

Dalli-Werke Mäurer & Wirtz, Postfach, D-5190 Stolberg

DECHEMA, Deutsche Gesellschaft für chemisches Apparatewesen e.V., Rheingau-Allee 25, Postfach 7746, D-6000 Frankfurt 1

DEGUSSA, Postfach 3993, D-6000 Frankfurt 1

Deutsche Gesellschaft für Lackforschung e.V., Postfach, D-6300 Gießen

Deutsche Vakuumapparate Dreyer & Holland-Merten GmbH, Postfach, DDR-47 Sangerhausen

Deutsches Kunststoffinstitut, Schloßgartenstraße 6R, D-6100 Darmstadt

Dunlop AG, Postfach 129, D-6450 Hanau

Dynamit Nobel AG, Postfach, D-5210 Troisdorf

Emser Werke AG, CH-7013 Domat-Ems GB

Enka Glanzstoff GmbH, Postfach, D-5600 Wuppertal 1

Erz- und Kohleflotation GmbH, Postfach 397, D-4630 Bochum 5

Farbwerke Hoechst AG, Postfach, D-6230 Frankfurt 80

Fraunhofer-Institut für Silikatforschung, Neunerplatz 2, D-8700 Würzburg

Carl Freudenberg, Lederfabrik, Postfach 189, D-6940 Weinheim

Geologische Landesanstalt der Deutschen Demokratischen Republik, Invalidenstraße 44, DDR-104 Berlin

Gmelin-Institut, Varrentrappstraße 42, Postfach 13369, D-6000 Frankfurt 90

Henkel & Cie. GmbH, Henkelstraße 67, D-4000 Düsseldorf 1

Hoffmann-La Roche AG, D-7887 Grenzach

Institut für angewandte Mikroskopie, Photographie und Kinematographie der Fraunhofer-Gesellschaft e.V., Breslauer Straße 48, D-7500 Karlsruhe-Waldstadt

Institut für physikalische Chemie und Kolloidchemie der Universität Köln, Severinswall 34, D-5000 Köln

Kali-Chemie AG, Hans-Böckler-Allee 20, D-3000 Hannover 1

Dr. Madaus & Co., Postfach 932001, D-5000 Köln 91

E. Merck, Postfach 4119, D-6100 Darmstadt 2

Meßgerätewerk Lauda Dr. R. Wobser KG, Postfach 140, D-6970 Lauda

Röhm GmbH, Chemische Fabrik, Postfach 4166, D-6100 Darmstadt

Sichel-Werke GmbH, Postfach, D-3000 Hannover-Linden

Société de la Viscose Suisse, CH-6020 Emmenbrücke

Süddeutsche Chemiefaser AG, Postfach, D-8420 Kelheim

Süddeutsche Kalkstickstoff-Werke AG, Postfach, D-8223 Trostberg

VEB Schimmel, VVB Organisch-chemische Industrie, DDR-7154 Miltitz

Carl Schleicher & Schüll, Pachtbetrieb der Büttenpapierfabrik Hahnemühle GmbH, Postfach, D-3352 Einbeck

Verlag Theodor Steinkopff, Loschwitzer Straße 32, Postfach 20, DDR-8053 Dresden,

Výzkumný Ustav Cukrovarnický, Modrany, Masarykova 76, Praha (ČSSR)

Wacker-Chemie GmbH, Prinzregentenstraße 22, D-8000 München 22

Wintershall AG, August-Rosterg-Haus, D-3500 Kassel

Zinkweiß-Forschungsgesellschaft mbH, Schwartzstraße 72, Postfach 622, D-4200 Oberhausen

Bericht über die 27. Hauptversammlung der Kolloid-Gesellschaft e.V. vom 30. September bis 3. Oktober 1975 in Darmstadt

A. Weiss (München)

Begrüßungsabend

Am Abend des 30. September 1975 versammelten sich die bereits in Darmstadt eingetroffenen Tagungsteilnehmer zu einem zwanglosen Begrüßungsabend im *Hochzeitszimmer des alten Rathauses*, nachdem zuvor Vorstand und Vorstandsrat der Kolloid-Gesellschaft im *Parkhaus-Hotel* zu einer turnusmäßigen ordentlichen Sitzung zusammengetroffen waren, der eine einstündige Pressekonferenz vorausgegangen war.

1. Sitzungstag

am Mittwoch, dem 1. Oktober 1975, im Großen Physik-Hörsaal der Technischen Hochschule Darmstadt.

Beginn: 9 Uhr

Vorsitzende: die Herren *A. Weiss*, *G. Kanig*, *R. C. Schulz*, *E. Wolfram*

Tagungsteilnehmer: rd. 130 Personen.

Herr *H. W. Kohlschütter* eröffnete die Versammlung als Gastgeber und Tagungsleiter mit herzlichen Worten der Begrüßung. Die Grüße des Magistrats der Stadt Darmstadt überbrachte Stadtrat *Arthur Hoffmann*, die Grüße der Technischen Hochschule deren Präsident Prof. Dr. phil. *Helmut Böhme*. Der Text des kurzen grundsätzlichen Einführungsreferats von Herrn *H. W. Kohlschütter* ist im Anschluß an diesen Bericht im Wortlaut nachzulesen.

Herr *Armin Weiss* begrüßte die Versammlung als Vorsitzender der Kolloid-Gesellschaft mit folgenden Worten:

Herr Präsident, Herr Stadtrat,
sehr geehrte Damen und Herren,

als Vorsitzender der Kolloid-Gesellschaft möchte ich Sie herzlich willkommen heißen zu unserer 27. Hauptversammlung in Darmstadt.

Eine Tagung steht auf 3 Säulen. Die erste sind Sie, die Teilnehmer, die aus 12 Ländern wieder oder wieder einmal gekommen sind. Vielen Dank!

Die zweite Säule stellen die Vortragenden dar, welche der Tagung das wissenschaftliche Gepräge geben. Ihnen gilt mein besonderer Dank für die Vorbereitung – und schon jetzt im voraus – für die Einhaltung der Zeit bei den Vorträgen.

Die dritte Säule sind die Organisatoren. Und hier gebührt Herrn Prof. *Kohlschütter*, Herrn *Steinkopff*, aber auch allen anderen Herren des Darmstädter Ortsausschusses und den Damen und Herren, die im Hintergrund unauffällig, aber effektiv die Arbeiten erledigt haben, Anerkennung und herzlicher Dank. Wer je eine Tagung selbst organisiert hat, weiß, wie viele große, kleine und kleinste Probleme bearbeitet werden müssen, damit schließlich alles reibungslos läuft.

Unsere Tagung steht unter dem Motto „Kolloidchemie heute".

Eine der größten Herausforderungen unserer Zeit ist die *Verbesserung unserer Umwelt* für uns und unsere Kinder unter Erhaltung oder sogar noch Verbesserung des Lebensstandards. Rauch, Nebel, verschmutzte Gewässer stehen hier am Anfang: alles kolloide Systeme.

Manche Universitäten in unserem Lande bilden Umweltschutzfachleute aus – aber an keiner Universität gibt es Kolloidchemie oder Kolloidwissenschaft als Lehrfach. Die Ausbildung ist daher von den Grundlagen her zu eng angelegt. Das ist genauso, wie wenn man bei dem Versuch, die Verständnisschwierigkeiten innerhalb der Menschheit durch eine vorhandene gemeinsame Sprache zu beheben, zur Beschleunigung des Prozesses jeder Gruppe nur das gruppenspezifische Vokabular lernen ließe, und nicht die ganze Sprache.

Wir müssen daher mit allem Nachdruck darauf hinweisen, daß zur Ausbildung von Umweltschutz eine Ausbildung in der Kolloidwissenschaft unerläßlich ist.

Das mag im Augenblick unpopulär sein, wo man an den Universitäten über Gebühr zu sparen beginnt und mit Bildungsparolen Wählerstimmen nicht mehr zu gewinnen sind; dies entläßt uns jedoch nicht aus der Verantwortung, auf die Notwendigkeit einer solchen Ausbildung immer wieder mit Nachdruck hinzuweisen.

In der Industrie setzt sich in einem langsamen Lernprozeß die Meinung mehr und mehr durch, daß zumindest ein Teil der Chemiker, Physiker, Pharmazeuten und Biologen eine solche Grundausbildung in der Kolloidwissenschaft bräuchte. Aber noch ist der Ruf von dorther, daß dieser fehlende Aspekt der Ausbildung mit dazu gehört, daß ohne ihn teilweise an der Praxis vorbei ausgebildet wird, nicht laut genug.

Es ist daher um so anerkennenswerter, daß von einer ganz anderen Seite her versucht wird, wenigstens ein Signal zu setzen: mit der Stiftung eines Preises, mit dem 1977 zum 1. Male, und von da an in zweijährigem Abstand mit einer Medaille und einem Geldpreis von 2.000,– ausgezeichnet werden sollen „hervorragende Arbeiten jüngerer Fachkollegen im Bereich der industriellen technologischen Anwendung der Kolloid-, Polymer- oder Grenzflächenforschung, insbesondere über die Beziehungen zwischen Kolloid- und Umweltschutz."

Der Preis wurde gestiftet vom *Steinkopff-Verlag*; er soll den Namen „*Theodor-Steinkopff-Preis*" tragen und damit gleichzeitig die Verdienste *Theodor Steinkopffs* um die Kolloidchemie und Kolloid-Gesellschaft ins Gedächtnis rufen.

Meine Damen und Herren,

die Kolloid-Gesellschaft ist eine Art Familie, und die in 2jährigem Turnus stattfindenden Hauptversammlungen tragen fast den Charakter von Familientreffen. Bei diesen Treffen pflegen wir unserer verstorbenen Mitglieder ehrend zu gedenken.

In den letzten beiden Jahren sind verstorben:

Dr. *Richard Bartunek*, Mechenhard
Prof. Dr. *Karl Friedrich Jahr*, Berlin
Prof. Dr. *Nikolai King*, East Bentleigh (Australien)
Prof. Dr. *Dionisio de Klobusitzky*, São Paulo
Dr. Dr. *Ferdinand Josef Lauer*, Poppenhausen
Dr. *Carl Müller von Blumencron*, Köln
Prof. Dr. *Wilhelm J. Schmidt*, Gießen
Dipl.-Chem. *José Serralonga Muñoz*, Zaragoza
Prof. Dr. *Herbert A. Stuart*, Mainz
Dr. *Ernst Walling*, Schlangen
Prof. Dr. *F. Willems*, Luzern

Sie haben sich zum stillen Gedenken an die Verstorbenen von Ihren Plätzen erhoben – ich danke Ihnen.

Vor 4 Jahren wurde beschlossen, zur Diskussion spezieller Themen *Arbeitsgemeinschaften* innerhalb der Kolloid-Gesellschaft einzurichten. Die *Arbeitsgemeinschaft Polymere* hat der Marburger Tagung 1973 ihren Charakter aufgeprägt. Die Interessenten für die *Arbeitsgemeinschaft Dispersionen* treffen sich zu einer zwanglosen Diskussion beim Mittagessen morgen im Restaurant Goldene Krone, Schustergasse 18. Interessenten für die *Arbeitsgemeinschaft Tenside* möchten bitte im Laufe dieses Tages mit Prof. *Lange* von der Firma Henkel sprechen. Informationen über weitere Fachgruppen werden noch im Laufe dieser Tagung bekanntgegeben.

Die angenehmste und ehrenvollste Aufgabe als Vorsitzender der Kolloid-Gesellschaft bei einer Hauptversammlung ist jeweils die *Ehrung verdienter Kolloidwissenschaftler*.

Bei der letzten Hauptversammlung der Kolloid-Gesellschaft war beschlossen worden, Professor *Maurice L. Huggins* zum Ehrenmitglied der Kolloid-Gesellschaft zu ernennen.

Ich meine, daß ich vor diesem sachverständigen Auditorium die wissenschaftlichen Leistungen nicht noch besonders hervorheben muß. Alle kennen die berühmte Gleichung von *Flory* und *Huggins*, und es wird allgemein die Ansicht vertreten, daß bei der Verleihung des Nobelpreises neben Herrn *Flory* auch *M. Huggins* hätte berücksichtigt werden können. Wenn ich recht informiert bin, war die Hugginssche Arbeit einige Wochen oder Monate früher als die von *Flory* – nur im Alphabet kommt *H* hinter dem *F*.

Neben den vielen Arbeiten zur Physik und physikalischen Chemie der Polymeren ist Herr *Huggins* auch auf anderen Gebieten bekannt geworden: Jeder kennt die Ionenradien nach *L. Pauling* – früher waren das die Ionenradien nach *Huggins* und *Pauling*, dann nach *Pauling* und *Huggins* und schließlich nur noch die Ionenradien nach *Pauling*. Bekannt ist auch die Theorie des Glaszustandes von *M. Huggins*.

Lieber Herr Professor *Huggins*, ich darf Sie nun bitten, die Urkunde in Empfang zu nehmen.

Sie lautet:

„Vorstand und Vorstandsrat der Kolloid-Gesellschaft haben anläßlich ihrer 26. wissenschaftlichen Hauptversammlung 1973 in Marburg beschlossen, Herrn Prof. Dr. *M. L. Huggins* zum *Ehrenmitglied der Kolloid-Gesellschaft* zu ernennen. Sie möchten damit die herausragenden Beiträge von *M. L. Huggins* zur Chemie und Physik von Polymeren und zum Verständnis des Glaszustandes würdigen".

Herzlichen Glückwunsch! Ich darf Ihnen gleichzeitig noch im Namen unserer Gesellschaft die besten Wünsche überbringen zu Ihrem 78. Geburtstag, den Sie vor zwei Wochen gefeiert haben.

Meine Damen und Herren,

Wolfgang Ostwald hat für die Kolloidchemie eine entscheidende Rolle gespielt. Sein Buch – „Die Welt der vernachlässigten Dimensionen" – hat in 12 Auflagen weltweit Anstöße gegeben. Für besondere Leistungen auf dem Gebiet der Kolloidchemie verleiht die Kolloid-Gesellschaft den *Wolfgang-Ostwald-Preis*. Vorstand und Vorstandsrat haben beschlossen, den Preis in diesem Jahre

Prof. Dr. *Bun-ichi Tamamushi*, Tokio

zu verleihen.

Tamamushi ist Professor und Direktor emeritus des Nezu Chemical Instituts der Musashi Universität Tokio. Nach seinem Studium war er von 1927–1929 Mitarbeiter am damaligen Kaiser-Wilhelm-Institut für Physikalische Chemie und Elektrochemie in Berlin. 1936 wurde er dann Direktor des Nezu Chemical Instituts in Tokio. Man kann mit gutem Gewissen sagen, daß Prof. *Tamamushi* die Kolloidchemie in Japan begründet hat.

1930 erschien sein Buch Koshitsukagaka = Kolloidchemie

1940 Kaimengensho = Oberflächenphänomene

1955 eine Einführung in die Physikalische Chemie

1963 mit anderen, u.a. *Shinoda* „Kolloide Detergentien – Physikalisch-chemische Eigenschaften".

Neben diesen Büchern hat Prof. *Tamamushi* viele Originalbeiträge zur Adsorption, zur zweidimensionalen Zustandsgleichung, zur Thixotropie, zur cis-trans-Isomerisierung, über den Einfluß großer Tensidionen auf die Stabilität hydrophober Kolloide und schließlich über flüssige Kristalle veröffentlicht.

Herr *Tamamushi*, ich darf Sie bitten, die Medaille, die Urkunde und den Geldpreis in Empfang zu nehmen.

Die Urkunde lautet:

„Die Kolloid-Gesellschaft verleiht durch ihren Vorstand anläßlich ihrer 27. wissenschaftlichen Hauptversammlung in Darmstadt Herrn Prof. Dr. *Bun-ichi Tamamushi*, Tokio, den *Wolfgang-Ostwald-Preis 1975*, bestehend aus einer Medaille und einem Geldpreis in Höhe von DM 1.000,–.

Die Verleihung geschieht in Anerkennung und Würdigung der hervorragenden Arbeiten *Tamamushis* auf dem Gebiet der Grenzflächen- und Kolloidchemie".

Herzlichen Glückwunsch!

Für besondere Verdienste um die Kolloidwissenschaft verleiht die Kolloid-Gesellschaft die *Thomas Graham*-Medaille. Vorstand und Vorstandsrat haben beschlossen, die Medaille, die nun zum 3. Male vergeben wird, Herrn Prof. *Hans Wolfgang Kohlschütter* zu verleihen.

Herr *Kohlschütter* ist allen durch seine Arbeiten über disperse Systeme bekannt. Zusammen mit *Kämpf* hat er besonders sorgfältige Untersuchungen zur chemischen Veränderung der Oberfläche von Silicagel angestellt. Mit seinen Arbeiten über die Wechselwirkung hochgeladener Kationen mit festen Grenzflächen war er der heutigen Entwicklung dieses Gebietes um nahezu 2 Jahrzehnte voraus. Daneben ist besonders hervorzuheben, daß Herr *Kohlschütter* immer wieder kritisch nach dem Standort der Kolloidchemie gefragt hat.

Lieber Herr *Kohlschütter*, ich darf Sie bitten, Medaille und Urkunde in Empfang zu nehmen.

Die Urkunde lautet:

„Die Kolloid-Gesellschaft verleiht durch ihren Vorstand anläßlich ihrer 27. wissenschaftlichen Hauptversammlung in Darmstadt

Herrn Prof. Dr. *Hans Wolfgang Kohlschütter*
die Thomas-Graham-Medaille.

Die Verleihung geschieht in Anerkennung und Würdigung der Verdienste, die sich *Hans Wolfgang Kohlschütter* um die Entwicklung der Chemie disperser Systeme erworben hat und die internationale Beachtung gefunden haben. Darüber hinaus sollen mit dieser Ehrung die Bemühungen *Hans Wolfgang Kohlschütters* um eine kritische Standortbestimmung der Kolloidchemie der Gegenwart gewürdigt werden.

Hans Wolfgang Kohlschütter ist damit nach *Wolfgang Ostwald* und *Hans Erbring* der dritte *Graham*-Preisträger unserer Gesellschaft".

Herzlichen Glückwunsch!

Für junge Wissenschaftler verleiht die Kolloid-Gesellschaft den *Zsigmondy*-Preis. Er soll Ansporn sein zu weiterer Arbeit auf dem Gebiet der Kolloidwissenschaft und Anerkennung für das bisher Geleistete. Der Preis wurde in diesem Jahre Herrn Prof. *Helmut Knözinger* zuerkannt.

Herr *Knözinger* ist Schüler von *Georg Maria Schwab*. Er hat sich 1967 habilitiert und hat wie sein Lehrer viele und wichtige Beiträge zur heterogenen Katalyse und zur Adsorption an festen Grenzflächen erarbeitet. Dabei hat er nicht nur wirklichkeitsfremde Modellsysteme untersucht, sondern auch mit großem Erfolg technisch wichtige Systeme bearbeitet. Sein Schriftenverzeichnis umfaßt 78 Arbeiten. Vortragseinladungen haben ihn in viele Länder geführt.

Lieber Herr Kollege *Knözinger*, ich darf Sie bitten, Urkunde und Geldpreis in Empfang zu nehmen.

Die Urkunde lautet:

„Die Kolloid-Gesellschaft verleiht durch ihren Vorstand anläßlich ihrer 27. wissenschaftlichen Hauptversammlung in Darmstadt

Herrn Prof. Dr. *H. Knözinger*, München, in Anerkennung seiner wissenschaftlichen Arbeiten über heterogene Katalyse und chemische Reaktionen an Katalyse und chemische Reaktionen an festen Grenzflächen das *Richard-Zsigmondy-Stipendium 1975* in Höhe von DM 2.000,– und verbindet damit die Hoffnung, daß das gewährte Stipendium nicht nur der Anerkennung dieser Leistungen, sondern darüber hinaus auch als Ansporn dienen möge, weiterhin in den einschlägigen Arbeitsgebieten wissenschaftlich tätig zu sein".

Herzlichen Glückwunsch!

Und jetzt wollen wir mit dem wissenschaftlichen Teil unserer Hauptversammlung beginnen.

Ich darf zum Eröffnungsvortrag Prof. *R. Ottewill*, Bristol, ankündigen. Prof. *Ottewill* hat zusammen mit Prof. *Everett* in Bristol ein für Europa einmaliges Zentrum für Kolloid- und Grenzflächenforschung geschaffen. Man kann in Bristol sogar den akademischen Grad eines „Masters" of Colloid Science erwerben.

Von *Ottewills* wissenschaftlichen Arbeiten schaffen vor allem die Untersuchungen zur direkten Bestimmung der Kräfte zwischen Kolloidteilchen ein solides Fundament für die Kolloidwissenschaft. Sie hören nun Prof. *R. Ottewill* über „Colloid Chemistry – Today and Tomorrow".

In der *Vormittagssitzung* wurden folgende Vorträge gehalten*):

I. *R. H. Ottewill*—Bristol, Colloid Chemistry – Today and Tomorrow
II. *G. Frens*—Eindhoven, Measurements with colloids
1. *H. Janeschitz-Kriegl*—Delft, Die Lichtstreuung verdünnter Lösungen in der Einführungsvorlesung an der Hochschule

In der *Nachmittagssitzung* wurden folgende Vorträge gehalten:

2. *S. Krozer*—Darmstadt, Zur Änderung der elektrischen Leitfähigkeit bei Phasentrennung in Lösungen
3. *G. Lagaly*—Kiel, Der Einfluß von Cis-Doppelbindungen auf die Struktur bimolekularer Filme
III. *A. Silberberg*—Rehovot, Stabilisierung und Veränderung kolloider Verteilungszustände
4. *G. Peschel*—Würzburg, Eine neue Meßmethode zur Untersuchung der Struktur dünner Elektrolytschichten zwischen Festkörperoberflächen
5. *W. Borchard*—Clausthal, Thermodynamische Eigenschaften des Systems Gelatine/Wasser
6. *H. Craubner*—Köln, Verbesserte Methode zur Bestimmung von Sedimentationskoeffizienten nach dem photoelektrischen Scanverfahren

Am *Abend* fand auf Einladung der Firma *Merck* ein Treffen der Tagungsteilnehmer im

*) Bei den *römisch bezifferten* Vorträgen handelt es sich um die *Hauptreferate*, die im *ersten Teil* des Berichtsbandes veröffentlicht werden; *arabisch beziffert* sind die freien *Diskussionsvorträge*, die im *zweiten Teil* des Berichtsbandes enthalten sind.

Hessischen Landesmuseum statt. Zunächst wurden Führungen durch die reichhaltigen Museumsbestände angeboten, anschließend traf man sich im *Ströher*-Saal des Museums zu einem Konzert des Kammerorchesters *Merck* mit Werken von *Edvard Grieg, Felix Mendelssohn-Bartholdy* und *Peter Tschaikowski.* Ein zwangloses Beisammensein im Foyer des Museums beschloß diesen gelungenen Abend. Der gastgebenden Firma *Merck* sei herzlich gedankt.

2. Sitzungstag

am Donnerstag, dem 2. Oktober 1975, im Großen Physik-Hörsaal der Technischen Hochschule Darmstadt.

Beginn: 9 Uhr

Vorsitzende: die Herren *H. Lange, A. Stein, D. Braun, H. Schuller.*

Tagungsteilnehmer: rd. 120 Personen.

In der *Vormittagssitzung* wurden folgende Vorträge gehalten:

7. *E. Wolfram*—Budapest, Bildung disperser Systeme in Polymergelen
8. *E. Killmann*—München, Die Wirkung makromolekularer Adsorptionsschichten auf die Stabilität von Aerosilsuspensionen
9. *B. Tamamushi*—Tokyo, Bemerkungen über den Zusammenhang zwischen mesomorphen und kolloiden Systemen

IV. *H. Schuller*—Ludwigshafen, Anwendungen kolloider Verteilungszustände

10 *H. Steinbach*—Leverkusen, Kolloide aus der Sicht der Assoziation des Wassers

11. *R. H. Ottewill*—Bristol, The Preparation of Polymer Latex Particles with a Size Greater than 1 μm

In der *Mittagspause* trafen sich die *Mitglieder der Arbeitsgemeinschaften Dispersionen, Emulsionen, Aerosole* (Leitung: *R. H. Ottewill* und *H. Schuller*) und *Tenside* (Leitung: *H. Breuer* und *H. Lange*) zu einem gemeinsamen *Arbeitsessen* im Restaurant „*Goldene Krone*".

Herr *Helmut Schuller* erstattete dem Vorstand und Vorstandsrat über das Ergebnis der Beratungen der beiden Arbeitsgemeinschaften folgenden kurzen Bericht:

An dem gemeinsamen Arbeitsessen der AG Dispersionen, Emulsionen, Aerosole und der AG Tenside nahmen folgende Personen teil: *E. Barthell*—Krefeld, H. *Brabetz*—Burghausen, *H. Brandt*—Leverkusen, *H. Breuer*—Ludwigshafen, *G. Frens*—Eindhoven, *L. Grimm*—Aachen, *R. Heusch*—Köln, *K. Hilke*—Aachen, *D. Horn*—Ludwigshafen, *W. Hübner*—Krefeld, *R. Jodl*—Köln, *G. Junkers*—Leverkusen, *H. Lange*—Düsseldorf, *R. Menold*—Leverkusen, *R. H. Ottewill*—Bristol, *G. Peschel*—Würzburg, *W. Schempp*—Darmstadt, *H. Schlüter*—Marl, *H. Schuller*—Ludwigshafen, *H. Steinbach*—Leverkusen, *Ch. Sucker*—Leverkusen, *B. Tamamushi*—Tokyo und *F. L. Zichy*—Welwyn Garden City.

Es wurde beschlossen, im nächsten Jahr (*1976*) eine *Diskussionstagung* in kleinem Rahmen zu veranstalten, bei der die Teilnehmer *Probleme der Messungen an dispersen Systemen* besprechen wollen. Ein Termin etwa im Mai wurde dabei als besonders günstig angesehen, da Ferien und andere Tagungen (z.B. CID im September) zu berücksichtigen sind. Gesucht wird ein Tagungsort, der keine allzulange Anreise erfordert. Die Diskussionstagung soll einen Tag – von Mittag bis Mittag – dauern. An Kosten sollten lediglich die Unterkunfts- und Verpflegungskosten anfallen. Die Mitglieder der Arbeitsgemeinschaften werden vom Fortgang der Vorbereitungen zu gegebener Zeit verständigt.

In der *Nachmittagssitzung* wurden folgende Vorträge gehalten:

12. *G. Kanig*—Ludwigshafen, Kolloide Ionenaustauscher in porösen Fasern
13. *V. Kroker*—Marburg, Poly-alpha-aminosäuren – Eigenschaften in Lösung und als Fasern

V. *P. Speiser*—Zürich, Kolloide Verteilungszustände in der pharmazeutischen Technologie I: Koazervierung und Nanoverkapselung

VI. *E. Nürnberg*—Erlangen, Kolloide Verteilungszustände in der pharmazeutischen Technologie II: Herstellung und Eigenschaften pharmazeutischer Präparate durch Sprühtrocknung

14. *H. Rupprecht*—München, Einfluß funktioneller Gruppen kolloider Trägersubstanzen auf die Reaktion mit Arzneistoffen

Ordentliche Mitgliederversammlung

Tagungsort: Großer Physik-Hörsaal der Technischen Hochschule Darmstadt.

Beginn: 18 Uhr – *Ende* 18.30 Uhr

Zahl der anwesenden Mitglieder: 40

Versammlungsleiter: Herr *A. Weiss*

Tagesordnung:

1. Rechenschaftsbericht des Vorstandes
2. Entlastung und Neuwahl des Vorstandes
3. Satzungsergänzung
4. Verschiedenes

Zum Protokollführer wurde Herr *J. Steinkopff* bestellt.

Der Versammlungsleiter stellt fest, daß die Mitgliederversammlung entsprechend § 8 der Satzung ordnungsgemäß und rechtzeitig einberufen wurde und sich keine Einwände gegen die Tagesordnung ergeben haben.

Er erstattet sodann als Vorsitzender der Gesellschaft entsprechend Punkt 1 der Tagesordnung den Rechenschaftsbericht über die Arbeit der Gesellschaft in den beiden abgelaufenen Jahren seit der letzten Mitgliederversammlung in Marburg/Lahn am 20. September 1973. Im Berichtszeitraum tagten Vorstand und Vorstandsrat insgesamt dreimal:

1. am 20. September 1974 in Darmstadt
2. am 27. Mai 1975 in Darmstadt
3. am 30. September 1975 in Darmstadt.

Gegenstand der Beratungen war das Ergebnis der *Mitgliederumfrage* im Jahre 1974, die anlaufende Tätigkeit der verschiedenen *Arbeitsgemeinschaften* der Gesellschaft, die Vorbereitung der *27. Hauptversammlung* in Darmstadt sowie Beschlüsse über *Ehrungen und Preisverleihungen.*

Die Arbeit des Vorstandes und Vorstandsrates hinsichtlich der Vorbereitung der Darmstädter Tagung wurde durch die aktive Tätigkeit eines *Vorbereitenden Ausschusses* sehr erleichtert, dem unter Vorsitz von *H. W. Kohlschütter*–Darmstadt die folgenden Herren angehörten: *D. Braun*–Darmstadt, *E. W. Fischer*–Mainz, *J. Grobe*–Darmstadt, *U. Johnsen*–Darmstadt, *K. von Kessel*–Darmstadt, *F. Kollinsky*–Darmstadt, *H. Lange*–Düsseldorf, *G. Reske*–Frankfurt a. M., *H. Schäfer*–Darmstadt, *W. Schempp*–Darmstadt, *R. C. Schulz*–Mainz, *J. Stauff*–Frankfurt a. M., *A. Stein*–Darmstadt, *J. Steinkopff*–Darmstadt, *K. Unger*–Darmstadt, *A. Weiss*–München. Dieser Ausschuß traf sich viermal im Plenum und zweimal in kleineren Arbeitsgruppen.

Der umfangreiche *Bericht der Geschäftsstelle* wurde entsprechend einem Beschluß der Mitgliederversammlung vom 9. Oktober 1969 unter dem 1. September 1975 schriftlich erstattet und rechtzeitig vor Tagungsbeginn allen Mitgliedern schriftlich zugestellt.

Kasse-, Bank- und Postscheckunterlagen wurden am 30. September 1975 von den Herren *H. Erbring* – Bensberg und *G. Kanig* – Ludwigshafen geprüft und in Ordnung befunden. Nachstehend kurz einige Zahlen aus dem Bericht.

Mitgliederstand per 1.9.1975: 318 (gegenüber 316 in 1973).

Von den *Mitteilungen der Kolloid-Gesellschaft* erschienen im Berichtszeitraum 4 Folgen mit insgesamt 28 Seiten.

Aktiva und Passiva der Gesellschaft schließen mit einem Saldo von DM 42.643,27 (gegenüber DM 32.498,91 in 1973). Das *Gesellschaftsvermögen* bezifferte sich per 1.9.1975 auf DM 28.488,27 (gegenüber DM 25.018,91 in 1973). Der *Vermögenszuwachs* betrug DM 3.469,36 (gegenüber DM 3.744,42 in 1973). Hinsichtlich *Aufwand und Ertrag* ergeben sich DM 18.680,79 an Aufwendungen gegenüber Erträgen in Höhe von DM 21.914,32 im gleichen Zeitraum.

Zu Punkt 2 der Tagesordnung wurde auf Antrag aus der Versammlung dem gesamten Vorstand Entlastung erteilt. Anschließend wurde der bisherige Vorstand in unveränderter Zusammensetzung einstimmig bei Stimmenthaltung der zur Wahl Stehenden auf zwei Jahre wiedergewählt. Er setzt sich wie folgt zusammen:

Prof. Dr. *Armin Weiss*–München, Vorsitzender

Prof. Dr. *H. Lange*–Düsseldorf, stellv. Vorsitzender

Verleger *J. Steinkopff*–Darmstadt, stellv. geschäftsführender Vorsitzender.

Bezüglich der Zusammensetzung des *Vorstandsrates* teilte der Vorsitzende mit, daß er entsprechend dem Auftrag der Mitgliederversammlung vom 20. September 1973 in Marburg versucht habe, die Vorstandsratsmitglieder *W. Scheele*–Hannover und *Th. G. F. Schoon*–Würzburg zu einer Stellungnahme über ihre künftige Mitwirkung im Vorstandsrat zu bringen. Die beiden Genannten haben auf die entsprechenden Anfragen des Vorsitzenden nicht geantwortet und an keiner Vorstandsratssitzung seit 1973 teilgenommen. Daraufhin habe der Vorstand in seiner Sitzung am 30. September 1975 in Darmstadt beschlossen, diese beiden Herren von ihrem Amt und ihren Pflichten zu entbinden. In der gleichen Sitzung beschloß der Vorstand, den Münchener Physikochemiker Prof. Dr. *Gerhard Ertl* neu in den Vorstandsrat zu berufen und sich für den Zeitraum 1975/77 die Zuwahl ausländischer Fachkollegen vorzubehalten. Die Mitgliederversammlung nahm diese Entscheidung des Vorstandes zustimmend zur Kenntnis.

Zu Punkt 3 der Tagesordnung unterrichtete der Vorsitzende die Mitgliederversammlung von der *Stiftung eines Theodor-Steinkopff-Preises* durch den *Steinkopff Verlag* aus Anlaß der diesjährigen Darmstädter Tagung durch Verlesung des entsprechenden Schreibens von *J. Steinkopff* vom 30. September 1975 an den Vorstand der Gesellschaft. Der Preis ist mit DM 2.000,— dotiert, die von einer Silbermedaille begleitet werden, und soll für hervorragende Arbeiten jüngerer Fachkollegen im Bereich der industriell-technologischen Anwendung der Kolloid-, Polymer- oder Grenzflächenforschung, insbesondere über die Beziehungen zwischen Kolloidchemie und Umweltschutz, vergeben werden. Die Mitgliederversammlung begrüßt mit Beifall die Stiftung dieses neuen Preises. Die Kosten für den Geldpreis und die Medaille werden der Gesellschaft jeweils durch den *Steinkopff Verlag* zur Verfügung gestellt. Entsprechend § 7 der Satzung ist durch die Stiftung dieses Preises eine *Satzungsänderung* erforderlich in Gestalt eines neu anzufügenden § 13 ergänzend zu der am 9. Oktober 1969 beschlossenen Satzung. Vorstand und Vorstandsrat schlagen der Mitgliederversammlung den folgenden Wortlaut vor:

§ 13: Theodor-Steinkopff-Preis

Die Kolloid-Gesellschaft verleiht an jüngere Fachwissenschaftler für hervorragende Arbeiten im industriell-technologischen Anwendungsbereich der Kolloid-, Polymer- oder Grenzflächenforschung, insbesondere im Blick auf einen wirksamen Umweltschutz, den Theodor-Steinkopff-Preis.

Der Preis besteht aus einer Urkunde, einer Silbermedaille und einem Geldbetrag von DM 2.000,—. Die Preisverleihung erfolgt ohne Rücksicht auf die Nationalität des Preisträgers. Der Preisträger wird in der Regel durch den Vorstand und Vorstandsrat bestimmt. Namhafte Fachwissenschaftler, die diesen Gremien nicht angehören, können konsultiert werden.

Die Mitgliederversammlung beschloß einstimmig diese Ergänzung der Satzung der Kolloid-Gesellschaft e. V.

Die Geschäftsstelle wurde gebeten, die Satzung entsprechend zu ergänzen und neu drucken zu lassen und dann allen Mitgliedern zuzustellen.

Zu Punkt 4 der Tagesordnung ergaben sich keine Wortmeldungen.

Für den *Abend* hatte die Kolloid-Gesellschaft alle Teilnehmer und ihre Damen zu einem *Darmstädter Abend* in das *Georg-Moller-Haus* (Loge) eingeladen. *J. Steinkopff* begrüßte die Teilnehmer mit folgenden Worten:

Liebe Gäste,

Über die Vorzüge unserer Stadt ist während der Tagung schon vieles gesagt worden. Es wurde von einer Stadt der Künste, der Wissenschaften und der Wirtschaft gesprochen. Eines sei hier noch angefügt: Darmstadt war und ist auch immer ein *Refugium für Minderheiten* gewesen. Vertriebene fanden hier immer Aufnahme: von den Waldensern und Hugenotten über die Heimatvertriebenen aus den früheren deutschen Ostgebieten nach dem Zweiten Weltkrieg bis hin zur Gegenwart, wo Menschen hier eine neue Heimat fanden, die aus politischen, religiösen oder persönlichen Gründen die Länder Ost- und Südosteuropas verlassen mußten, bis hin auch zu den zahlreichen Gastarbeitern, die zwar freiwillig kamen, sehr oft aber auch im Laufe der Zeit die Rückbindung an die alte Heimat verloren. In dieser Tradition hat die Stadt Darmstadt die Patenschaft für die Deutschbalten übernommen, die bereits zumeist nach 1918 ihre Heimat verlassen mußten. Auch die Katholiken gehörten einmal zu den Minderheiten, etwa als im vorigen Jahrhundert der evangelische Landesfürst ihnen eine große Kirche, die nahegelegene Kirche St. Ludwig, stiftete. Auch die orthodoxen Christen blieben eine Minderheit, aber man achtete sie in ihrer Andersartigkeit. Gleiches gilt für die Freimaurer, in deren wiederaufgebautem Haus wir heute Gastrecht genießen. Die Liberalität dieser Stadt und ihrer Bürger kam auch den jüdischen Mitbürgern zugute. Trotz der schrecklichen Verfolgungen in den Dreißigerjahren gab es in unserer Stadt mehr Bürger, als gemeinhin bekannt ist, die unter Gefahr für eigenen Leib und eigenes Leben jüdische Mitbürger verbargen oder ihnen zur Flucht ins Ausland verhalfen.

Aber von alledem spricht der echte und geborene Darmstädter nur sehr selten, und wenn, dann meist zu sehr später Stunde.

Genug solcher ernsten Einleitung für einen unernsten Abend. *Darmstadt* — Das Spektrum reicht personalisiert von dem Physiker, Philosophen und Aphorismenschreiber *Georg Christoph Lichtenberg* über den Mediziner und politischen Rebellen, aber auch Dramatiker *Georg Büchner*, den Chemiker *Justus von Liebig* bis hin zu den sehr verschieden gearteten Politikern *Ernst Haubach*, *Wilhelm Leuschner* und *Carlo Mierendorff*, die allesamt vor Kriegsende umkamen. Aber auch die Mundartdichter *Ernst Elias Niebergall* („Datterich") und *Robert Schneider* (von dem wir nachher noch etwas hören werden) gehören in dieses Spektrum ebenso wie der an der nahen Bergstraße wirkende jüdische Religionsphilosoph *Martin Buber* oder die Dichter *Hans Schiebelhuth* und *Karl Wolfskehl* (der dann im australischen Exil an Heimweh und gebrochenem Herzen starb, wie seine Freunde bezeugen). *Goethe* und *Claudius* gaben freilich nur kurze Gastrollen. Und in dieses Spektrum gehört zweifellos immer der kunstsinnige sog. „rote Großherzog" *Ernst Ludwig*, der letzte der hessischen Großherzöge, mit hinein.

Darmstadt – das ist eine Stadt, die ganz unvernünftigerweise gegenwärtig ihre eigentliche Mitte auf Jahre in eine Baugrube verwandelt. Aber auch der Dreck hat die Darmstädter – und nicht nur die Chemiker unter ihnen – immer interessiert, und der ist ja auch ein kolloides System.

Darmstadt – das ist eine Stadt, die ebenso unvernünftigerweise seit Großherzogs Zeiten sog. brotlosen Künsten und Künstlern kostenarmes Wohnrecht auf Lebenszeit gewährt – wahrscheinlich auch deshalb und nicht nur wegen der Baugruben sind wir jetzt in den roten Zahlen!

Darmstadt – das ist eine Stadt, wo der Bürger unvernünftigerweise gern gegen seine Obrigkeit aufbegehrt. Die meisten Bürger hier sind Revolutionäre im Taschenformat. *Ephraim Kishon* fände hier viel Stoff für neue Satiren; deshalb liest er wohl auch so gerne hier, nicht ohne adäquates Salär, was die Darmstädter ihrerseits wieder zu entsprechenden Randglossen herausfordert. Aber das gilt natürlich auch für andere Literaten wie z. B. *Heinrich Böll* und *Günther Grass*, die mit Erfolg hier zu Gast waren.

Darmstadt – das ist eigentlich nur die Summe lauter alter Dörfer, die noch heute auf ihre Eigenständigkeit bedacht sind: z.B. Bessungen, Eberstadt, Arheilgen, bald auch Wixhausen - und wer weiß, was noch kommt. Nur die Griesheimer sträuben sich mit Erfolg seit Jahrzehnten. Dabei liefern sie seit Jahrhunderten uns allen das beste Gemüse, aber die Kopfdüngung... Die zweimal jährliche Darmstädter Darmkrankheit führt man – heute wohl zu Unrecht – auf Griesheimer Anbaumethoden zurück, ohne die Griesheimer je einmal deshalb boykottiert zu haben! Ich glaube, daß diese Krankheit wohl eher etwas mit dem Namen unserer Stadt zu tun hat: Darmstadt am Darmbach – wo gibts so etwas sonst noch? Eine solche Häufung an Innereien ist selten. Natürlich hat man sich bemüht, andere und anspruchsvollere Deutungen für den Namen unserer Stadt zu finden, weshalb man u.a. auch einen Herrn *Darimund* erfand, der vor nicht mehr kontrollierbaren Urzeiten im Wald einmal ein Blockhaus gebaut haben soll, bevor die Herren *von Katzenellnbogen* eine Straßenkreuzung im Wald da befestigten, wo heute etwa das Schloß steht. Aber kritische Befunde lassen die Darmstädter gern offen und schmunzeln um so lieber, wenn Ortsfremde daran herumrätseln. Sie wissen, daß es außerhalb ihrer Mauern viele Menschen gibt, die, wenn ihnen ein Apfel auf die Birne gefallen ist, sich nicht zuerst um die möglicherweise entstandene Beule kümmern, sondern der Ursache solchen Falls nachzusinnen und darüber zu philosophieren beginnen.

Darmstadt – das ist eine Stadt (ich muß hier Herrn *Kanig* arg enttäuschen), die eigentlich immer etwas gegen die Preußen hatte – wahrscheinlich weil wir etwas unordentlichen Hessen insgeheim preußische Zucht und Ordnung durchaus bewundern, ohne das zuzugeben. Aber um der gleichen Zucht und Ordnung willen wurden einst allzuviele Hessen nach Amerika verkauft und teilten damit das schlimme Schicksal vieler Schwarzafrikaner. Immerhin hatten wir einst einen Landgrafen, der mit seinen Langen Kerls im damals zu Hessen-Darmstadt gehörigen Pirmasens ebenso gern spielte wie der preußische Soldatenkönig, den er sehr verehrte und nachzuahmen trachtete – *nur:* genau dieser Tatsache verdanken wir auch eine *Große Landgräfin*, Gattin besagten Landgrafens, deren Grab im Herrengarten von *Friedrich d. Gr.* gestiftet wurde. Übersetzen wir den lateinischen Grabspruch, so lautet er in unserer Sprache: Von Geschlecht ein Weib, vom Geist ein Mann. Sie war offenbar eine Vorläuferin nicht nur der Emanzipation der Frau, sondern eingedenk des Grabspruches auch der Bisexualität, obwohl die kunstsinnige und kultivierte und gebildete Dame sicher von beidem wenig halten würde, hätte sie solche Theorien noch erlebt!

Darmstadt – das ist eine Stadt, wo ein sog. „Kriegsrat" nicht nur die Grundlagen für eine später blühende Industrie legte, sondern auch die schönen Künste pflegte. Er hat zum Glück bis in die Gegenwart zahlreiche Nachfolger gefunden, die den Widerspruch zwischen Kunst und Kommerz wirkungsvoll aufzuheben verstanden. Ihre Namen sind gleichermaßen ein Gütezeichen in Wirtschaft, Wissenschaft und Kulturleben.

Darmstadt – das ist also eine Stadt, die nur aus ihrem fröhlichen inneren Widerspruch erkennbar und einsichtig wird, aber dazu weiß mein Freund *Reinhold* nachher sicher noch viel Wirkungsvolleres zu singen und zu sagen.

Zuvor wollen wir hier die *ausländischen Gastvortragenden* mit einer kleinen *Silbermünze mit dem Bildnis und Wappen unserer Stadt* ehren, die von der hiesigen Gold- und Silberschmiede *Horst Seifarth* geschaffen wurde, deren Gründer aus dem *R. E. Liesegang* so lieben Idar-Oberstein stammt.

(Es folgte die Übergabe der Medaillen).

Natürlich haben wir noch eine ganze Reihe von Ausländern unter uns, doch die möchten bitte nicht böse sein, wenn sie jetzt leer ausgehen. Wir wollen ja auch noch für spätere Gelegenheiten genügend „Ehren-werte" und „Ehr-würdige" aufbewahren, und außerdem ist unsere Kolloid-Gesellschaft nicht so reich, wie es nach dieser Tagung den Anschein haben mag. Sie übertreibt, wenn es geht, ebenso genußvoll wie mancher Darmstädter, wenn es um seine Stadt geht, die er immer zugleich liebt und bekrittelt (eben weil er sie liebt).

Nach den Preisträgern grüßen wir heute Abend auch noch ganz andere Preiswürdige: all die vielen Helfer hinter den Kulissen dieser Tagung. Was wäre eine wissenschaftliche Tagung ohne Hausmeister, Dia-Vorführer, Techniker, Büffet- und Garderobe-Damen, Raumpflegerinnen usw.?? Gäbe es sie nicht, müßten wir unseren Betrieb einstellen. Was wäre dieser Abend ohne Koch und Kellner? Ja, was wäre selbst ein automatischer H4-Professor ohne Laboranten und Werkmeister? Man könnte weiterfragen – auch in Richtung Industrie, Hochschule oder Stadtverwaltung, aber ich will es mir versagen. Jedenfalls all den Unbekannten und Ungenannten einen herzlichen Dank.

Zurück zu *Darmstadt:*

Georg Moller, nach dem dieses Haus benannt wurde – ist nach der Zerstörung unserer Stadt dadurch berühmt geworden, daß man seine (Lateiner bitte weghören) Portikusse bis auf einen konserviert hat und sein Bau-Maß, das sog. *Moller*-Maß, auch noch für die phantasielosesten Betonkonstruktionen als Alibi dienen muß. Auch so pflegt unsere Stadt ihre Großen gelegentlich zu ehren!

Aber auch, indem sie die richtigen Denkmäler auf die falschen Plätze und umgekehrt stellt: Prinzessin *Alice* wurde auf dem *Wilhelminen*platz geehrt, *Bismarck* auf dem *Ludwigs*platz, *Ludwig I.* auf dem *Luisen*platz, *Büchner* durch den Grande Disco des *Pomodoro* im Theaterpark, *Robert Schneider* nicht etwa in der gleichnamigen Straße, sondern am Schloßgartenplatz, *Ludwig II.* martialisch mit Säbel auf dem Friedensplatz, *Ernst-Ludwig* in Schloßmuseum, obwohl der vielleicht am wenigsten „museal" ist heutzutage; da hat es der Theologe und Komponist *Abt Vogler* etwas besser: seiner wird auf dem zu einem Park umfrisierten zweitältesten Friedhof der Stadt gedacht, wo er einst auch begraben worden sein soll (ähnliches gilt von *Flotow*, für den ein Grabdenkmal auf dem Alten Friedhof gut genug schien) - für das *Herz*-Quartett hat sich immer noch kein Denkmalstifter gefunden, auch gibt es noch keine *Herz*-Quartett-Straße, so hübsch sich diese Benennung auch ausnähme! *Goethe* wird in Darmstadt zum nackten Jüngling, der sich anscheinend nur von Frankfurter Grüner Sauce ernährt hat und dem weiland Flöhbad im Woog entstiegen zu sein scheint — immerhin noch etwas besser als der zum Diskus geschrumpfte *Büchner*. Man könnte fortfahren, aber als gelernter Darmstädter muß ich genau hier aufhören, denn von der *Engels*burg spricht man nur intern, und das gilt von ähnlichen Dingen wie z. B. von der *Jakob*-Stele.

Trotz dem allen, ja wegen all dieser Dinge und Umstände, ich liebe diese Stadt:

der Künste und der Dünste,
des Theaters und des Theaters (man beachte den feinen Unterschied!),
der Wirtschaft und der Wirtschaften,
der Wissenschaften und der Geheimwissenschaften,
der schönen und der Asphalt-Literatur,
des Dialekts und der Dialektik,
der Musen und der Muße,
des Hamlet und des Datterich,
im Wald und manchmal hinter demselben,
der Dachstube und der Dachstübchen, in denen es manchmal knistert,
der großen Toten und Roten,
der Groß- und Kleinkarierten,
des Monumentalen und der Kleinstkunst,
monarch-sozialistisch,
frech—liberal
und maulend — maulend — maulend (wahrscheinlich bis zum End der Zeit).

Notabene: Kolloidwissenschaftler sollten das letztere aus den Diskussionen — auch in diesen Tagen — mit viel „exakteren" Kollegen ganz gut kennen.

Wir versuchen — und Darmstädter „versuchen" lebenslang und sind daher immer allerlei „Versuchungen" ausgesetzt! — Ihnen heute Abend — wenn auch diesmal ohne Unterstützung der liebenswerten Vereinigung Alt-Darmstadt und des gemeinhin „*Jockel*" genannten Ober-Försters im Darmstädter Wald — ein bißchen Atmosphäre dieser eigentümlichen Stadt — dieser so heimlichen wie unheimlichen — zu vermitteln: optisch, akustisch und via Sinnesphysiologie.

Matthias Claudius, einst schlecht reüssierender Kanzleischreiber dahier, kehrte ihr dem Vernehmen nach den Rücken, als er angesichts kolloider Nachterscheinungen — ich variiere hier eine Aussage unseres Tagungspräsidenten *Hans Wolfgang Kohlschütter* auf der Pressekonferenz — eines seiner schönsten Abendlieder am Schnampelweg geschaffen hatte — nicht ahnend, welchen „Longseller" er damit geschaffen hatte! — aus dem ich mit Ihrer gütigen Erlaubnis zitieren darf:

„Verschon uns Gott mit Strafen
und laß uns ruhig schlafen
und unsern kranken Nachbarn auch".

Da uns schon der ehrwürdige *Siegmund Freud* allerhand Zweifel bezüglich unserer „Normalität" gesetzt hat, die manche Juristen erst heute entdeckt zu haben scheinen, dürfen wir uns wohl alle — etwas generalisierend — als „kranke Nachbarn" betrachten. Aber gedacht ist diese Strophe, wie ich meine, typisch darmstädterisch in der schönen Abfolge: *Himmel — Bett — Hinüberdenken zum Nachbarn* — wobei das abschließende „*auch*" gutem Darmstädter Brauch entspricht. Um wenigstens einer möglichen Krankheit des Leibes aufzuhelfen, bitte ich sie nun alle, zum Büffet zu eilen, nicht ohne auch des Nachbarn zu gedenken, der auch etwas sehen und essen will. Für alle ist genug da — vom Äppelwoi bis zum Rippcher, vom Handkäs mit Musik bis zum Pungschter Bier, vom Odenwälder Bauernbrot bis zum Bergsträßer Wein, vom Frankfurter Würstchen und gefüllten Braten bis zur Brezel.

Nochmals herzlich willkommen allesamt, viel Spaß und Guten Appetit.

Nach dieser Begrüßungsansprache fand ein *festliches Essen mit hessischen Spezialitäten* statt, welches *F. Decker* von der *Reiterhofschänke* in Kranichstein arrangiert hatte.

Im Verlaufe des weiteren Abends überbrachte Stadtrat Dr. *R. Staudt* in launiger, geistreicher und humorvoller Weise die Grüße der Stadt Darmstadt, indem er geschickt manches Stichwort aus der ersten Begrüßungsansprache aufgriff. Dann kam Frau *Irene Harres* von der Hessischen Spielgemeinschaft zu Wort und las Gedichte und Betrachtungen des Darmstädter Mundartdichters *Robert Schneider*. Am späteren Abend griffen Dr. *R. Staudt* und Dr. *J. Morlinghaus* zu den Gitarren und sangen Küchen- und Dienstmädchenlieder, Bänkelgesänge und Moritaten aus dem reichen Schatz ihrer großen Sammlung. Nicht wenige Texte wurden von ihnen im nahen Odenwald oder in Oberhessen ausgegraben. Wie zahlreiche Dankschreiben zeigten, ist den Teilnehmern dieses Abends der „singende Stadtrat" und der „singende Arzt" in besonders erfreulicher Erinnerung geblieben.

Auf Anregung von *J. Steinkopff* beschlossen die Gäste spontan, die nicht verzehrten Köstlichkeiten den Bewohnern eines Darmstädter Altersheimes zugute kommen zu lassen. Das Städtische Sozialamt nahm diese „Stiftung" mit einem herzlichen Dank an.

Es war kein Wunder, daß dieser gesellige Abend – auch darin in der lokalen Tradition stehend – erst weit nach Mitternacht sein Ende fand.

3. Sitzungstag

am Freitag, dem 3. Oktober 1975, im Großen Physik-Hörsaal der Technischen Hochschule Darmstadt.

Beginn: 9 Uhr

Vorsitzende: die Herren *E. Killmann* und *M. Maikowski.*

Tagungsteilnehmer: rd. 110 Personen.

In der *Vormittagssitzung* wurden folgende Vorträge gehalten:

VII. *M. Maikowski*–Frankfurt a. M., Einfluß des kolloiden Verteilungszustandes auf die Gebrauchseigenschaften organischer Pigmente

15. *D. Horn*–Ludwigshafen, Laser-optisches Verfahren zur Messung der elektrophoretischen Beweglichkeit kolloid-disperser Teilchen bei hoher Pigment-Volumen-Konzentration

16. *R. Hosemann*–Berlin, Bedeutung der parakristallinen Mikrodomänen für die Kolloide

17. *E. Gruber*–Darmstadt, Verfolgung der Mikrogelbildung in makromolekularen Lösungen

VIII. *M. L. Huggins*–Woodside, Calif., Some Horizons in Colloid Science

Herr *Armin Weiss* schließt gegen 13 Uhr als Vorsitzender der Kolloid-Gesellschaft diese letzte Sitzung mit einem nochmaligen Dank an alle Vortragenden, Tagungsteilnehmer und an alle an der Vorbereitung und Durchführung der 27. Hauptversammlung Beteiligten.

Herr *Hans Wolfgang Kohlschütter* lud nach Abschluß der Tagung die Mitglieder des Vorstandes und Vorstandsrates sowie des Vorbereitenden Ausschusses und die ausländischen Vortragenden zu einem *familiären gemeinsamen Mittagessen ins Parkhaus-Restaurant* ein.

Die für den *Nachmittag* angebotene Möglichkeit einer *Besichtigung der Neuen Institute der Technischen Hochschule Darmstadt* auf der Lichtwiese mußte leider wegen einer zu geringen Zahl von Voranmeldungen abgesagt werden.

Progr. Colloid & Polymer Sci. 59, 11–13 (1976)

Unsicherheit im Urteil über Kolloidchemie*)

H. W. Kohlschütter (Darmstadt)

Das Programm dieser Tagung wurde von Fachkollegen im akademischen Bereich und in der Industrie ausgearbeitet. Es haben mitgewirkt

Chemiker / Physiker / physikalische Chemiker / Biologen und Mediziner.

Bemerkenswert ist die Tatsache, daß in der Vorbereitungszeit wiederholt von ausübenden Chemikern die Frage gestellt wurde:

Was ist Kolloid-Chemie?

Es gibt im wesentlichen 3 Ursachen für diese Unsicherheit.

1

Die Entwicklung der Chemie insgesamt hat die Grenze zwischen Chemie und Kolloidchemie in einigen Stoffgruppen eingeebnet, d.h. weniger leicht sichtbar gemacht.

Beispiele dazu enthalten

1. die Makromolekulare Chemie

Hier gehen die Probleme der Synthese und der Struktur von Makromolekülen, sowie die Probleme der Verteilungszustände (die mit Makromolekülen hergestellt werden können) ineinander über.

2. die Metalle

Hier gehen die Probleme der idealen und realen Kristallstruktur der festen Phasen, der feinteiligen Metalle und ihrer Oberflächen ineinander über.

Durch die Aufdampftechnik im Ultrahochvakuum (1, 2) ist ein neues Musterbeispiel für den Übergang von freien Metall-Atomen zu dispersen und kompakten Phasen entstanden:

a. Das freie Einzelatom wird in einer Matrix aufgefangen. Es werden Atompaare beobachtet. Beim Abschmelzen der Matrix findet gebremste Aggregation von Metall-Atomen statt (3, 4, 5).

b. Keimbildung/Keimwachstum für Einkristalle und ihre Zwillinge können ohne Einfluß von Fremdstoffen beobachtet werden.

c. Im Labor-Maßstab und im großtechnischen Maßstab werden dünne disperse und zusammenhängende Metall-Schichten hergestellt.

Vernachlässigte Dimensionen von Teilchengrößen gibt es in diesem Gebiet nicht mehr. Es muß jedoch bedacht werden, daß ausschließliche Aussagen über Teilchengrößen im naturwissenschaftlichen Sinn stets eine Vereinfachung sind. Mit der Teilchengröße ist der Energie-Inhalt der Teilchen verknüpft.

2

Die zweite Ursache der Unsicherheit im Urteil über Kolloidchemie liegt in der Unvollständigkeit der Systematik, mit der die

Beschreibung kolloider Systeme

gelegentlich durchgeführt werden muß. Zum Beispiel fehlen da oder dort Einzelkenntnisse über die Entstehung und über die Struktur von Aggregationen. Im Idealfall sollten die Stationen des Aufbaus kolloider Systeme wie an einem vorgegebenen Modell durchlaufen werden:

1. Ausgangsstation sind Keimbildung und Keimwachstum für feste, flüssige, gasförmige Phasen – und zwar sowohl für niedermolekulare als auch für hochmolekulare Stoffe. Es ist der Keimbereich.

2. Die zweite Station liegt an der Grenze, die auf dem Weg über Keimbildung und Keimwachstum überschritten werden muß. Vor dieser Grenze wird die

Präzision von Atomverbänden

durch chemische Bindungen und stereochemi-

*) Ansprache vor dem Beginn der Vorträge im Programm der 27. Hauptversammlung der Kolloid-Gesellschaft e.V. in Darmstadt.

sche Koordinationen bewirkt. Nach dieser Grenze entstehen die

Spielarten der Aggregationen.

Für diese wird bei Wiederholungen die Präzision zusätzlich durch Parameter der Stoffsysteme bewirkt, in denen sie entstehen. Für die Beschreibung der Struktur von Aggregationen werden die exakt definierbaren, in der Biologie schon geläufigen (6), Begriffe gebraucht:

Integration und Komplexität.

Integration = Zusammenbau von Untereinheiten in der Struktur von Aggregationen.

Komplexität = Folge von Integrationsschritten für eine Aggregation. Je mehr Integrationsschritte nachgewiesen werden können, um so höher ist die Komplexität der Aggregation.

An dieser Station 2 entsteht Unsicherheit dadurch, daß die beiden Begriffe Integration und Komplexität noch nicht allgemein angewandt werden und ihre ordnende Wirkung noch nicht ausgenutzt wird. Chemiker, die an die Präzision von Molekülstrukturen gewöhnt sind, fürchten, bei Aggregationen Präzision zu verlieren.

Ein Beispiel für das Auftreten von Komplexität sind Keimbildung und Keimwachstum der Teilchen in den klassischen roten Gold-Solen. Zuerst entstehen „primäre" Keime mit wenigen Gold-Atomen. Diese bilden miteinander einfache oder mehrfache Zwillinge. Es entstehen „komplexe" Keime (7).

Die Lehre von der Struktur der Aggregationen schließt in sich ein die

chemische Morphologie,

welche die äußere Form (oder Begrenzung) von Aggregationen behandelt (8). Ein Symbol für die vielen Typen geformter Teilchen, die nicht Einkristalle sind, ist das kugelförmige Teilchen (9, 10, 11). *Feste* Kugeln sind oft schon als Einzelteilchen Aggregationen. Sie können außerdem in Kugelpackungen als Strukturelemente in übergeordneten Aggregationen „integriert" sein (12).

3. Die dritte Station im Modell für die systematische Beschreibung kolloider Systeme ist

das *vollständige* kolloide System.

Dieses enthält eine disperse Phase, eine zusammenhängende Phase und Grenzflächen zwischen diesen Phasen. Die Beschreibung von Aggregationen nach 2 erfaßt immer nur ein Teilstück kolloider Systeme. Der Zuwachs beim Übergang zu 3 kann wiederum mit den kugelförmigen Teilchen anschaulich gemacht werden. Diese haben die Ableitung der Gesetze für die Viskosität von Solen (*Einstein*) und für die Lichtstreuung von Solen (*Rayleigh, Mie*) möglich gemacht. Die Sole sind im Sinn des hier benutzten Modells vollständige kolloide Systeme.

4. Erst die vierte und letzte Station im Modell ist

die Beschreibung der Mannigfaltigkeit kolloider Systeme als Funktion der beteiligten Stoffe.

Diese Mannigfaltigkeit verursacht den großen Reiz, den Kolloidchemie auf viele Naturforscher ausübt. Sie kann jedoch zu einer bloßen Phänomenologie verleiten.

Ihre Grundlagen entstehen dadurch, daß vorher die Stationen 1 bis 3 des benutzten Modells durchlaufen werden.

3

Die dritte, besonders wirksame Ursache einer Unsicherheit im Urteil über Kolloidchemie ist die Kardinalfrage nach der

Abgrenzung der Kolloidchemie *insgesamt*.

Es ist selbstverständlich, daß der Gegenstand der Kolloidchemie Verteilungszustände der Stoffe sind. Die Frage nach der Abgrenzung kann jedoch nicht vorweg mit einer genauen zahlenmäßigen Angabe über Teilchengrößen, sie muß z. Z. noch mit einer Erfahrung beantwortet werden:

Die Phänomene der Kolloidchemie werden auf Zubringerwegen aus allen Naturwissenschaften in die Kolloidchemie eingebracht. Kolloidchemie erscheint deshalb in einem *Verbundsystem der Naturwissenschaften* (13). Diese Konzeption ist wichtig. Sie setzt eine universelle naturwissenschaftliche Einstellung voraus. Umgekehrt gibt sie der Kolloidchemie die Chance einer zentralen Stellung. Es ist denkbar, daß diese Konzeption Einfluß haben wird auf Lehre, Forschung, Publizistik.

Die Tatsache, daß „vollständige kolloide Systeme" disperse Phasen, zusammenhängende Phasen und Grenzflächen zwischen den Phasen enthalten, rechtfertigt die Aussage, daß das Rückgrat der Kolloidchemie in allen ihren Abschnitten physikalische Chemie sei. Die Konzeption „Kolloidchemie im Verbundsystem der Naturwissenschaften" schließt jedoch die Möglichkeiten aus, Kolloidchemie als ein Anhängsel der physikalischen Chemie oder als eine Grenzwissenschaft zu bezeichnen.

Unsicherheit im Urteil über Kolloidchemie wird dort nicht aufkommen, wo die gezielte Herstellung eines einzelnen kolloiden Systems und die Anwendung subtiler physikalischer Meßmethoden auf dieses System möglichst nah zusammenrücken (14). Im Bereich der Kolloidchemie nimmt die präparative Chemie ihrer Systeme eine wichtige Stellung ein.

Viele Antworten auf die Frage „Was ist Kolloidchemie?" beziehen sich nur auf Teilgebiete (Beispiele: Teilchengrößen, Oberflächen). Die hier entwickelte Antwort bezieht sich auf das Modell des definierten *vollständigen kolloiden Systems* (= disperse Phase + zusammenhängende Phase + Grenzflächen). Dieses kann als ein Symbol für die gesamte Kolloidchemie mit der Mannigfaltigkeit ihrer stofflichen Zusammensetzung angesehen werden.

Zusammenfassung

Es wird eine Betrachtungsweise angewandt, die zur Verminderung der Unsicherheit im Urteil über Kolloidchemie beitragen kann. Als Symbol für die Kolloidchemie insgesamt wird das Modell des vollständigen kolloiden Systems benutzt (=disperse Phase + zusammenhängende Phase + Grenzflächen zwischen diesen Phasen).

Summary

Different reasons for critical views within colloidchemistry have been discussed. E. g.

1) Inexact limits between general chemistry and colloidchemistry (see: polymers, dispersed metals).

2) Structure of aggregations and definition of the so called "complete colloid system" (containing dispersed phases, coherent phases and interphases between those phases).

3) Classification of colloidchemistry into the whole system of natural sciences.

Literatur

1) *Auwärter, M.*, Ergebnisse der Hochvakuumtechnik und der Physik dünner Schichten (Stuttgart 1971).

2) *Kohlschütter, H. W.*, Beziehungen zwischen der Chemie disperser Metalle und chemischen Synthesen mit Metall-Atomen. Angew. Chemie **87**, 213 (1975).

3) *Klabunde, H. J., H. F. Efner, L. Satek, W. Donley*, Preparation of an extremely active magnesium slurry for Grignard reagent preparations by metal atom solvent cocondensations. J. for organometallic chemistry **71**, 309 (1974).

4) *Gentsch, H., V. Härtel, M. Köpp*, Heterogene Katalyse mit Ni- und Pd-Atomen; Berichte Bunsengesellschaft **77**, 1086 (1973).

5) *Gerischer, H., W. Schulze, D. M. Kolb*, Spektren matrix-isolierter Metall-Atome und -Aggregate. Berichte Bunsengesellschaft **79**, 1169 (1975).

6) *Jacob, Fr.*, Logik des Lebenden (insbesondere Kapitel: Das Integron) (Frankfurt am Main 1972).

7) *Uyeda, N., M. Nishino, E. Suito*, Nucleus interaction and fine structure of colloidal gold particles, J. Colloid Interface Sci. **43**, 264 (1973).

8) *Kohlschütter, V.*, Die Form der Stoffe im chemischen Vorgang Z. Naturwissenschaften **1923**, 111.—, Prinzipien der genetischen Stoffbildung, Helv. chim. acta **13**, 929 (1930).

9) *Kohlschütter, H. W., U. Mihm*, Das kugelförmige und poröse Korn von Silicagel als Reaktionsprodukt. Kolloid-Z. und Z. Polymere **243**, 148 (1971).

10) *Brace, R., E. Matijević*, Aluminium hydrous oxide sols, spherical particles of narrow size distribution. J. Inorg. Nucl. Chem. **35**, 3691 (1973).

11) United Kingdom Atomic Energy Authority, London. Titan-Sole und -Gele, Verfahren zu ihrer Herstellung und Verwendung. Deutsche Offenlegungsschrift 2251925 (1973).

12) *Iler, R. K.*, The adhesion of submicron silica particles on glass J. Colloid and Interface Sci. **38**, 496 (1972).

13) *Kohlschütter, H. W.*, in: *J. Steinkopff*, Konzepte der Kolloidchemie, S. 137 (Darmstadt 1975).

14) *Unger, K.*, Gezielte Herstellung von Porensystemen mit definierten Eigenschaften. Ber. Bunsen-Gesellschaft **79**, 739 (1975).

Anschrift des Verfassers:

Prof. Dr. *H. W. Kohlschütter*
c/o Merck
Frankfurter Straße 250
6100 Darmstadt

Progr. Colloid & Polymer Sci. **59**, 14–26 (1976)

I.

School of Chemistry, University of Bristol, Bristol (England)

Colloid Chemistry — today and tomorrow

R. H. Ottewill

With 12 figures and 2 tables

(Received October 27, 1975)

Introduction

In his classical book, first published in 1915, *Wolfgang Ostwald* (1), a founder member of the Kolloid Gesellschaft, described the subject of Colloid Science as, "the world of neglected dimensions". This title was also used recently (1974) by *Egon Matijević* as the text of an excellent general review lecture (2). There is little doubt that today, as in 1915, the study of colloidal systems at a fundamental academic level is a discipline which is seriously neglected (2, 3). If one looks at the range of applications of colloidal behaviour in industrial processes and technology, and the utilization of the colloidal state by nature, however, it becomes immediately apparent that it is important to understand at a fundamental level the behaviour of colloidal dispersions.

The direct relevance of Colloid Science to industry can be summarized briefly, with some examples, albeit very incompletely, by a broad subdivision into three main categories:

i) The manufacture of a product which is either a colloidal dispersion or a surface active material:

Colloidal	*Surface Active*
Aerosols	Detergents
Composite materials	Drugs
Food, e.g. ice cream	Herbicides
Oil additives	Pesticides
Paint	Soap
Pharmaceutical dispersions	
Rubber	

ii) Direct applications of colloidal phenomena:

Adhesion	Foams
Control of rheological properties	Liquid crystal displays
Dispersable dyes	Lubrication
Drilling muds	Road surfacing
Emulsions	Wetting and dewetting
Emulsion polymerization	

iii) The use of a surface active material or a colloidal phenomenon for the purification and/or benefication of natural materials:

Flotation	Sugar refining
Grinding and communition	Tertiary oil recovery
Pelletizing	Water treatment
Selective flocculation	

In nature, many colloidal systems are self-evident, e.g. blood, and their detailed study needs little justification. In the environment it must be remembered that one of the most plentiful colloidal dispersions is the ocean, the complex chemistry of which is still little understood (4).

Historical

Much of the development of the physical chemistry of disperse systems has been directed towards understanding the stability and instability of sols, i.e. the transformation of the stable individual particles in a sol to the coagulated or flocculated state, i.e. a particle ensemble. In fact, after the recognition of the colloidal state by *Thomas Graham* in 1861 and the classical work of *Schulze* (1882) and *Hardy* (1900) on the effect of electrolytes on sol stability, we find a considerable attempt to understand the process of coagulation in the period 1915–1930 by workers such as, *Zsigmondy*, *Freundlich*, *Ostwald*, *Tourila* and *Kruyt*. *Smoluchowski* (1917) developed a theory for the kinetics of rapid coagulation by treating it as a diffusion controlled process and later *Fuchs* (1934) developed the theory for diffusion in a force field which led to the idea of defining a stability ratio. Despite all this effort, we find *Wolfgang Ostwald* (5) in 1938 writing: –

"I believe that a colloid chemist, if asked today to explain the coagulation of a lyophobic hydrosol by electrolytes will make a rather unhappy face. Most presumably, when explaining simple and well-investigated cases as, for example, the flocculation of arsenious trisulphide sols with neutral salts, a conscientious colloid chemist will even voice a warning to the effect that this matter is not as simple as it looks."

This statement should be heeded even today. In fact, coagulation is probably one of the most difficult of all colloidal phenomena to obtain a quantitative theory for since it involves a complex mixture of kinetic and equilibrium effects and frequently very specific effects as well. Nevertheless any theories which are developed must lead ultimately to an understanding of coagulation and flocculation processes.

During the period 1930–1941 the idea of electrostatic repulsion occurring between particles as a consequence of the electrical double layers around the particles began to take a quantitative form in the hands of *Kruyt*, *Verwey*, *Langmuir*, *Derjaguin* and *Overbeek*. The discovery of quantum mechanical attractive forces by *London* in 1930 and the notion that these forces were additive led to the development of the idea of attractive forces between colloidal particles. Important contributions in this period were made by *Kallmann*, *Willstatter*, *de Boer*, *Bradley*, *Derjaguin*, *Verwey* and *Overbeek*.

The period since 1941 could well be termed the *Derjaguin – Landau – Verwey – Overbeek* (DLVO) era. The two classical works, one by *Derjaguin* and *Landau* (6) published as a paper in 1941 and the other by *Verwey* and *Overbeek* (7), published independently as a book in 1948, marked a major step-forward, setting out as they did for the first time a quantitative approach to describe the behaviour of lyophobic colloids. It represented a clear statement of ideas concerning the interactions between pairs of particles, of simple geometric shape, in an electrolyte environment. During the past 27 years, these ideas have been developed theoretically have been tested experimentally and used to rationalise our understanding of many colloidal phenomena. Their scope has gone beyond the explanation of the stability of lyophobic colloids envisaged and the ideas have been successful in explaining the stability of soap films, wetting films etc.

Today, we should perhaps look critically at the development of these ideas and try to evaluate particularly the situations where they do not provide an answer, even though the conditions appear to within the bounds of applicability, and also to ask how these original ideas can guide us into future understanding. In this lecture, I will confine my attention principally to dispersions.

Basic elements of the DLVO approach

The theory, in its simplest form, considered that the energy of interaction between two particles, was composed of two contributions:

a) an electrostatic contribution – usually repulsive but not necessarily so – which depended on, geometrical shape, surface charge or surface potential, electrolyte concentration, the dielectric constant of the dispersion medium and the distance of separation between the particle surfaces.

b) an electromagnetic contribution – usually attractive – which depended on, geometrical shape, the nature of the material (polarizability, dispersion frequency, density) and the distance of separation between the particle surfaces.

The combination, in a linear fashion, of the electrostatic repulsive potential energy, V_R, with the attractive potential energy, V_A, gave the total potential energy of interaction, V_T. The latter when plotted against the distance of surface separation, h, gave a potential energy curve showing certain characteristic features, i.e. a primary maximum and a secondary minimum. Combination with a very short range Born repulsion energy gave a primary minimum. These features are illustrated in fig. 1.

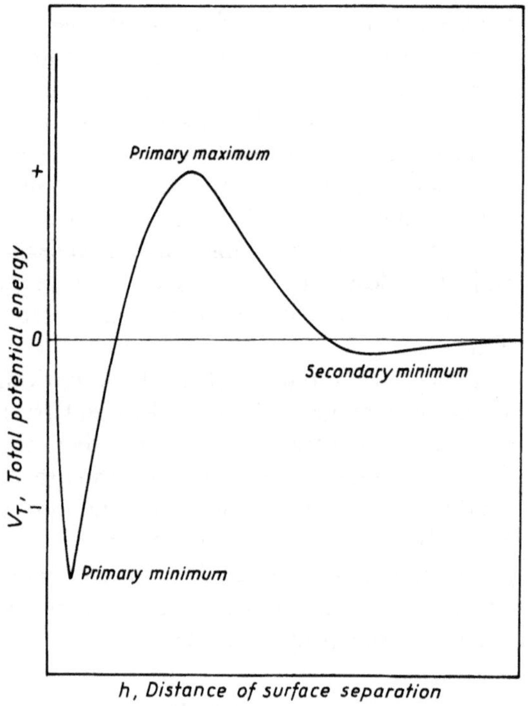

Fig. 1. Schematic form of the curve of total potential energy, V_T, against distance of surface separation, h, for interaction between two particles, with $V_T = V_R + V_A$.

The stability — instability approach

The form of the curve immediately gave an explanation for the stability of a lyophobic dispersion. When the primary maximum was high (say greater than 10 kT) the system was kinetically stable. However, as V_T tended to zero or became negative, then the system became unstable. Thus conditions for instability could be defined as (7):

$$V_T = 0 \text{ and } \partial V_T/\partial h = 0$$

which lead immediately to the fact that the critical coagulation concentration, for plate-like particles, was proportional to:

$v^{-6} A^{-2}$ for high surface potentials,

and

$\psi^4 v^{-2} A^{-2}$ for small surface potentials,

where v = valency of the counter-ion of the coagulating electrolyte, A = Hamaker attractive constant and ψ = surface potential.

The fact that a critical coagulation concentration can be calculated in this way, showing a dependence on the counter-ion valency, and that a qualitative fit is obtained with experimental data is one of the successes of the DLVO theory. A more sensitive and perhaps even more critical test of the theory occurs when it is applied to an analysis of the kinetics of the coagulation process. The rate of disappearance of primary particles in a coagulation process can be written in the initial stages as:

$$-\frac{dN}{dT} = k N_0^2 \qquad [1]$$

where N_0 = the number of particles per unit volume present initially and k is a rate constant. For rapid coagulation, i.e. coagulation in the absence of an energy barrier, then, $k = k_0 = 8\pi DR$ where D = the diffusion coefficient of the particle and R = collision radius (8). In the presence of an energy barrier, slow coagulation, k can be put equal to k_0/W and equation [1] rewritten as (8):

$$-\frac{dN}{dt} = \frac{k_0}{W} N_0^2 \qquad [2]$$

The rate of coagulation in the early stages can be measured experimentally using either particle counting or light scattering. Since the rate remains constant in the rapid coagulation region, making the assumption that $W = 1$ leads to a value of k_0, and consequently to values of k and W in the slow coagulation region (9). A typical example of the type of experimental data obtained (10) is shown in fig. 2; the sharp change in gradient occurs at a concentration which corresponds to the critical coagulation concentration. This is the value obtained by considering the early stages of coagulation and it should be noted that it is not necessarily *exactly* equal to values obtained by other methods.

The factor W, normally called the stability ratio, is related to the energy of interaction through the equation (9):

$$W = 2a \int_0^\infty \exp(V_T/kT).dh/(h + 2a)^2 \qquad [3]$$

It was shown by *Reerink* and *Overbeek* (9) that the gradient of the log W against log C_e

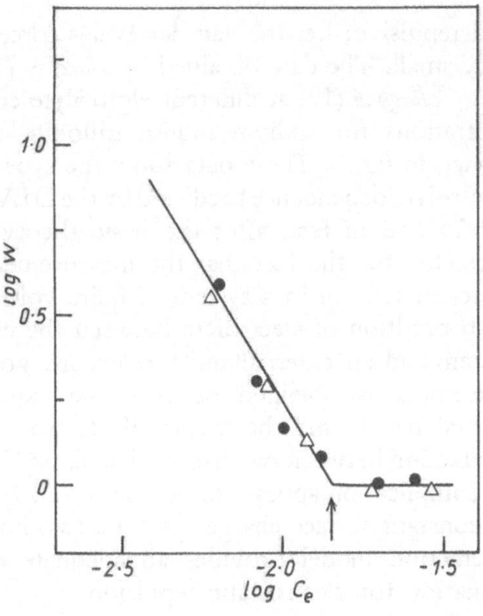

Fig. 2. Log W against log C_e for a polystyrene latex (diameter = 423 nm) in barium nitrate solutions of various concentrations (10). ●, results obtained by light scattering; △, results obtained by particle counting. ↑, critical coagulation concentration.

curve, where C_e = electrolyte concentration, could be given as

$$\frac{d \log W}{d \log C_e} = -2.06 \times 10^7 \frac{a\gamma^2}{v^2}$$

where a = particle radius, v = the valency of the counter-ion and $\gamma = (e^{ve\psi/kT} - 1)/(e^{ve\psi/kT} + 1)$, with ψ = surface potential of importance in coagulation. This suggests a direct experimental test in that, for comparable values of ψ and hence γ, the gradient d log W/d log C_e should be directly dependent on the radius of the particle. This was tested in 1967 (10) using a series of monodisperse latices and as can be seen from the data given in tab. 1, the expected dependence was not

Tab. 1. Coagulation of Polystyrene Latices with Different Particle Sizes by Barium Nitrate (10)

Particle Diameter/nm	d log W/ d log C_e	Critical Coagulation Concentration/ mol dm^{-3}
60	−2.42	1.88×10^{-2}
103	−2.78	2.82×10^{-2}
243	−2.71	1.88×10^{-2}
368	−2.70	1.78×10^{-2}
423	−1.59	1.41×10^{-2}

observed and the gradient, in fact, appeared to be independent of particle radius.

A more precise treatment of the kinetic process (11, 12, 13) has not clarified this issue and hence the problem still remains unresolved. It has, however, been suggested by *Wiese* and *Healy* (14) that coagulation into a secondary minimum could provide an explanation for the results. However, this is not an easy explanation to accept for small particles (< 100 nm diameter) where calculations normally show that the secondary minimum is extremely shallow. Unfortunately, the calculations in all coagulation studies are sensitive to the parameters chosen and as mentioned earlier coagulation is probably one of the most complex of colloidal phenomena to study. An additional difficulty with coagulation studies, if they are to be used as a tool to study stability, is that the particles are made completely unstable by coagulation and therefore the particles have lost most of the properties it was desired to study. Nevertheless, critical coagulation concentrations can have considerable practical application and can provide considerable information on the nature of the system under study.

A further problem arises in the assignment of an appropriate double layer potential to ψ the electrostatic potential upon which coagulation depends. The zeta-potential of the particle is the potential most easily measured, but the fundamental relationship between the electrokinetic zeta-potential and the electrostatic double layer potentials such as the Stern potential, or the diffuse double layer potential ψ_d, is still far from understood in detail. Furthermore, it is always assumed that the surfaces of the particles are smooth; this may well be an over-simplification for many systems.

An approach via interaction forces

As an alternative to concentrating in detail on the explanation of coagulation and flocculation and seeking to justify the predictions of *Schulze* and *Hardy*, which may be elusive, perhaps we can rephrase the problems of colloid science in a more general way. For example, let us ask the following questions:

1) What is the nature of the interparticle forces between particles and what is their origin?

2) What is the distance dependence of the forces?

3) What is the magnitude of the forces?

4) How do they act in particular systems?

5) When are they all important and when are only some of them important?

6) How can these forces be measured?

During the period since 1948 our knowledge of the basic forces involved in colloidal systems has become substantially clearer and if we exclude the rather specific magnetic forces, which occur in some systems, and confine attention to stable dispersions, we can suggest five possibilities:

i) Electrostatic forces.

ii) van der Waals dispersion or electromagnetic forces.

iii) Born forces – essentially short range and repulsive.

iv) "Steric" forces – usually dependent on the geometry and conformation of molecules (frequently adsorbed) in an interfacial region adjacent to the particle.

v) Solvation.

As mentioned previously the addition of i) and ii) provides a combination which forms the basis of the DLVO theory. With the addition of iii) we obtain a close-range primary minimum. "Steric" effects probably occur much more universally than was previously recognized and their role, which is becoming more deeply understood following the work of *Mackor* (15), *Napper* (16), *Hesselink* (17) and others will be discussed later. The question of solvation is only understood in a very rudimentary fashion and it is frequently used as an expedient to explain a phenomenon qualitatively when all else fails. The role of the solvent, however, is of crucial importance in many systems and a deeper understanding of solvent effects is undoubtedly required.

The precise measurement of the force of interaction between particles in a dispersion requires that the total internal force of interaction should be balanced by an external applied force so that a position of equilibrium is reached at a particular distance of separation; the latter can be measured by a physical technique (18). A suitable material for such studies has been the clay sodium montmorillonite, where the plates in a good dispersion are sufficiently thin (ca. 10 Å) that the force between the plates is essentially electrostatic and repulsive; i.e. the van der Waals force is very small. The data obtained by *Barclay* (18) and *Callaghan* (19) at different electrolyte concentrations for sodium montmorillonite are shown in fig. 3. These data show the type of electrolyte dependence predicted by the DLVO theory and in fact, after the basic theory is corrected for the fact that the measurements were carried out in a system of finite volume with partition of electrolyte between the clay system and an external finite reservoir, good agreement is obtained between the experimental results and the theory of electrostatic interaction between two flat parallel plates (20). The implication appears to be that in this type of constant surface charge system a two-body interaction model provides an adequate explanation for electrostatic repulsion.

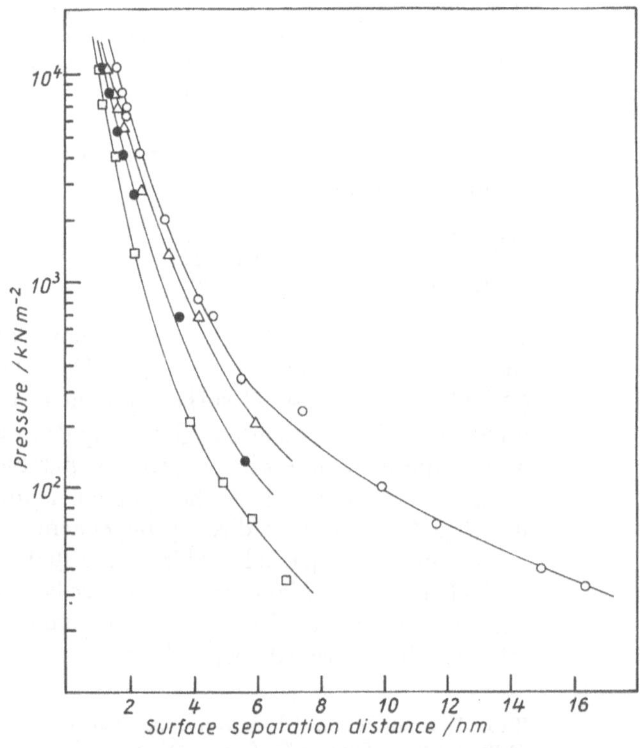

Fig. 3. Equilibrium pressure against the distance between the plate surfaces for sodium montmorillonite dispersions in various concentrations of sodium chloride (18, 19). –○–, 10^{-4} mol dm^{-3}; –△–, 10^{-3} mol dm^{-3}, –●–, 10^{-2} mol dm^{-3}; –□–, 10^{-1} mol dm^{-3}.

The basic ideas of the DLVO model also provide a good explanation for the stability of thin foam lamellae and a considerable amount of work has been carried out on this type of system (21, 22).

The van der Waals attractive force has received considerable attention recently, both theoretically and experimentally, and detailed reviews are available (23, 24).

Development of model colloidal dispersions

Spherical particles are attractive in that they represent systems of simple geometry. The last decade or so has seen a considerable development of methods for producing dispersions in which all the particles have not only the same shape, but also the same size, i.e. the systems are monodisperse. The recent excellent work of *Matijević* and his co-workers (25, 26, 27, 28) has enabled many inorganic materials, e.g. alumina, chromia, copper oxide, ferric hydroxide, to be produced as monodisperse sols. In organic systems there have been rapid developments in methods for the preparation of polymer latices with a high degree of monodispersity, over a wide range of particle sizes, particularly in the absence of added emulsifying agents (29, 30). These polymer latices, now frequently referred to as Polymer Colloids (31) provide useful dispersions for both fundamental and applied research (32).

Interactions between spherical particles

Polymer latices also constitute excellent systems for studies of the interaction forces between spherical particles (33). An interesting property of latices is that under certain conditions of particle size, volume fraction and electrolyte concentration, they form ordered arrays (34, 35, 36). When the centre to centre distance between the particles is of the order of the wavelength of light, a beautiful irridescence is observed. This type of ordering resembles a loose crystal lattice and the diffraction of visible light obeys the Bragg relationship,

$$m\lambda_0 = 2\, d_{hkl} \sin \theta_{hkl}$$

where m = the order of the diffraction, λ_0 = the wavelength of the incident light in vacuo, d_{hkl} = the interplanar spacing in the lattice

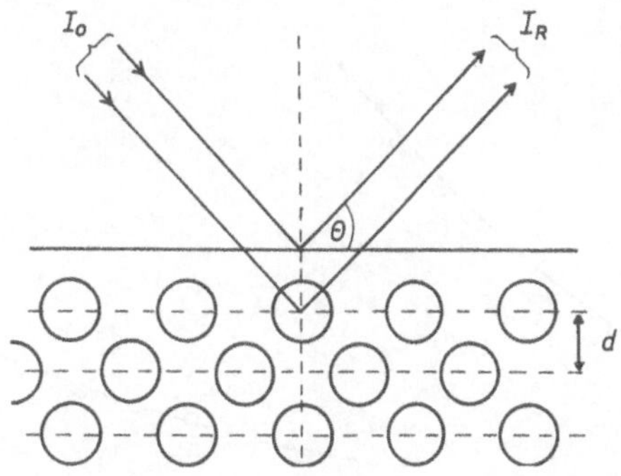

Fig. 4. Schematic representation of Bragg diffraction from an ordered array of latices. I_0 = incident intensity, I_R = reflected intensity, $\theta = \theta_{hkl}$ = angle of incidence.

and θ_{hkl} the Bragg reflecting angle for a particular set of crystal planes. A schematic representation of a latex array is shown in fig. 4 and some experimental curves of reflected intensity against the angle between the incident ray and the face of the lattice are given in fig. 5. The peaks are very sharp and hence the angle at the maximum, θ_{hkl}, after due correction for refraction in the observation cell, can be obtained with a high degree of precision, particularly at the lower volume fractions. Observations at various wavelengths increase the overall accuracy with which the d_{hkl} spacing can be obtained. Frequently, the experimental observations can be indexed on

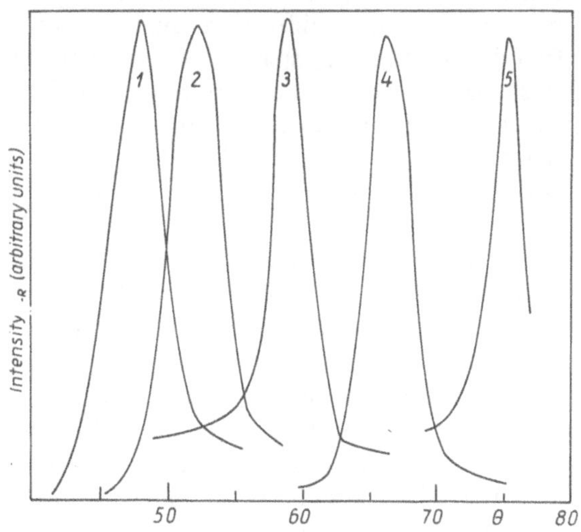

Fig. 5. Reflected intensity against angle of incidence for an ordered polystyrene latex, volume fraction 0.19, particle diameter 182 nm, in ca. 10^{-6} mol dm^{-3} electrolyte. Incident wavelengths, 1) 450 nm, 2) 500 nm, 3) 550 nm, 4) 600 nm, 5) 650 nm.

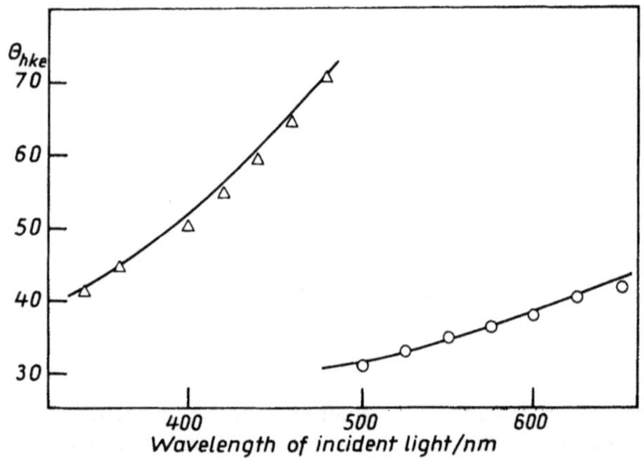

Fig. 6. Bragg angle, θ_{hkl}, against incident wavelength for diffraction from an ordered polystyrene latex, volume fraction, 0.513, particle diameter = 182 nm, electrolyte concn. = 10^{-5} mol dm^{-3} – theoretical curve for θ_{111} from a face-centred cubic lattice; —○—, experimental first order points; —△—, experimental second order points.

a face-centred cubic lattice. Typical results are shown in fig. 6 where θ_{hkl} is plotted as a function of the wavelength of the incident radiation. Quite good agreement is obtained between experiment and theory for both first and second order reflections.

Application of pressure to the system using an apparatus similar to that previously described (33) but modified to allow simultaneous pressure measurements to be made, has enabled curves of pressure to be obtained as a function of the volume fraction of the dispersion or, after diffraction analysis, as a function of the d_{111} spacing. An example of this type of curve, taken from the work of *Parentich* (37), is shown in fig. 7. Over a region of low volume fractions there is only a small resistance to compression and the curve runs almost parallel to the abcissa. The implication appears to be that the lattice, although ordered, resembles a liquid state. With this type of system below a certain volume fraction, no diffraction effects are observed; the system is disordered and motion of the particles is random, i.e. in Brownian motion. Although it constitutes a misuse of terms, it might be said that this state is a "colloidal vapour". At high volume fractions (see fig. 7) the pressure rises very steeply implying that a nearly incompressible state has been reached, i.e. by analogy a "crystal" of colloidal particles. This analogy is lent support when the com-

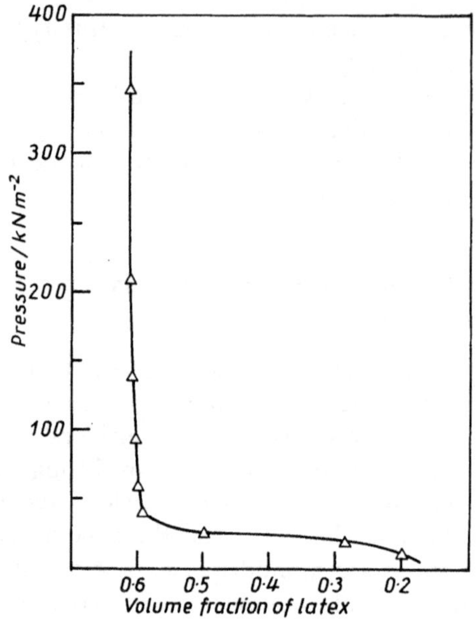

Fig. 7. Applied pressure against volume fraction for a polystyrene latex in 10^{-5} mol dm^{-3} sodium chloride (37). Particle diameter = 182 nm.

Fig. 8. Scanning electron micrograph of a polystyrene latex sample after compression to a high volume fraction (37). Particle diameter = 182 nm.

pressed material is examined by scanning electron microscopy (see fig. 8).

Ordering of latex particles can also occur in very dilute dispersions. This was discovered by *Brown* et al. (38) who studied polystyrene latices, containing particles of radii ca. 25 nm, over a concentration range from 5.08×10^{-4} to 0.746×10^{-4} g cm^{-3}. Ion exchange resin was added to the latices and they were then examined by light scattering as a function of time. As the electrolyte concentration decreased, departure from Rayleigh scattering behaviour occurred and a well-defined maximum appeared in the scattered intensity vs scattering angle curve; with several samples, a broader second peak was also observed.

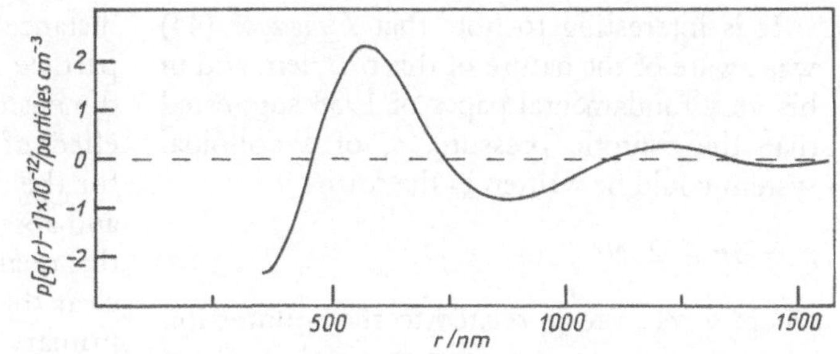

Fig. 9. Radial distribution function $g(r)$ against the centre to centre distance of particle separation, r; ϱ = particle density. Latex particle diameter = 23.1 nm, electrolyte concentration ca. 10^{-6} mol dm^{-3}.

Fourier transformation of these intensity data yielded radial distribution functions of the type shown in fig. 9. The radial distribution function shows clear evidence for a nearest neighbour interaction and some evidence for a next-nearest-neighbour shell. The form of the curve indicates a "liquid-like" structure for the particle arrangement.

In addition to the conventional time average light scattering measurements, photon correlation spectroscopy was used to examine these dilute latices (38). In 8×10^{-2} mol dm^{-3} sodium chloride solutions, disordered systems, the translational diffusion coefficient of the particles was found to be $8.56 \pm 0.43 \times 10^{-8}$ cm^2 s^{-1} corresponding to an average particle radius of 25 ± 1.3 nm, a value in good agreement with the number average value of 23.1 ± 2.5 nm obtained by electron microscopy on the dried system. Measurements on the ion-exchanged ordered system gave evidence for two-diffusional modes, one with a diffusion coefficient of 4.06×10^{-8} cm^2 s^{-1}, about half that in the disordered system, and an even slower mode with a diffusion coefficient of 2.88×10^{-8} cm^2 s^{-1}; these values indicate the restricted diffusion in the ordered state. A more detailed analysis of the dynamics of this apparently long range co-operative motion has been given by *Pusey* (39) who assumed that the instantaneous velocity of a particle could be written as a sum of two components, a rapidly fluctuating Brownian component arising from particle-solvent molecule interactions and a slowly fluctuating "drift-velocity" component due to interparticle interactions.

From these data it is clear that charged colloidal particles can interact significantly over distances many times greater than the particle size as a consequence of electrostatic interactions. Again an analogy can, to some extent, be drawn between the structure of dispersions of interacting colloidal particles and that of simple liquids.

The interactions in these dilute dispersions at very low electrolyte concentrations pose an interesting problem in that even at the very low latex concentrations employed some of the samples showed a phase separation behaviour into an ordered latex-rich phase and a latex-dilute phase, a similar behaviour to that observed by *Bernal* and *Fankuchen* (40) with Tobacco Mosaic Virus particles and that observed by several sets of workers with more concentrated latex systems (36, 41, 42). It seems improbable in view of the long interparticle distances involved that the source of attraction could be the van der Waals force and an alternative source of attraction must be sought which explains why the interacting particles undergo a spontaneous contraction to a phase of lower volume. From the two-particle interaction approach of DLVO the forces between the particles would clearly be repulsive and the system would occupy the whole volume available, particularly as with such small particles Brownian motion would maintain the particles in the disperse state and gravitational effects would be small.

At the present time there is not a completely definitive treatment for the thermodynamics of a total colloidal system to include many-particle interactions and solvent-particle interactions; the question of whether surface potentials, or surface charges, are modified as particles approach also need to be resolved. Such treatments may well be difficult, but they are very important if progress is to be made with understanding the behaviour of concentrated dispersions. An interesting start on this problem, however, has been the calculation by *van Megan* and *Snook* (43) of the osmotic pressure of a concentrated dispersion using a Monte Carlo approach.

It is interesting to note that *Langmuir* (44) was aware of the nature of this problem and in his very fundamental paper of 1938 suggested that the osmotic pressure, p, of a colloidal system could be written in the form:

$$p = 3n - 2n^{3/2}$$

where n was a term related to the counter-ion concentration, to the charges on the colloid particles and hence also to the particle concentration. Such an equation immediately indicates the possibility of a phase separation into two phases of different colloid composition with different values of n.

The development of an understanding at a fundamental level of concentrated systems under both static and dynamic conditions is undoubtedly important. The consequences of such investigations are, however, also important in terms of their applications to many industrial systems, to closely packed systems of biological origin, e.g. muscle fibres, and to many natural phenomena, e.g. the formation of opals, which must have occurred in geological time from the nucleation, growth and packing of monodisperse silica particles.

Steric stabilization

The fact that the adsorption of certain macromolecules could confer stability to colloidal particles at electrolyte concentrations where coagulation would normally have occurred, was discussed by many early authors and the use of gelatin as a "protective" colloid was well-known to *Zsigmondy* (45) and *Freundlich* (46). The term *steric stabilisation* for this effect appears to have been used initially by *Heller* and *Pugh* (47). Steric hindrance between adsorbed chain molecules was also considered by *Koelmans* and *Overbeek* (48).

Although our understanding of steric stabilization is not by any means complete, it is clear that an additional term is required in the total energy and total force of interaction to account for this. Thus giving this term the symbol V_S, one can write for the total interaction energy,

$$V_T = V_R + V_A + V_S$$

where V_S is a reasonably short range term which can be expected to rise rapidly at a distance of separation, between the native particle surfaces, of the order of twice the dimensions of the steric stabiliser layer. The effect of V_S is shown schematically in fig. 10 for the situations which occur in the presence and absence of electrostatic interactions. From this qualitative picture it becomes immediately clear that the entry of the particles into a deep primary minimum is made virtually impossible by the presence of an absorbed layer.

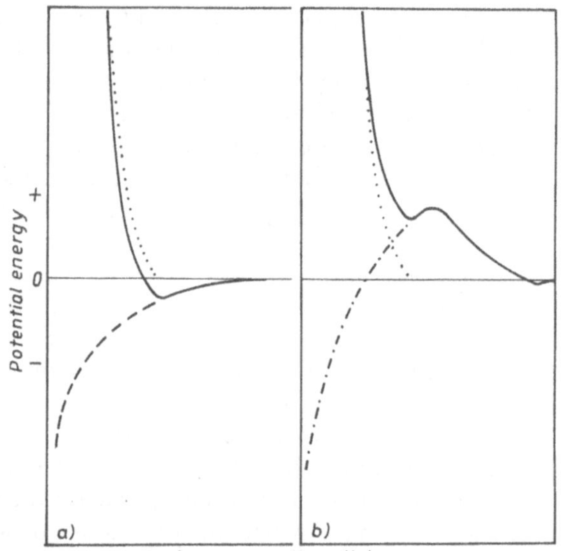

Fig. 10. The schematic form of the potential energy against distance of surface separation curves for sterically stabilised particles, a) in the absence of electrostatic repulsion: ...., V_S; – – –, V_A; ——, $V_T = V_S + V_A$ b) in the presence of electrostatic repulsion: ...., V_S; –·–·–, $V_R + V_A$; ——, $V_T = V_R + V_A + V_S$.

A number of basic theoretical approaches to this problem have been made, particularly by *Mackor* (15), *Napper* (16), *Hesselink* (17) and *Dolan* and *Edwards* (49). Direct experimental work either to test the theories or to obtain basic information is, however, sparse. Again, since the theories lead directly to an interaction pressure against distance curve the most direct experimental approach to this problem would appear to be to ascertain the form of this curve under a variety of conditions of stabilising layers and solvents. One objection, frequently raised, is that when the stabilising layers are composed of adsorbed molecules, then desorption might occur as the particles interact. This is a valid criticism but one which can be overcome by anchoring the steric stabilizing moeties to the surface of the particles. Methods for carrying out this procedure in non-aqueous systems have been developed by *Osmond* and his colleagues and are well described in the book by *Barrett* (50). The ideas put forward in this book lead to interesting possibilities for the synthesis of some novel colloidal dispersions.

One example taken from this group of workers, is to use poly(12-hydroxy stearic acid) as the steric stabilizing group,

$$HOOC.(CH_2)_{10}.CH.C_6H_{13}$$
$$|$$
$$OOC.(CH_2)_{10}.CH.C_6H_{13}$$
$$|$$
$$OOC.(CH_2)_{10}.CH.C_6H_{13}$$
$$|$$
$$OOC.(CH_2)_{10}.CH.C_6H_{13}$$
$$|$$
$$OOC.(CH_2)_{10}.CH.C_6H_{13}$$
$$|$$
$$OOC.(CH_2)_{10}.CH.C_6H_{13}$$
$$|$$
$$OH$$
(or OR)

This polymeric material, which contains on average about five stearic acid units, can be condensed with glycidyl methacrylate to form a macromonomer. The latter can then be polymerised with methyl acrylate and methyl methacrylate to form a co-polymer with a linear acrylate – methylacrylate backbone; the poly(12-hydroxy stearic acid) chains project from it giving a "comb" or "feather" polymer (50, 51). This material readily adsorbs on to poly(methyl methacrylate) latex particles, nucleated and formed in its presence, in a non-aqueous solvent, e.g. dodecane. At this stage heating the system in the presence of a base catalyst covalently links (anchors) the "comb" polymer to the particle surface. Free polymer present in the solution phase can then be removed by centrifugation.

These latices provide useful model dispersions for studies of steric stabilization. They were first used in this way by *Doroszkowski* and *Lambourne* (52) who attempted to measure the force of steric stabilization and its distance dependence using a surface trough and measuring the surface pressure on a monolayer of particles spread at the oil-water interface. Compression of the particles at the interface gave the collapse pressure of the stabilizer layer and hence the work done in compressing the layer. A steep increase in surface pressure occurred in this region and from the area occupied per particle, the thickness of stabilizing polymer layer was found to be 13 nm; the latter value was found to be independent of the core particle size. Independent hydrodynamic measurements gave values for the stabilizer layer thickness of 7–9 nm (53, 54). The surface trough results were found to be in agreement with a simple theoretical model based upon the interpenetration of the stabilizer layers.

The first three-dimensional experimental approach was carried out by *Cairns* (55) using a poly(methyl methacrylate) latex, stabilized by poly(12-hydroxy stearic acid), and dispersed in dodecane. The pressure in the system as a function of the volume fraction of the core particles was measured in a cell similar in basic design to that described by *Barclay* and *Ottewill* (18). The results obtained are shown in fig. 11. At low volume fractions the resistance to compression was negligible. At a volume fraction of about 0.55, however, the resistance to compression increased considerably with small changes of volume fraction and at a value of 0.566 very considerable resistance to compression was experienced. As can be seen from the figure, $\partial P/\partial\phi \rightarrow \infty$ at this point and the system became essentially incompressible. At the volume fraction of 0.566 since the system was fairly monodisperse with a core particle radius of 77.5 nm, the total distance of separation between the surfaces of the core particles was found to be 14.5 nm, corresponding to a contribution of 7.25 nm from each shell. The extended length of a poly(12-hydroxy stearic acid) chain is about 9 nm and using this value it can be estimated that the shell surfaces would just touch at a core volume fraction of 0.53. These data suggest that if the chains are extended in the shell layer, then some interpenetration of the layers must occur during compression, or alternatively, that the shell layers themselves are compressed. It is clear, however, that it is the interaction of the poly (12-hydroxy stearic acid) chains in the outer region of the shell layer which causes the strong repulsion between the particles. The form of the experimental curve given in fig. 11 certainly indicates that the potential energy curve given in fig. 10, in the absence of electrostatic interactions, is qualitatively of the correct form. It also confirms that the forces which arise from steric stabilizer layers are of short range, unlike electrostatic forces in dilute electrolyte solutions. In this content it is interesting to compare the results given in fig. 11 with those presented in fig. 3.

The present research on sterically stabilized systems emphasizes the need for more detailed knowledge about the actual thickness of the adsorbed, or anchored, layer and its variation with solvent conditions. Several attempts have been made to obtain such information on disperse systems (56), including rheological measurements (57), sedimentation studies (58) and light scattering (59).

Undoubtedly the most precise method, though not directly applicable to disperse systems, is to use the technique of ellipsometry (reflection polarimetry) whereby the amplitude and phase differences of a monochromatic polarized light beam, determined before and after reflection from the surface, can be directly related to the thickness and refractive index of an adsorbed layer (60). Gelatin was mentioned at the beginning of this section as the classical protective colloid. Despite the fact that its use in this capacity has been known for a long period, little information, if any, was available about the thickness of the layers formed by adsorbed gelatin molecules. In recent work, however, studies have been made by *Maternaghan* (61), using ellipsometry, of the adsorption of alkali-processed gelatin on to the 111-face of a single crystal of silver bromide. Measurements of the optical thickness of the adsorbed layers were made, as a function of pH, in 10^{-2} mol dm^{-3} potassium nitrate solution at pBr 3 and 40 °C. The maximum thickness of the adsorbed layer occurred just below the isoelectric point of pH 4.8 (see fig. 12). On the acid side of the isoelectric point the thickness decreased rapidly from about 40 nm at pH 4.5 to 15 nm at pH 3.5. Between pH 5.0 and 9.0 it remained essentially constant at about 30 nm. At the isoelectric point, at 40 °C, the gelatin

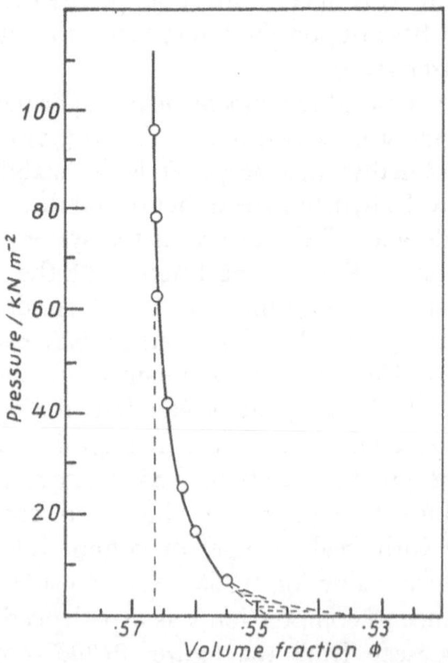

Fig. 11. Pressure against volume fraction for compression of a sterically stabilized poly(methyl methacrylate) latex. Core diameter of the particles = 155 nm.

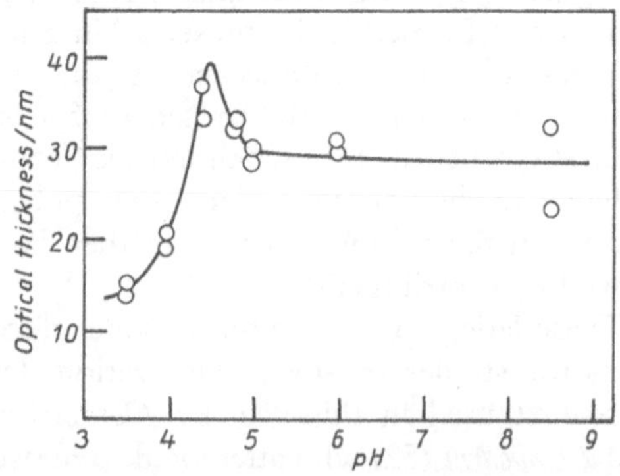

Fig. 12. Optical thickness of an adsorbed gelatin layer on a silver bromide surface as a function of pH, in 10^{-2} mol dm^{-3} potassium nitrate at pBr 3.

molecules exist in aqueous solution in the form of random coils with a net charge of zero. They appear, from these thickness results, to diffuse to the negatively charged silver bromide surface in this form and to adsorb in a conformation close to that possessed in solution. The reasonably thick layers formed by adsorbed gelatin molecules clearly account, at least in part, for the effectiveness of gelatin as a protective colloid.

Conclusions

In this presentation I have given a personal résumé of some aspects of the physical chemistry of disperse systems at the present time. It is brief and incomplete. Clearly, there is much to be undertaken in the future and the pathways taken must remain the choice of the individual research workers. A short while ago, however, a small panel of the Science Research Council tried to set down what they considered to be areas needing specific attention in the future.

I am sure I can do no better, in conclusion, than to quote their findings (3). They are given in tab. 2.

Tab. 2. Possible Areas of Future Research (3)

Basic Area	Possible Topics
Surface Chemistry	surface energy of solids (e.g. effects of wetting and adsorption), study of adsorbed layers by spectroscopic and optical methods.
Theoretical Studies	thermodynamics of colloids, further development of double layer theory, theory of interfacial layers, especially of steric stabilizers.
Interparticle Forces	direct measurement of forces between surfaces, effects of adsorbed layers, relevant theoretical studies on systems of simple specification.
Colloid Stability	effects of hydrodynamic factors on stability, stability of emulsions, heterocoagulation, stability of foams and the effect of polymeric stabilizers.
Colloid Properties	development of optical and spectroscopic techniques, rheological properties of model systems.
Chemical Reactions	chemical and biochemical reactions in or catalysed by colloids.
Lyophilic Colloids	liquid crystals, association colloids.
Aerosols	chemical formation and stabilization.
Biocolloids	membranes, cell and particle adhesion.

Acknowledgements

This paper contains the work of many of my collaborators. It is a pleasure to acknowledge my gratitude for their enthusiastic support and discussion, particularly, Drs. *L. Barclay*, *R. J. R. Cairns*, *I. C. Callaghan*, *J. W. Goodwin*, *T. Maternaghan*, *A. Parentich*, *P. N. Pusey* and *J. N. Shaw*.

Summary

A short review is presented of some current problems in the physical chemistry of disperse systems. The role of surface forces and the way in which knowledge about them can be used to rationalise the many phenomena which constitute Colloid Chemistry is discussed. Following, a critical appraisal of some current areas of research, an attempt is made to highlight some possible areas for future investigation.

Zusammenfassung

Es wird eine Übersicht über einige aktuelle Probleme der physikalischen Chemie disperser Systeme gegeben. Im besonderen wird die Bedeutung von Oberflächenkräften für viele Phänomene der Kolloidchemie diskutiert. Auf gegenwärtige und zukünftige Gegenstände der Forschung wird hingewiesen.

References

1) *Ostwald, W.*, Der Welt der vernachlässigten Dimensionen (Dresden and Leipzig 1915).

2) *Matijević, E.*, Chemical Technology **3**, 656 (1973).

3) Colloid Science, Science Research Council (London 1972).

4) *Goldberg, E. D.*, The Nature of Seawater, Dahlem Conference (Berlin 1975).

5) *Ostwald, W.*, J. Physical Chem. **42**, 981 (1938).

6) *Derjaguin, B. V.* and *L. Landau*, Acta Physicochim. U.R.S.S. **14**, 633 (1941).

7) *Verwey, E. J. W.* and *J. Th. G. Overbeek*. Theory of the Stability of Lyophobic Colloids (Amsterdam 1948).

8) *Kruyt, H. R.*, Colloid Science, vol. 1 (Amsterdam 1952).

9) *Reerink, H.* and *J. Th. G. Overbeek*, Disc. Faraday Soc. **18**, 74 (1954).

10) *Ottewill, R. H.* and *J. N. Shaw*, Disc. Faraday Soc. **42**, 154 (1966).

11) *Derjaguin, B. V.* and *V. M. Muller*, Doklady Phys. Chem. **176**, 738 (1967).

12) *Spielman, L. A.*, J. Colloid Interface Sci. **33**, 562 (1970).

13) *Honig, E. P., G. J. Roebersen* and *P. H. Wiersema*, J. Colloid Interface Sci. **36**, 97 (1971).

14) *Wiese, G. R.* and *T. W. Healy*, Trans. Faraday Soc. **66**, 490 (1970).

15) *Mackor, E. L.*, J. Colloid Sci. **6**, 492 (1951).

16) *Napper, D. H.*, Ind. Eng. Chem., Prod. R. and D. **9**, 467 (1970); M. T. P. Int. Rev. Sci., Series II **7**, Chap. 3 (1975).

17) *Hesselink, F. Th.*, J. Physical Chem. **75**, 65, 2094 (1971).

18) *Barclay, L. M.* and *R. H. Ottewill*, Spec. Disc. Faraday Soc. **1**, 138 (1970).

19) *Callaghan, I. C.* and *R. H. Ottewill*, Faraday Disc. Chem. Soc. **57**, 110 (1975).

20) *Callaghan, I. C.* and *R. H. Ottewill*, to be published.

21) *Clunie, J. S., J. F. Goodman* and *B. T. Ingram*, Surface and Colloid Science, 1971 **3**, 167.

22) *Buscall, R.* and *R. H. Ottewill*, in Colloid Science, (Specialist Periodical Report), The Chemical Society, London **2**, 191 (1975).

23) *Richmond, P.*, in Colloid Science, (Specialist Periodical Report), The Chemical Society, London **2**, 130 (1975).

24) *Israelachvili, J. N.* and *D. Tabor*, Prog. Surface Membrane Sci. **7**, 1 (1973).

25) *Matijević, E., A. D. Lindsay, S. Kratohvil, M. E. Jones, R. I. Larson* and *N. W. Cayey*, J. Colloid Interface Sci. **36**, 273 (1971).

26) *Brace, R.* and *E. Matijević*, J. Inorg. Nucl. Chem. **35**, 3691 (1973).

27) *McFadyen, P.* and *E. Matijević*, J. Colloid Interface Sci. **44**, 95 (1973).

28) *Matijević, E., R. S. Sapiesko* and *J. B. Melville*, J. Colloid Interface Sci. **50**, 567 (1975).

29) *Kotera, A., K. Furusawa* and *Y. Takeda*, Kolloid Z. u. Z. Polymere **239**, 677 (1970).

30) *Goodwin, J. W., J. Hearn, C. C. Ho* and *R. H. Ottewill*, Colloid and Polymer Sci. **252**, 464 (1974).

31) *Fitch, R. M.*, Polymer Colloids, Plenum, New York (1971).

32) Polymer Colloids, NATO Advanced Study Institute, University of Trondheim (1975).

33) *Barclay, L. M., A. Harrington* and *R. H. Ottewill*, Kolloid Z. u. Z. Polymere **250**, 655 (1972).

34) *Luck, W., M. Klier* and *H. Wesslau*, Die Naturwissenschaften **14**, 485 (1963).

35) *Luck, W., M. Klier* and *H. Wesslau*, Berichte der Bunsengesellschaft **67**, 75, 84 (1963).

36) *Hiltner, P. A.* and *I. M. Krieger*, J. Physical Chem. **73**, 2386 (1969).

37) *Parentich, A.*, University of Bristol, to be published.

38) *Brown, J. C., P. N. Pusey, J. W. Goodwin* and *R. H. Ottewill*, J. Phys. A: Gen. Phys. **8**, 664 (1975).

39) *Pusey, P. N.*, J. Phys. A: Gen. Phys. **8**, 1433 (1975).

40) *Bernal, J. D.* and *I. Fankuchen*, J. Gen. Physiol. **25**, 111, 147 (1941).

41) *Krieger, I. M.* and *P. A. Hiltner*, in Polymer Colloids, 63 (1972).

42) *Hachisu, S., Y. Kobayashi* and *A. Kose*, J. Colloid Interface Sci. **42**, 342 (1973).

43) *van Megen, W.* and *R. Snook*, J. Colloid Interface Sci., **53**, 172 (1975).

44) *Langmuir, I.*, J. Chem. Phys. **6**, 873 (1938).

45) *Zsigmondy, R.*, Z. Anal. Chem. **40**, 697 (1901).

46) *Freundlich, H.*, Colloid and Capillary Chemistry (London 1926).

47) *Heller, W.* and *T. L. Pugh*, J. Chem. Phys. **22**, 1778 (1954).

48) *Koelmans, H.* and *J. Th. G. Overbeek*, Disc. Faraday Soc. **18**, 52 (1954).

49) *Dolan, A. K.* and *S. F. Edwards*, Proc. Roy. Soc. **A337**, 509 (1974); **A343**, 427 (1975).

50) *Barrett, K. E. J.*, Dispersion Polymerization in Organic Media (London 1975).

51) *Osmond, D. W. J.* and *D. J. Walbridge*, J. Polymer Sci. **C30**, 381 (1970).

52) *Doroszkowski, A.* and *R. Lambourne*, J. Polymer Sci. **C34**, 253 (1971).

53) *Doroszkowski, A.* and *R. Lambourne*, J. Colloid Interface Sci. **26**, 214 (1968).

54) *Barsted, S. J., L. J. Nowakowska, I. Wagstaff* and *D. J. Walbridge*, Trans. Faraday Soc. **67**, 3598 (1971).

55) *Cairns, R. J. R.* and *R. H. Ottewill*, J. Colloid Interface Sci., in press.

56) *Vincent, B.*, Adv. Colloid and Interface Sci. **4**, 193 (1974).

57) *Roland, F., R. Bulas, E. Rothstein* and *F. R. Eirich*, Ind. Eng. Chem. **57**, 46 (1965).

58) *Ottewill, R. H.* and *T. Walker*, Kolloid Z. u. Z. Polymere **227**, 108 (1968).

59) *Kerker, M.*, The Scattering of Light (New York 1969).

60) *Stromberg, R. R.*, in Treatise on Adhesion and Adhesives (New York 1966).

61) *Maternaghan, T.* and *R. H. Ottewill*, J. Photographic Sci. **22**, 279 (1974).

Author's address:

Professor Dr. *R. H. Ottewill*
School of Chemistry, University of Bristol
Cantock's Close
Bristol BS8 1TS
England

Progr. Colloid & Polymer Sci. **59**, 27–32 (1976)

II.

Philips Research Laboratories Eindhoven (The Netherlands)

Measurements with colloids

G. Frens

(Received October 18, 1975)

Freundlich (1) taught that the behaviour of colloids is governed by capillarity, i.e. by surface forces. In this concept the lyophobic sol is the model of a typical colloid. It is a two phase system with an extremely large interface between the phases. The presence of this interface gives rise to repulsive ("entropic", "double layer") and attractive (e.g. "*van der Waals*") forces between particles which are dispersed in a continuous matrix phase. There exist other surface forces, like Born repulsion, magnetic interaction, hydration forces, but these are either weak, or very short range, or very specific for a given material. In special situations these "third" surface forces may play a role, but in the general understanding of colloids there is only room for surface forces which give interaction energies of the order of kT at particle distances of at least one particle diameter. The stability theory of colloids today consists in the superposition of the energy effects of the different surface forces. This sum is then compared with the equipartition energy of Brownian motion, in a way analogous to the theory of chemical reactions, but with an interparticle distance in the role of the reaction coordinate. A most elaborate example is the DLVO-theory (2, 3), which describes the stability and the coagulation of electrocratic colloids in terms of detailed, but general, calculations of the free energy of electrical double layers and the attraction due to *London* – van der Waals dispersion forces — and nothing more.

Measuring methods for parameters in theories of the surface forces were found as the ideas developed. The original question about colloids was whether a sol is a solution or a suspension. It was solved when the ultra microscope (4) resolved the particles in colloidal gold. The stability of lyophobic colloids was related to the charge of the particles in early electrophoresis experiments (5). This gave the basis for *Freundlich*'s stability theory, a theory which was superseded by the DLVO theory when the structure of the electrical double layer was elucidated in titration experiments (6) with concentrated suspensions. The kinetics of coagulation have been studied successively in the microscope (7), the test tube (flocculation series) (8), the turbidimeter (9) and stop flow apparatus (10) in parallel with the development of the stability theory. Today, in an era of instrumentation we have electron microscopes and Coulter counters, the ultracentrifuge, the flow ultramicroscope (11), and the sophisticated electronics of interfacial electrochemistry. Analytical chemistry has been refined (tracers, spectroscopy) so that minute amounts of adsorbed material can be measured. There is light scattering, ultrasound, laser beat spectroscopy to investigate what happens inside a suspension, and ESCA or ellipsometry enable the direct observation of adsorbed layers. Like in many branches of physical chemistry today it is more of a problem what a colloid chemist should measure, than how he can measure a parameter in which he chooses to invest his money and his interest.

Colloid science is based on the investigation of surface forces. It is not enough to postulate that colloids are controlled by surface forces, and apply, straight from the book, a generalized theory for a surface force in order to explain the behaviour of a given colloid. This would only show that in many cases there is a deviation between what one expects on the basis of the general theory, and what one observes in experiments with a particular sol. There is no need to ascribe such deviations to "new", "extra" or "third" surface forces. It is highly unlikely that a force of the correct magnitude should manifest itself only in one special colloid. Most deviations from the expected behaviour will be due to terms in the established theories of known surface forces, which become manifest in one colloid and can be neglected in another.

Rather than just describing colloids in terms of generalized surface forces, colloid science might investigate the workings of these surface forces. This can be done in measurements with model colloids. The measuring methods can be orthodox, if not old-fashioned. But a colloid qualifies as a model system if it differs from the ordinary in one, well defined parameter which has a role in the theory of surface forces. Investigations with such model systems can elucidate the effects of variations in such a parameter — which are bound to occur throughout colloid chemistry. In this paper we shall discuss some examples of such measurements with model colloids, why they are done, and what their implications are for the theory of surface forces.

a) The coagulation rate of monodisperse sols

Experiments with monodisperse sols are a fairly recent development, although monodisperse colloids have been available for many decades. The electron microscope had these sols recognized as monodisperse. Interest in the effects of particle size in colloid science began to rise. This, in turn, has led to the invention of preparation methods for many well characterized monodisperse colloids (12, 13, 14).

Thirty years ago *Verwey* and *Overbeek* gave an explanation why there is a sharp value for the critical coagulation concentration C_c. They calculated a stability ratio

$$W = 2a \int_{2a}^{\infty} r^{-2} \exp V(kT)^{-1} \, dr \, .$$

This is the factor by which the coagulation of particles of radius a and a potential energy of interaction V, function of their distance r, is slower than coagulation at $V=0$ (when no surface forces are effective). In the case that the surface forces are van der Waals attraction and double layer repulsion they could predict that a plot of log W vs log C (C = electrolyte concentration) consists of two straight portions, intersecting at C_c. The calculation showed that C_c would vary as z^{-6} with the counterion valence z, confirm the old empirical rule of *Schulze* and *Hardy*.

Reerink (15) confirmed the shape of the predicted log W – log C curve in an experiment with the AgI-hydrosol as model system. AgI in water obeys the Schulze–Hardy rule. It is a very stable electrocratic colloid. Its surface properties had – even in 1951 – been characterized in extraordinary detail. The experimental observation of the predicted log W – log C curve was commonly accepted as proof for the validity of the DLVO approach.

However, the theory predicted also that the slope of the log W – log C curve should be proportional with the particle radius a in the parts which describe slow coagulation. This could not be verified in the experiments. At the time the results were deemed inconclusive. The experiments were carried out with suspensions differing in their average particle size and not with monodisperse colloids of different size.

The availability of monodisperse polymer latices made it possible to check the effects of particle size on the rate of coagulation (16, 17). With these new model systems it was observed that the rate of slow coagulation is almost independent of the particle size. Even the rate of rapid coagulation differed from the expectations (18). Many "rapid" coagulations turned out to be considerably slower than they should — given the particle size, the sol concentration and the Smoluchowski equation for Brownian diffusion.

As yet there is no explanation why these observations with rather well characterised dispersions are at variance with the most central DLVO-theorem. It has been attempted to extend the theory with other modes of interaction than double layer repulsion and van der Waals attraction – e.g. hydrodynamic interaction between colliding spheres (19, 20). Invariably, however, the theory seems to predict that the rate of slow coagulation depends on the particle size, whereas the experiments show the contrary. It seems established that there is an energy barrier for the collision of two particles which depends on the concentration of electrolyte. But the magnitude of this barrier, measured in kT units seems independent of the particle size. At least in monodisperse latices.

Let me propose an experiment. One could prepare four groups of monodisperse suspensions with different materials but equal particle sizes – e.g. suspensions with 500 Å and 1500 Å particles of Polystyrene, Se, Au and Chromia. Measuring the coagulation rates in these suspensions one could establish if the observations are general and relate to lack of understanding of the effects of particle size on colloid stability, or specific, relating to lack of characterization of the model colloids.

b) Colloidal metals

Metal sols have not been used widely as model systems for the study of the stability of electrocratic colloids. This despite the fact that the electrochemistry of metal/electrolyte interfaces has been studied in great detail. A reason seems to be, that there is a strong specific ("superequivalent" (21)) adsorption of anions in nearly all stable colloidal metals (22). This obscures the relation between the charge on the metal and the charge in the diffuse layer: metal sols have negative ζ-potentials on both sides of the zero point of charge.

But there is no doubt that metal sols are electrocratic colloids. They obey the Schulze–Hardy rule, which relates their stability to double layer repulsion. The DLVO-theory should apply to colloidal metals, even if the repulsion is caused by rather complicated double layers.

In a metal sol it is easy to measure the particle size, the critical coagulation concentration and the ζ-potential. And many colloidal metals are monodisperse, with spherical particles of about 200 Å diameter. From these data it is possible to calculate a value for the material constant A of the van der Waals attraction with the DLVO-theory. We have done this for a number of monodisperse gold and silver sols (23), and found that A was not a constant. For gold it increased from $A = 2 \times 10^{-13}$ erg at a particle radius $a = 80$ Å to $A = 6 \times 10^{-13}$ erg for $a = 620$ Å (24). These A-values differ from the theoretical expectations by an order of magnitude. In fact they are much smaller than the contribution of the conduction electrons alone to the attraction is supposed to be.

It seems too simple to conclude that a colloidal chemical determination of A should not be trusted, as has been implied in the literature (25). With the theoretical magnitude of the attractive forces there would not be any stable electrocratic metal sols. We think that the surprising stability of colloidal metals is due to the smallness of the particles inside which the conduction electrons are contained. Such a manifestation of an effect of high dispersity on the properties of a material can only be observed with particles of the right, colloidal, size. If the DLVO-theory applies and gold sols are well-behaved model colloids then we need a more complete theory of the dispersion forces between small (metal) particles at a small interparticle distance than has been used until now in the analysis of colloidal phenomena.

c) The double layer and the properties of the solid

The most popular model system for the electrocratic colloids has been the AgI-hydrosol. Its particles are tiny non polarizable electrodes, just like the hypothetical particles in the calculation of the free energy of the double layer by *Verwey* and *Overbeek*. The surface charge, and its relation to the surface potential of AgI have been measured by the potentiometric titration of suspensions (26, 27). From these one can obtain the integral and the differential capacity of the double layer – quantities which can also be measured with a capacitance bridge (28). The data are consistent. It has been attempted to fit them in a double layer model (29). This can be done if some rather specific assumptions about the dielectric constant and the adsorption in a "Stern" layer are introduced. *Honig* (30) has investigated the double layer at the surface of AgBr. This material is analogous with AgI in many respects, but it has one specific advantage as a model system: AgBr is a photosensitive material of considerable importance, and therefore the physics and the solid state chemistry of the substance are known in great detail. Solid state chemists, instead of concentrating on pure AgBr, have doped their materials with controlled amounts of impurities. Replacing some Ag^+ or Br^- ions in the lattice with divalent Pb^{2+} or S^{2-} will alter the "defect chemical" equilibrium of vacancies and interstitial Ag^+ ions in the solid. It had been suggested that there is a relation between the state of this equilibrium and observables in colloid science such as the point of zero charge (32).

Honig found that the point of zero charge will shift when Pb^{2+} or S^{2-} are substituted into AgBr. The sign and the magnitude of the shift are in agreement with the rules of solid state science and the well known properties of AgBr. This result implies equilibration of the Ag^+-ions in solution with the system of vacancies and interstitials inside the solid as the potential determining mechanism in substances like AgBr and AgI. Thus the defect chemistry of the solid enters into the description of the double layer, and *Honig* has shown how this could make a number of the non-empirical assumptions about a Stern layer superfluous in a quantitative explanation of the double layer capacity (31).

The way in which the double layer capacity changes as two surfaces come together is the basis for the calculations of the double layer repulsion. It may be rather different whether the adaptation of the surface charge occurs via specific adsorption, through equilibration of a vacancy concentration, or in a reduction reaction at a metal surface. It may also be different whether the charge carriers in the particle are ions, as in AgBr, or electrons, as in a metal. Such factors will be responsible for different rates of adaptation of the different components of the double layer capacity – and therefore for extra terms in the potential energy of the double layer. A simple example of such a term is found in ref. (33), where an equation for the repulsion between double layers with a constant charge is given as the sum of the repulsion at constant potential (i.e. full adaptation) and a correction term which represents the extra repulsion when all the equilibration is slower than the collision of the particles.

It seems probable that extra terms of this type have sometimes been observed in experimental situations. Attempts to relate them to the solid state chemistry of the material are scarce. But *Honig*'s experiments with a well defined model suspension have demonstrated the potential importance of an approach in which the properties of the particle material are seriously taken into account.

d) Non-equilibrium

When physical chemistry was still equilibrium thermodynamics it was customary to describe a reaction in terms of the affinity of the reactants (the particles) and the structure of the products (the flocs). Reaction rates were difficult to describe. In fact the DLVO theory was one of the earliest quantitative theories of a rate process. Today, pulse and flash techniques, executed with fields, currents, light, pressure, temperature etc. have greatly reduced the time needed for a physico-chemical observation. It is now possible to measure transient effects, rates, processes in progress, and as a result the appetite of colloid scientists for the studies of rates and non-equilibria has grown appreciably.

Mysels' study of bursting soapfilms (34–37) is a point in case. He wanted to measure the growth rate of a hole in a broken soapfilm. The film was ruptured with an electric spark. The field of the spark triggered a flash unit, and this, after a preset time delay of e.g. 200 μsec., delivered a light flash of extreme intensity and a duration of 1 μsec. An open camera gave a photograph of the film during the flash, and from series of such photographs at different delay times the rate of collapse of the film could be determined.

On these photographs *Mysels* and *McEntee* (34) discovered a new phenomenon, the "aureole". This aureole around the hole in the soapfilm is an area of supersaturated, thickened, non-equilibrium film with a gradient in the surface tension (35). The measuring method for the rate of collapse had also produced the first observation of another non-equilibrium condition. After the discovery of the aureole it was, of course, possible to design more specific measuring methods, e.g. for the determination of the aureole profile and its changes in time. From this the rate of surfactant desorption could be deduced (36).

The special feature of soapfilms as model colloids is that they are macroscopic in two of their dimensions. They can therefore be measured, monitored, observed with methods like flash photography which are powerful *per se* but not very suitable for objects of a colloidal size. In the third dimension a soapfilm is colloidal, and its thickness fluctuations, light scattering, drainage, collapse are effected by capillary forces. Thus the soapfilm is a very suitable object for sophisticated modern (fast) instrumental measurements in which the capillary forces are seen in action, i.e. out of equilibrium.

e) Magnetic suspensions

Van der Waals attraction and double layer repulsion are not the only surface forces in colloid chemistry. In industrial environments there is much work with non-aqueous suspensions. In these the flocculation, sensitization and stabilization of suspensions with polymers is much more important than the double layer forces. Van der Waals forces are omnipresent, but rather weak. In some cases there are much stronger attraction forces in a suspension, e.g. in the magnetic suspensions. Magnetic forces are well known in magnitude geometry, range and distance dependence. It would seem that a magnetic suspension is an excellent model system for the study of repulsion forces between particles. At least, if the repulsion is strong enough to keep a magnetic suspension stable.

There have been a number of studies concerning suspensions of tiny, superparamagnetic particles, the so-called ferrofluids (38). In such particles the magnetic dipole moment is subject to random fluctuations in direction. As a result the magnetic interaction is rather weak, and somewhat complicated theoretically.

Recently *Scholten* published experiments with needle shaped ferromagnetic particles (39), which have a permanent dipole moment. It is quite a problem to prepare a stable suspension of ferromagnetic particles. There exist no magnetic monopoles, and therefore, there is no magnetic equivalent of a Debye length. Ferromagnetic particles attract each other with unshielded dipole forces, and therefore over long distances. It was found though that layers of adsorbed polymer can be made thick enough for the stabilization of a ferromagnetic Fe_2O_3 suspension.

Ferromagnetic particles can be oriented in an applied magnetic field, and the birefringence of the oriented suspension can be measured. *Scholten* determined how the induced birefringence changes as a function of the magnitude and of the frequency of an applied magnetic field. A d.c. field aligns the particles with the field in a position of minimum energy. When the field is turned off the particles become disoriented by Brownian motion. The relaxation of the birefringence can be measured. It enables computation of the rotational diffusion coefficient of the particles, and therefore – with the known, independently determined particle size, – of the thickness of the adsorbed polymer layers.

In a.c. magnetic fields it depends on the frequency and the amplitude how the particles are oriented. At low frequencies the particles rotate as their permanent dipole follows the field. At higher frequencies the rotation cannot follow quick enough and the particles are oriented perpendicular to the field. However, if the amplitude of an a.c. field is very large the particles remain aligned with the field. Instead of rotating they switch the direction of the polarization inside the material. Such an experiment can be used for the determination of switching modes, switching rates, switching fields in very small ferromagnets.

The magnetically induced birefringence of a suspension is known as the Cotton-Mouton effect (40). It is the magnetic analogue of the Kerr-effect. Measurements of this type are based on the possibility to apply a force to the suspension particles without affecting their surroundings. Electrophoresis is another technique of this type, but in applying electrical fields there is a force on all charges, including those in the medium. The application of magnetic fields to ferromagnetic, ferrimagnetic or superparamagnetic particles is a much more selective tool. Again it is because the suspension particles have this one special and well defined property that they qualify as a useful model system.

Conclusion

Solid state scientists would describe *Honig*'s experiment as an attempt to analyse the defect chemistry of AgBr by interpreting a colloid chemical measurement of zero charge potentials with the theory of *Grimley* and *Mott*. With colloidal gold we tried to analyse the special properties of small pieces of metal by interpreting a colloid chemical measurement of the sol stability with the DLVO-theory. The Cotton Mouton measurements translate into magnetic language a determination of switching in small ferromagnets.

Experiments of this type are not merely materials research, they indicate an opportunity for the investigation of the surface forces in colloid chemistry. Magnetism, defect chemistry, metals physics and other disciplines have developed considerable knowledge about the properties of specific materials. There exist colloids – or they can be made – which have special properties of the material. With such colloids our industries make their paints, recording tapes, resistors, tires, films, TV-screens, butter, cheese and margarine. Some of these special properties have colloid chemical effects, as we have seen in five examples. Measurements with colloids having such properties provide the colloid chemist with the extra dimension, needed for the investigation of surface forces. The surface forces which govern colloid behaviour – double layer repulsion, van der Waals forces, interaction between adsorbed layers – are expressions of the properties of quite different materials. In experiments with model colloids they can be analyzed as such. Colloid science may loose some of its picturesque "third forces" in the process, but gain insight in the nature of the surface forces by which it is kept together.

Summary

Measurements with well characterized model colloids give clues to the nature and the properties of the surface forces between particles. Some examples of such investigations are given.

Zusammenfassung

Messungen an wohldefinierten Modellkolloiden sind eine geeignete Methode zur Untersuchung der Art und Wirkung von Oberflächenkräften. Einige Beispiele von solchen Studien werden gegeben.

References

1) *Freundlich, H.*, Kapillarchemie (Leipzig 1909).

2) *Deryagin, B. V.* and *L. Landau*, Acta Physicochem. **14**, 633 (1941).

3) *Verwey, E. J. W.* and *J. Th. G. Overbeek*, Theory of the stability of lyophobic colloids (Amsterdam 1948).

4) *Zsigmondy, R.*, Zur Erkenntnis der Kolloide (Jena 1905).

5) *Burton, E. F.*, Phil. Mag. **11**, 425 (1906).

6) *Verwey, E. J. W.* and *H. R. Kruyt*, Z. Phys. Ch. **A 167**, 149 (1934).

7) *Westgren, A.* and *J. Reitstötter*, Z. Phys. Ch. **92**, 750 (1917).

8) *Klompé, M. A. M.*, Thesis (Utrecht 1941).

9) *Troelstra, S. A.* and *H. R. Kruyt*, Koll. Beih. **54**, 225 (1943).

10) *Lichtenbelt, J. W. Th., C. Pathmamanoharan* and *P. H. J. Wiersema*, Coll. Int. Sc. **49**, 281 (1974).

11) *Deryagin, B. V.* and *G. J. Vlasenko*, J. Coll. Sc. **17**, 605 (1962).

12) *Van den Hul, H. J.* and *J. W. Vanderhoff*, Brit. Polym. J. **2**, 121 (1970).

13) *Stone–Masui, J.* and *A. J. Watillon*, Coll. Int. Sc. **52**, 479 (1975).

14) *Demchak, R.*, and *E. Matijevic*, J. Coll. Int. Sc. **31**, 257 (1969).

15) *Reerink, H.* and *J. Th. G. Overbeek*, Disc. Far. Soc. **18**, 74 (1954).

16) *Watillon, A.* and *A. M. Joseph–Petit*, Disc. Far. Soc. **42**, 143 (1966).

17) *Ottewill, R. H.* and *J. N. Shaw*, Disc. Far. Soc. **42**, 154 (1966).

18) See ref. 10 and a survey in ref. 20.

19) *Spielman, L. A.*, J. Coll. Int. Sc. **33**, 562 (1970).

20) *Honig, E. P., G. J. Roebersen* and *P. H. Wiersema*, J. Coll. Int. Sc. **36**, 97 (1971).

22) *Frens, G.* and *J. Th. G. Overbeek*, Kolloid-Z. u. Z. Polymere **223**, 922 (1969).

23) *Frens, G.*, Kolloid-Z. u. Z. Polymere **250**, 736 (1972).

24) *Frens, G.*, Phys. Lett. **44 A**, 208 (1973).

25) *Visser, J.*, Adv. Coll. Int. Sc. 3, 331 (1972).

26) *Van Laar, J. A. W.*, Colloid Science I, pg 162 (Amsterdam 1952).

27) *Lyklema, J.* and *J. Th. G. Overbeek*, J. Coll. Sc. **16**, 595 (1961).

28) *Engel, D. J. C.*, Thesis (Utrecht 1968).

29) *Lyklema, J.*, Trans. Far. Soc. **59**, 418 (1963).

30) *Honig, E. P.* and *J. H. Th. Hengst*, J. Coll. Int. Sc. **31**, 545 (1969).

31) *Honig, E. P.*, Trans. Far. Soc. **69**, 2248 (1969).

32) *Grimley, T. B.*, Proc. Royl Soc. (London) **A 201**, 40 (1950).

33) *Frens, G.* and *J. Th. G. Overbeek*, J. Coll. Int. Sc. **38**, 376 (1972).

34) *Mc Entee, W. R.* and *K. J. Mysels*, Phys. Chem. **73**, 3018 (1969).

35) *Frankel, S.* and *K. J. Mysels*, J. Phys. Chem. **73**, 3028 (1969).

36) *Florence, A. T.* and *G. Frens*, J. Phys. Chem. **76**, 3024 (1972).

37) *Frens, G., K. J. Mysels* and *B. R. Vijayendran*, Spec. Disc. Far. Soc. **1**, 1 (1970).

38) *Hayes, C. F.*, J. Coll. Int. Sc. **52**, 235 (1975).

39) *Scholten, P. C.*, I.E.E.E. Trans. Magn. **11**, 1400 (1975).

40) *Majorana, Q.*, C. R. **135**, 159 (1902).

41) *Cotton, A.* and *H. Mouton*, C. R. **141**, 317 (1905).

Author's address:

G. Frens
Philips Research Laboratories
Eindhoven (The Netherlands)

Progr. Colloid & Polymer Sci. **59**, 33–40 (1976)

III.

Weizmann Institute of Science, Rehovot (Israel)

Stabilization and conversion of states of colloidal distribution

A. Silberberg

With 2 figures

(Received October 28, 1975)

Colloids are particle suspensions, but not every particle suspension is a colloid since, for a system to be considered a colloid, it must be stable, or at least metastable. A particle suspension will, therefore, be a colloid only if the size of the dispersed particles is – and can be kept – below a certain range of dimensions: Unless the particles are small enough, Brownian motion will not suffice to overcome density differences and ensure a relatively homogeneous distribution; unless the particles are stabilized they will coalesce or disperse further and change the nature of the suspension.

On this basis stable, true solutions, where the particles are molecules, could be considered colloids, but personally I believe that such systems should be excluded. I believe that colloids should be looked upon as states of arrested phase separation and that it be an essential feature of a colloid that its dispersed phase, the particles, be molecular aggregates. A colloid is thus, to my mind, a stabilized particle suspension, where the particles consist of two or more molecules, not necessarily of the same kind.

They are solutions which have become unstable, when a phase separation was initiated, but the process stopped at a certain level; or they are mixtures, brought into a fine state of dispersion, but not taken to the molecular limit and stabilized in the colloidal size range.

It does not matter here whether the dispersed phase is solid, liquid or gaseous or whether the dispersion medium is solid, liquid or gaseous. What matters only is that the system be relatively homogeneous, be reasonably stable and that the disperse phase be molecularly complex.

Sometimes, but only sometimes, do these states of dispersion represent thermodynamic equilibria. In most instances colloidal systems are not equilibrium states, but metastable states of special construction whose character will strongly depend upon the method followed in their production. Hence it is always fair to ask, when detailing a colloidal state, not only for a description of the morphology and molecular arrangements of the system, but also for an account of its immediate past history. A description of the system leaving out the method of preparation is often completely without value.

By adopting the definition that the colloidal particle must consist of at least two molecules we have – purposely – excluded non-aggregated macromolecular solutions from being classed as colloidal systems. This, to my mind, is not a deficiency of the definition, nor is it a mistake to leave those apparently most typical systems excluded. They are "colloidal" only in the sense that they, in certain physical and physico-chemical test procedures, respond as though they were colloids. They are true solutions, i.e. molecular dispersions, and are best distinguished and kept distinct from dispersions of aggregates.

In fact it is fair and practically convenient to turn the argument around and to study colloidal systems in terms of what we know of solutions. Not to say that macromolecular solutions share some of the features of colloidal systems, but that colloidal systems are so constructed that they try to be macromolecular solutions. Macromolecular solutions can in fact be looked upon as limiting cases, or as prototypes, of what colloidal systems aim to be and how they aim to be stabilized.

In creating colloidal systems, or altering them, one is thus following procedures which create particles which look and behave like macromolecules and which will give stable suspensions under conditions under which the corresponding macromolecular solution would be stable. We may even state that it is the effort of the colloid chemist to find ways and means to build-up a particle, by using a combination of molecules and arranging them in a certain way, such that in the final analysis the properties of the assembled particle resemble those of a macromolecule in solution.

This point of view, which certainly differs from the "classical" and to some extent from current thinking (1) will now be examined in greater detail.

Features of macromolecular solutions

The essential features of macromolecular solutions can be discussed as special cases of the features of simple solution theory. There it is assumed that mixing is ideal. It occurs between units of equal size and no volume change accompanies the process. The distribution of contacts between like and unlike species is thus purely random and can be used to calculate the internal energy, as though it were independent of how the contacts are distributed. Under these circumstances the free energy of mixing a volume V_o of the solution, is given by (2)

$$\Delta F_M = V_o kT\,[\phi \ln \phi + (1-\phi)\ln(1-\phi) + \chi\phi(1-\phi)] \qquad [1]$$

$$V_o = V_p$$

$$\phi = n_p/(n_o + n_p)$$

where V_o and n_o and V_p and n_p are molecular volumes and the number of molecules of species "o" and "p" respectively and ϕ is the volume fraction of the solute species "p". The parameter χ is an internal energy term and is given by

$$\chi = C\left[w_{po} - \frac{1}{2}w_{pp} - \frac{1}{2}w_{oo}\right]\Big/ kT$$

where k is the Boltzmann constant, T the absolute temperature, C is the number of contacts between a molecule and its neighbors and w_{po}, w_{oo} and w_{pp} are the respective potential energy values, per contact, for contact between "o" and "p", "o" and "o", and "p" and "p" respectively. To the extent that these contacts involve van der Waal's type interactions only, it is generally true that $w_{po} > \frac{1}{2}(w_{oo} + w_{pp})$ and that χ is positive. Only in the case of very strong repulsion, when w_{pp} is high enough, does χ become negative.

We have the situation, therefore, that of the three terms in [1] the first two are negative and favor mixing, but that the third term is normally positive and opposes it. While one-phase mixing is impossible when $\Delta F_M > 0$ it does not necessarily follow that a phase separation will be prevented under all conditions when $\Delta F_M < 0$. This can be examined more specifically if we remember (3) that the critical conditions for phase separation correspond to

$$\partial^2 \Delta F_M/\partial^2 \phi = \partial^3 \Delta F_M/\partial^3 \phi = 0 \qquad [2]$$

which introducing [1] give

$$\phi_c = 1/2$$

$$\chi_c = 2\,. \qquad [3]$$

If χ is less than χ_c the system is stable at all concentrations, if $\chi > \chi_c$ the system will be unstable and separate into two phases over a range of compositions, if $\chi = \chi_c$ the system is potentially unstable but only at the point $\phi = \phi_c$, the critical point, will there actually be a phase separation.

In terms of the energetics of the formation of a solute-solute contact the above scheme has the following implication (see fig. 1). When $\chi \leq 0$ the "$p-p$" contact will be either completely destabilized or only mildly held in place. When $\chi > 0$, however, the normal situation, a well defined energy minimum can develop so that the solute association is not energetically prohibited. The interaction of the solute particles (molecules) is attractive. Nevertheless, mixing will be complete at all compositions provided $\chi < \chi_c$ which in the present case corresponds to a relatively large $2kT$. Even if $\chi > \chi_c$ complete dissolution will still occur at many concentrations.

When the solute species is a linear, randomly coiling polymer (fig. 2a), $V_p = PV_o$ where,

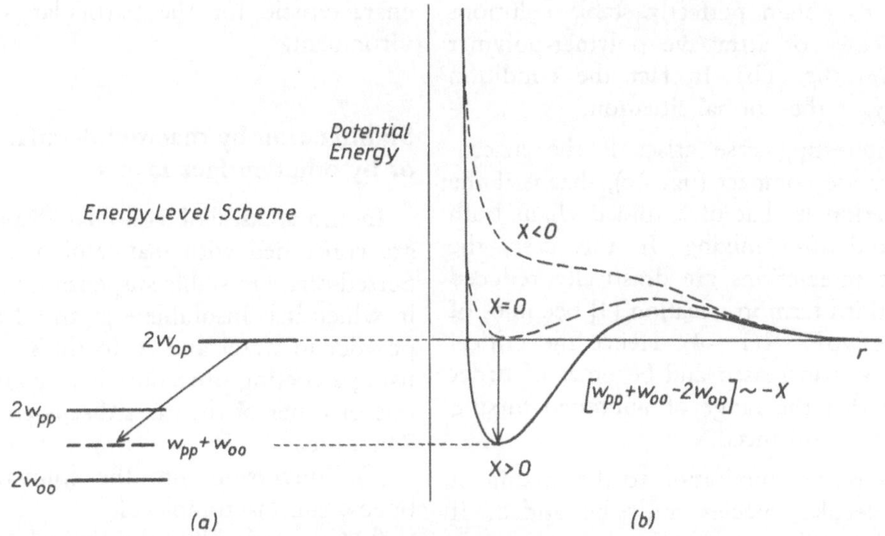

Fig. 1. Energetics of the Formation of a Solute-Solute Contact in a Solvent Environment. "o": solvent "p": solute. The energy level for the "o–p" contact lies above either "p–p" or "o–o". In forming a "p–p" contact both "p" contacts with "o" have to be broken and an "o–o" contact made. Hence the formation of the bond involves a potential energy change proportional to $[w_{pp} + w_{oo} - 2w_{op}]$ i.e. to $-\chi$.

in general, P is a large number. Under these circumstances, expression [1] becomes [4]

$$\Delta F_M = V_o kT\,[(1/P)\,\phi \ln \phi + (1-\phi)\ln(1-\phi) + \chi\phi(1-\phi)] \quad [4]$$

$$V_p = PV_o$$

$$\phi = Pn_p/(n_o + Pn_p)\,.$$

We note that equation [1] is recovered when $P=1$. Among the important assumptions made to get to [4] is the assumption that mixing is sufficiently good and homogeneous (due to the open chain structure of the macromolecule) that the third term in [4] is identical with the third term in [1]. Hence the only difference is the factor $(1/P)$ in the first term and this arises purely from consideration of differences in size (4). It has, however, to be assumed that the mixing process does not alter the structure of the macromolecule from what it was in the unmixed state.

Substituting [4] into equations [2] we now find for the critical point

$$\phi_c = 1/(1 + P^{1/2})$$

$$\chi_c = (1/2)(1 + 2P^{-1/2} + P^{-1}) \quad [5]$$

and immediately see the great impact of the factor P. Whereas in the low molecular weight case only systems where χ exceeded $\chi_c = 2$ were potentially unstable, this has been reduced to $\chi_c = 1/2$ for a macromolecular solution. Nevertheless, χ_c is still positive. Hence it is

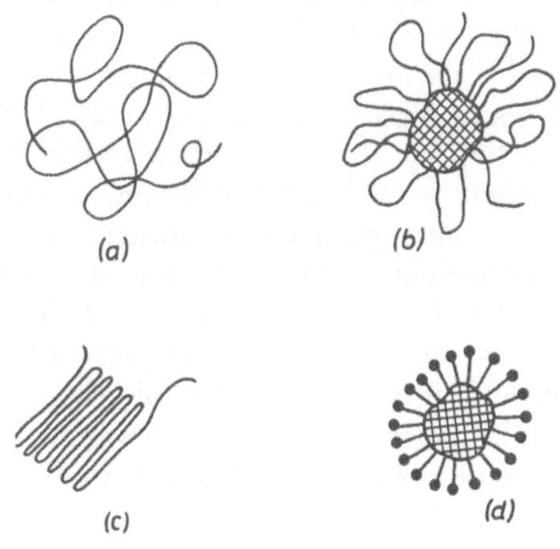

Fig. 2. Macromolecular Conformations and Stabilized Particles (a) Open chain random coiled macromolecule; (b) Colloidal particle with adsorbed (or attached) loosely looped macromolecules. – From outside, this structure resembles (a); (c) Intramolecularly folded macromolecule. This is generally a copolymer and the parts of low solubility are self-compensated and removed out of contact with solvent; (d) Colloidal particle with low molecular weight (surfactant) cover. The coating particles are highly bi-polar. The particle compatible part sticks to the particle surface converting it into a solvent compatible surface. As in (c), the solvent favorable groups are turned to the outside.

possible to obtain perfectly stable solutions also in cases of attractive polymer-polymer interaction (fig. 1b). In fact the condition $0 < \chi < \chi_c$ is the normal situation.

An interesting case arises if the macromolecules are compact (fig. 2c), that is if the conformation is that of a folded chain both before and after mixing. In this case, the energetic interactions are drastically reduced and the third term in equation [4] becomes of the order $\chi\phi P^{-1/3}(1-\phi)$. Hence the critical value of χ is increased and becomes of order $2P^{1/3}$ so that the range of unlimited mixing is very much enhanced.

One important limitation to the mixing of macromolecular species must be added. If chemically unlike macromolecules occur side by side, their interaction parameter (the parameter analogous to χ) must be zero or negative for compatibility. This can be seen from equation [4]. If both species which mix are polymeric, both the first terms in the expression will be suppressed by factors of the order $(1/P)$ and the third term cannot be allowed to go positive.

Hence when trying to convert colloidal suspensions effectively into macromolecular solutions, every attempt should be made to make the system look like a solution of a uniform macromolecular species. In this way problems of incompatibility are avoided. It is clear, however, that this consideration fades away when $\chi \leq 0$ i.e. when strong repulsion between solute particles is present. This is most conveniently achieved by putting electric charges (of the same sign) on the particles. On this basis many colloidal suspensions are stabilized, but in the case of liquid dispersion media, the method is restricted to water and to concentrations of added salt which are not too high.

If stabilization by charging the particles is impossible or ineffective the device of making the particles look like a suspension of uniform macromolecules remains. This method, usually referred to as steric stabilization in fact depends upon a reduction of the high χ-value of the uncoated particle to the much lower value of the polymeric coat put on the particle. It is, of course, required that the macromolecular solution so imitated will indeed be stable at the overall concentration and at the χ-value characteristic for the particular solvent environment.

Stabilization by macromolecular or by other surface layers

In most cases of colloidal dispersions we are concerned with maintaining a finely dispersed phase in stable suspension in a medium in which it is insoluble e.g. an oil in water, a powder in water and so forth. The approach using a coating procedure is to convert it into one or other of the cases discussed below (5). These are

(a) Conversion into the equivalent of an open chain macromolecule

(b) Conversion into the equivalent of a compact macromolecule of uniform external composition

(c) Conversion into the equivalent of a charged macromolecule compact or open chain.

(a) Conversion into the equivalent of an open chain macromolecule

This is done as a rule by creating a surface coating of macromolecules. A number of approaches can be used (5):

(i) Physical adsorption

Most macromolecules adsorb well at solid-liquid interfaces and create a diffuse but saturated surface zone even in contact with extremely dilute solutions. In fact, it is very difficult to remove macromolecules from surfaces once they have adsorbed, so that even against media almost free of macromolecules in solution there would be only the slowest release of the adsorbed species. The diffuse zone is thick, extending as a rule over 10–100 nm and completely prevents the contact between the core material. The interaction will be reminiscent of the encounter of two similar macromolecules in solution. A wide variety of materials can simultaneously be suspended if the same macromolecular adsorbing species is used.

A problem arises mainly with respect to two opposing requirements. The macromolecular species used in the coat should have a low χ and be well soluble, on the other hand, good adsorption requires, in general, that the macromolecule be poorly soluble and that its χ be close to χ_c. Compromise is needed and limits the choice of coating materials.

(ii) Physical embedding

Here a copolymer is used where one monomeric species has a strong affinity for the solid or liquid particle whereas the other does not tend to adhere but solvates rather well. Block copolymers are used and the effect is to bring the adsorbing section into complete contact, leaving the non-adsorbing portion on the surface free to produce the solubilizing diffuse zone. Alternatively, a random copolymer can be used if the adsorbing monomer is present in lower amount but possesses particularly high affinity for the solid substrate. In the case of the suspension of an immiscible liquid, however, the block copolymer is most useful, since its two parts can be so chosen to be miscible, say, only in oil and only in water respectively.

The main problem in this case is the need to dissolve the copolymer in the dispersion medium prior to allowing it to adsorb. The medium insoluble part does not help in this respect and the conformation adopted by the copolymer in solution may be so intramolecularly collapsed and stabilized that no adsorption occurs. Hence here as well compromise is needed.

(iii) Chemical attachment

Polymer chains can be terminally attached by a suitable chemical bond or can be specifically grown on the particle surface.

(b) Conversion into the equivalent of a compact macromolecule of uniform composition

This case covers the use of detergents and other surface active agents to alter the surface properties of the suspended phase. In a sense it is the equivalent of the copolymer adsorption case except that a relatively small molecule is used, one end of which must adhere extremely well to the solid or liquid particle to be dispersed, the other is suspending medium compatible (fig. 2d). Since small molecules are involved, the activation energy for adsorption and desorption is far less per molecule than in the macromolecular case. Hence the systems created will tend to stabilize only at or very close to thermodynamic equilibrium. It is therefore not as easy to "cheat" the system as if macromolecules were used. There, i.e. in the macromolecular case, clever manipulations can assure the creation of a system which is quite stable for a very long time even though quite remote from thermodynamic equilibrium.

(c) Conversion into the equivalent of a charged macromolecule; open chain or compact

The use of a surface charge for colloidal stabilization is, of course, as already pointed out the traditional approach. Even in the presence of a reasonable concentration of neutral salt in the aqueous phase the potential is sufficiently long range so that attractive contact interactions between particle surfaces can be inhibited, or at any rate made unlikely. Of course, a fairly dense, relatively uniformly distributed surface charge is required but a major increase in ionic strength, or the introduction of a polyelectrolyte of opposite charge can lead to rather rapid flocculation of the system.

Origins of instability

The stability of the colloidal dispersion requires that the mixing characteristics of the particles be repulsive or of sufficiently low attraction that no phase separation or aggregation tends to occur. In addition and perhaps most critically it depends upon the stability of the particles themselves. As long as the build-up of the particles is based on secondary i.e. easily reversible bonds, the possibility of a rearrangement is always present. Rarely in fact is the structural arrangement of the particle, at the given state of dispersion, the absolute equilibrium. Very often it is only the high activation energy for rearrangement that prevents a structural rearrangement of the particle from occurring at a measurable rate.

To understand this better let us return to the remark made earlier that colloidal systems correspond to cases of arrested phase separation. We are operating close to or even at a point of instability. The system tends to be either single phase or two phase with a minimum of interface since surface zones inevitably are associated with an excess free energy.

Hence a disperse system with its large surface area is unfavorable either because the system should be single phase and surface area should be zero, or the system should be two phase and the surface area should be as small as the geometric constraints of the system permit. If stabilization is nevertheless possible it is because special conditions were introduced at some stage while the system was going through the transition range, which now change the requirements. These new conditions always involve changes made specifically to the particle, for example by the placement of charges, or by the creation of a surface coat of different chemical constitution. These are devices, and these devices cannot be more effective than the constraints they are now assumed to have created. For example, if the particle substance is soluble in the dispersion medium but the surface coat prevents the solvent from reaching the particle, the process will only work as long as no cracks in the coat have any chance of appearing. If the extent of the surface of the particulate phase is determined by the amount of polymer or other surface active agent added, this can break down if the surface active agent can self-associate and form a different kind of particle, thereby exposing some of the surface of the original colloid system. In other words, these systems are never absolutely stable but depend upon internal constraints. If the internal constraints are very hard to remove, the stability may seem to be absolute but under most conditions gradual changes are almost inevitable.

These constraints of course can apply both to the surface coat and to the core material and both can undergo rearrangement. In particular the diffuse macromolecular coat if unstable can give rise to molecular bridges going from particle to particle. Even if the χ-value of the polymeric coat is satisfactory, conformational advantages can under circumstances cause bridges to be preferred over the looped coating. The tail pieces at the ends of adsorbed macromolecules in particular can give rise to bridges if bare patches on the particle surface can develop.

This process, flocculation, is moreover frequently the desired result. Destabilization of colloidal suspension is as important as stabilization.

Destabilization

Charge stabilized colloids can be broken by ionic strength increase, or by the addition of a polyelectrolyte of opposite charge. This has already been pointed out. More difficulties are experienced with macromolecular film i.e. sterically stabilized systems. It is, as has been repeatedly stated, very difficult to remove the adsorbed macromolecules. It is possible, however, to destabilize by changes in the dispersion medium.

This could involve a change rendering the suspending medium either a non-solvent for the adsorbed polymer, in which case the polymer film collapses, and much of the stabilizing effect is lost, or making it a much better solvent in which case the polymer may indeed desorb, again destabilizing the system.

An effective way to achieve destabilization by flocculation is to admix an equal amount of uncoated particles to coated particles in a polymer free medium. In this way contacts where they arise are between a bare and a covered surface and local transfer of adsorbed segments from one surface to the other can take place. Since only a small section of the adsorbed chains is transferred, the process is rather rapid. Moreover, the conformational probability of a chain leaving a surface and returning to the same surface in a loop (non-flocculated state) is about the same as going over to the second surface, another loop distance away and forming a bridge (flocculated state).

Control over the formation of colloidal suspensions, the effects of stirring

It is possible to maintain a powder in suspension or an oil in emulsion relatively uniformly dispersed, simply by stirring while the stabilizing agent is added. This is, of course most important since a specific non-equilibrium state must first be attained and maintained before it can be stabilized. In considering modifications of colloidal stabilized non-equilibrium states or transitions between them it is, of course, essential that we should be able to create controlled situations of steady state where this steady state morphologically corresponds to the state which we want to freeze in. Stirring, that is control by hydrodynamic forces, is perhaps the single most effective approach. It is hence important to know, when dealing with large particles stabilized by adsorbed macromolecules, that the dispersive action even of mild stirring is very high. Since macromolecular solutions, which tend to form a phase separation, can be rendered homogeneous by mild stirring (6), the effect on the generally much larger colloidal particles can be even greater.

In principle, during stabilization by adsorption, the adsorbing macromolecule could simultaneously interact with two particles and thus flocculate them. That this happens rarely is due to the above large effect of stirring and the fact that the particles to be dispersed are usually relatively remote from each other. Hence a macromolecule can contact only one particle at a time and will rapidly interact with this surface to which it is now much nearer. This will in general occur before another particle surface is brought up close enough to act as competitor. Moreover, since adsorption tends to be complete, all the available surface will be covered. Hence, when in subsequent events particles come together their surfaces are already polymer saturated.

Generally speaking, therefore, we face the same problem in each case. A temporary state of dispersion is established for a certain length of time using one process and is then stabilized by making a suitable change either in the surface, or in the particle, or in the medium. Clearly what is important is that the life time of the state of dispersion, established a-priori, exceeds the time of reaction of the stabilizing process. This is obviously the case if the state of dispersion is a stationary state, set up, say, by stirring, but this does not always have to be the mechanism or the approach. Correspondingly, the stabilization process could involve, in addition to the processes already discussed, which change the interface, processes such as a crosslinking reaction, or a temperature change solidifying the particle core, or a pH change, or a temperature alteration affecting the environment. In the case of almost each specific colloid a special approach can and very often has to be worked out. Common only are the considerations of how the specific chemical properties of the components involved can best be utilized or modified within the general framework of principles discussed.

Conclusion

It was shown that applying the principles governing the stability of macromolecular solutions one can understand the action of macromolecules in effecting colloidal stabilization. Drawing the analogy to the macromolecular solution case is useful in analyzing many of the situations which arise. Moreover, it can lead to the discovery of new approaches in some specific situations.

Summary

Macromolecular solutions are taken as basis for a discussion of colloidal dispersions. The principles governing macromolecular solubility are reviewed and it is shown how these are applied to achieve stabilization of colloidal systems. Three main cases are shown to matter (a) the analogy to the soluble open chain coiling macromolecule, (b) the analogy to the soluble compact globular macromolecule leaving its insoluble parts inside and its soluble groups in contact with solvent, (c) the analogy to the polyelectrolyte case, open chain or compact. Questions of destabilization are also considered. It is pointed out that in many cases the colloidal system is not in a thermodynamic equilibrium state. High energy barriers assure stability in this case.

Zusammenfassung

Als Ausgangspunkt für eine Diskussion kolloider Dispersionen werden Lösungen makromolekularer Verbindungen benutzt. Es werden die Voraussetzungen für makromolekulare Löslichkeit betrachtet, und es wird gezeigt, wie diese mit der Stabilisierung kolloider Systeme in Zusammenhang gebracht werden können. Drei typische Beispiele werden besprochen:

a) Die Analogie zum löslichen Makromolekül mit offener geknäuelter Kette.

b) Die Analogie zum löslichen, kompakten, kugelförmigen, makromolekularen Teilchen, wo sich die unlöslichen Elemente im Inneren befinden, die löslichen Gruppen in Kontakt mit dem Lösungsmittel stehen.

c) Die Analogie zu Polyelektrolyten.

Es werden auch Fragen der Destabilisierung behandelt. Schließlich wird darauf hingewiesen, daß sich viele kolloide Systeme nicht im thermodynamischen Gleichgewicht befinden. In solchen Fällen sichern hohe Energie-Barrieren die Stabilität.

References

1) *Steinkopff, J.*, Konzepte der Kolloidchemie (Darmstadt 1975).

2) *Hill, T. L.*, Introduction to Statistical Thermodynamics, p. 377 (1960).

3) *Guggenheim, C. A.*, Thermodynamics, p. 248 (Amsterdam 1959).

4) *Silberberg, A.*, J. Chem. Phys. **48**, 2835 (1968).

5) *Vincent, B.*, Advances in Colloid and Interface Science **4**, 193 (1974).

6) *Silberberg, A.* and *W. Kuhn*, Nature, London, **170**, 450 (1952); J. Polymer Sci. **13**, 21 (1954).

Author's address:

Prof. Dr. *A. Silberberg*
Polymer Dept.
Weizmann Institute of Science
Rehovot (Israel)

Progr. Colloid & Polymer Sci. 59, 41–47 (1976)

IV.

BASF-Aktiengesellschaft, Ludwigshafen

Anwendungen kolloider Verteilungszustände

H. Schuller

Mit 5 Abbildungen

(Eingegangen am 29. Oktober 1975)

„Kolloidchemie heute“ ist das Thema der Kolloidtagung 1975 in Darmstadt. Damit ist die Problematik dieser Wissenschaft angesprochen, die Diskrepanz zwischen ihrer Rolle in Forschung und Lehre einerseits und ihrer praktischen Bedeutung bei zahllosen industriellen und biologischen Prozessen andererseits. Ein Blick in die Vorlesungsverzeichnisse deutscher Universitäten könnte fast zu der Annahme verleiten, daß es Kolloidchemie beinahe nicht mehr gibt. Allenfalls wird in den Vorlesungen der physikalischen Chemie ein wenig über Oberflächenspannung oder Adsorptionsisothermen berichtet. Dementsprechend sind auch die kolloidchemischen Kenntnisse der Hochschulabsolventen bei ihrem Eintritt in das Berufsleben. Ihre Verwunderung ist groß, nun in der Praxis einer überwältigenden Anzahl von kolloidchemischen Problemen gegenüber zu stehen. Sie müssen gleich zu Beginn eine empfindliche Wissenslücke feststellen. Manche Unternehmen holen das Versäumte in Form von internen Seminaren für Nachwuchschemiker nach. Die meisten Chemiker sind allerdings auf Selbststudium angewiesen und verfallen prompt der Versuchung, die an der kritischen Lage der Kolloidchemie selbst nicht unschuldig ist: unfähig, die große Menge an ineinandergreifenden Parametern zu entwirren, sammeln sie empirisch Erfahrungen und treiben Phänomenologie, ohne allgemeingültige und in jedem ihrer komplizierten Praxisfälle augenfällig anwendbare Gesetze handhaben zu können. Immer wieder stellen sie fest, daß gerade ihr Problem eine Ausnahme von der Regel zu sein scheint. Das nimmt der Kolloidchemie als Wissenschaft den Glanz und dem Chemiker die Sicherheit in der Anwendung des Gelernten.

Trotzdem muß der in den Forschungs- und Entwicklungsabteilungen tätige Naturwissenschaftler mit den kolloidchemischen Problemen seines Fachgebietes ebenso fertig werden, wie der Biochemiker oder der Anwendungstechniker. Wie er das macht, wo die Grenzen liegen und welche Wünsche an die Kolloidchemie als Wissenschaft sich daraus ergeben, das möchte ich in diesem Referat an einigen Beispielen aus dem schier unübersehbaren Bereich der kolloidchemischen Verteilungszustände und ihrer technischen Anwendungen aufzeigen. Dabei sollen nur solche Beispiele herangezogen werden, bei denen die kolloidchemische Verteilung wesentliches Charakteristikum der betreffenden Anwendung ist und der anwendungstechnische Zweck ohne sie nicht erzielt werden könnte.

Wer einmal z. B. das Produktionsspektrum der chemischen Industrie und die damit verbundenen Probleme unter diesem Gesichtspunkt betrachtet, der wird überrascht sein, wieviele Produkte und Verfahren mit kolloidchemischen Verteilungszuständen zu tun haben. Das beginnt bei der Keimbildung von Kristallen und Gasblasen und reicht über Sinter-, Sorptions-, Korrosions-Vorgänge – um nur einige zu nennen – bis zur heterogenen Katalyse und zu den Problemen der Reinigung von Abwasser und Abluft.

In Abb. 1 ist eine kleine Auswahl von Beispielen kolloidchemischer Verteilungszustände dargestellt, geordnet in einer Matrix nach den Aggregatzuständen. Eine Verteilung von Festkörperteilchen in einer Festkörpermatrix ist z.B. ein pigmentierter, ausgehärteter Lack, ein verstärkter Kunststoff oder ein Magnetband. Teilchengröße, Verteilung, Partikelform und -Orientierung sind dabei für den angestrebten Zweck entscheidend wichtig.

f/f	f/fl	f/g
verstärkte Kunststoffe Lacke Magnetband	Dispersionen Suspensionen Latex	Aerosole Rauch Pulverlack
fl/f	fl/fl	fl/g
schlagfestes Polystyrol GPC-Trenngele	Emulsionen (Latex)	Aerosole Nebel Spray
g/f	g/fl	g/g
Schaumstoffe Keramik Schaumbeton	Schaum Schaumgummi	?

Abb. 1. Beispiele kolloider Verteilungszustände

Schlagfest modifizierte Kunststoffe, bei denen ein gepfropfter Kautschuk kolloidal in einer harten Matrix, z. B. in Polystyrol, verteilt vorliegt, sind hier zur Kombination „flüssig-in-fest" gerechnet, da der Kautschuk zu den polymeren Flüssigkeiten (oberhalb der Glastemperatur) zu rechnen ist. Übrigens sind mindestens 90% der Kunststoffe Mehrphasensysteme (kristallin/amorph, verstärkt, modifiziert). Die Trenngele der Gelpermeationschromatographie, z. B. hochvernetzte Polymergele, poröse Partikel, „Makroretikularsysteme" funktionieren durch das Hinein- und Herausdiffundieren von Makromolekülen in Lösung, sind also ebenfalls als Anwendungsfall einer kolloidchemischen flüssig-in-fest-Verteilung anzusehen. Eine Gas-in-fest-Verteilung liegt vor bei festen Schäumen, etwa Schaumbeton oder Kunstharzschaum, aber auch bei Keramik oder bei Adsorbentien. Dispersionen, Suspensionen, Latices sind Verteilungen von kolloiden Festkörpern in Flüssigkeiten, Emulsionen gehören zum System „flüssig-in-flüssig", Schäume zu „Gas-in-flüssig". Verteilungen in gasförmigem Medium sind z. B. Aerosole, Rauch, Nebel, Spray, aber auch Pulverlacke (während der Anwendung). Lediglich für eine kolloide Verteilung eines Gases in einem anderen Gas ist mir kein Beispiel eingefallen.

Der Wissenschaftler, der vor ein anwendungstechnisches Problem gestellt wird, bekommt dieses in einer Sprache vorgelegt, die aus dem Phänomen abgeleitet ist und daher naturgemäß keinen Bezug zu möglichen Ursachen hat: Ein Anstrich hat „schlechten Verlauf", ein flächiges Gebilde „delaminiert", ein Papierhilfsmittel „entleimt", eine Druckfarbe „steht nicht", das Papier „tont" usw. Die erste Aufgabe des Wissenschaftlers besteht daher in einem intensiven Studium des vorliegenden Effektes und in der Übersetzung des Tatbestandes in wissenschaftliches Vokabular. Dabei wird er naturgemäß alle Faktoren berücksichtigen, die dabei eine Rolle spielen können, und findet sich sofort von einer Unzahl von Faktoren umgeben. Ein einfaches Beispiel:

Eine Polymerdispersion, also ein Latex, gehört heute zu den am besten charakterisierbaren kolloidchemischen Verteilungen:

- Die Partikel sind in aller Regel kugelförmig – man kann mathematisch gut damit umgehen.
- Ihre chemische Zusammensetzung ist bekannt – man kann theoretische Ansätze zur Berechnung des Anziehungspotentials zwischen den Latexteilchen machen.
- Teilchengröße und Teilchengrößenverteilung sind mit den modernen Mitteln der Ultrazentrifuge, des Elektronenmikroskops, der Lichtstreuung etc. befriedigend genau bestimmbar.
- Die Partikelladung ist – zumindest unter bestimmten Voraussetzungen – meßbar.
- Die Zusammensetzung des Dispergiermittels ist entweder von der Herstellung her bekannt oder nach Abtrennung der Partikel einigermaßen genau zu analysieren.

Es scheinen also alle Voraussetzungen gegeben zu sein, hier einen von der Theorie her kommenden Ansatz, z. B. nach der DLVO-Theorie, zu machen. Veröffentlichungen bestätigen auch immer wieder gute Übereinstimmung zwischen Theorie und Praxis (z. B. 1 bis 5). Warum kann man nicht auch die anwendungstechnischen Eigenschaften dieses Latex aus seinen physikalisch-chemischen „Primäreigenschaften" ableiten? Nun, die schöne Übereinstimmung mit der Theorie gilt meist nur für das jeweils untersuchte System, dessen Präparation oft großen experimentellen Aufwand und langwierige Reinigung durch Dialyse, Ionenaustausch etc. gekostet hat. Dazu kommt, daß die in der Praxis eingesetzten Polymerdispersionen meist ein Festkörper: Dispergiermediumverhältnis von 1:1 besitzen und daher der mittlere Abstand zwischen 2 Partikeln wesentlich kleiner ist als ihr mittlerer Durchmesser. Wie wird die räumliche Verteilung der Gegenionen, die man für 2 Ebenen oder 2 kugelförmige Teilchen allein im unendlichen Raum so schön berechnen kann, durch diese dichte Besetzung modifiziert?

Viele Dispersionen sind polydispers, haben eine mehr oder weniger breite Teilchengrößenverteilung. Ist es sicher, daß die Adsorption der Emulgatoren, also z. B. die Adsorptionsfläche pro Emulgatormolekül vom Teilchendurchmesser in diesem Dimensionsbereich unabhängig ist?

Weiter: Während Latices für Grundlagenuntersuchungen möglichst mit einem anionischen Emulgator hergestellt werden, enthalten die Polymerdispersionen der Praxis meist ein Gemisch aus ionischen und nichtionischen Emulgatoren, um damit spezielle Eigenschaften wie Elektrolytbeständigkeit, Kältefestigkeit usw. zu erzielen. Welcher Stabilisierungsmechanismus liegt hier zugrunde, wie ist das Abstoßungspotential und seine Abstandabhängigkeit anzusetzen?

Aus Gründen der Stabilität enthalten viele Polymerdispersionen geringe Mengen wasserlöslicher Monomerer einpolymerisiert, nach Möglichkeit in der Teilchenoberfläche. Die Diskussion über ihren Nachweis durch Titration beschäftigt seit Jahren die Spezialisten (6, 7). Damit wird nicht nur die Hydrophilie der Partikeloberfläche und die Adsorption der Emulgatoren verändert, sondern sogar der Teilchendurchmesser pH-abhängig (8) (Abb. 2).

Man könnte die Liste der in der Praxis zu berücksichtigenden Primäreigenschaften von Latices noch verlängern: Copolymerzusammensetzung, inhomogener Aufbau der Latexteilchen (Abb. 3), der umstrittene Kern/Schale-

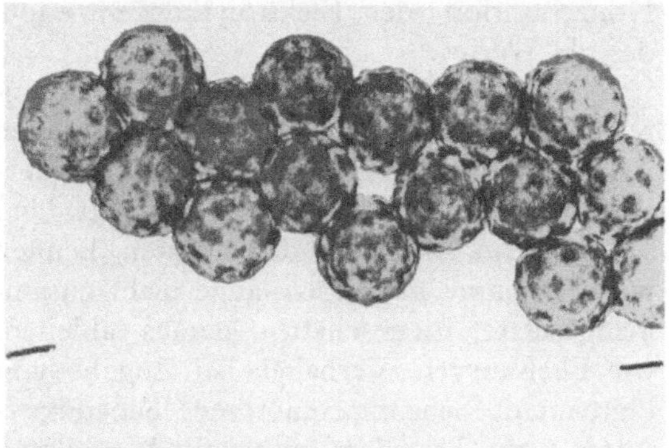

Abb. 3. Inhomogen aufgebaute Latexteilchen (50% Methylacrylat, 50% Styrol), (Aufnahme *Distler*, *Kanig*)

Aufbau von Stufenpolymerisaten, unregelmäßig geformte Latexteilchen, Polymeranteile in der Wasserphase und so weiter. Wir wollen sie hier abbrechen und zusammenfassen, welche Information zur Charakterisierung einer Polymerdispersion nötig wäre.

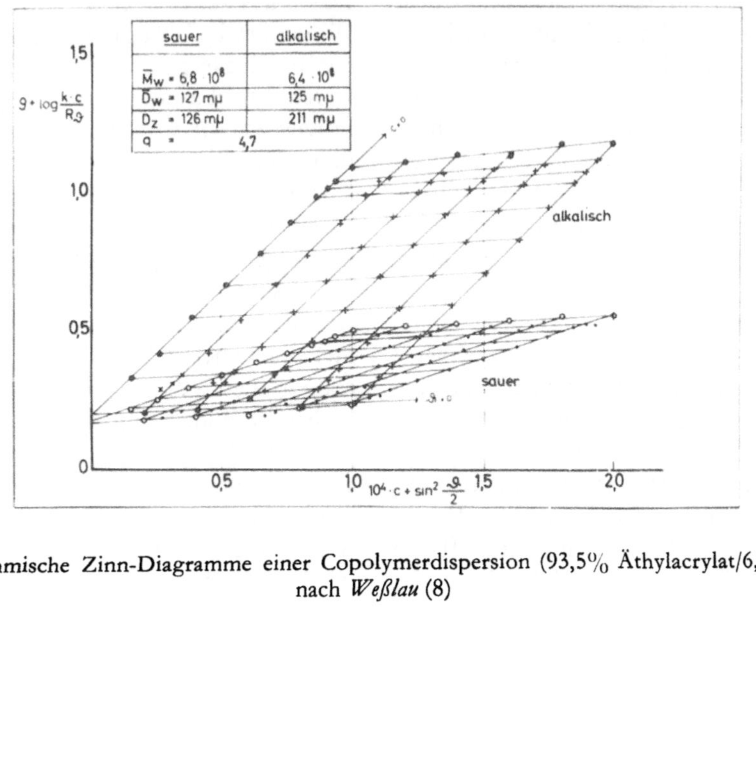

Abb. 2. Logarithmische Zinn-Diagramme einer Copolymerdispersion (93,5% Äthylacrylat/6,5% Acrylsäure), nach *Weßlau* (8)

Polymerzusammensetzung, Teilchengröße, Teilchengrößenverteilung, Angaben über Homogenität oder Inhomogenität der Teilchen, Emulgatoren nach Art, Menge und Verteilung (adsorbiert, frei, Mizelle), Kenntnis der Teilchenoberfläche und -Ladung, z.B. auch Carboxyl-, Sulfat-, Oxydgruppengehalt der Oberfläche, Zusammensetzung der Wasserphase, Elektrolytgehalt und -Verteilung. Veränderung der Parameter bei Variation der Konzentration, der Elektrolytkonzentration, des pH-Wertes.

Es liegt auf der Hand, daß eine so umfangreiche Kenntnis auch bei den bestuntersuchten Latices heute noch nicht vorliegt – eine Herausforderung an die Kolloidwissenschaft. Und selbst wenn man alle diese Daten kennen würde, könnte man noch lange nicht zusammengesetzte Eigenschaften daraus ableiten, wie Fließkurven, Verhalten bei Zugabe von Pigmenten, Schaumpromotoren, Schaumzerstörer usw. Trotzdem geht kein Weg daran vorbei, solche Parameter zu bestimmen, wenn man Fortschritte erzielen will.

Einige Anwendungsbeispiele sollen zeigen, wie man solche Kenntnisse verwerten könnte. In großem Umfang werden heute Faservliese nach Verfahren hergestellt, die mehr oder weniger der Blattbildung bei der Papierfabrikation ähneln. Die Fasern werden dabei oft mit Polymerdispersionen verfestigt. Der Latex, der bis zum Einsatz absolut stabil sein muß – das heißt er darf auf dem Transport in Hitze und Kälte oder bei Zusatz von hartem Wasser oder unter Scherbelastung oder bei Abmischungen keinesfalls koagulieren –, soll nun im richtigen Augenblick plötzlich instabil werden. Die Latexteilchen sollen gezielt auf den Fasern, wenn möglich hauptsächlich an den Faser-Kreuzungspunkten koagulieren, einen Film bilden, der gewissermaßen als Manschette die Fasern zusammenhält (Abb. 4). Die Verdunstung des Wassers in einer Trokkenstrecke konzentriert den Latex auf, bis das Polymerisat allein vorliegt und verfilmt. Bei welcher Konzentration der Latex seine Stabilität verliert, hängt von vielen Faktoren ab: vom Elektrolytgehalt, von den Emulgatoren, von der Teilchengrößenverteilung zum Beispiel. Getrimmt auf Stabilität, bleiben die Latexteilchen in der ersten Phase der Trocknung noch stabil und wandern daher oft mit dem Strom des Wassers an die Oberfläche des

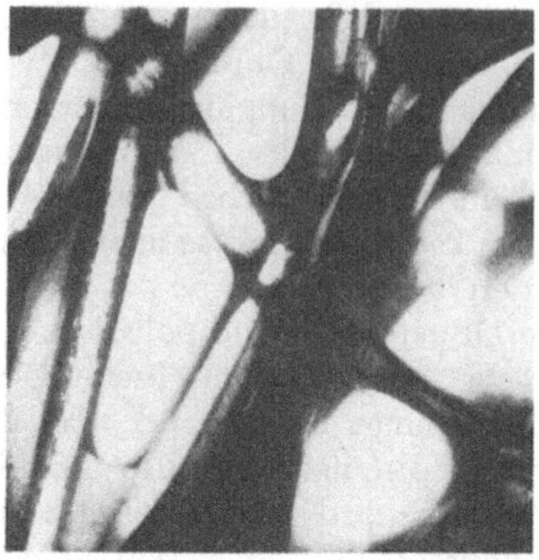

Abb. 4. Faservlies

Vlieses. Das kann zu einer unerwünschten Anreicherung des Bindemittels in der Oberfläche und zu einer dementsprechenden Verarmung im Inneren führen. Durch Verwendung spezieller Hilfsstoffsysteme kann erreicht werden, daß der Latex bei Überschreiten einer vorherbestimmbaren Temperatur koaguliert, z.B. bei 50 °C (Thermosensibilisierung). Dadurch kann die unerwünschte Migration verhindert werden. Das Bindemittel ist dann gleichmäßig über den Vliesquerschnitt verteilt. Das Polymerisat soll das Faservlies verfestigen, also möglichst große Adhäsion zu den Fasern haben. Der Emulgator – bis zur Anwendung notwendiger Stabilisator gegen Koagulation – darf die Deposition der Latexteilchen auf den Faseroberflächen nicht beeinträchtigen, ihre Adhäsion nicht schmälern und ist eigentlich von nun an ziemlich überflüssig. Das Vlies selbst – und das ist eine auch vom Bindemittel abhängige Eigenschaft – soll je nach Einsatzgebiet hydrophob, hydrophil, weich, hitzebeständig und natürlich billig sein. Soweit eine Auswahl von Anforderungen aus dem Arbeitsgebiet „Vliesbindemittel-Dispersionen".

Es sollen uns hier weniger die technischen Lösungen dieser Probleme interessieren als die Frage: Kann man kolloidchemisches Wissen hier mit Vorteil verwenden, oder ist einfaches Querbeet-Experimentieren, etwa nach statistischen Versuchsplänen mit Regressionsrechenmethoden, vorzuziehen? Es gibt in der Tat viele Beispiele, in denen eine mehr oder weniger blinde Variation den Fortschritt gebracht hat. Aber kein Naturwissenschaftler wird sich damit zufrieden geben. Er wird vielmehr nach Kausalzusammenhängen suchen, Hypothesen und Theorien aufstellen und prüfen. Welche theoretischen Vorstellungen bietet ihm die moderne Kolloidchemie?

Da ist zunächst die Theorie der Stabilität lyophober Kolloide, die DLVO-Theorie. Eine Dispersion ist um so stabiler, je größer die Ladung der Partikel und je ausgedehnter ihre elektrochemische Doppelschicht ist. Das würde bedeuten: möglichst vollständige Bedeckung der Teilchenoberfläche mit ionischem Emulgator, bei relativ geringem Gehalt an 1-1-wertigem Elektrolyt. Diese Kombination könnte aber auch zu unerwünschter Schaumbildung führen. Also wieder weniger Emulgator. Auch wenn das System nur einen Emulgator enthalten würde: Im gegenwärtigen Zeitpunkt können wir die optimale Emulgatormenge noch nicht befriedigend vorherberechnen. Wir müssen sie ausprobieren und anwendungstechnisch prüfen. Physikalisch-chemische Messungen allein, z.B. der Oberflächenspannung oder der Emulgatorbedeckung der Teilchen (Seifentitration), geben noch nicht genügend Aufschluß. Eine der Hauptursachen dafür ist, daß über die verschiedenen Abhängigkeiten des Systems – Zeit-, pH-, Konzentrations-Abhängigkeit z.B. – einfach zu wenig bekannt ist. Trotzdem führt die konsequente Anwendung der DLVO-Theorie auf diese Probleme oft weiter, besonders, wenn man ständig entsprechende Messungen mit heranzieht. Titrationsmethoden haben sich dabei besser bewährt als z.B. Messungen der elektrophoretischen Wanderungsgeschwindigkeit, die zudem recht aufwendig sind. Schwieriger wird die Sache, wenn nichtionogene Tenside oder gar Schutzkolloide verwendet werden. Man spricht dann von „sterischem Schutz", „entropischem" oder „enthalpischem" Mechanismus und wendet Vorstellungen aus der Theorie der Polymerlösungen an, was nicht ohne Problematik beim Lösungsmittel Wasser ist.

Das Beispiel eines Latex als Vliesbindemittel ist ein vergleichsweise einfaches kolloidchemisches System. Im Prinzip sollte das Bindemittel verteilungsstabil sein und bleiben, bis zum Augenblick der Anwendung, wo durch Dispergiermittelverdampfung das Polymere zum Ausfällen auf den zu bindenden Fasern und anschließenden Verschmelzen zu einem darauf festhaftenden Film veranlaßt werden soll. Schwieriger sind pigmentierte Systeme, bei denen der Polymerdispersion mehr oder weniger große Mengen an anorganischen Pigmenten zugemischt werden, z.B. bei Latexfarben, Teppichrückenbeschäumung oder Papierstreichmassen. Letztere z.B. werden auf Rohpapier aufgestrichen und ergeben je nach Verarbeitung matte bis hochglänzende, weiße Papieroberflächen. Sie enthalten in Wasser dispergiert große Mengen anorganischer Pigmente, wie Clay, Satinweiß oder Titandioxid. Dazu kommen die Bindemittel, z.B. Polymerdispersionen, aber auch oft Stärke, Kasein, wasserlösliche Polymere usw. Diese 3 Bestandteile – Weißpigment, Wasser, Bindemittel – sind zum Aufbau einer Streichfarbe grundsätzlich notwendig. Dazu kommen aber meist noch Hilfsmittel zum Überwinden arbeitstechnischer Schwierigkeiten oder zur Erzielung besonderer Effekte:

- Hilfsmittel zum Einstellen der Fließviskosität der Pigmentanschlämmung
- Optische Aufheller und Farbstoffe
- Hilfsmittel zur Schaumverhütung und -Bekämpfung
- Hilfsmittel für die Satinage
- Produkte zur Beeinflussung des Wasserbindevermögens der Streichfarbe usw.

Kolloidchemisch gesehen haben wir es also mit einem Vielkomponentensystem zu tun, das eine ganze Anzahl miteinander in Wechselwirkung stehender Kolloide enthält. Clay z.B. besteht aus dünnen plättchenförmigen Kristallen, deren Flächen negativ und deren Kanten positiv geladen sind. Die Latexteilchen sind im allgemeinen negativ geladen, ihr Durchmesser liegt in der Größenordnung der Dicke der Claypartikel. Die übrigen Bestandteile können zum Teil als Polyelektrolyte, Tenside oder Schutzkolloide angesprochen werden. Der Gehalt an Dispergierwasser soll natürlich so niedrig wie möglich gehalten werden, da dieses ja nach dem Aufstreichen auf die Papierbahn mit großem Aufwand verdampft werden muß. Bei den hohen Produktionsgeschwindigkeiten moderner Papiermaschinen wird die Streichfarbe im Augenblick des Aufrakelns (blade coater) oder Aufwalzens (Leimpresse) momentan extremen Scherkräften unterworfen. Beim späteren Bedrukken des Papieres wird die aufgebrachte Pigmentschicht wiederum hart beansprucht. Sie muß fest verankert sein, um zu verhindern, daß beim Ablösen der Druckwalze kleine Pigmentteilchen herausgerupft werden („Rupftest"). Daß die Oberfläche in ihrer Polarität so beschaffen sein muß, daß sie auch die Druckfarbe genügend annimmt, sei nur nebenbei erwähnt.

Es ist bekannt, daß man aus plättchenförmigen Elementen eine ganze Reihe verschiedener Strukturen aufbauen kann, z.B. Stapel mit parallelen Flächen, aber auch Kartenhausstrukturen. Letztere scheinen im Fall von Papierstreichmasse die erwünschte Anordnung zu sein (Abb. 5). Diffuse Reflexion des weißen

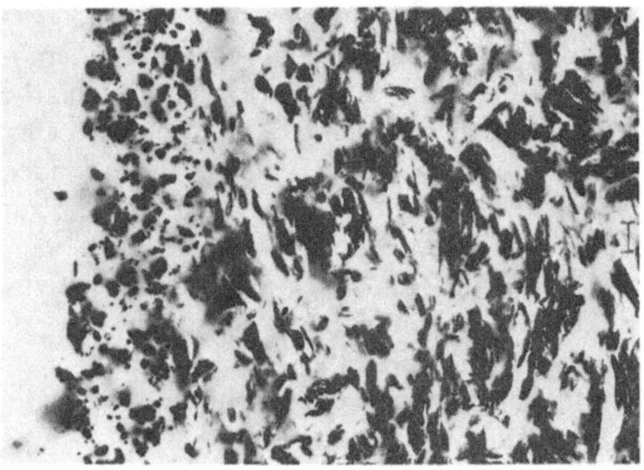

Abb. 5. Querschnitt durch die Pigmentschicht eines veredelten Papiers

Lichtes wird durch eine in diesen Dimensionen poröse Struktur gefördert. In der Tat ist eine Papierstreichmasse weit über das kritische Pigmentvolumen hinaus mit Pigment gefüllt. Die Bindemittel haben die Aufgabe, an den Berührungsstellen der Pigmentartikel deren Anordnung zu fixieren und für eine hinreichende Verankerung auf dem Rohpapier zu sorgen.

Die Ladungsverteilung auf den Clay-Pigmentteilchen begünstigt im Prinzip die Adsorption von Latexteilchen an den Kanten. Allerdings werden dann die positiven Kantenladungen weitgehend abgedeckt, was die Ausbildung der Kartenhausstrukturen wiederum beeinträchtigen sollte. Sie ist auch wesentlich von der Elektrolytkonzentration in der Streichfarbe abhängig, die sich zudem noch während des Streichvorganges ändern kann – beim Aufsaugen des Wassers durch das Rohpapier und beim Verdunsten.

Die Oberflächenveredlung des Rohpapiers ist also ein kolloidchemisch sehr komplexer Vorgang, dessen wichtigster Teilschritt die Fixierung der Struktur des Striches ist. Wenn es auch heute noch ziemlich hoffnungslos erscheint, derartige Systeme deduktiv vorherberechnen zu können, so bietet doch eine solide Grundkenntnis in Kolloidchemie zahlreiche Denkansätze für die weitere Entwicklung. Es scheint notwendig, daß geeignete Modellvorstellungen entwickelt und Modellversuche durchgeführt werden, um weitere Fortschritte zu erzielen.

Kolloidchemische Verteilungszustände sind in vielen Fällen erwünscht, und es bedarf oft beträchtlichen Aufwandes, sie zu erhalten. Andererseits gibt es auch oft Verteilungen, die störend sind und deren Stabilität man gerne brechen möchte.

Ein Beispiel sind die Schwebstoffe in Abwässern, etwa im Kohlenbergbau. Staubbekämpfung durch Besprühen der Kohle mit Wasser, fortschreitender Maschineneinsatz usw. erschweren das Klären der Waschwässer. Es ist bekannt, daß durch Zusatz geringer Mengen sehr hochmolekularer, wasserlöslicher Polymerer der Verteilungszustand der Schwebstoffe drastisch verändert werden kann. Die Schwebstoffpartikel werden zu größeren Flokken zusammengefaßt und diese sedimentieren erheblich rascher. Man stellt sich vor, daß die langen Polymermoleküle Brücken zwischen den Partikeln bilden und diese sozusagen zu größeren Paketen zusammenbinden. Über die Kräfte, die die Makromoleküle an den Oberflächen fixieren, wurden schon zahlreiche Untersuchungen durchgeführt. Am einfachsten zu verstehen ist der Mechanismus kationischer Flockungsmittel, da die meisten Schwebstoffe bei pH um 7 negative Ladung tragen. Aber auch anionische, wie Polyacrylsäure, und nichtionische, wie Polyacrylamid, funktionieren ausgezeichnet. Der Kolloidchemiker, der hier nach den möglichen Mechanismen befragt wird, gerät bald in Schwierigkeiten und ad-hoc-Erklärungen. Wir wissen noch viel zu wenig über die Natur der Oberfläche der verschiedenen Schwebstoffe anorganischer und organischer Art, um hier schon Endgültiges sagen zu können.

Ähnlich liegen die Verhältnisse beim Brechen von Emulsionen. Ein Problem stellen die Wasser-in-Öl-Emulsionen gewisser Erdöle dar, da die Wassertröpfchen erhebliche Mengen an Salzen enthalten, die bei der Destillation Korrosionsschäden verursachen würden. Die Wassertröpfchen müssen daher vorher zur Koaleszenz gebracht und abgetrennt werden. Ihre Stabilität beruht je nach Erdöl auf dem Vorhandensein ziemlich stabiler Grenzflächenfilme aus Harzen, Wachsen, Asphalten, Tonbestandteilen. Durch Zusatz von bestimmten Tensiden können diese Emulsionen gebrochen, die Wassertröpfchen zur Koaleszenz gebracht werden. Welche Mechanismen dabei eine Rolle spielen – Verflüssigen oder Erstarren der Grenzflächenschichten, Umnetzung von Partikeln, Ladungsvorgänge usw. – ist um so weniger bekannt, da jedes Erdöl unterschiedlich zusammengesetzt ist. Die kolloidchemische Untersuchung dieser Systeme ist mit einem erheblichen Aufwand an Analytik verbunden. Modellvorstellungen sind denjenigen ähnlich, die für die Stabilität oder Instabilität von Schaumlamellen ausgearbeitet werden. Bei der Berührung zweier Tröpfchen sollen die stabilisierenden Grenzflächenschichten entweder fast widerstandslos zur Seite geschoben werden können, also eine sehr geringe Grenzflächenviskosität besitzen oder durch den Berührungsstoß brechen und so den unmittelbaren Kontakt der beiden Wasserphasen herstellen und damit die Koaleszenz einleiten.

Die Beispiele der Anwendung kolloider Verteilungen ließen sich noch beliebig vermehren. Ich habe versucht, einen Eindruck zu vermitteln von der Komplexität einiger in der Praxis alltäglicher Systeme, für die die Prinzipien der Kolloid- und Oberflächenchemie relevant sind. Ich wollte damit zeigen, daß es notwendig ist, die wissenschaftliche Basis der Kolloidchemie zu verbreitern, um von der wenig befriedigenden Akkumulation von Empirie auf diesem Gebiet wegzukommen. Die praktische Bedeutung kolloider Verteilungen ist so groß, daß eine intensive Forschung hier wohl gerechtfertigt wäre.

Zusammenfassung

Kolloide Verteilungszustände und deren Veränderungen sind für zahlreiche anwendungstechnische Aufgaben von entscheidender Bedeutung. Fast ausschließlich werden diese Probleme auch heute noch empirisch gelöst ohne Verwendung und vielfach sogar ohne Kenntnis der Theorien der modernen Kolloidchemie. An ausgewählten Beispielen aus der Praxis werden Ansätze zu einer wissenschaftlichen Behandlung von kolloidchemischen Problemen und deren Grenzen aufgezeigt.

Summary

Colloidal distribution states and their changes are important for many technological applications. Their problems were generally solved by empiric techniques without using and even sometimes knowing the theories of modern colloid chemistry. This paper shows some possibilities of scientific treating of modern problems of colloid chemistry, demonstrated by some examples out of the technological practice.

Literatur

1) *Ottewill, R. H.*, Progr. Colloid & Polymer Sci. **59**, 47 (1976).

2) *Visser, J.*, Advan. Colloid Interface Sci. **3**, 331 (1972).

3) *Barclay, L., A. Harrington, R. H. Ottewill*, Kolloid-Z. Z. Polymere **250**, 655 (1972).

4) *Lichtenbolt, J. W. Th., C. Pathamancanoharan, P. W. Wiersema*, J. Colloid Interface Sci. **49**, 281 (1974).

5) *Lips, A., E. Willis*, J. Chem. Soc. Faraday I **69**, 1226 (1973).

6) *Vanderhoff, J. W., H. J. van den Hul, R. J. M. Tausk, J. Th. G. Overbeek*, in: Clean Surfaces – their preparation and characterisation for interfacial studies, p. 15 (New York 1970).

7) *Ottewill, R. H., F. R. Shaw*, Kolloid-Z. Z. Polymere **218**, 34 (1967).

8) *Weßlau, H.*, Makromol. Chem. **69**, 220 (1963).

Anschrift des Verfassers:

Dr. *H. Schuller*
c/o BASF-Aktiengesellschaft,
6700 Ludwigshafen

Progr. Colloid & Polymer Sci. 59, 48–54 (1976)

V.

Pharmazeutisches Institut der ETH, Zürich

Kolloide Verteilungszustände in der pharmazeutischen Technologie: Koazervierung, Adsorption und Mizellpolymerisation

P. Speiser

Mit 9 Abbildungen

(Eingegangen am 17. Oktober 1975)

Einleitung

Kolloide Systeme gehören im Sinne von *Matijevic* bis zur Einführung der Aerosole in der Pharmazie zur Welt der vernachlässigten Dimensionen (1). Heute beginnt sich nun langsam ein Durchbruch abzuzeichnen auf dem Gebiete der Inhalation, der Lösungsvermittlung durch sogenannte mizellare Solubilisation sowie bei der parenteralen Medikation, über die hier berichtet wird.

Arzneimittel in pharmazeutischen Zubereitungen werden in der Regel im molekulardispersen Zustand der Blutbahn direkt einverleibt. Im gröber dispersen Zustand als Emulsion oder Suspension ist die intravenöse oder intraperitoneale Applikation wegen Emboliegefahr verunmöglicht. Im molekulardispersen, gelösten Zustand ist jedoch, je nach pharmakokinetischen Eigenschaften eines Arzneistoffes, die Wirkung oft sehr kurz. Es besteht deshalb in vielen Fällen das Bedürfnis, die Medikamentenwirkung dadurch zu verlängern, daß man versucht, die Arzneistoffe in Trägerstoffe kolloidaler Größenordnung einzubauen. Man erhält dabei sogenannte „Nanoparts“, also Teilchen in der Größenordnung von etwa 80–700 Nanometern, die kleineren Nanoparts bis etwa 1000 Å sind mit Bestimmtheit den Kolloiden zuzuordnen.

Die Bindung von Arzneistoffen an kolloidale Trägerstoffe kann auf Grund der heutigen verfahrenstechnischen Erkenntnisse folgendermaßen erfolgen:

- durch *Koazervierung* von natürlichen, im Körper schnell abbaubaren Makromolekülen. Man erhält sogenannte Depotarzneiformen mit hinhaltender Wirkung.
- Durch *Adsorption* von Wirkstoffen an Trägerstoffe von kolloidaler Feststruktur. Dabei werden ebenfalls Depotformen erhalten.
- Durch *Polymerisation* von mizellaren Systemen mit im Körper langsam metabolisierenden Polymeren. Die dabei erhaltenen Depotarzneiformen besitzen eine lange bis sehr lange Wirkdauer.

Koazervierung

Unter *Nanokoazervierung* versteht man die Überführung von Makromolekülen mit Filmbildungseigenschaften vom solvatisierten Zustand, über eine Zwischenphase, der Koazervation, in eine ultrafein disperse Gelphase oder Film, um die Arzneimolekülaggregate herum, welche anschließend verfestigt oder ausgehärtet wird (Abb. 1).

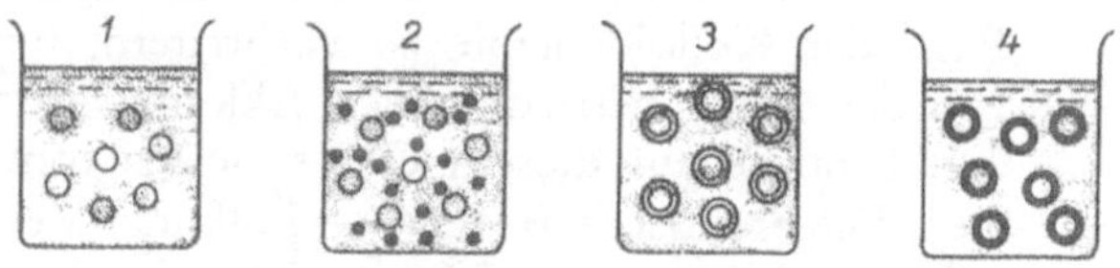

Abb. 1. Koazervationsverfahren – Verfahrensstufe 1: Arzneistoffdispersion mit solvatisierten Makromolekülen (2-phasig); Verfahrensstufe 2: Koazervationsphase. Anreicherung des Makromoleküls als dritte Phase; Verfahrensstufe 3: Anreicherung des koazervierten Polymers als Gel an der Grenzfläche der Arzneistoffe; Verfahrensstufe 4: Verfestigung und Härtung des Gels

In der ersten Verfahrensstufe wird der Arzneistoff in gelöster Form dem solvatisierten Makromolekül in der äußeren, meist wässrigen Phase zugesetzt, so daß ein 2-Phasensystem erhalten wird.

In der zweiten Verfahrensstufe der eigentlichen Nanokoazervierung wird ein 3-Phasensystem gebildet. Dies erfolgt meist mittels physikalischer Einflüsse, d. h.

- durch pH-Verschiebung
- durch Temperatur-Veränderungen
- durch Variation der Ionenstärke
- durch Aussalzen
- durch osmotische Veränderungen oder
- durch Zugabe von äußerer Phase, welche die Löslichkeit des Solvates verringert, wie z. B. aliphatische Alkohole.

Neben der äußeren, geschlossenen oder kohärenten Phase des solvatisierten Makromoleküls entsteht die sogenannte Koazervatphase, eine im Nephelometer durch Lichtstreuung erkennbare, ultrafeine tröpfchenförmige Anreicherung des Polymers im Lösungsmittel, meist Wasser. Dieses Koazervat entsteht dann, wenn die Bindungsstärke zwischen solvatisiertem Makromolekül und dem Lösungsmittel abnimmt, wenn also durch Dehydratation die innige Bindung zwischen hydrophilem Makromolekül und Wasser aufbricht.

In der dritten Verfahrensstufe wird durch weitere physikalische Beeinflussung des Systems ein zusammenhängender Makromolekülfilm um die zu umhüllenden Arzneistoffe ausgeschieden. Dabei wird sukzessive das Koazervat quantitativ vom Sol- in den Gelzustand übergeführt, und es resultiert wieder ein 2-Phasensystem.

In der vierten Verfahrensstufe wird das desolvierte, kolloidal gelierte Polymertröpfchen verfestigt und eventuell durch Quervernetzung gehärtet. Die erhaltenen Nanoparts werden durch Dialyse oder Ultrafiltration gereinigt und anschließend zu Arzneiformen weiterverarbeitet. Es entsteht eine klare Lösung, welche einen leichten Tyndall-Effekt aufweist.

Rasterelektronische Aufnahmen solcher Nanoparts zeigen quasi sphärische Kügelchen mit einem Durchmesser von zwischen 80 und etwa 700 Nanometern.

Die verfahrenstechnische Optimierung der Nanokoazervation wird am besten mit Hilfe von Dreieck-Phasendiagrammen durchgeführt. Trägt man den Gehalt an Makromolekül gegen den Elektrolytgehalt auf, so kann man 4 Zonen erkennen (Abb. 2): eine Zone I, in welcher das Makromolekül nur teilweise gelöst ist; ferner eine Zone II, in welcher das

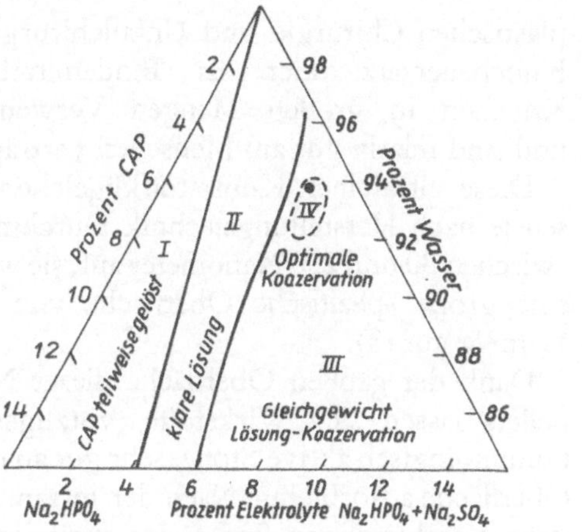

Abb. 2. Dreieck-Phasendiagramm einer Koazervation mit Celluloseacetat-phthalat (Temp. 60 °)

Makromolekül durch Zugabe von basischem Natriumphosphat vollständig im Solzustand vorliegt. In einer weiteren Zone III herrscht ein Gleichgewichtszustand zwischen Solform und dehydratisiertem Sol, den ultrafeinen Geltröpfchen des Makromoleküls. Schließlich gibt es eine kleine Zone IV, in welcher die Koazervierung optimal ist. Im speziellen Fall wurde dies durchgeführt mit 2–4% CAP, 4–6% Dinatriumphosphat (Na_2PO_4) und Natriumsulfat (Na_2SO_4) (2).

Vom verfahrenstechnischen Standpunkt aus ist zu sagen, daß für jedes pharmazeutische Einhüllungsproblem im Nanometergrößenbereich die Koazervierungsbedingungen neu optimiert werden müssen.

Adsorption

Die Adsorption biologisch aktiver Stoffe an feste Trägerstoffe im kolloidalen Größenbereich bietet die Möglichkeit einer Wirkungsverlängerung durch verzögerte Wirkstoff-Freisetzung nach Injektion am Patienten.

Das Prinzip besteht darin, daß keimfreie, gutverträgliche Kunststoffkügelchen oder -Pellets im kolloidalen Größenbereich hergestellt werden. Diese ultrafeinen Pellets werden durch entsprechende Solubilisierungstechniken und Radikalpolymerisation mit reaktiven Stoffen wie z. B. Monomeren der Acrylsäure, deren Derivate und eventuell anderer Prekursoren und Hilfsstoffe, wie Vernetzungsmittel, Peroxyde usw. meist mittels Ultraviolett- oder Gammabestrahlung hergestellt. Polyacrylate und Polystyrole finden bekanntlich in der plastischen Chirurgie und Unfallchirurgie als Knochenersatz oder als Bindemittel für Knochen in großen Mengen Verwendung und sind relativ gut am Menschen verträglich.

Diese ultrafeinen Kunststoffkügelchen weisen je nach Herstellungstechnik Durchmesser zwischen 80 und 250 Nanometer auf, sie weisen eine große spezifische Oberfläche von etwa 11 m^2/g auf (3).

Dank der großen Oberfläche dieser Nanopellets lassen sich Wirkstoffe, vorzugsweise immunologisch aktive Stoffe, sehr gut an deren Oberfläche adsorbieren. Nach der intramuskulären Verabreichung findet eine verlangsamte Abgabe der Wirkstoffe und damit eine hinhaltende Wirkung statt.

Dieses System der Depotwirkung durch Wirkstoffadsorption an kolloidale Trägerstoffe besitzt vor allem als Adjuvans biologisches Interesse.

Unter Adjuvantien versteht man in der Immunologie die verschiedensten Stoffe, die durch ihre chemische Zusammensetzung oder durch ihren physikalisch-chemischen Zustand als unspezifische Verstärkersubstanz wirken. Der Wirkungsmechanismus von Adjuvantien, welche nur aktiv sind, wenn sie mit dem Antigen eng verbunden sind, ist trotz beachtlichen Untersuchungen heute noch weitgehend unklar. Es kommen verschiedene Mechanismen in Frage, wie

- Schutz des Antigens am Applikationsort vor zu schnellem Abbau
- nur langsame Antigenfreigabe mit beständiger langdauernder Antikörperstimulierung immun-kompetenter Zellen
- Begünstigung der Phagozytose
- generelle Stimulierung des retikuloendothelialen Systems (RES)
- Stimulierung einer Lymphozytenproliferation, die den Eintritt von Antigen in lokale Lymphknoten erleichtert.

Aufgrund des heutigen Standes des Wissens muß man annehmen, daß bei Adjuvantien verschiedene Mechanismen gleichzeitig wirken wie z. B.
die geringe Antigenfreigabe aus einem Adsorbat oder einem Depot *und* eine
anhaltende zentrale Stimulierung des RES durch das Adjuvans oder Komponenten des Antigens.

Das bekannteste Adjuvans in der Immunbiologie ist das Freund'sche Adjuvans, eine mittelalterlich anmutende Mixtur, die u.a. Mineralöl und abgetötete Tuberkelbazillen enthält. Die gebräuchlichsten Adjuvantien sind zur Zeit das Aluminiumhydroxyd und das Aluminiumphosphat. Unsere Fragestellung lautet nun, ob die neuen kolloidalen Kunststoffadsorbate den klassischen Adjuvantien der Immunologie gleichwertig sind. Zu diesem Zwecke wurden Träger der Immunoantigenität von Grippevirus (Typ A_2-Hongkong, X31) an verschiedene Adjuvantien adsorbiert und die Abwehrkräfte, d.h. die Antikörperbildung in Meerschweinchen untersucht (4) (Abb. 3).

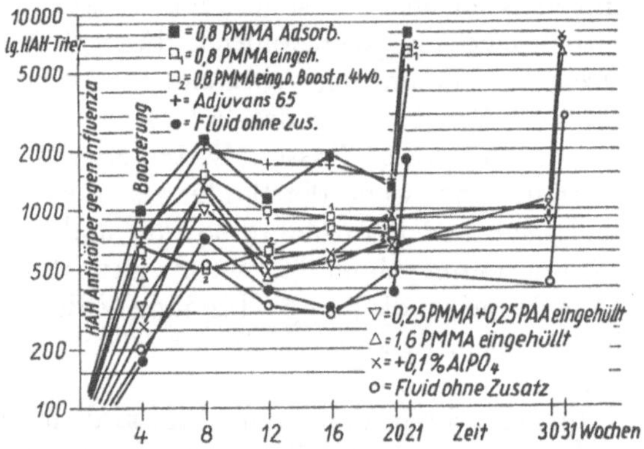

Abb. 3. Antikörperbildung beim Meerschweinchen im Haemagglutinationshemmungstest. Intramuskuläre Verabreichung von Influenza Impfstoff $\cdot A_2$-Hongkong X 31 mit 3200 HA/ml

Aus den Resultaten ist ersichtlich, daß das kolloide Adsorbat dem bisher bestbekannten Adjuvans nach 4 Wochen und länger zumindest ebenbürtig ist. Nach 21 Wochen ist das neue kolloide Adjuvans dem bisher besten klassischen Adjuvans statistisch gesichert überlegen.

Es bestehen somit reelle Chancen, daß solche kolloide Arzneiträgersysteme auf Adsorbatbasis in Zukunft die bisherigen Arzneiträgersubstanzen ersetzen können.

Polymerisation

Eine weitere technologische Möglichkeit zur Erzielung von Depotarzneiträgern im kolloidalen Größenbereich stellt die Polymerisation mizellarer Systeme dar; kurz „Mizellpolymerisation" genannt (5).

Der Einschluß von Wirkstoffen in diskrete ultrafeine Kompartimente, den Nanoparts, ge-

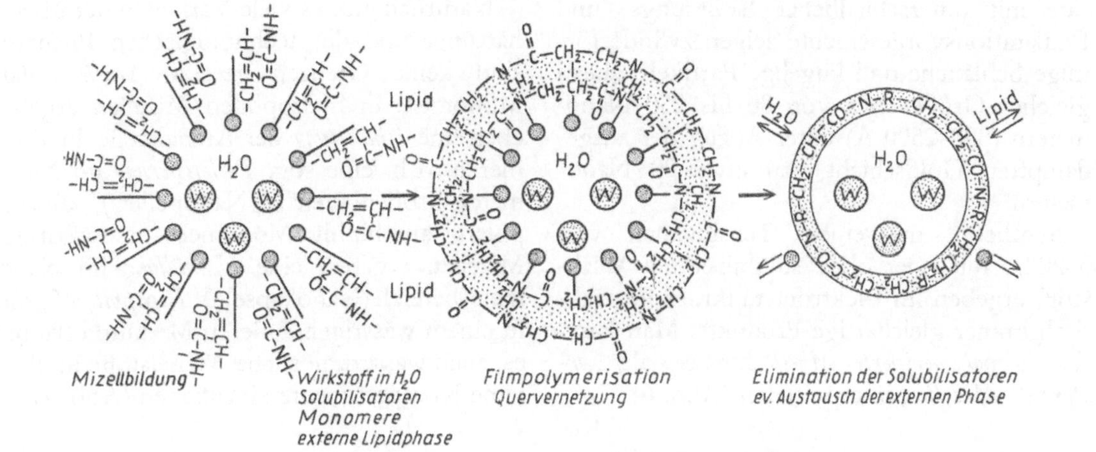

Abb. 4. Schema einer Mizell-Filmpolymerisation

stattet die Herstellung von parenteralen Arzneiformen mit stark verlängerter Wirkung.

Im Prinzip geht man bei der Nanokompartimentierung verfahrenstechnisch folgendermaßen vor (Abb. 4):

Eine wässrige Lösung des Arzneistoffes wird in einem schwach polaren Lösungsmittel primär solubilisiert. Dabei erhält man Mizellen von Wasser mit Wirkstoff in organischer äußerer Phase. Anschließend wird ein hydrophiles Monomeres (Mono-Acrylamid) der lipophilen Phase zugegeben. Diese reichern sich an der Grenzfläche Öl/Wasser pallisadenförmig an und bilden infolge sekundärer Solubilisierung sog. gemischte Mizellen (Abb. 5). Die Monomeren werden nun mit energiereichen Strahlen polymerisiert (Ultraviolett, Gammastrahlen, Wärme usw.). Wir erhalten dabei gehärtete oder erstarrte Mizellen. Als

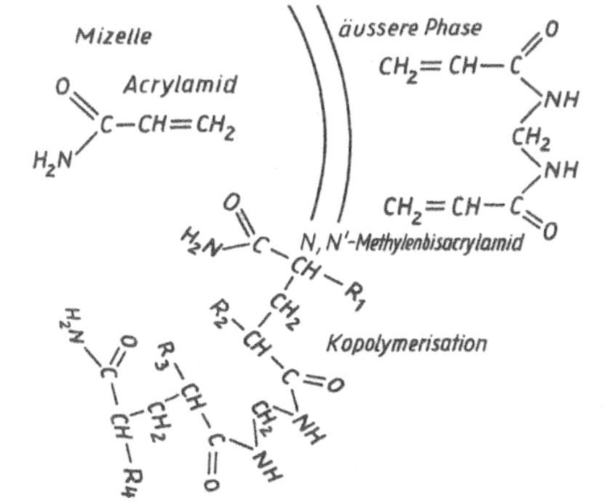

Abb. 5. Sekundäre Solubilisation und Polymerisation am schematischen Beispiel der Acrylamide

nächstes wird die äußere lipophile Phase durch Wasser ersetzt und gleichzeitig die Netzmittel und hydrophilen Ballaststoffe durch Ultrafiltration, Ultrazentrifugation oder Dialyse entfernt.

Dabei wird eine ultrafeine kolloide Wasser-in-Wasser-Suspension mit Arneistoff in der inneren Phase erhalten. Sie weist den Aspekt einer reinen wässrigen Lösung auf, besitzt aber infolge Lichtbeugung einen opaleszierenden Aspekt.

Durch den radikalischen Polymerisationsprozeß sind bevorzugt echte Mischpolymerisate oder Kopolymerisate mit statistischer Verteilung der Monomeren zu erwarten.

Die Fähigkeit der Acrylsäureamide sowie deren Derivate zur Kopolymerisation mit ungesättigten Verbindungen erlaubt die Herstellung der verschiedensten Endprodukte. Grundsätzlich ist durch die Mitverwendung solcher Komonomeren die Möglichkeit zur Herstellung auch von weitmaschigen dreidimensionalen Netzwerken gegeben. Dies im Gegensatz zum normalen linearen Aufbau von Makromolekülen (Abb. 5).

Mit zunehmendem Anteil an Vernetzungsmittel und abnehmendem Anteil an Monomeren nimmt die Porengröße zu.

Dieser Effekt der manipulierbaren Porengröße und der Wegfall notwendiger technischer Operationen ergibt bei Mizellpolymeren einen stabilen Einbau von Wirkstoffmolekülen mit steuerbarer und reproduzierbarer Wirkstoff-Freisetzung.

Rasterelektronenmikroskop-Aufnahmen verschiedener hochgereinigter, tensidfreier Präparate mit unterschiedlicher Isolierungs- und Präparationsvorgeschichte zeigen zylinderförmige Schläuche und kugelige Partikel nahezu gleicher Größe etwa von 80 bis 250 Nanometern (800–2500 Å) unter Abzug der aufgedampften Goldschicht von etwa 80 Nanometern.

Synthesen mit einem Tensidgehalt von 5–20%, mit oder ohne solubilisierten Wirkstoff, ergeben im Elektronenmikroskop praktisch immer gleichartige Produkte. Man kann sie als *polymerisierte Mizellabdrücke*, als „*erstarrte*" *Mizellen*, interpretieren (Abb. 6).

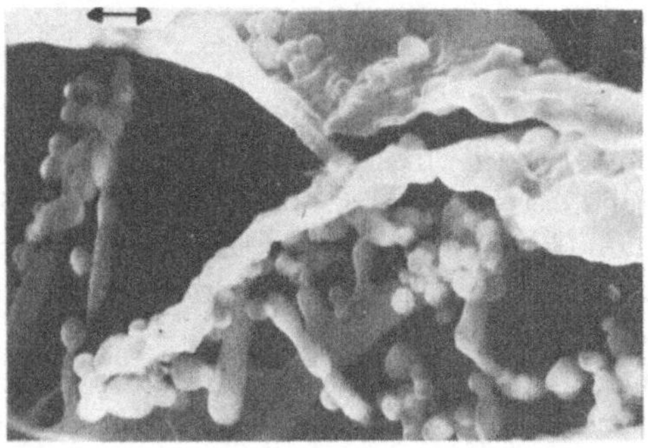

Abb. 6. Rasterelektronenmikroskop-Aufnahme von Nanoparts

Natürlich gibt es viele Varianten der Mizellhärtung, und der technologischen Phantasie sind keine Grenzen gesetzt. *Stark* polare Monomere in hydrophilen Mizellen ergeben eher eine *Einbettung* der Arzneistoffe in Polymeren, d.h. eine sog. *Pelletisierung* im Nanometer-Größenbereich (Nanopellets), *Schwach* polare amphiphile Monomere in wässrigen Mizellen ergeben eine *Umhüllung* im Nanometerbereich (Nanokapseln). *Lipophile Mizellen* in einem wässrigen äußeren Medium erlauben es, auch wasserunlösliche Arzneistoffe in ultrafeine Kompartimente einzubauen (Abb. 7).

Biologische Wirkung

Der derzeitige Stand der Untersuchungen zeigt, daß Mizellpolymerisate bedenkenlos am Tier parenteral appliziert werden können, gut gewebeverträglich sind und sich vor allem in der Immunologie als sehr vorteilhaft erweisen.

Immungammaglobulin-Zubereitungen in Nanoparts subcutan oder intramuskulär an einer großen Zahl Meerschweinchen appliziert zeigen insgesamt einen guten, mindestens

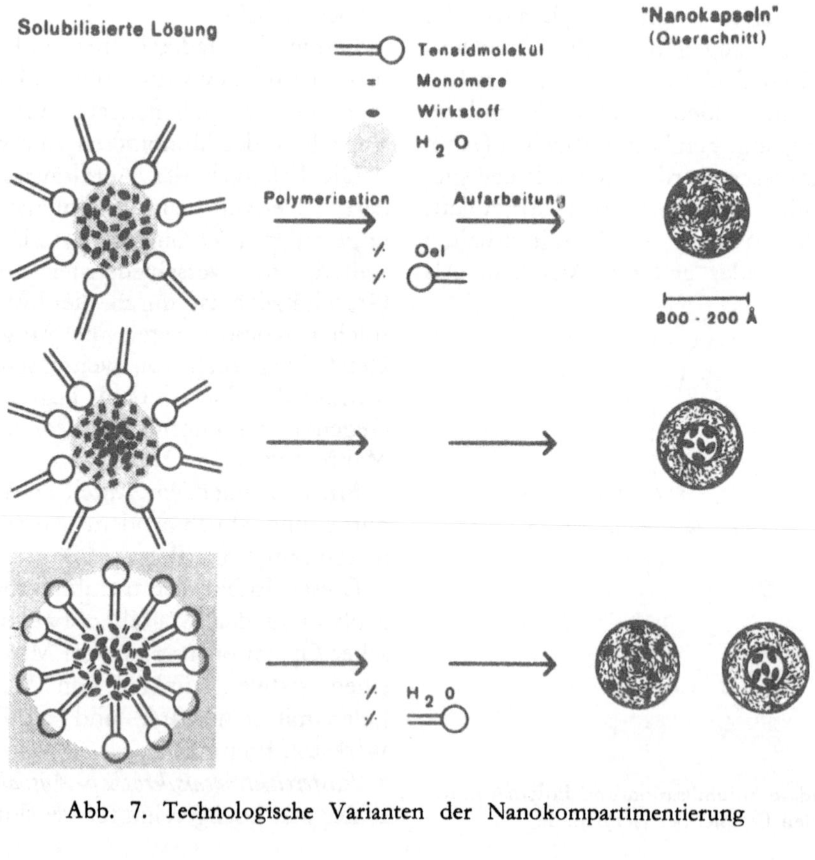

Abb. 7. Technologische Varianten der Nanokompartimentierung

dem Aluminiumoxid ebenbürtigen Adjuvanseffekt. Nach erfolgreicher Grundimmunisierung können durch erneute Vaccination selbst nach 72 Tagen noch Titer erzielt werden, die sonst mit dem kompleten Freund'schen Adjuvans, dem als besten bekannten Adjuvans, zu erzielen sind. Dies deutet darauf hin, daß Nanokapseln eine zeitlich stark retardierende Wirkung mit hohem immunologischen Effekt besitzen und auch für Langzeitinjectabilia in Betracht kommen (Abb. 8).

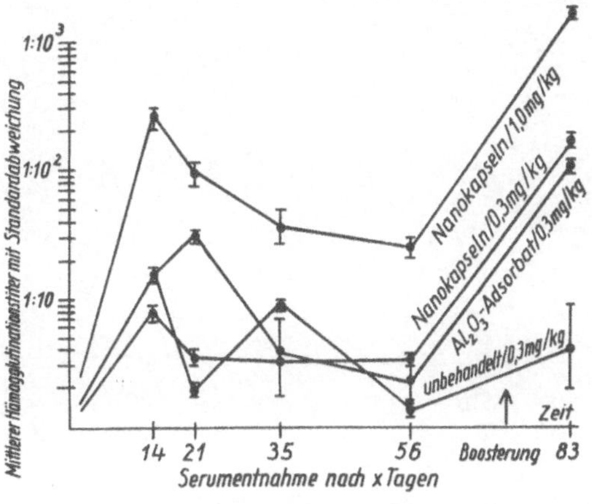

Abb. 8. Antigene in Nanokapseln, mit Adjuvantien und unbehandelt. Immunisierung von Meerschweinchen nach subkutaner Verabreichung von Immungammaglobulin. Antikörperbildung gegen IgG, gemessen mittels passivem Agglutinationstest (Hämagglutinations-Mikrotechnik) von Meerschweinchenserum mit Antigen-sensibilisierten Schaferythrozyten

Auch Tetanus-Toxoid (Starrkrampf) in Mizellpolymeren erzeugt insgesamt Antitoxin-Titer, die nur gering unter denen liegen, die von Aluminiumphosphat, einem ausgezeichneten Impfstoff, produziert werden (Abb. 9). Es zeichnen sich auch hier eventuell lohnende Optimierungsmöglichkeiten für den Einsatz von Nanoparts als Adjuvantien ab.

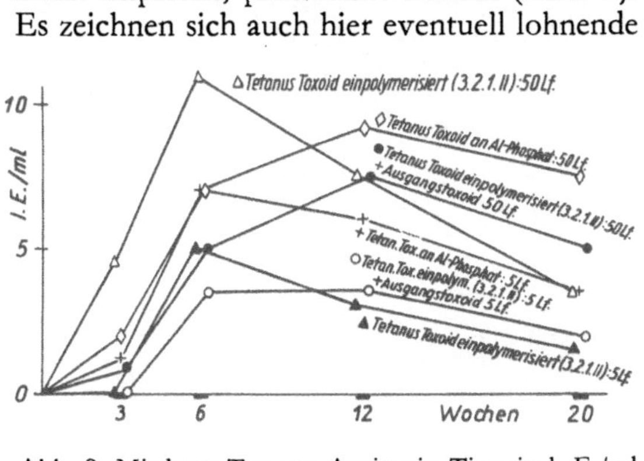

Abb. 9. Mittlerer Tetanus-Antitoxin-Titer in I. E./ml (Bestimmung der L + − Dosis an Mäusen) nach Immunisierung von Meerschweinchen mit Tetanus-Toxoid-Präparaten

Schlußbemerkungen

Die angeführten Beispiele für neuartige Darreichungsformen im kolloiden Größenbereich erheben keinen Anspruch auf Vollständigkeit. Sie sollten lediglich die verschiedene kolloide Arzneiformungsmöglichkeit schildern, den Trend der heutigen Formulierungsforschung aufzeigen und auf die Tatsache hinweisen, daß es heute noch möglich ist, bestehende Verfahren zu *verbessern*, technologische Erkenntnisse *weiter* zu entwickeln und somit in *Neuland* der Pharmazie vorzudringen.

Allerdings dürfen wir dabei nicht übersehen, daß einer *kreativen pharmazeutischen Forschung zur Zeit viele Hindernisse* im Wege stehen, welche eine *praktische Realisierung* meist erschweren.

Haupthindernisse sind vor allem die Zurückhaltung der Wissenschaftler gegenüber neuen Arzneimitteln oder neuen technologischen Verfahren sowie die oft berechtigten Bedenken der Gesundheitsbehörden. Dennoch glaube ich, daß es Pflicht der Hochschule ist, die präparative pharmazeutische Technologie auch im kolloiden Größenbereich zu pflegen und weiter zu entwickeln.

Zusammenfassung

Auf dem Gebiete der Inhalation, der Lösungsvermittlung und der parenteralen Medikation besitzen Arzneipräparate von kolloidaler Größenordnung eine zunehmende Bedeutung. Hier wird vor allem die Einbettung, Anlagerung und Umhüllung kleinster Arzneistoffaggregate im Größenbereich von Nanometern berichtet, den sog. „Nanoparts". Als technologische Verfahren kommen zu ihrer Herstellung die sog. Koazervierung von Makromolekülen, die Adsorption des aktiven Prinzips an hochdisperse Trägerstoffe sowie die Polymerisation von mizellaren Systemen mit Arzneistoffen in Frage. Einige Möglichkeiten des medizinischen Einsatzes werden auf Grund präliminärer immunologischer Resultate an Versuchstieren erörtert. Es zeigt sich, daß umhüllte, adsorbierte oder eingeschlossene Wirkstoffe in „Nanoparts" eine stark verzögerte Wirkung ausüben.

Summary

Modern drugs of colloidal size are very important for inhalation therapy, medical distribution of solutions or parenteral infusions. This paper especially deals with imbedding, addition and covering of small drug aggregates in the nano-meter size, so-called

„nano-parts". To produce them technologically the following techniques mostly are used: coacervation of macromolecules, adsorption of the active part to highly dispersed carrier substances, polymerisation of micellar systems with drugs. Some possibilities of the medical use are discussed with concern to preliminary immunological findings in experimental animals. It has been found that covered, adsorbed or included drugs have retardation effects.

Literatur

1) *Matijevic, E.*, Chemtech., page 656 (1974).
2) *Merkle, H. P.* und *P. Speiser*, J. Pharm. Sci. **62**, 1444 (1973).
3) *Kopf, H.*, Diss. ETH-Zürich Nr. 5458 (1975).
4) *Kreuter, J.*, Diss. ETH-Zürich Nr. 5417 (1975).
5) *Birrenbach, G.*, Diss. ETH-Zürich Nr. 5071 (1973).

Adresse des Verfassers:

Prof. Dr. *P. Speiser*
Eidgenössische Technische Hochschule Zürich
Pharmazeutisches Institut
Clausiusstraße 25
CH-8006 Zürich (Schweiz)

Progr. Colloid & Polymer Sci. **59**, 55–69 (1976)

VI.

Institut für Pharmazie und Lebensmittelchemie der Friedrich-Alexander Universität, Lehrstuhl für Pharmazeutische Technologie, Erlangen

Kolloide Verteilungszustände in der pharmazeutischen Technologie: Herstellung und Eigenschaften pharmazeutischer Präparate durch Sprühtrocknung

E. Nürnberg

Mit 32 Abbildungen und 8 Tabellen

(Eingegangen am 8. Oktober 1975)

1. Allgemeine Charakteristik der Sprühtrocknung

Die Sprühtrocknung ist ein großtechnisch einsetzbares rationelles Trocknungsverfahren. Im Rahmen unserer experimentellen Arbeiten, die bei den Firmen Dragoco und vor allem bei Fa. Merck, Darmstadt, ausgeführt wurden, haben wir das Verfahren in keinem Falle als Trocknungsmethode an sich, sondern immer nur als eine Möglichkeit zur Überführung von Arzneistoffen in Form mit vorteilhaften physikalisch-chemischen Eigenschaften angewendet.

Die Trocknungszeiten sind extrem kurz; sie betragen bei Versprühung zu Tröpfchen mit Durchmesser von 100 μm nur Bruchteile einer Sekunde (0,32 sec).

Das Verfahren kann daher auch bevorzugt – wie im Rahmen der hier beschriebenen Arbeiten nachgewiesen wurde – für empfindliche Stoffe wie Vitamine und Hormone angewendet werden.

Auffällig war indessen die Beobachtung, daß durch den Sprühtrocknungsprozeß Mikroorganismen, die in den Ausgangsflüssigkeiten enthalten waren, keinesfalls geschont, sondern stark dezimiert wurden. So konnte u.a. nachgewiesen werden, daß stark keimhaltige Lösungen makromolekularer Stoffe (30 Mio/ml) durch Trocknen im Vakuumschrank – also ohne Versprühen – nur auf 10000 Keime/g, dagegen durch Versprühen im Zerstäubungstrockner auf 100 Keime/g (60 atü, 200 °C, 1-Stoffdüse, großer Turm) und auf 3000 Keime/g (2 atü, 200 °C, 2-Stoffdüse, kleiner Turm) verringert werden. Das Versprühen bei 20 °C mit 60 und 2 atü – also ohne Trocknung – bewirkt keinen Keimzahlrückgang. Die Schädigung der Mikroorganismen wird also nicht nur durch die Trocknung als solche, d.h. den Wasserentzug bewirkt, auch nicht durch den hohen Druck oder die hohe Temperatur des Trocknungsgases (das Produkt erreicht nur eine Temperatur von max. 60 °C), sondern wahrscheinlich durch das *blitzartige Verdampfen* des enthaltenen Wassers.

2. Übersicht über die Versuchsreihen

Es wurden folgende Pharmaka durch Sprühtrocknung aus wäßrigen bzw. organischen Lösungsmitteln gewonnen:

1. *Reine Wirkstoffe* – aus wäßrigen Flüssigkeiten
   - 1.1. Vitamine des B-Komplexes
   - 1.2. Sulfonamid (5-Methylsulfadiazin)
   - 1.3. Glycoside (Digitoxin)
2. *Wirkstoffeinbettungen*, die durch Versprühen aus wäßrigen Flüssigkeiten erhalten wurden.
   - 2.1. Einbettungsgrundlage: Galaktomannan (= GM)
   - 2.2. Einbettungsgrundlage: Methylcellulose (= MC)
   - 2.3. Einbettungsgrundlage: Polyvinylpyrrolidon (= PVP)
3. *Schwerlösliche Wirkstoffe* – aus $CHCl_3$–CH_3OH
   - 3.1. Glycoside
   - 3.2. Steroide
   - 3.3. Analgetica (Aetylsalicylsäure)
   - 3.4. Antibiotica, (Tetracyclin-Base)

4. *Wirkstoffeinbettungen* schwerlöslicher Arzneistoffe aus $CHCl_3$–CH_3OH
   4.1. Einbettungsgrundlage: Methylcellulose
   4.2. Einbettungsgrundlage: Polyvinylpyrrolidon

Unter *Einbettung* sollen Produkte verstanden werden, bei denen Wirkstoffpartikel in einem indifferenten – meist hochpolymeren – Hilfsstoff in feinster Verteilung homogen vorliegen. Dabei sind die Wirkstoffteilchen jeweils nicht einzeln wie bei Mikrokapseln bzw. Koazervaten von einer Hilfsstoffhülle umgeben (s. Abb. 1).

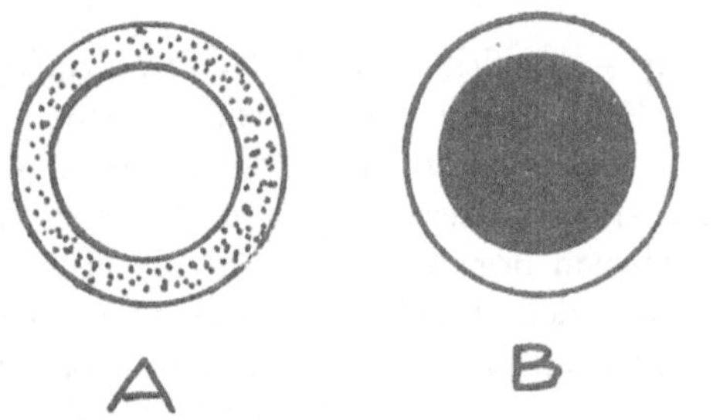

Abb. 1. A = Einbettung mit fein verteiltem Wirkstoff in der Wandung einer Hohlkugel aus indifferentem Material. B = Mikrokapsel aus Wirkstoffkern und indifferenter Hülle

3. Allgemeine Befunde

Falls man wasserunlösliche Wirkstoffe in wasserlösliche hochpolymere Grundlagen inkorporiert, erhält man nach Behandlung der Sprüheinbettung mit Wasser in der Regel feinst verteilte Partikel (s. Abb. 2).

Man kann auf den Mikroaufnahmen außer noch nicht zerfallenen Teilchen die eingebetteten Wirkstoffe mit einer Korngröße von max. 2 μm erkennen, so daß man m. E. von einer „Sprühmikronisierung" sprechen kann. Angesichts der extrem vergrößerten Wirkstoffoberfläche kann man mit einer günstigeren Resorption rechnen.

Im Rahmen ausgedehnter Versuchsreihen gelang der Nachweis, daß man die *Partikelgröße* von Sprühprodukten verhältnismäßig genau durch Einstellung der *Viskosität* der Ausgangsflüssigkeit steuern kann. So haben wir festgestellt, daß Viskositäten von 4 cp kleine Hohlkugeln von ca. 10–20 μm ergeben, was für bestimmte galenische Anwendungsformen – z. B. bei Kristallsuspensionen pro

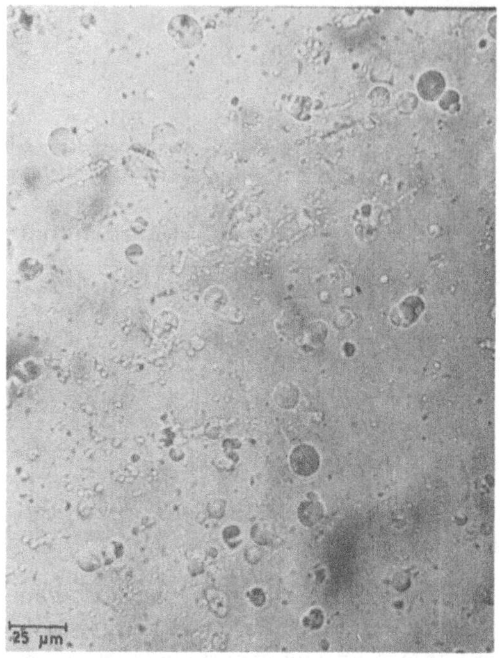

Abb. 2. Mikrophotographie einer mit Wasser behandelten Sprüheinbettung, die einen H_2O-schwerlöslichen Wirkstoff in einer H_2O-löslichen Grundlage enthält

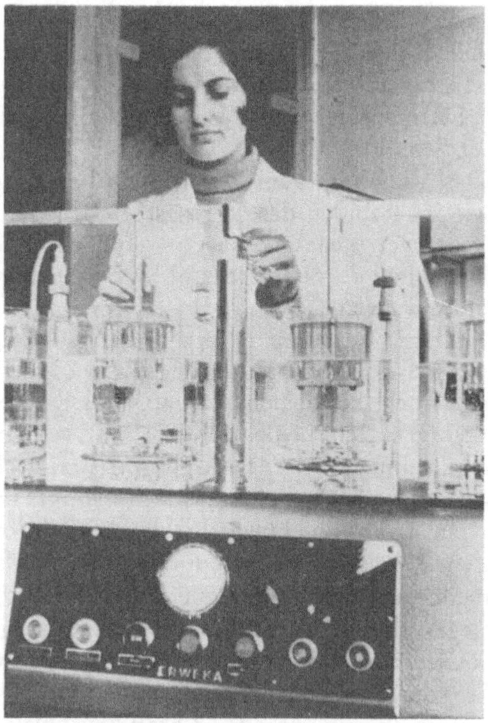

Abb. 3. Tablettenzerfallstester

Injektione – eine wesentliche Rolle spielen kann. Intraartikuläre Injektion.

Im Hinblick auf die *Freisetzungseigenschaften* und damit auf die biologische Wirkung der durch Zerstäubungstrocknung erhaltenen Wirkstoffe und Sprüheinbettungen mußten umfangreiche in-vitro-Untersuchungen mit den reinen Produkten sowie mit den fertigen Zubereitungen (wie Tabletten) durchgeführt werden.

Für alle Prüfungen wurde die Erweka-Verdauungs-Prüfapparatur verwendet (s. Abb. 3). Als repräsentatives Beispiel möchte ich die in-vitro-Freisetzung von Digitoxin zeigen:

Da es gelungen war, neben einer 10%igen *Digitoxin*-Sprüheinbettung in *MC* auch eine analoge in *GM* zu gewinnen, wurden beide Produkte im Vergleich zum reinen jet-powder geprüft. Die Untersuchungen wurden im künstlichen Darmsaft ausgeführt, da man aus Verträglichkeitsgründen Digitoxin-Tabletten bzw. -Dragees vielfach mit einer magensaft-resistenten Schicht (dünndarmlöslich) überzieht.

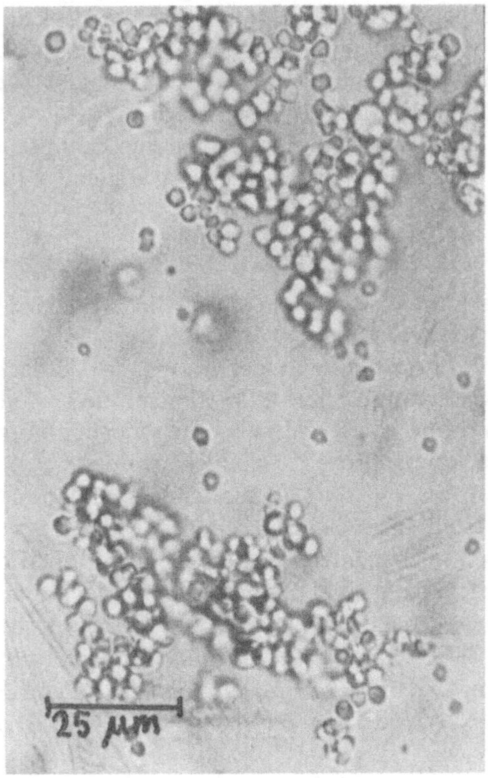

Abb. 4. Mikroaufnahme von Digitoxin aus einer 10%igen Sprüheinbettung in Methylzellulose nach Behandlung mit Wasser (es sind keine Kristalle zu erkennen)

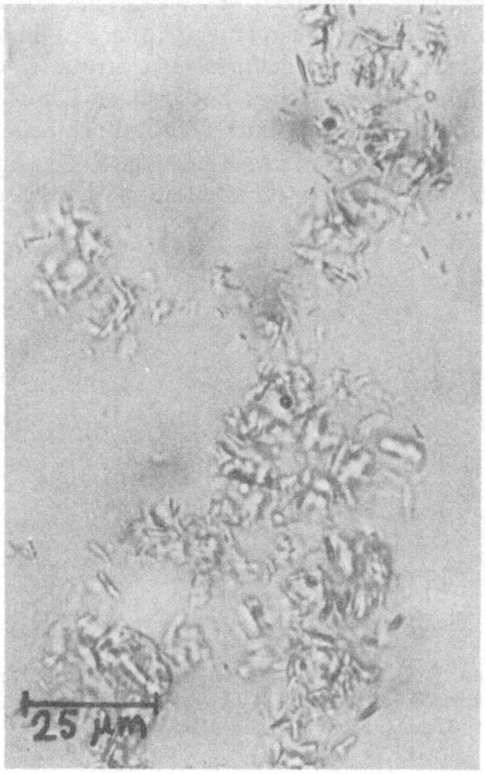

Abb. 5. Mikroaufnahme von Digitoxin aus einer 10%igen Sprüheinbettung in Galaktomannan nach Behandlung mit Wasser (nadelförmige Kristalle).

Das Aussehen der Substanzen war unterschiedlich (Abb. 4 und 5): Wie die graphische Darstellung (Abb. 6) zeigt, übertrifft Digitoxin, das in *MC* eingebettet ist (aus organ. Lösung versprüht), hinsichtlich der Konzentration in Lösung reines gesprühtes Pulver und Digitoxin in *GM*. Die Ursache für die

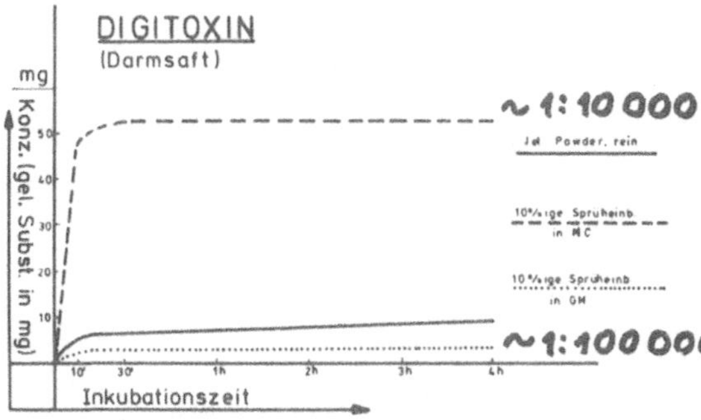

Abb. 6. Bestimmung der Konzentration von Digitoxin aus Sprüheinbettung in künstlichem Darmsaft (500 ml)

geringere Löslichkeit des Wirkstoffes aus der *GM*-Einbettung ist unter Umständen in der mikrokristallin-nadelförmigen Struktur des Digitoxins zu suchen. Gesprühtes Digitoxin und Digitoxin aus einer *MC*-Sprüheinbettung ergeben also *übersättigte* Lösungen – bezogen auf die Sättigungskonzentration der kristallinen Substanz.

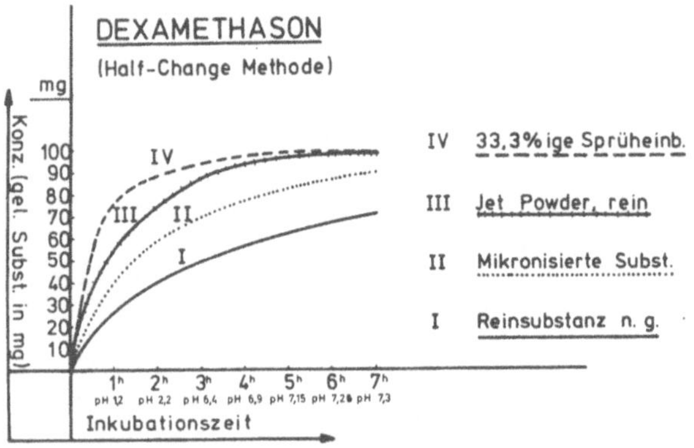

Abb. 7. Bestimmung der Konzentration von Dexamethason in künstlichen Verdauungsflüssigkeiten. Half-Change-Methode nach *Münzel*

Andere Substanzen wie z.B. *Dexamethason* weisen nur eine Erhöhung der Lösungsgeschwindigkeit auf; sie ergeben gleich konzentrierte Lösungen, allerdings erst später bei den nicht gesprühten Produkten (s. Abb. 7).

Nachdem durch in-vitro-Prüfungen signifikante Erhöhungen der Lösungsgeschwindigkeit und der gelösten Wirkstoffkonzentrationen nachgewiesen wurden, wurde geprüft, ob eine *5-Methylsulfadiazin-GM-Sprüheinbettung* einen Einfluß auf die Pharmakokinetik ausübt.

Die Abb. 8 enthält den Blutspiegelverlauf in linearer Darstellung. Die maximale Konzentration im Vollblut des Versuchstieres wurde für die Reinsubstanz und die Einbettung bei beiden Versuchen nach 4 bis 6 Stunden erreicht.

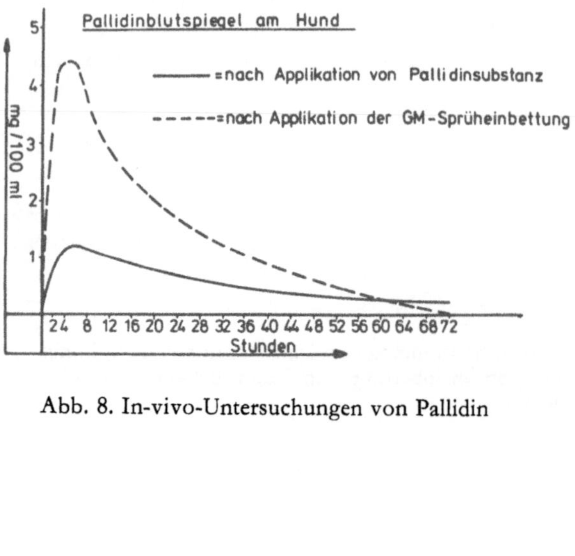

Abb. 8. In-vivo-Untersuchungen von Pallidin

Berechnungen mit Hilfe des Flächenquotienten ergeben eine Verbesserung der Resorption um den Faktor 3,4 (24 Stunden) bzw. 2,8 (72 Stunden).

4. Diskussion der Befunde

Welches sind die *Ursachen* für das günstige Verhalten der versprühten Stoffe?

Eine lösungsvermittelnde Wirkung von Begleitsubstanzen scheidet aus, da bereits die ohne Zusätze versprühten reinen Wirkstoffe (Digitoxin) übersättigte Lösungen ergeben. Bei diesen Wirkstoffen wurden also erhöhte Konzentrationen in den Inkubationsflüssigkeiten erreicht, falls gesprühte Produkte eingesetzt wurden. Dieses Verhalten kann durch die feine Partikelgröße allein nicht ausreichend erklärt werden, da man z.B. durch Mikronisierung, d.h. Vergrößerung der spez. Oberfläche zwar die Lösungsgeschwindigkeit – nicht dagegen generell, sondern nur unter bestimmten Bedingungen die Löslichkeit – erhöhen kann.

Die *Löslichkeit* eines definierten chemischen Stoffes kann durch die Bildung folgender Formen verändert werden:
- Polymorphe Modifikationen
- Amorphe Formen
- Hydrate
- Solvate.

Es bestand somit der dringende Verdacht, daß andere Kristallmodifikationen oder amorphe Stoffe durch den Zerstäubungstrocknungsprozeß gebildet werden. Unter dem als *Polymorphie* bezeichneten Phänomen versteht man bekanntlich das Auftreten von zwei oder mehreren festen Modifikationen bei gleichbleibender Beschaffenheit. Sie besitzen verschiedene freie *Energien*, so daß sie sich in ihrer *thermodynamischen Aktivität* unterscheiden. Daraus ergeben sich teilweise erhebliche Unterschiede der physikalischen Eigenschaften wie z.B.
- Schmelzpunkt
- Löslichkeit
- Lösungsgeschwindigkeit
- Kristallstruktur
- Lichtbrechung u.v.m.

Zur Identifizierung polymorpher Substanzen werden vorwiegend folgende Methoden angewendet:

1 – Polarisationsmikroskopie
2 – Röntgenspektroskopie (Debye-Scherrer-Diagramme)
3 – Schmelzpunktbestimmung u/o Differential-Thermoanalyse (DTA)
4 – Elektronenmikroskopie, REM

Die Untersuchungen der beschriebenen Produkte erfolgten nach diesen Methoden.

Milosovich wies 1964 darauf hin, daß sowohl erhöhte Resorptionsgeschwindigkeit als auch die vielfach beobachtete Instabilität Funktionen erhöhter Löslichkeit eines metastabilen Zustandes sind. Von *Kuhnert-Brandstätter* wurden polymorphe Barbiturate, Steroidhormone und Sulfonamide eingehend untersucht und dabei erhebliche Unterschiede der Löslichkeit festgestellt.

Amorphe Substanzen weisen keine definierte Struktur auf, sie sind grundsätzlich metastabil, d.h. sie sind bestrebt, sich in einen energieärmeren kristallinen Zustand zu verwandeln. Im allgemeinen besitzt die amorphe Form einer Substanz eine höhere Löslichkeit und Lösungsgeschwindigkeit, was eine schnellere und bessere Resorption und damit früheres und stärkeres Einsetzen der therapeutischen Wirkung zur Folge hat (1). Mitunter wird eine Resorption in nennenswerten Mengen überhaupt nur nach Applikation eines amorphen Wirkstoffes erreicht. Bei *Aescin**) konnte von *Erbring* und *Vogel* nachgewiesen werden, daß nach Überführung dieses Stoffes in einen röntgenamorphen Zustand eine 200mal bessere Löslichkeit in Wasser und eine Resorptionsquote bei Ratten von ca. 10% (gegenüber 0% der kristallinen Substanz) nach Zufuhr per os erreicht werden kann (2).

Das Antibiotikum *Novobiocin* zeigt ein analoges Verhalten: Nur die amorphe Form ist wegen ihrer zehnfachen besseren Löslichkeit – gegenüber der kristallinen Form – biologisch aktiv (3). Die Autoren *Mullins* und *Macek* stellten auch fest, daß amorphes Novobiocin in wäßrigen Suspensionen die Neigung zeigt, in die nicht wirksame kristalline Form überzugehen. *Ritschel* (4) wies auf Möglichkeiten zur Verhinderung der Umwandlung hin:

- Einsatz des stabilen Calciumsalzes
- Zusatz von hochpolymeren Hilfsstoffen zur Verhinderung der Kristallisation. Geeignet sind Methylcellulose, Polyvinylpyrrolidon oder Natriumalginat.

Weitere Beispiele sind *Chloramphenicol* (8).

Es mußte also versucht werden, den Nachweis für das Vorliegen polymorpher bzw. amorpher Formen zu erbringen. Zunächst einige Bemerkungen zu den hochpolymeren *Einbettungsgrundlagen*:

Galaktomannan:

GM ungesprüht	1000 ×	s. Abb. 9
GM gesprüht	2000 ×	s. Abb. 10
GM gesprüht	10000 ×	s. Abb. 11
Vit. B_{12}-*GM* gesprüht	1000 ×	s. Abb. 12

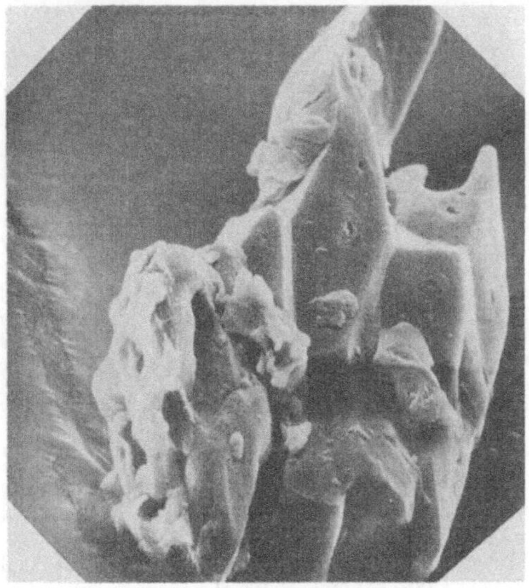

Abb. 9. Galaktomannan 7, ungesprüht, 1000 ×, REM

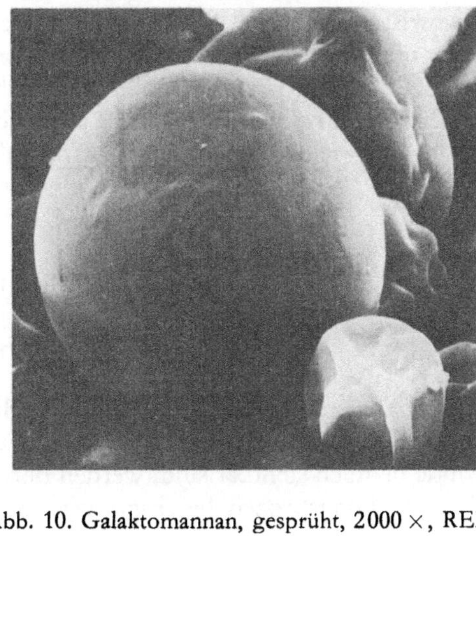

Abb. 10. Galaktomannan, gesprüht, 2000 ×, REM

*) β-Aescinsäure

Abb. 11. Galaktomannan, gesprüht, 10000 ×, REM

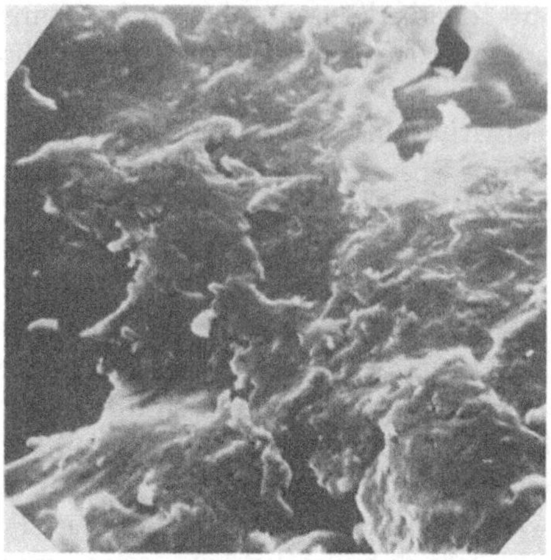

Abb. 13. Methylzellulose K 11, ungesprüht, 10000 ×, REM

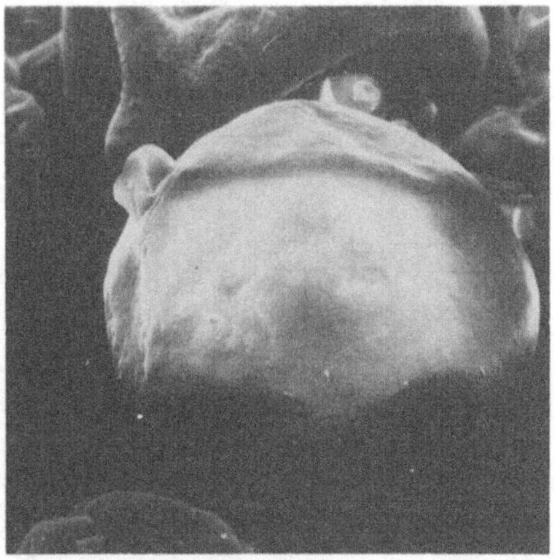

Abb. 12. Vitamin B_{12}-Sprüheinbettung in Galaktomannan (1%), 1000 ×, REM

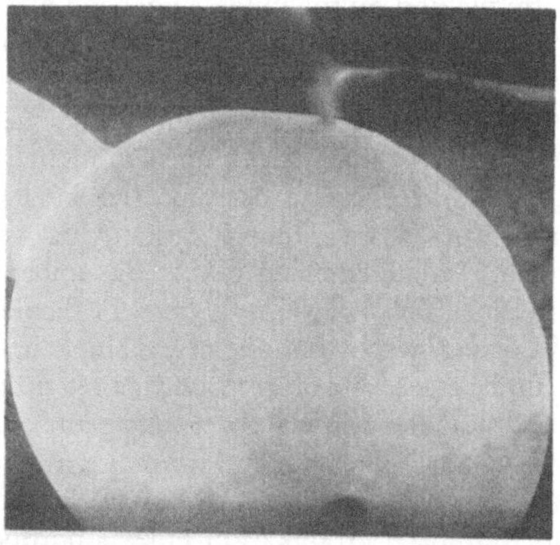

Abb. 14. Methylzellulose K 11, gesprüht, 1000 ×, REM

Man erkennt bei dem Ausgangsmaterial eine gewisse Ordnung, die nach dem Versprühen nicht mehr vorhanden ist. In der Vit. B_{12}-Einbettung sind keine kristallinen Bezirke zu erkennen, die Oberfläche sieht praktisch genau so aus wie die der reinen *GM*-Substanz.

Methylcellulose:

MC ungesprüht	10000 ×	s. Abb. 13
MC gesprüht	1000 ×	s. Abb. 14
MC gesprüht	10000 ×	s. Abb. 15

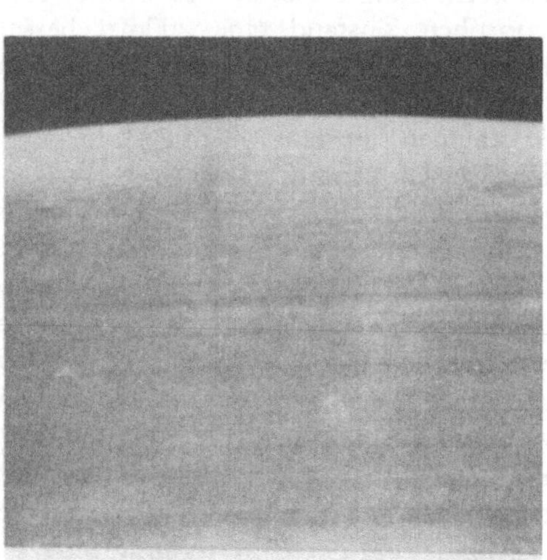

Abb. 15. Methylzellulose K 11, gesprüht, 10000 ×, REM

Die mizellaren Elemente der Cellulose, die im Ausgangsmaterial als gerichtete Molekülverbände deutlich sichtbar sind, werden durch den Zerstäubungsprozeß beseitigt, was auch

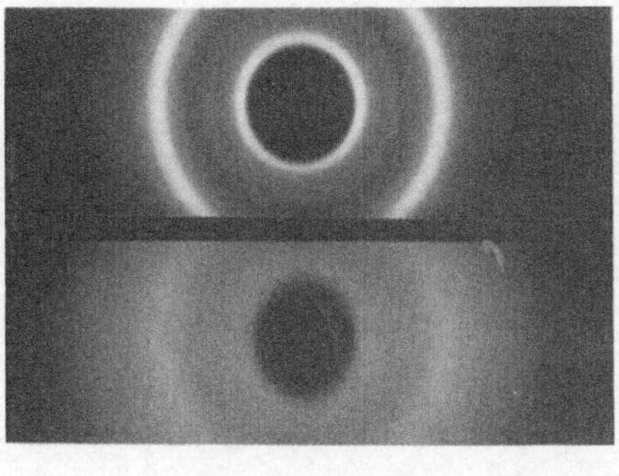

Abb. 16. Debye-Scherrer-Diagramme von Methylzellulose. Oben: ungesprüht, unten: gesprüht

aus den Debye-Scherrer-Diagrammen klar hervorgeht (s. Abb. 16):

Es ist indessen nicht erforderlich, verhältnismäßig aufwendige Untersuchungsverfahren einzusetzen, da bereits eine *polarisations-mikroskopische Betrachtung* zeigt, daß die Polarisationsfarben der Ausgangssubstanz durch die Sprühtrocknung verschwinden; anisotrope Substanzen erscheinen isotrop. Abb. 17 ist eine Polaroid-Fotografie.

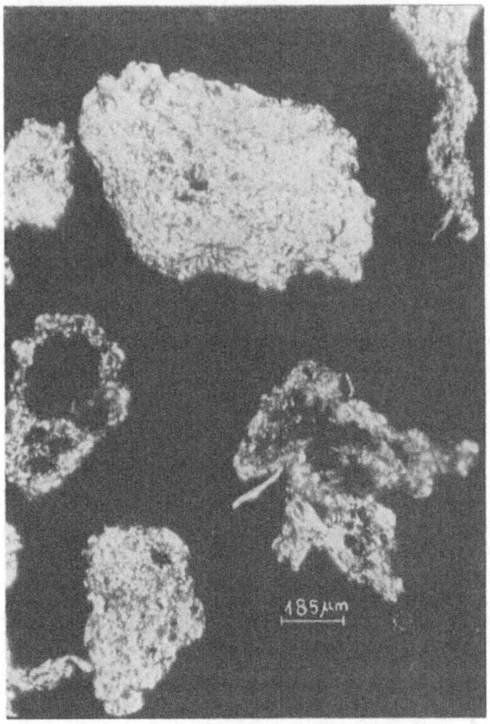

Abb. 17. Polarisationsmikroskopische Abbildung von Methylzellulose-Ausgangssubstanz

Polyvinylpyrrolidon:

Bei diesem makromolekularen Hilfsstoff konnten weder in der normalen Handelsware noch im von uns gesprühten Produkt gerichtete Molekülverbände nachgewiesen werden, er liegt somit immer röntgenamorph vor. Die Handelsware ist auch durch Sprühtrocknung gewonnen worden (s. Abb. 18).

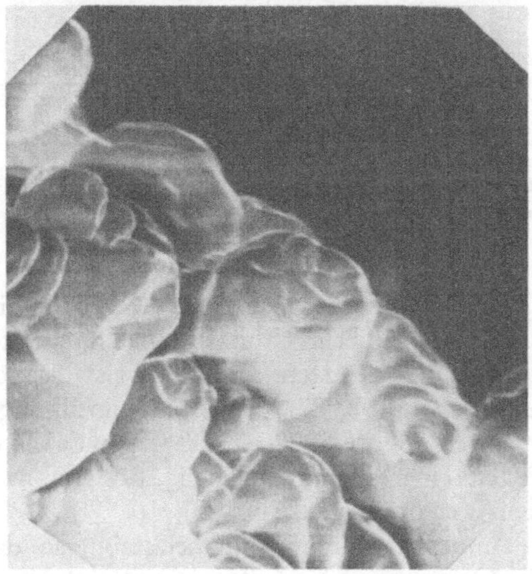

Abb. 18. Polyvinylpyrrolidon, gesprüht, 10000 ×, REM

5. Weitere Befunde

Im folgenden sind weitere repräsentative Untersuchungsergebnisse von verschiedenen *Wirkstoffpräparaten* aufgeführt:

Digitoxin:

Während offizinelles Digitoxin eine kristalline Substanz mit einem Schmelzpunkt von 258–260° darstellt, erhält man durch Versprühen einer Lösung in Chloroform-Methanol hohlkugelförmige Partikel, die keine Kristallstruktur erkennen lassen (s. Abb. 19 u. 20).

Der *Schmelzpunkt* des Produktes entspricht nicht mehr dem der DAB 7-Substanz 258–260 °C, sondern liegt erheblich tiefer: bei 217–219 °C. Man kann also bereits durch Bestimmung der Schmelzpunkte und die polarisationsmikroskopische Betrachtung wertvolle Hinweise auf polymorphe Veränderungen erhalten. Genauere Aufschlüsse liefert die *Dif-*

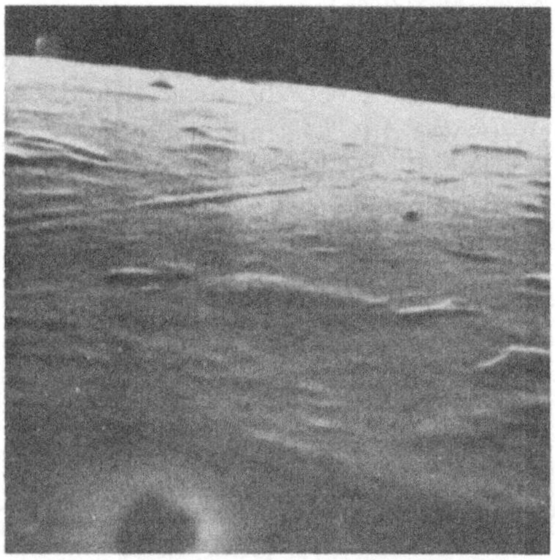

Abb. 19. Digitoxin-Reinsubstanz, gesprüht, 1000 ×, REM

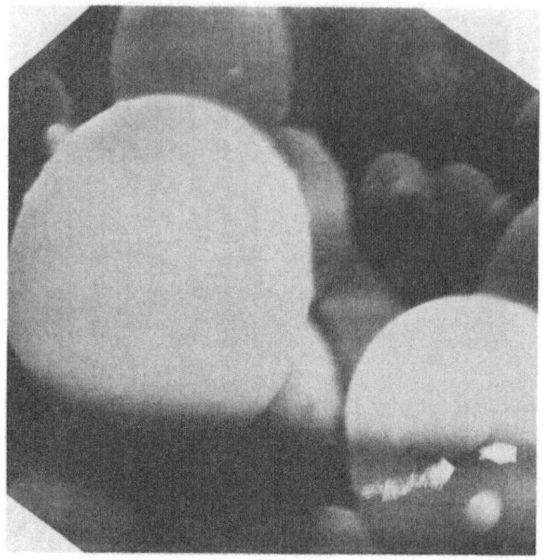

Abb. 20. Digitoxin-Reinsubstanz, gesprüht, 10000 ×, REM

ferential-Thermoanalyse (s. Abb. 21 u. 22); hier sieht man, daß beim Erhitzen zunächst ein exothermer Peak entsteht, der eine Kristallisation anzeigt (s. Abb. 22). Die Röntgenbeugungsspektren (Debye-Scherrer) bestätigen das Vorliegen einer nichtkristallinen Substanz nach dem Versprühen (s. Abb. 23).

Amorphe Körper sind metastabil, so daß die Gefahr einer Veränderung unter gewissen Bedingungen besteht. Bei der bloßen Lagerung haben wir zwar keine Kristallisation beobachtet, aber durch Zufuhr mechanischer Energie, wie sie im Zuge der Tablettierung oder beim Verreiben im Mörser auftritt, konnte eine partielle *Kristallisation* (s. Debye-Scherrer-Diagramm, unteres Bild) festgestellt werden.

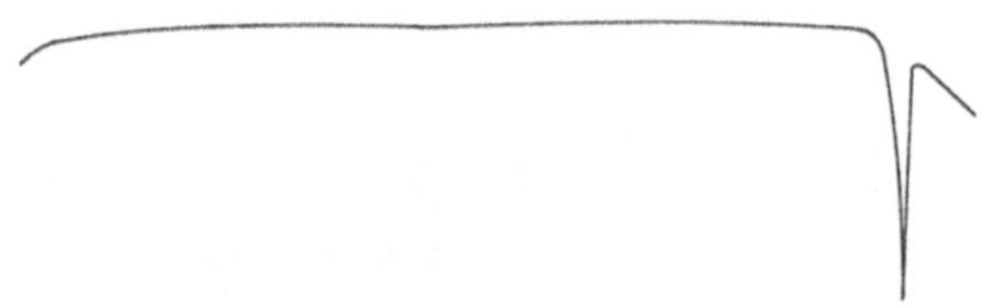

Abb. 21. DTA von krist. Digitoxin

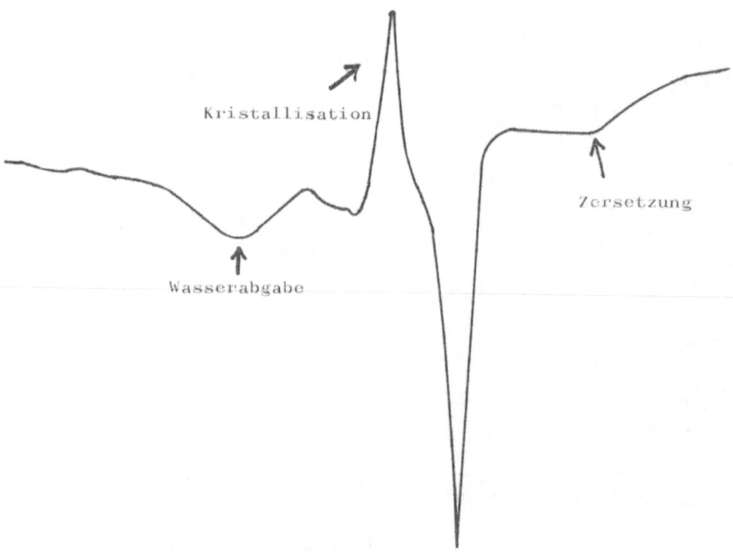

Abb. 22. DTA von sprühgetrocknetem Digitoxin

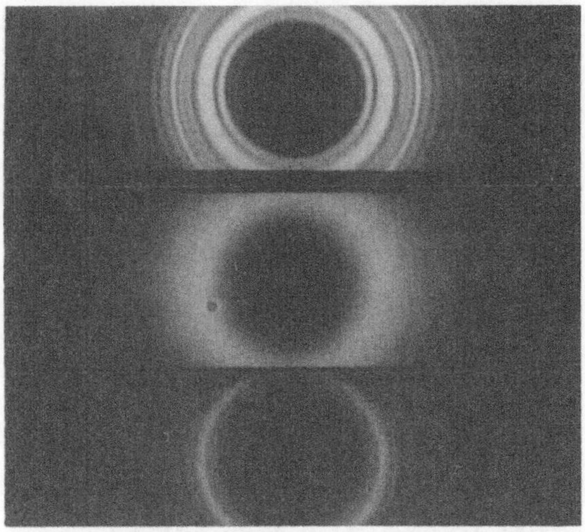

Abb. 23. Debye-Scherrer-Diagramme von Digitoxin a) = oben: Reinsubstanz; b) = Mitte: gesprühte Reinsubstanz; c) = unten: gesprühte Reinsubstanz, im Mörser verrieben

Wie aus Mikroaufnahmen von Tablettiermischungen hervorgeht, werden durch den Kompressionsprozeß sprühgetrocknete Wirkstoffpartikel weitgehend zerstört (Abb. 24 und 25).

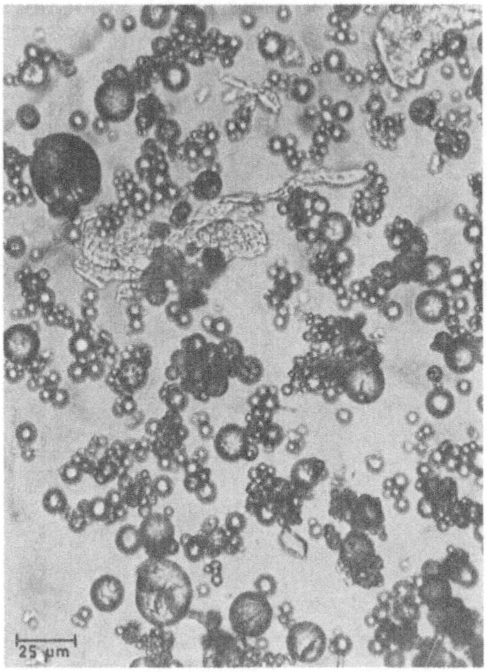

Abb. 24. Tablettiermischung mit Sprühtrocknungsprodukt vor dem Verpressen

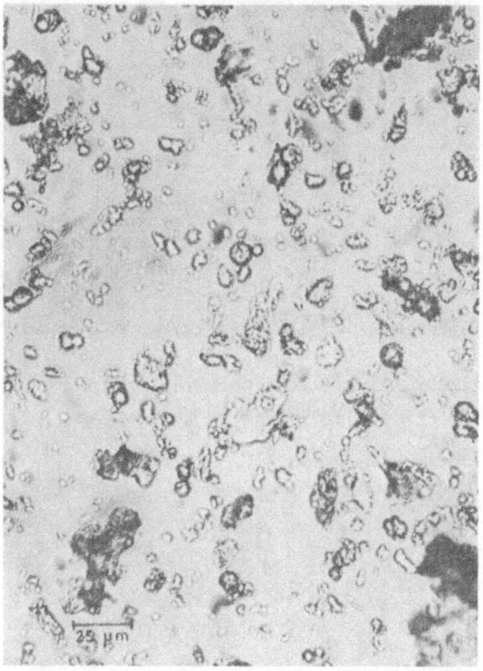

Abb. 25. Tablettiermischung mit größtenteils zerstörtem Sprühtrocknungsprodukt nach dem Verpressen

Verwendet man dagegen Einbettungen des Wirkstoffes in beispielsweise Methylcellulose, so bleibt der amorphe Zustand auch bei mechanischer Belastung weitgehend erhalten. Somit sind Einbettungen auch aus diesem Grund besser für die pharm. Verarbeitung geeignet.

Angesichts der niedrigen Einzeldosierung von Steroiden und Glycosiden setzt man ohnedies vorteilhaft Einbettungen ein.

Prednisolon

Die gesprühte Reinsubstanz ist im Gegensatz zum Digitoxin nicht völlig amorph, sondern sie zeigt im Mikrobild isotrope und anisotrope Teilchen (Abb. 26). Im Debye-Scherrer-Diagramm sieht man gleichfalls Beugungsringe. Auffällig war die Beobachtung, daß eine partielle Kristallisation des Wirkstoffes völlig verhindert werden kann, wenn man 10% oder mehr Methylcellulose oder Polyvinylpyrrolidon zusetzt (s. Abb. 27). Verwendet man Polyäthylenglykol 6000 als Einbettungsgrundlage, so erhält man auch bei einem Wirkstoffanteil von nur 50% anisotrope Produkte, die Beugungsringe im Debye-Scherrer-Diagramm aufweisen.

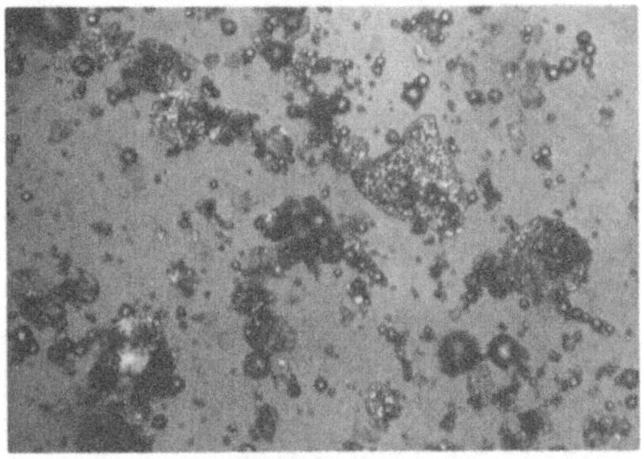

Abb. 26. Mikrophotographie von sprühgetrocknetem Prednisolon im polarisierten Licht

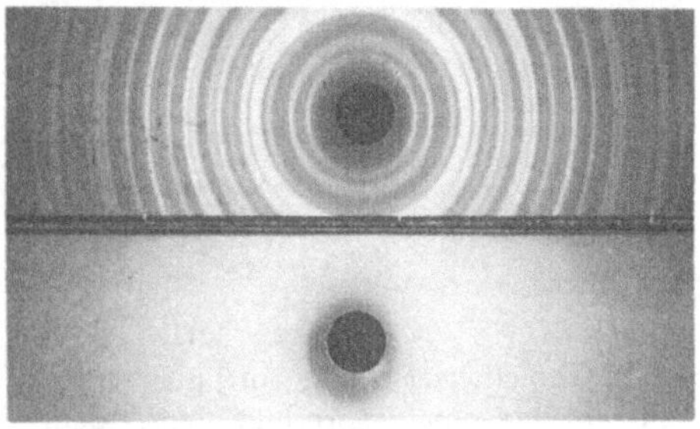

Abb. 27. Debye-Scherrer-Diagramme von Prednisolon-Produkten. Oben: Prednisolon rein, kristallin, im polarisierten Licht anisotrop
Unten: Prednisolon-Polyvinylpyrrolidon-Sprüheinbettung mit 50% Wirkstoff, röntgenamorph, im polarisierten Licht isotrop

Die amorphen Methylcellulose- bzw. PVP-Kombinationspräparate sehen bei rasterelektronenmikroskopischer Betrachtung aus wie Digitoxin bzw. Methylcellulose. Versetzt man sie mit Wasser, so fällt anisotropes Prednisolon in feinkristalliner Form aus (bis 100 Å herunter).

Prednisolonacetat Krist.: Abb. 28

Ein analoges Verhalten wie Prednisolon zeigt auch der 21-Essigsäureester. Man erkennt auf rasterelektronenmikroskopischen Fotografien (s. Abb. 29) neben nichtkristallinen Kugeln auch solche, die auf der Oberfläche Kristallkrusten tragen. Folglich zeigen Debye-Scherrer-Diagramme (s. Abb. 30) Beugungsringe, und mit polarisiertem Licht sieht man im nicht gesprühten und gesprühten Material Polarisationsfarben. Ein Zusatz von 10% Methylcellulose verhindert eine Kristallisation vollständig, während bei 10% PVP noch kri-

Abb. 28. Prednisolon-21-essigsäureester, Reinsubstanz 1000 ×, REM

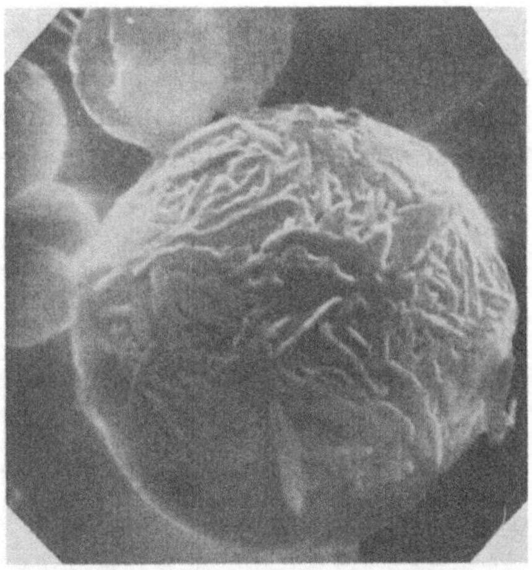

Abb. 29. Prednisolon-21-essigsäureester, Reinsubstanz, gesprüht, 10000 ×, REM

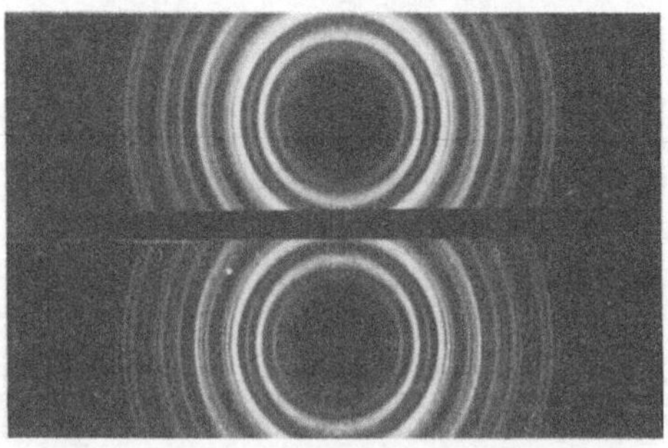

Abb. 30. Debye-Scherrer-Diagramme von Prednisolon-21-essigsäureester, vor und nach Sprühtrocknung

stalline Anteile nachweisbar sind. Praxisgerechte 50%ige Prednisolonacetat-Methylcellulose-Präparate sehen im polarisierten Licht isotrop und bei Röntgenbeugungsanalyse röntgenamorph aus (s. Abb. 31).

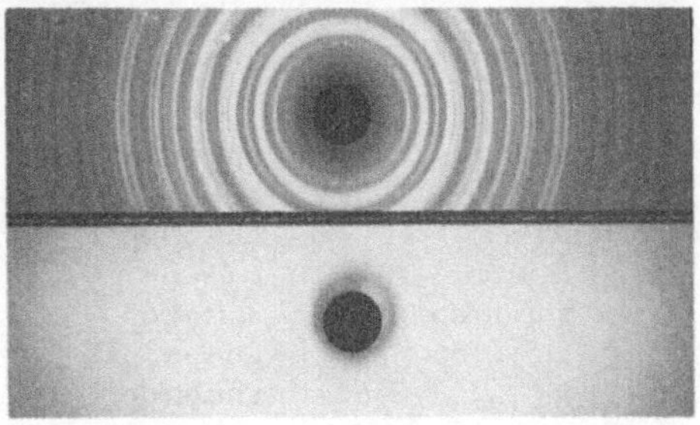

Abb. 31. Debye-Scherrer-Diagramme von Prednisolon-21-essigsäureester-Produkten; Oben: Prednisolonacetat, rein; kristallin, anisotrop; Unten: Prednisolonacetat-Methylzellulose-Sprüheinbettung mit 90% Wirkstoff; röntgenamorph, isotrop

Palladin:

Außer Galaktomannan wurde auch Polyvinylpyrrolidon in Form von Plasdone als Hilfsstoff eingesetzt, da die Viskosität von Lösungen dieser Substanz wesentlich niedriger liegt als die der Methylcellulose und Galaktomannan. Auch bei der nachfolgenden Tablettierung ist PVP besser geeignet, da diese Preßlinge u.a. günstigere Zerfallszeiten

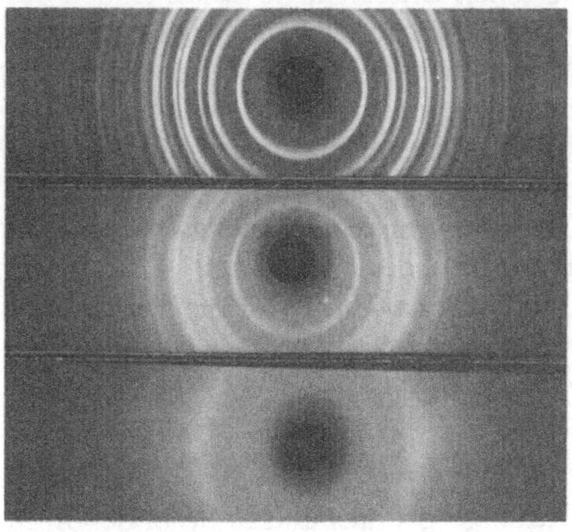

Abb. 32. Debye-Scherrer-Diagramme von Pallidin-Produkten. Oben: 5-Methylsulfadiazin, rein; kristallin, im polarisierten Licht anisotrop. Mitte: 5-Methylsulfadiazin-Polyvinylpyrrolidon-Sprüheinbettung mit 90% Wirkstoff; kristallin mit röntgenamorphem Anteil, im polarisierten Licht Nebeneinander isotroper und anisotroper Teilchen. Unten: 5-Methylsulfadiazin-Polyvinylpyrrolidon-Sprüheinbettung mit 50% Wirkstoff; röntgenamorph, im polarisierten Licht isotrop

aufweisen. Aus der folgenden Darstellung (s. Abb. 32) geht hervor, daß 90%ige Sprüheinbettungen noch kristallin, dagegen 50%ige Pallidin-PVP-Präparate praktisch röntgenamorph sind. Bei anderen Wirkstoffen liegen die Verhältnisse analog, wie systematische Versuche ergeben haben.

Wie auch *Junginger* am Beispiel von Acetylsalicylsäure (ASS)-Sprüheinbettungen zeigte, wird bei einem bestimmten Verhältnis von ASS zu makromolekularen Stoffen die Kristallisation von ASS so stark gestört, daß kristallographische Untersuchungen mit Röntgenstrahlen nach dem Goniometerverfahren keine Kristallinität mehr erkennen lassen (5). Eine Erhöhung des röntgenamorphen Anteils von ASS in Polymeren durch Zusatz bestimmter Emulgatoren mit unterschiedlichen HLB-Werten konnte dagegen nicht erreicht werden (6).

6. Vergleich der Sprühtrocknung mit anderen Trocknungsverfahren

Nachdem nunmehr nachgewiesen wurde, daß in zahlreichen Fällen – insbesondere bei den Sprüheinbettungen – amorphe bzw. isotrope Produkte vorliegen, interessierte die Frage, ob auch durch *andere Trocknungsmethoden* amorphe Formen resultieren. Zur Klärung dieser Frage wurde durch polarisationsmikroskopische Untersuchungen ein Vergleich von

a. Sprühtrocknungsprodukten,
b. Substanzen, die auf dem *Objektträger* im Lösungsmittel gelöst und getrocknet wurden,
c. Substanzen, die in Lösungsmittel 1:100 gelöst und bei Zimmertemperatur in einer Schale getrocknet wurden,

durchgeführt.*)

Als Untersuchungsmaterial dienten verschiedene Sprüheinrichtungen in Methylcellulose und Polyvinylpyrrolidon. Der Arzneistoffanteil differierte zwischen 5 und 50%. Im einzelnen wurden die in Tabelle 1 zusammengefaßten Ergebnisse erhalten:

Man findet eine Bestätigung dafür, daß die untersuchten Einbettungen, welche durch die blitzartig verlaufende Zerstäubungstrocknung gewonnen werden (a), alle isotrop sind. In

*) Für die experimentelle Mitarbeit danke ich Herrn *R. Liebmann.*

Tab. 1. Polarisationsmikroskopie von a) Sprühtrocknungsprodukten; b) Substanzen, die auf dem Objektträger im Lösungsmittel gelöst und getrocknet wurden (ca. 3 min); c) Substanzen, die im Lösungsmittel 1:100 gelöst und bei Zimmertemperatur in einer Schale getrocknet wurden (ca. 2 Tage)

Produkt		a	b	c
Glykoside				
1. Digitoxin-MC,	10%	isotrop	anisotrop	anisotrop, *F**)
2. Digoxin-MC,	5%	isotrop	anisotrop	anisotrop, *F*
Steroide				
3. Dexamethason-MC,	10%	isotrop	anisotrop	anisotrop, *F*
4. Dexamethason-PVP,	10%	isotrop	*i* (+*a*)*)	*i*+*a*
5. Prednisolon-MC,	50%	isotrop	*a* (+*i*)	anisotrop
6. Prednisolon-PVP,	50%	isotrop	isotrop	*a* (+*i*)
7. Prednisolonacetat-MC,	50%	isotrop	anisotrop	anisotrop
8. Prednisolonacetat-PVP,	50%	isotrop	anisotrop	anisotrop
9. Chlormadinonacetat-MC,	5%	isotrop	*a* (+*i*)	anisotrop
10. Chlormadinonacetat-PVP,	5%	isotrop	*i* (+*a*)	anisotrop
Analgetikum				
11. Acetylsalicylsäure-MC,	10%	isotrop	anisotrop	anisotrop, *F*
12. Acetylsalicylsäure-PVP,	10%	isotrop	*i* (+*a*)	*i*+*a*
Antibiotikum				
13. Tetracyclin-Base-MC,	50%	isotrop	*i* (+*a*)	anisotrop, *F*
14. Tetracyclin-Base-PVP,	50%	isotrop	isotrop	*i*+*a*

*) *a* = anisotrop; *i* = isotrop; *F* = Trocknungsprodukt ist folienartig.

diesem Zusammenhang wird auf den häufig verwendeten Begriff der „festen Lösung" hingewiesen. Die verhältnismäßig rasch erfolgte Lösungsmittelabdunstung auf dem Objektträger (b) (ca. 3 Min.) führt bereits bei Methylcellulose mindestens zu einer partiellen Anisotropie. Es fällt auf, daß PVP einen Trend zur Isotropie zeigt. Führt man eine normale Trocknung bei Zimmertemperatur durch (c), so gelingt bei keinem der beschriebenen Präparate die Gewinnung rein isotroper Produkte. Während bei der polarisationsmikroskopischen Betrachtung immer eindeutig die Anisotropie erkannt werden konnte, wiesen die Debye-Scherrer-Diagramme nur in den Fällen stark ausgeprägte Interferenzringe auf, in denen der Wirkstoffanteil nicht zu gering (5–10%) war → ca. 50%. Langsame Entfernung des Lösungsmittels begünstigt also nachweislich die Kristallbildung. Schließlich sollten auf experimentellem Wege noch *folgende Fragen* geklärt werden:

7. Spezielle Fragen zum Lösungsverhalten von Sprühtrocknungsprodukten

- Ergeben Sprühprodukte immer übersättigte Lösungen?
- Wie lange bleiben die über den Sättigungswerten liegenden Konzentrationen erhalten?
- Wie hoch ist der Grad der Übersättigung?
- Bestehen Unterschiede zwischen sprühgetrockneten Reinsubstanzen und Einbettungen hinsichtlich des Lösungsverhaltens?
- Bestehen Unterschiede zwischen den Sprüheinbettungsgrundlagen Methylcellulose und Polyvinylpyrrolidon?
- Bestehen Unterschiede zwischen konventionellgetrockneten und sprühgetrockneten Einbettungen?

Die Verhältnisse wurden an 7 verschiedenen Wirkstoffen, deren wäßrige Lösungen auf spektralfotometrischem Wege nach bestimmten Zeiten gemessen wurden, dargestellt:

1. Digitoxin

Durch gesprühtes und in besonderem Maße durch sprüheingebettetes Digitoxin gewinnt man stark übersättigte wäßrige Lösungen. Nach 3 Tagen beträgt der Faktor der Übersättigung 13,5 für die 10%ige Sprüheinbettung und nach 2 Monaten immer noch 9,1. Die Methylcellulose übt offensichtlich einen begünstigenden und stabilisierenden Einfluß aus (s. Tab. 2).

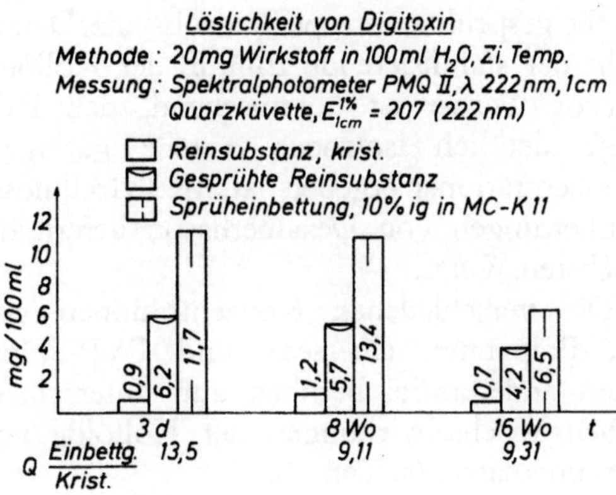

2. *Digoxin*

Digoxin-Einbettungen in Methylcellulose weisen Übersättigungsraten von ca. 10 auf. Nach 2 Stunden erreicht man Werte von 11,8 für die Sprüheinbettung und 10,5 für die konventionell bei Zimmertemperatur getrocknete Einbettung. Die Konzentrationen wiesen nach einer Stunde keine gravierenden Unterschiede auf (s. Tab. 3). Bei diesem Wirkstoff möchte ich

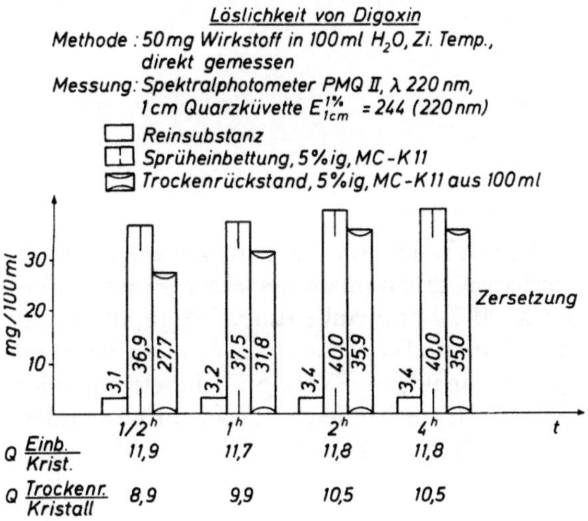

eine *biopharmazeutisch* relevante Betrachtung einfügen: Die Konzentration der kristallinen Substanz beträgt nach 1 Stunde 3,2 mg/100 ml Wasser. Wenn man davon ausgeht, daß die *therapeutische Dosis 0,25–0,5 mg* beträgt und im nüchternen Magen mindestens 100 ml Flüssigkeit enthalten sind, so sollte eine vollständige Auflösung der Einzeldosis und damit auch eine maximale Resorption möglich sein. Das würde aber bedeuten, daß durch galenische Maßnahmen zur Erhöhung der Lösungsgeschwindigkeit oder zur Erzielung übersättigter Lösungen, wie z.B. Mikronisierung oder Bildung amorpher Formen, *keine* Verbesserung der Blutspiegelwerte erreicht werden könnte.

Entgegen dieser Annahme wiesen kürzlich britische Autoren (7) nach, daß die Plasmawerte nach Applikation von 0,5 mg Digoxin-Einzeldosen – also unterhalb des H_2O-Sättigungswertes von 3,2 mg/100 ml – von der zugeführten Form (Lösung oder Pulver) und der Teilchengröße abhängig sind. Somit ist auch die Feststellung der Pharmakokinetik des amorphen eingebetteten Digoxins sinnvoll.

3. *Tetracyclin-Base*

Bei dieser Substanz kann man auch durch Zerstäubungstrocknung eine – wenn auch verhältnismäßig bescheidene – Übersättigung erreichen. Hier liegt die Sättigungslöslichkeit der kristallinen Reinsubstanz bereits relativ hoch. Nach 105 Minuten resultierten Werte von 1,3 (gesprühte Reinsubstanz) und 1,4 (Sprüheinbettung) (s. Tab. 4).

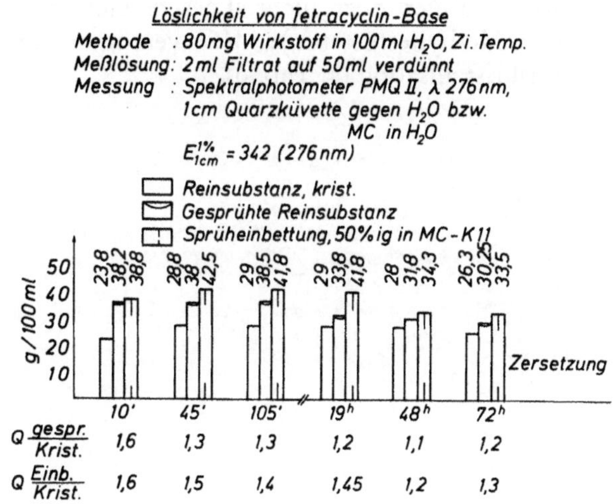

4. *17-α-Methyltestosteron*

Eine 4stündige Inkubation mit Wasser erbringt eine um 50% erhöhte Wirkstoffkonzentration, bezogen auf die Sättigungskonzentration des kristallinen Hormons. Auffällig ist die Tatsache, daß abweichend von den anderen untersuchten Substanzen nach *3 Tagen* die Konzentrationen gleich sind (Sättigungslöslichkeit der Reinsubstanz). Der Bodenkörper des Methyltestosteron ist nach 3 Tagen in beiden Proben identisch (DTA); Methylcellulose vermochte keine kristallisationshemmende Wirkung zu entfalten (s. Tab. 5).

Löslichkeit von 17-α-Methyltestosteron
Methode : 10 mg Wirkstoff in 100 ml H_2O, Zi. Temp.
Meßlösung: 5 ml Filtrat auf 20 ml verdünnt
Messung : Spektralphotometer PMQ II, λ 248 nm, 1 cm Quarz-küvette gegen H_2O bzw. MC in H_2O
$E^{1\%}_{1cm}$ = 500 (248 nm)

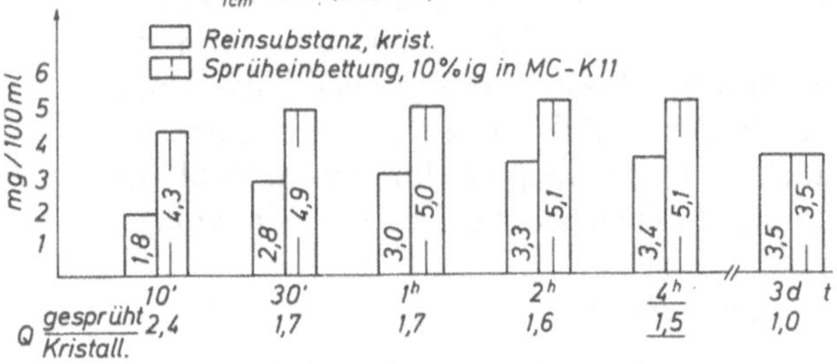

5. 17-α-*Äthinylöstradiol*

Die Löslichkeit der kristallinen Reinsubstanz ist mit 0,4 mg/100 ml H_2O sehr gering. Eine 2%ige *MC*-Sprüheinbettung ergibt nach 4 Stunden die 4fache Konzentration und nach 3 Tagen noch die 3fache Konzentration. Hier ist die Umwandlung in den kristallinen Stoff nach 3 Tagen noch nicht abgeschlossen (vgl. 17-α-Methyltestosteron); *MC* verzögert die Auskristallisation (s. Tab. 6).

Löslichkeit von 17-α-Äthinylöstradiol
Methode : 4 mg Wirkstoff in 100 ml H_2O, Zi. Temp.
Meßlösung: Filtrat ohne Verdünnung
Messung : Spektralphotometer PMQ II, λ 278 nm, 1 cm Quarz-küvette gegen H_2O bzw. MC in H_2O
$E^{1\%}_{1cm}$ = 140,5 (278 nm)

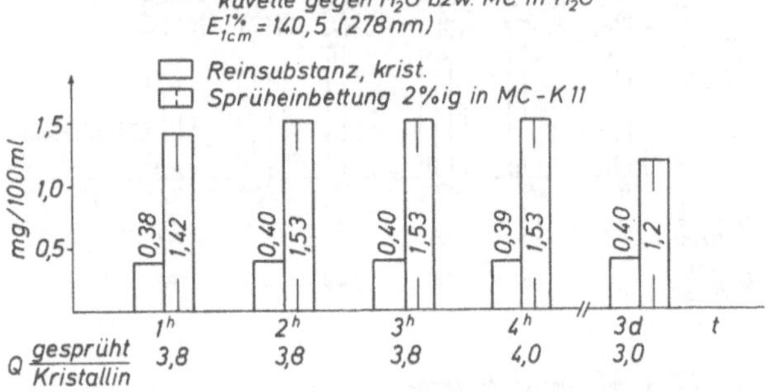

6. *Dexamethason*

Übersättigte Lösungen erhält man durch Einsatz von Sprühprodukten *und* durch Einsatz von konventionellen Einbettungen in Methylcellulose und Polyvinylpyrrolidon. Der Unterschied zwischen gesprühten und normal getrockneten Einbettungen ist nicht gravierend. Auffällig ist die Feststellung, daß die nicht isotrope Einbettung im *MC* (Trockenrückstand) höhere Konzentrationen aufweist als die gesprühte isotrope Reinsubstanz. Daraus geht der stabilisierende Einfluß der Kolloide hervor. Ferner ist überraschend, daß PVP trotz deutlich isotroper Anteile geringere Konzentrationen ergeben hat. Methylcellulose-Einbettungen von Dexamethason liefern die höchsten Werte.

Die verschiedenen Konzentrationen von *MC*-Präparaten einerseits und PVP-Präparaten andererseits beruhen auf unterschiedlichen Wechselwirkungen der Kolloide und Dexamethason (s. Tab. 7).

Löslichkeit von Dexamethason
Methode : 50 mg Wirkstoff in 100 ml H_2O, Zi. Temp. direkt gemessen
Messung: Spektralphotometer PMQ II, λ 242 nm, 1 cm Quarz-küvette
$E^{1\%}_{1cm}$ = 375

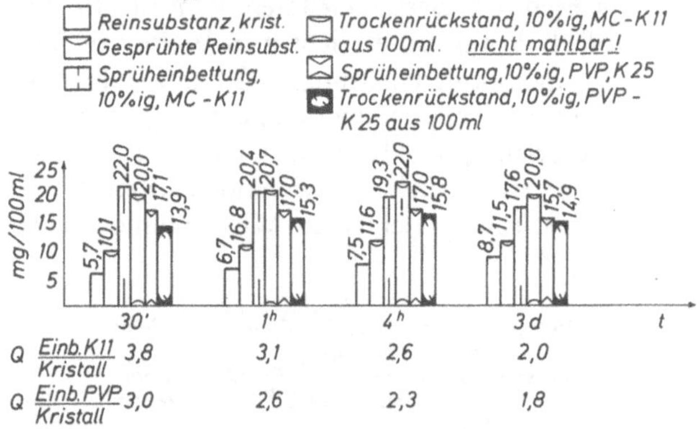

7. *Prednisolonacetat*

Abweichend vom eben diskutierten Dexamethason erhält man aus einer Prednisolonacetat-*MC*-Sprüheinbettung, 50%ig, die höchsten Wirkstoffkonzentrationen, nicht dagegen aus der analogen PVP-Sprüheinbettung oder den entsprechenden Trockenrückständen (s. Tab. 8). Die Erklärung für dieses Verhalten

Löslichkeit von Prednisolonacetat
Methode : 30 mg Wirkstoff in 100 ml H_2O, Zi. Temp. direkt gemessen
Messung : Spektralphotometer PMQ II, λ 248 nm, 1 cm Quarz-küvette
$E^{1\%}_{1cm}$ = 370

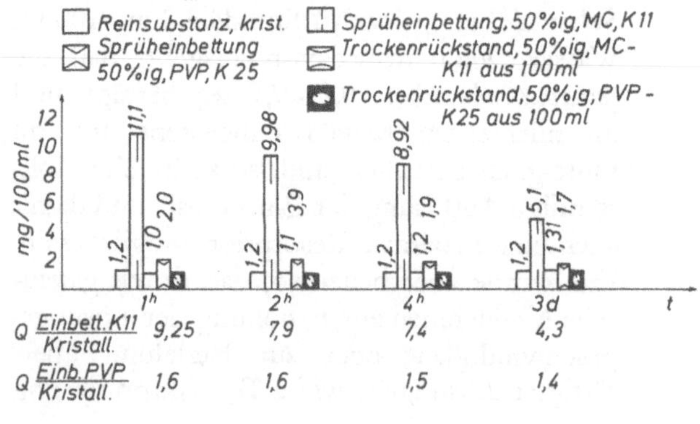

liegt in der Tatsache, daß der *MC*-Trockenrückstand kristallines Prednisolonacetat enthält. PVP entfaltet nicht die Wirkung der Methylcellulose.

Zusammenfassung

Man kann folgende allgemeingültige Feststellung treffen:

- Sprühprodukte ergeben grundsätzlich übersättigte Lösungen.
- In den meisten Fällen bleiben die über den Sättigungswerten liegenden Konzentrationen Tage und z.T. Monate (Digitoxin) erhalten.
- Der Grad der Übersättigung ist sehr unterschiedlich (30–1000%)
- Sprüheinbettungen sind in allen Fällen günstiger als gesprühte Reinstubstanzen.
- Methylcellulose ist besser als Polyvinylpyrrolidon geeignet.
- Die Wahrscheinlichkeit, hohe Konzentrationen zu erzielen, ist bei Einsatz von Sprüheinbettungen größer als bei Trockenrückständen.

Diese Ergebnisse werfen zwangsläufig neue Fragen über die Gründe für das z.T. unterschiedliche Verhalten der geprüften Produkte auf. Eine Weiterführung der Untersuchungen in diesem Sinne ist daher beabsichtigt.

Abschließend darf ich nochmals feststellen, daß der Einsatz von Sprühtrocknungsprodukten – insbesondere von Wirkstoffeinbettungen – im Hinblick auf eine verbesserte Wirkung von festen Arzneizubereitungen nicht der einzige vorteilhafte Verwendungszweck darstellt. Einbettungen weisen grundsätzlich auch eine ausgezeichnete *Stabilität* des inkorporierten Wirkstoffes auf und sind geeignet, *Inkompatibilitätserscheinungen* auszuschalten. Eine weitere Anwendung ist bei der Herstellung von Kristallsuspensionen zur *Injektion*, in denen genau definierte Wirkstoffpartikel „ausgefällt" werden, gegeben.

Summary

Spray products generally will be supersaturated solutions. The concentration above the saturation value mostly will be stable during days or months (for example: digitoxin). The supersaturation rates are quite different (30 to 1000 percent). Spray imbeddings generally are more profitable than spraid pure substances. Methyl cellulose is far better for use than polyvinyl-pyrrolidone. The probability to produce high concentrations by using spray imbeddings is far greater than by using dried residues.

Literatur

1) *Ritschel, W. A.*, Angewandte Biopharmazie (Stuttgart 1973).

2) *Erbring, H.* und *G. Vogel*, Arzneim. Forschg. **13**, 467 (1963).

3) *Mullins, J. D.* and *T. J. Macek*, J. Am. Ass. **49**, 245 (1965).

4) *Ritschel, W. A.*, Die Antibiotika, Vol. II, S. 559 (Nürnberg 1965).

5) *Junginger, H.*, Pharm. Ind. **36**, 100–104 (1974).

6) *Junginger, H.*, Pharm. Ind. **36**, 333–337 (1974).

7) *Shaw, T. R. D.* and *J. E. Carless*, Europ. J. clin. Pharmacol **7**, 269–273 (1974).

8) *Almirante, L.* und *J. De Canneri*, Farmaco Ed. Prat. **15**, 47 (1969); Zink Insulin, USP XVII, S. 309 (1965).

Adresse des Verfassers:

Prof. Dr. *E. Nürnberg*
Institut für Pharmazie und Lebensmittelchemie
der Friedrich-Alexander-Universität,
Lehrstuhl für Pharmazeutische Technologie
Schuhstraße 19
8520 Erlangen

Progr. Colloid & Polymer Sci. **59**, 70–81 (1976)

VII.

HOECHST AG, Frankfurt am Main

Einfluß des kolloiden Verteilungszustandes auf die Gebrauchseigenschaften organischer Pigmente

M. A. Maikowski

Mit 17 Abbildungen

(Eingegangen am 15. Oktober 1975)

Pigmentfarbstoffe sind in den Anwendungsmedien, in denen sie eingesetzt werden, z. B. in Lacken, Druckfarben oder Kunststoffen, unlöslich. Daher muß man sie darin in Form sehr feiner Teilchen dispergieren. Die Pigmentpulver, von denen man dabei meist ausgeht, bestehen aus Pulverkörnern mit Durchmessern bis zu 50 μm. Die Körner sind Agglomerate sehr viel feinerer Pigmentkristalle (Primärteilchen), deren mittlerer Teilchendurchmesser je nach Pigment zwischen 10 und 1 000 nm liegt. Ein Pigmentkorn von der Dicke eines Haares (ca. 50 μm) kann daher ohne weiteres aus 10^9 Pigmentkristallen von 50 nm Durchmesser bestehen.

Um die Pigmentpulver zu dispergieren, bringt man sie in mehr oder weniger viskose Medien ein und bricht die Agglomerate durch Scherkräfte auf, z. B. in Doppelmuldenknetern, Kugelmühlen, Perlmühlen oder auf Walzenstühlen. Dabei soll die vom Pigmenthersteller eingestellte Primärteilchengrößenverteilung, die in den Pulverkörnern enthalten ist, möglichst weitgehend freigelegt, in der Regel aber nicht verändert werden.

Da die Pigmente nicht molekular gelöst, sondern als feine Teilchen eingesetzt werden, hängen ihre Gebrauchseigenschaften nicht allein von ihrer chemischen Konstitution ab, sondern darüber hinaus auch von der Kristallmodifikation (z. B. α- oder β-Kupferphthalocyanin) und von der Teilchengrößenverteilung, in der sie im Anwendungsmedium vorliegen.

Um den Einfluß der Teilchengrößenverteilung auf die Pigmenteigenschaften zu untersuchen, ist es günstig, von Pigmentteigen auszugehen, wie sie zur Pigmentierung wäßriger Binderfarben eingesetzt werden. Sie enthalten das Pigment bereits in feinverteilter Form. Aus ® Hansagelb G (C. I. Pigmentgelb 1) und Toluidinrot (C. I. Pigmentrot 3) wurden jeweils drei solcher Pigmentteige

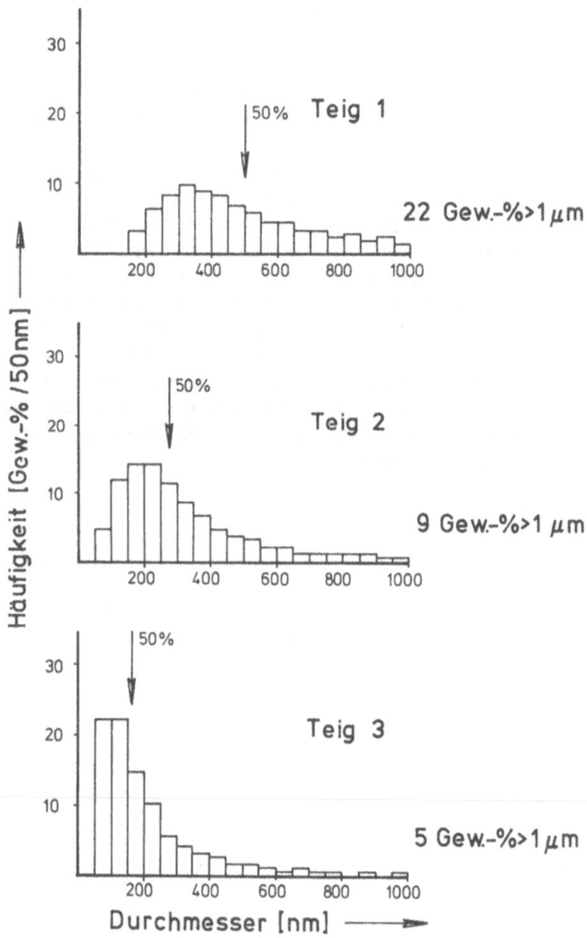

Abb. 1. Teilchengrößenverteilung der Hansagelb G-Teige 1–3

® = Registriertes Warenzeichen.

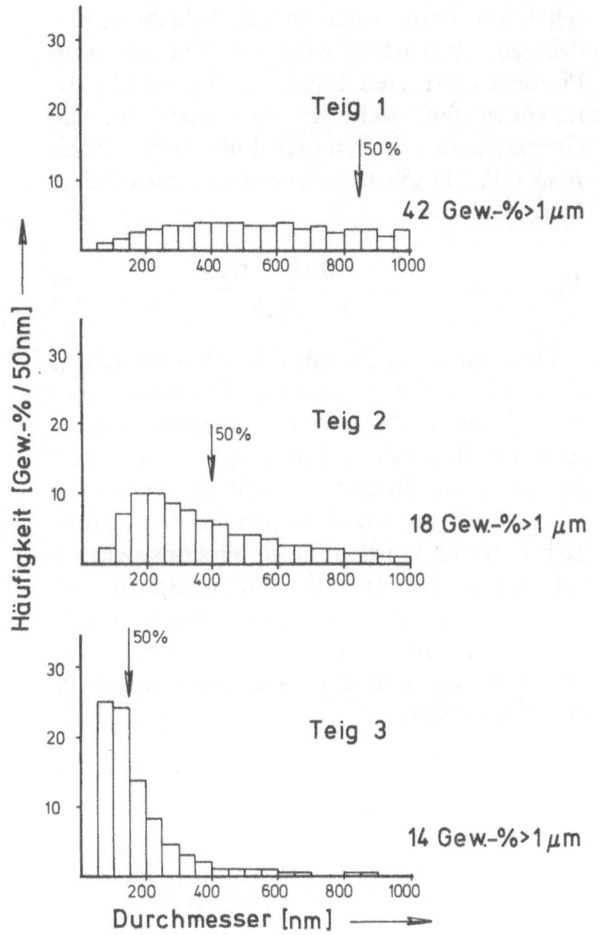

Abb. 2. Teilchengrößenverteilungen der Toluidinrot-Teige 1–3

hergestellt. Sie unterscheiden sich zwar in der Teilchengröße, nicht aber hinsichtlich der Kristallmodifikation. Die Hansagelb G-Teige enthalten 50 Gew.-% Pigment, die Toluidinrot-Teige 25 Gew.-%.

Abb. 1 und 2 zeigen die Teilchengrößenverteilungen. Sie wurden nach einer gegenüber der Arbeitsweise von *Marshall* (1, 2) etwas modifizierten Zentrifugenmethode gemessen (3). Der auf die einzelnen Teilchenfraktionen von 50 nm Breite entfallende Anteil des Pigments ist in Gew.-% über dem Teilchendurchmesser aufgetragen. Als Teilchendurchmesser ist der Durchmesser einer gleich schnell sedimentierenden Kugel gleicher Dichte angegeben. Die mit 50% bezeichneten Pfeile weisen auf den mittleren Teilchendurchmesser, den Medianwert der Teilchengrößenverteilung hin.

Zur koloristischen Prüfung wurden die Teige in eine Dispersionsbinderfarbe auf Basis ® Mowilith DM2HB eingerührt, welche 20 Gew.-% stabilisiertes Rutilpigment und 24 Gew.-% Verschnittpigment (Ca–Mg-Carbonat) enthielt. Die Pigmentvolumenkonzentration betrug 40%. Die fertigen Anstrichfarben wurden mit einem Filmziehgerät in deckender Schicht auf weißes Kunstdruckpapier aufgetragen und nach dem Trocknen wie folgt beurteilt:

Hansagelb G

2,2% des Teiges 1	geben eine gleich farbstarke, aber deutlich rötere Färbung,
0,7% des Teiges 3	geben eine gleich farbstarke, aber grünere Färbung als
1,0% des Teiges 2	

Toluidinrot

2,0% des Teiges 1	geben eine gleich farbstarke, aber blauere und etwas trübere Färbung,
0,55% des Teiges 3	geben eine gleich farbstarke, aber bedeutend gelbere Färbung als
1,0% des Teiges 2	

Die Beispiele zeigen, daß die Farbstärke, d.h. die Ausgiebigkeit der Pigmente mit fallendem mittleren Teilchendurchmesser (vgl. Abb. 1 und 2) erheblich zunimmt. Das hat neben dem wissenschaftlichen Interesse auch große wirtschaftliche Bedeutung.

Qualitativ läßt sich das Anwachsen der Farbstärke mit fallendem Teilchendurchmesser verstehen, wenn man berücksichtigt, daß die mittlere Reichweite des Lichts beim Absorptionsmaximum in organischen Pigmenten nur etwa 50 nm beträgt. Längs dieser Strecke wird die einfallende Lichtintensität auf $1/e$ ($\triangleq 37\%$) abgeschwächt. In groben Teilchen (Durchmesser z.B. 500–1000 nm) wird das Licht schon in der äußeren, der Lichtquelle zugewandten Randschicht so stark absorbiert, daß das Innere der Teilchen für die Lichtadsorption praktisch verloren ist. Zerkleinert man das Pigment, so steht unter sonst gleichen Bedingungen ein größeres Pigmentvolumen für die Lichtabsorption zur Verfügung, d.h. die Farbstärke steigt. Für Licht anderer Wellenlängen, das nicht so stark absorbiert wird wie das des Absorptionsmaximums, sind auch größere Teilchen schon ziemlich durchlässig, daher tritt hier mit fallendem Teilchendurchmesser nur eine geringere Zunahme der Lichtabsorption ein. Dieser unterschiedliche Einfluß der Teilchengröße auf die Absorption von Licht verschiedener Wellenlängen ist die Ursache für die Farbtonverschiebung mit fallender Teilchengröße.

Um diese Zusammenhänge auch quantitativ zu erfassen, muß man die Brechzahl n und den Absorptionskoeffizienten k des kompakten Pigmentmaterials kennen. Beide hängen von der Wellenlänge λ ab und sind bei optisch anisotropen Pigmentkristallen auch richtungsabhängig. Über die verschiedenen Richtungen gemittelte optische Konstanten der Pigmente lassen sich bestimmen durch Reflexionsmessungen mit polarisiertem Licht an der spiegelnden Oberfläche von Tabletten, die man aus Pigmentpulver preßt (4, 5). Wie bereits in einer früheren Arbeit gezeigt (6), kann man aus den optischen Konstanten des Pigments und des Bindemittels durch Kombination der Theorien von *Mie* (7) und von *Kubelka* und *Munk* (8, 9) mit guter Näherung berechnen, wie sich die Farbstärke und der Farbton des Pigments ändern, wenn man seine Teilchengrößenverteilung variiert.

Nach der Zweikonstantentheorie von *Kubelka* und *Munk* gilt die Beziehung:

$$\frac{K}{S} = \frac{(1 - R)^2}{2R}\,. \qquad [1]$$

Darin ist K die Absorptionskonstante, S die Streukonstante und R die Remission einer Schicht, die so dick ist, daß der Untergrund die Remission nicht mehr beeinflußt. Diese Bedingung ist bei den oben erwähnten Aufstrichen erfüllt.

Die Adsorptions- und Streukonstante der Schicht setzen sich aus den vom Bunt- und Weißpigment herrührenden Anteilen zusammen. Bei großem Weißpigmentüberschuß wird die Streukonstante aber allein durch das Weißpigment bestimmt, und es ergibt sich ein linearer Zusammenhang zwischen K/S und der Buntpigmentkonzentration.

Die Kubelka-Munk-Theorie bezieht sich auf bindemittelfreie Pigmentschichten. Ist das Pigment in ein Bindemittel eingebettet, so muß berücksichtigt werden, daß ein Teil des auf die Bindemitteloberfläche fallenden Lichtes reflektiert wird, ohne in die Schicht einzudringen. Außerdem wird ein Teil des vom Pigment gestreuten Lichtes in die Schicht zurückgeworfen, wenn es von innen auf die Grenzschicht Bindemittel–Luft trifft. Nach *Ryde* (10, 11) gilt für die von uns verwendete Meßgeometrie

$$R_{gem} = r_0 + \frac{(1 - r_0)(1 - r_i)\,R}{1 - r_i\,R}\,. \qquad [2]$$

Darin ist R_{gem} die mit Ulbrichtscher Kugel ohne Glanzfalle gemessene Remission und R die in die Kubelka-Munk-Gleichung einzusetzende Remission. Für unser Bindemittel ist mit $r_0 = 0{,}036$ und $r_i = 0{,}58$ zu rechnen.

An Binderfarbenaufstrichen der drei Hansagelb G-Teige wurden die Remissionsspektren aufgenommen. Aus den Remissionen bei $\lambda = 420$ nm (Absorptionsmaximum) ergab sich der in Abb. 3 gezeigte Zusammenhang zwischen K/S und der Teigkonzentration in der Binderfarbe.

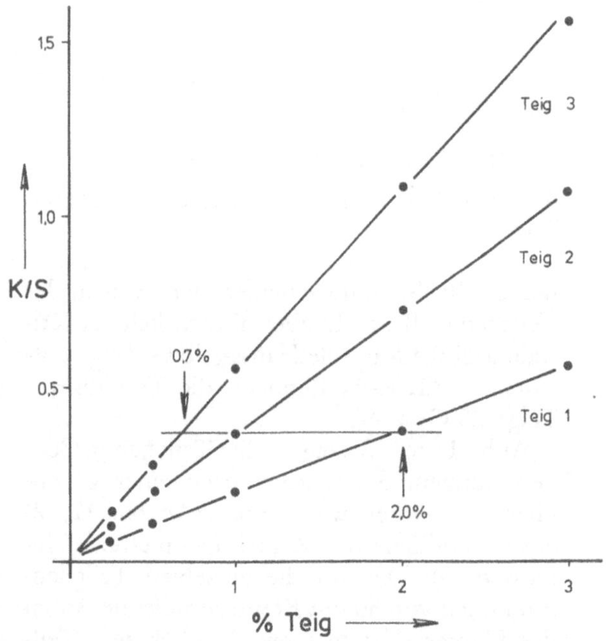

Abb. 3. K/S für $\lambda = 420$ nm in Abhängigkeit von der Konzentration der Hansagelb G-Teige in der Binderfarbe

Das koloristische Verhalten der Pigmente wird so weitgehend durch das Absorptionsmaximum bestimmt, daß die dort gemessenen K/S-Werte in guter Näherung als Maß für die Farbstärke der Teige dienen können. Gleiche

K/S-Werte gaben Ausfärbungen mit 2% des Teiges 1, 1% des Teiges 2 und 0,7% des Teiges 3, während beim visuellen Vergleich 2,2:1:0,7 gefunden wurde.

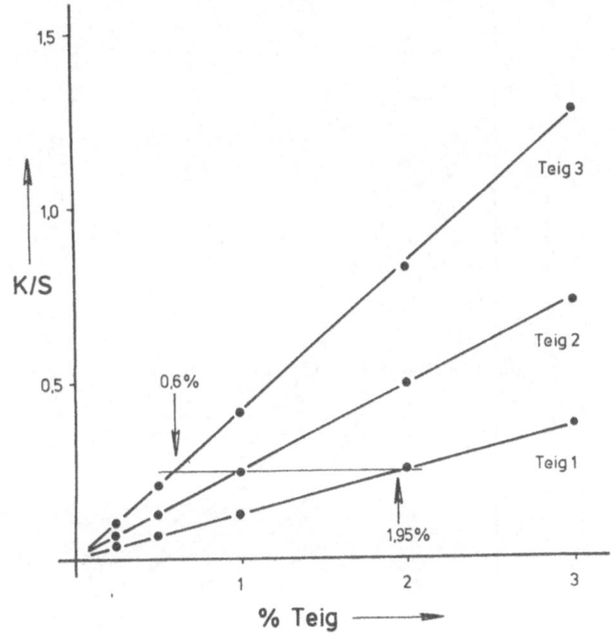

Abb. 4. K/S für $\lambda = 500$ nm in Abhängigkeit von der Konzentration der Toluidinrot-Teige in der Binderfarbe

Für die Toluidinrot-Teige ergaben sich aus Remissionsmessungen bei $\lambda = 500$ nm (Absorptionsmaximum) gleiche K/S-Werte für Ausfärbungen mit 1,95% des Teiges 1, 1,0% des Teiges 2 und 0,6% des Teiges 3; visuell wurde 2,0:1,0:0,55 gefunden. Bedenkt man, daß der Kolorist bei der Farbstärkebeurteilung das gesamte sichtbare Spektrum berücksichtigt, unsere Messungen aber nur das Absorptionsmaximum, so ist die Übereinstimmung recht gut.

Auf gleichen Buntpigmentgehalt bezogen geben die Teige 3 in Binderfarbenaufstrichen deutlich höhere, die Teige 1 deutlich niedrigere K/S-Werte als die Teige 2. Da die Streukonstante S wegen des großen Weißpigmentüberschusses in allen Binderfarbenaufstrichen gleich ist, bedeutet dies, daß bei den Teigen 3 die Adsorptionskonstante K erheblich höher ist als bei den Teigen 2 oder gar 1. Darin kommt zum Ausdruck, daß die feineren Teilchenfraktionen, die in den Teigen 3 bevorzugt enthalten sind, auf gleiche Pigmentmenge bezogen mehr zur Lichtabsorption beitragen als die gröberen, in den Teigen 2 und 1 enthaltenen Fraktionen. Damit wissen wir aber noch nicht, wie groß der Beitrag der einzelnen Teilchengrößenfraktionen ist.

Hier soll uns die Theorie von *Mie* (7) weiterhelfen. Wenn die Brechzahl n und der Absorptionskoeffizient k der Teilchen und die Brechzahl n_B des umgebenden Bindemittels bei der betreffenden Wellenlänge λ bekannt sind, erlaubt die Theorie, den relativen optischen Wirkungsquerschnitt für Absorption Qa kugelförmiger Teilchen in Abhängigkeit vom Teilchenradius r zu berechnen. Qa ist definiert als das Verhältnis des optisch wirksamen Querschnitts qa eines Teilchens zu seinem geometrischen Querschnitt πr^2. Wie *Brockes* (12) gezeigt hat, ist es zweckmäßig, nicht Qa selbst, sondern den Quotienten aus Qa und einem dimensionslosen Größenparameter

$$\alpha = \frac{2\pi r n_B}{\lambda} \qquad [3]$$

zu berechnen, da Qa/α unter gewissen vereinfachenden Voraussetzungen direkt der Absorptionskonstanten K der Kubelka-Munk-Theorie proportional ist.

In Abb. 5 und 6 sind für einige Wellenlängen die Qa/α-Werte von Hansagelb G und Toluidinrot dargestellt. Sie wurden aus den von *Gläser* (5, 6) bestimmten optischen Konstanten der beiden Pigmente berechnet. Für den Teilchendurchmesser wurde jeweils der Mittelwert der 50 nm breiten Teilchenfraktionen der Abb. 1 und 2 verwendet, also 25 nm, 75 nm usw. ... Man sieht, daß Qa/α im Absorptionsmaximum, also bei $\lambda = 420$ bzw. 500 nm, für kleine Teilchen sehr groß ist, mit steigendem Teilchendurchmesser aber rasch abfällt. Darin kommt die bereits erwähnte bessere Nutzung des Pigmentvolumens kleiner Teilchen für die Lichtabsorption zum Ausdruck. Auch der geringere Einfluß der Teilchengröße auf die Absorption schwächer absorbierter Wellenlängen ist den Kurven zu entnehmen. Daß die Qa/α-Kurven aber nicht allein unter dem Gesichtspunkt der Lichtabsorption in größeren oder kleineren Teilchen diskutiert werden dürfen, sieht man an den auftretenden Maxima, die auf eine kompliziertere Wechselwirkung zwischen Licht

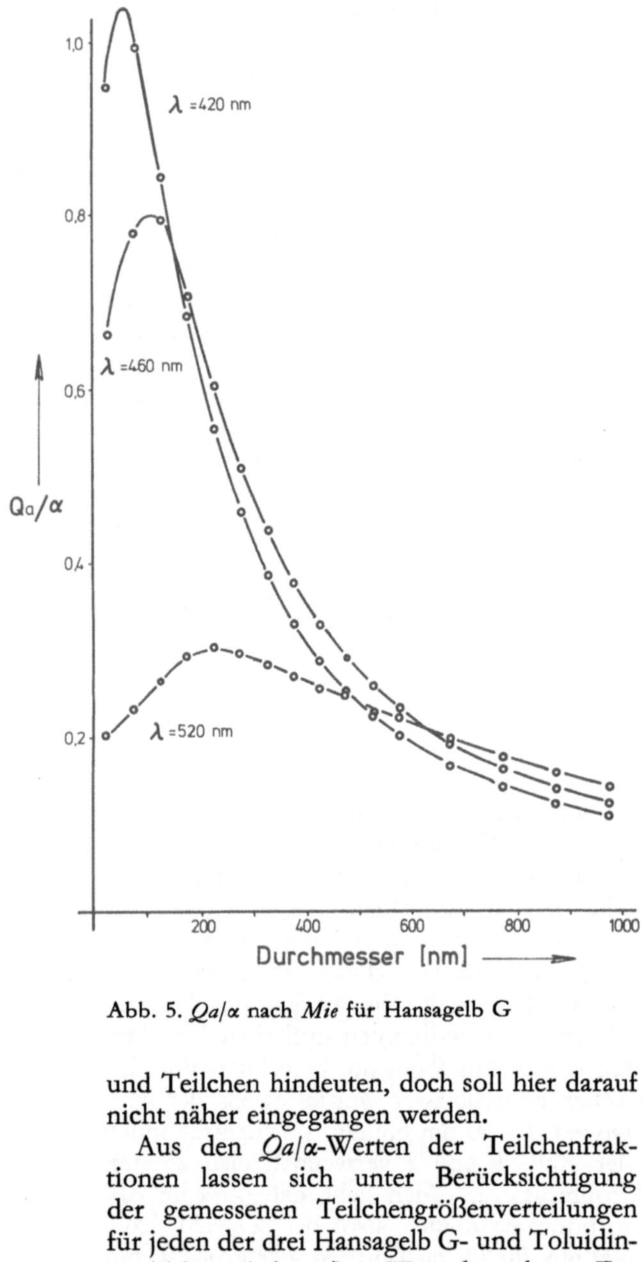

Abb. 5. Qa/α nach *Mie* für Hansagelb G

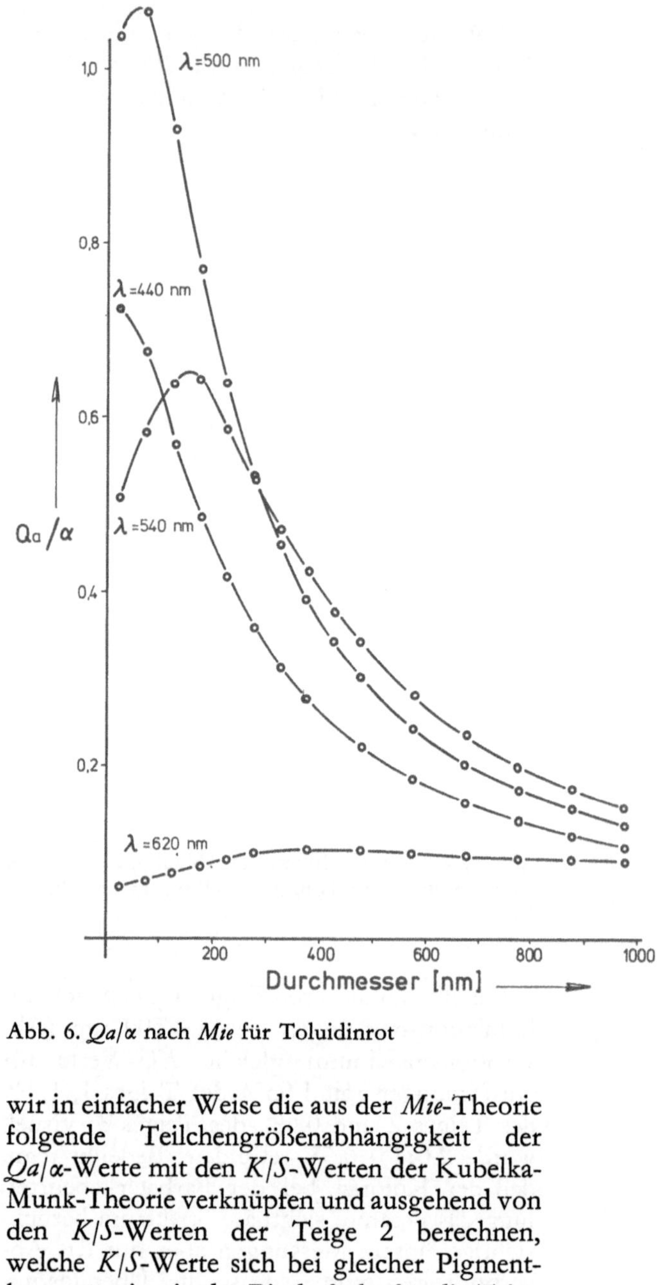

Abb. 6. Qa/α nach *Mie* für Toluidinrot

und Teilchen hindeuten, doch soll hier darauf nicht näher eingegangen werden.

Aus den Qa/α-Werten der Teilchenfraktionen lassen sich unter Berücksichtigung der gemessenen Teilchengrößenverteilungen für jeden der drei Hansagelb G- und Toluidinrot-Teige mittlere Qa/α-Werte berechnen. Für die drei Hansagelb-Teige erhält man bei $\lambda = 420$ nm

$(Qa/\alpha)_1 = 0{,}254$; $(Qa/\alpha)_2 = 0{,}469$;
$(Qa/\alpha)_3 = 0{,}672$,

für die Toluidinrot-Teige bei $\lambda = 500$ nm

$(Qa/\alpha)_1 = 0{,}223$; $(Qa/\alpha)_2 = 0{,}416$;
$(Qa/\alpha)_3 = 0{,}713$.

Wegen der Konstanz von S und der Proportionalität zwischen K und Qa/α können wir in einfacher Weise die aus der *Mie*-Theorie folgende Teilchengrößenabhängigkeit der Qa/α-Werte mit den K/S-Werten der Kubelka-Munk-Theorie verknüpfen und ausgehend von den K/S-Werten der Teige 2 berechnen, welche K/S-Werte sich bei gleicher Pigmentkonzentration in der Binderfarbe für die Teige 1 und 3 ergeben. Es gilt

$$(K/S)_1 = \frac{(Qa/\alpha)_1}{(Qa/\alpha)_2} \cdot (K/S)_2 \qquad [4]$$

und

$$(K/S)_3 = \frac{(Qa/\alpha)_3}{(Qa/\alpha)_2} \cdot (K/S)_2 \,. \qquad [5]$$

Das Ergebnis dieser Rechnungen ist für Hansagelb G in Abb. 7, für Toluidinrot in Abb. 8 dargestellt. Man findet sehr gute

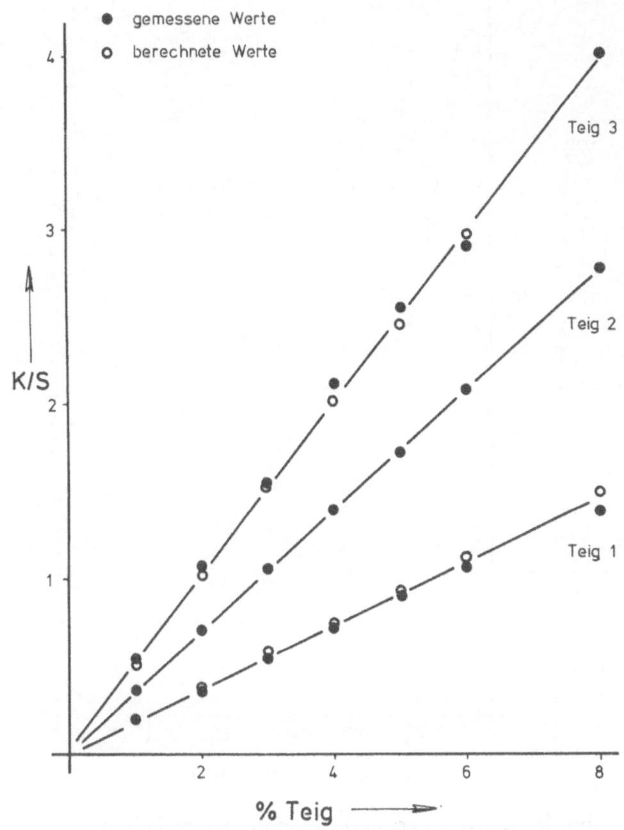

Abb. 7. Gemessene und berechnete K/S-Werte für $\lambda = 420$ nm in Abhängigkeit von der Konzentration der Hansagelb-Teige in der Binderfarbe

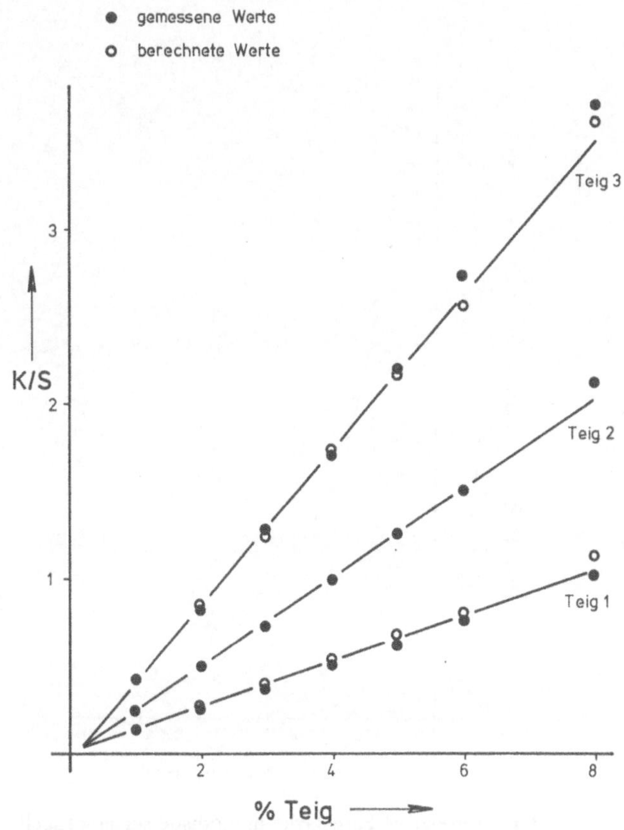

Abb. 8. Gemessene und berechnete K/S-Werte für $\lambda = 500$ nm in Abhängigkeit von der Konzentration der Toluidinrot-Teige in der Binderfarbe

Übereinstimmung zwischen den gemessenen und den nach Gleichung [4] und [5] berechneten K/S-Werten.

Die gute Übereinstimmung ermutigt dazu, das Rechenverfahren auch zur Berechnung der Farbstärke einzelner monodisperser Teilchenfraktionen heranzuziehen. Man geht wieder von den gemessenen K/S-Werten der Teige 2 aus, dividiert durch $(Qa/\alpha)_2$ und multipliziert mit dem für die Fraktion mit einheitlichem Teilchendurchmesser d maßgebenden Qa/α-Wert. Daraus läßt sich dann durch einfache Umrechnung ermitteln, wieviel Teile des Teiges 2 man braucht, um in unserer Binderfarbe gleich starke Färbungen zu erzielen wie mit 100 Teilen eines Teiges mit gleichem Pigmentgehalt, aber einheitlichem Teilchendurchmesser d. Aus den Abb. 9 und 10 sieht man besonders deutlich, wie sehr die so definierte relative Farbstärke mit fallendem Teilchendurchmesser zunimmt.

Unsere bisherigen Überlegungen bezogen sich nur auf die Farb*stärke* der Pigmente. Um auch *Farbton*verschiebungen rechnerisch zu erfassen, muß man die Methoden der Farbmetrik heranziehen und entsprechende Rechnungen für eine große Anzahl von Wellenlängen im sichtbaren Spektralbereich durchführen. Die unten angegebenen Ergebnisse wurden durch Rechnungen bei den 16 Wellenlängen 400, 420, 440 ... bis 700 nm gewonnen.

Nach DIN 5033 erhält man aus den Remissionsspektren die Normfarbwerte X, Y und Z der einzelnen Färbungen. Die Farbtöne lassen sich veranschaulichen, wenn man die Normfarbwertanteile $x = X/(X + Y + Z)$ und $y = Y/(X + Y + Z)$ in die Normfarbtafel des Farbsystems DIN 6164 einträgt. Der mit C bezeichnete Punkt links unten in dem auf Abb. 11 gezeigten Ausschnitt aus der Farbtafel ist der Farbort von Weiß. Rechts darüber ist der Farbort der weißen Binderfarbe, von dem die eingezeichneten Farbort-Konzentrationskurven ausgehen. Die vom Weißpunkt nach außen weisenden Strahlen kennzeichnen

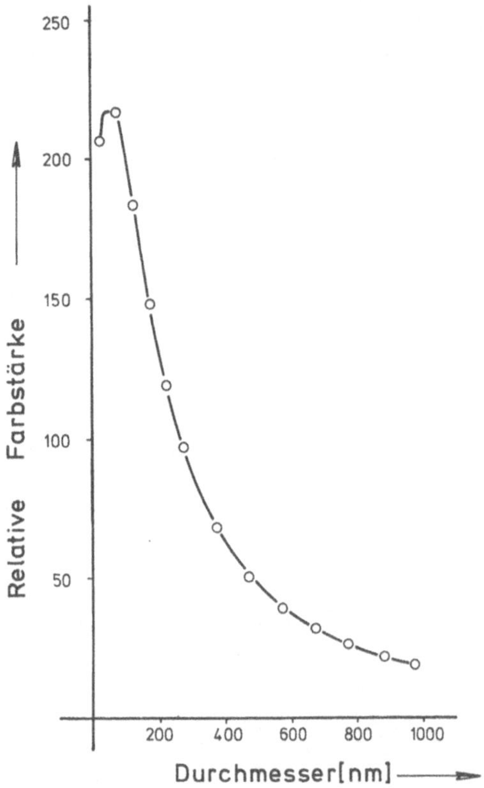

Abb. 9. Relative Farbstärke monodisperser Hansagelb G-Teige in Abhängigkeit vom Teilchendurchmesser, bezogen auf Teig 2 = 100

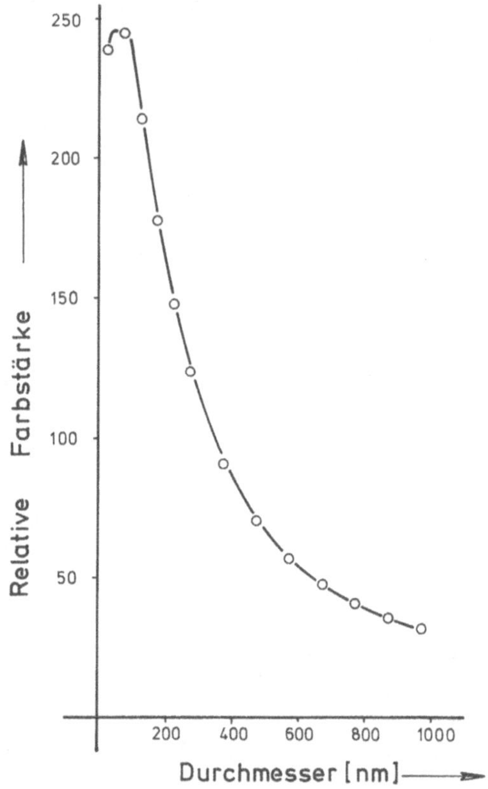

Abb. 10. Relative Farbstärke monodisperser Toluidinrot-Teige in Abhängigkeit vom Teilchendurchmesser, bezogen auf Teig 2 = 100

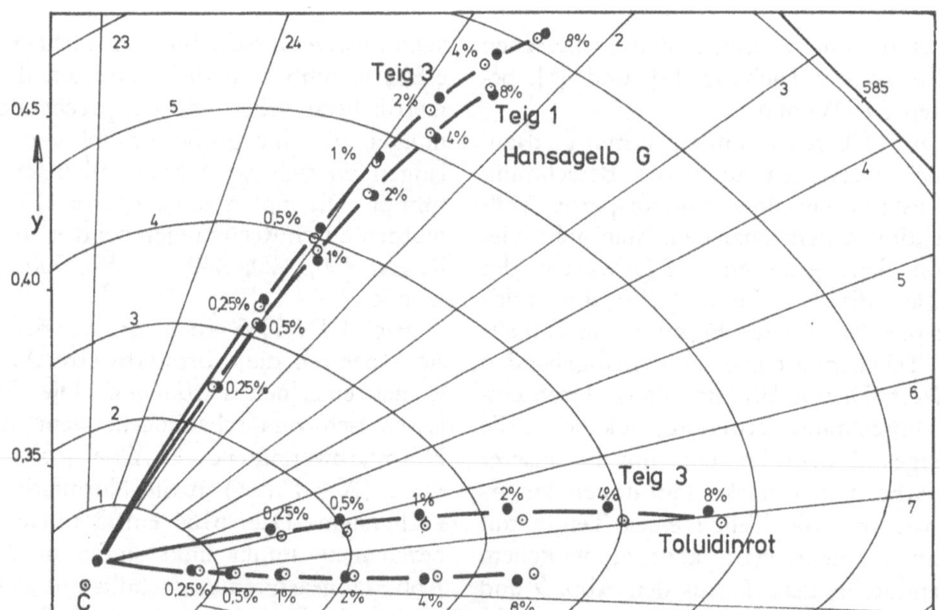

Abb. 11. Ausschnitt aus der Normfarbtafel für Mittelpunktsvalenz E mit Linien gleichen Farbtons und gleicher Sättigungsstufe des Farbsystems DIN 6164. Berechnete ○ und gemessene ● Farborte der Hansagelb G- und Toluidinrot-Teige 1 und 3

die hier interessierenden Farbtöne des Farbsystems (1–3 = Gelb; 4–5 = Orange; 6–8 = Rot).

Wie man sieht, ist der Kurvenzug von Hansagelb G-Teig 3 gegenüber dem von Teig 1 nach der grünen Seite verschoben. Beim Toluidinrot sind die Farborte von Teig 3 gegenüber denen von Teig 1 nach Orange bzw. Gelb verschoben. Die gemessenen Farborte sind als Punkte, die berechneten als Kreise eingetragen. Wenn man bedenkt, daß sich die Mie-Theorie auf die Wechselwirkung von Licht mit Einzelteilchen bezieht und Einfachstreuung voraussetzt, während in unseren Schichten Mehrfachstreuung vorliegt, ist die Übereinstimmung zwischen den gemessenen und berechneten Farborten erstaunlich gut. Daher wurden auch noch die Farbort-Konzentrationskurven für monodisperse Teige mit Teilchendurchmessern $d = 25$ nm bis $d = 975$ nm berechnet.

Der Übersichtlichkeit halber sind in Abb. 12 bei Hansagelb G nur die Kurven für $d = 25$ nm und 975 nm eingetragen, bei Toluidinrot die Kurven für $d = 25$, 125, 225, 375 und 975 nm. Erstaunlich ist vor allem die sich über mehrere Farbtöne erstreckende Farbtonverschiebung der Toluidinrotteige.

Als Ergänzung zu dieser rechnerischen Methode zur Erfassung der Teilchengrößenabhängigkeit von Farbstärke und Farbton der Pigmente soll auch noch kurz auf eine experimentelle Methode eingegangen werden (3).

Bei der Korngrößenanalyse stellt man sich aus dem zu untersuchenden Teig durch Verdünnen mit Wasser eine „Stammlösung" her. Daraus werden für die einzelnen Zentrifugenläufe Proben entnommen und im Zentrifugenbecher über ein Glykol-Wasser-Gemisch bekannter Dichte und Viskosität geschichtet. Es läßt sich vorausberechnen, wie lange und mit welcher Tourenzahl die präparative Ultrazentrifuge laufen muß, um alle Teilchen abzuscheiden, die gröber sind als eine vorgegebene Trennkorngrenze. Das nicht sedimentierte Feinkorn kann man mit der Flüssigkeit vom Bodensatz abtrennen, in weiße Binderfarbe einrühren und auf Kunstdruckpapier aufstreichen. Der abgeschiedene Grobkornanteil wird gravimetrisch bestimmt. Wenn man das für eine Reihe von Trennkorn-

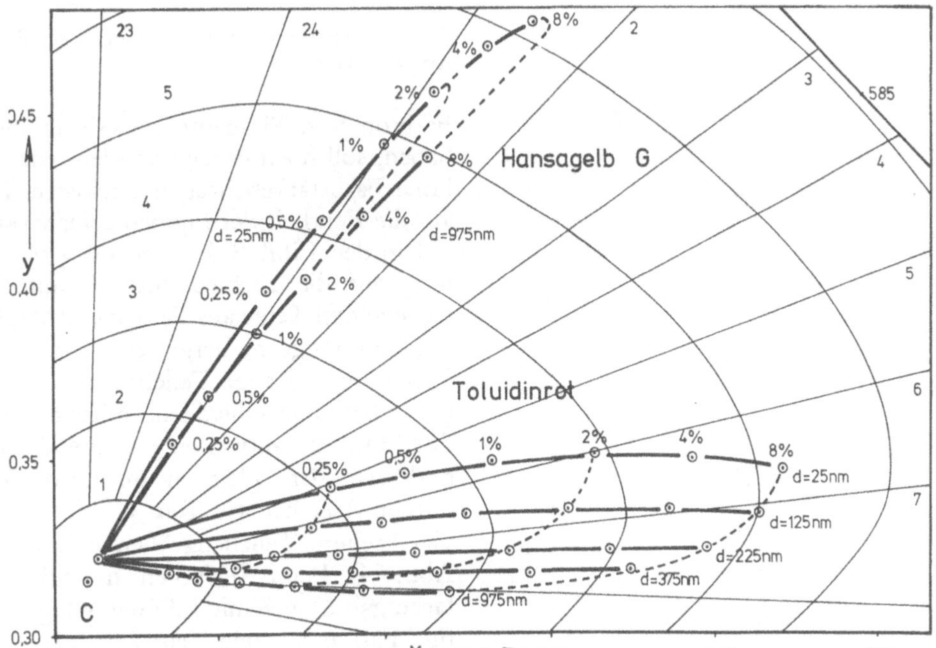

Abb. 12. Ausschnitt aus der Normfarbtafel für Mittelpunktsvalenz E mit Linien gleichen Farbtons und gleicher Sättigungsstufe des Farbsystems DIN 6164. Für Hansagelb G- und Toluidinrot-Teige einheitlichen Teilchendurchmessers d berechnete Farbort-Konzentrationskurven

grenzen ausführt und die Remissionsspektren der Aufstriche mißt, kann man berechnen, welche Anteile einzelne Teilchengrößenfraktionen mit bekanntem Teilchendurchmesser zum K/S-Wert der in gleicher Weise ausgefärbten, nicht zentrifugierten „Stammlösung“ beitragen. Außerdem läßt sich berechnen, welcher K/S-Wert sich ergäbe, wenn man monodisperse Teige in gleicher Konzentration ausfärben würde. Das Ergebnis solcher Untersuchungen an Permanentrot FGR-Teigen (C. I. Pigmentrot 112) ist in Abb. 13 dargestellt. Im Absorptionsmaximum ($\lambda = 555$ nm) findet man erwartungsgemäß mit steigendem Teilchendurchmesser einen starken Abfall des K/S-Wertes, der hier als Maß für die Farbstärke dienen kann. Weit vom Absorptionsmaximum entfernt, bei $\lambda = 440$ nm, ist der Einfluß des Teilchendurchmessers auf den K/S-Wert nur noch gering.

Nachdem wir den Zusammenhang zwischen Teilchendurchmesser, Farbstärke und

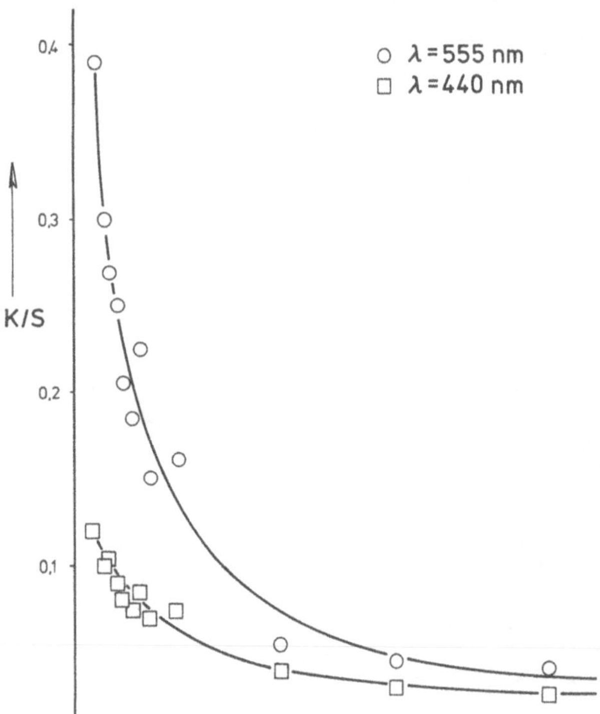

Abb. 13. K/S-Werte von Permanentrot FGR-Fraktionen in weißer Binderfarbe bei $\lambda = 555$ nm und 440 nm für 1 Gew.-% Permanentrot FGR, bezogen auf das Rutilpigment in Abhängigkeit vom Teilchendurchmesser

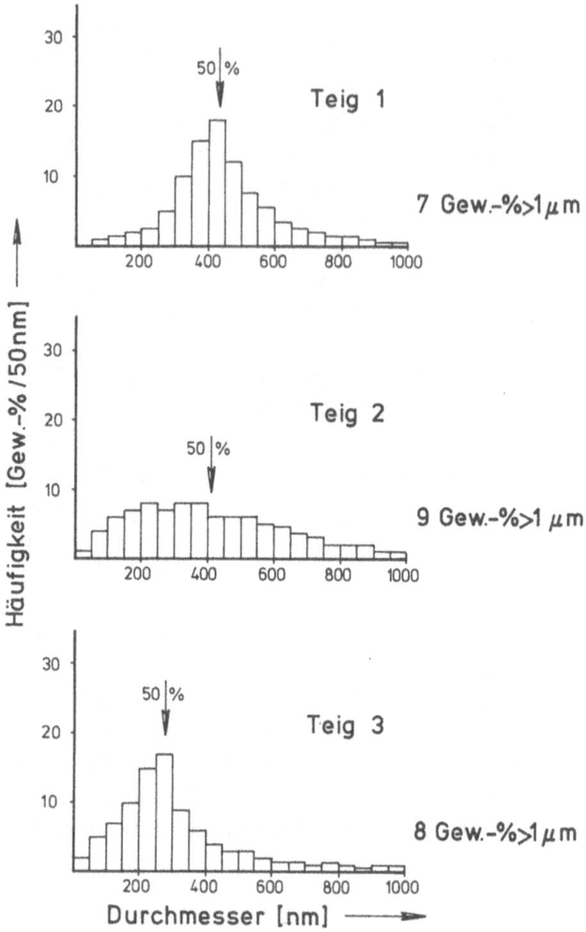

Abb. 14. Teilchengrößenverteilungen der Permanentrot GG-Teige 1–3

Farbton von Pigmenten ausgiebig diskutiert haben, soll noch gezeigt werden, wie sich der hohe Farbstärkebeitrag der feinsten Teilchen auf die Echtheit der Pigmente auswirkt.

Um den Einfluß der Teilchengrößenverteilung auf die Lichtechtheit zu untersuchen, wurden drei Teige aus Permanentrot GG (C.I. Pigmentorange 5) hergestellt, von denen die Teige 1 und 3 enge Teilchengrößenverteilungen, aber unterschiedliche mittlere Teilchendurchmesser aufweisen, während Teig 2 praktisch den gleichen mittleren Teilchendurchmesser hat wie Teig 1, jedoch eine sehr viel breitere Teilchengrößenverteilung (siehe Abb. 14). Beim Ausfärben in weißer Binderfarbe gab Teig 3 mit 1,3 Gew.-% gleich kräftige Färbungen wie Teig 2 mit 1,6 Gew.-% und Teig 1 mit 2 Gew.-% Buntpigment, bezogen auf Rutil = 100. Dabei war Teig 2 gelbstichiger und Teig 3 erheblich gelbstichiger als Teig 1.

Da der Verbraucher ein farbstarkes Pigment in geringerer Konzentration einsetzt als ein farbschwaches, ist es beim Vergleich der Lichtechtheit vom Pigmenten nicht üblich, Färbungen gleicher Buntpigmentkonzentration einzusetzen, sondern solche, die dem Auge möglichst ähnlich erscheinen. Daher wurden für die Belichtungsversuche Färbungen der drei Permanentrot GG-Teige in den oben angegebenen Konzentrationen verwendet. Sie entsprechen etwa 1/25 Richttyptiefe.

Die Färbungen wurden 5 × 300 Stunden im Licht- und Wetterechtheitsprüfgerät Xenotest 150 (Hersteller: Quarzlampengesellschaft mbH, Hanau) belichtet. Dabei wurde die Filterkombination für „Belichtung bei Sonnenlicht im Freien" verwendet. Die relative Luftfeuchtigkeit im Probenraum betrug 60%.

Nach jeweils 300 Stunden Belichtung wurde festgestellt, mit wieviel % der ursprünglich zur

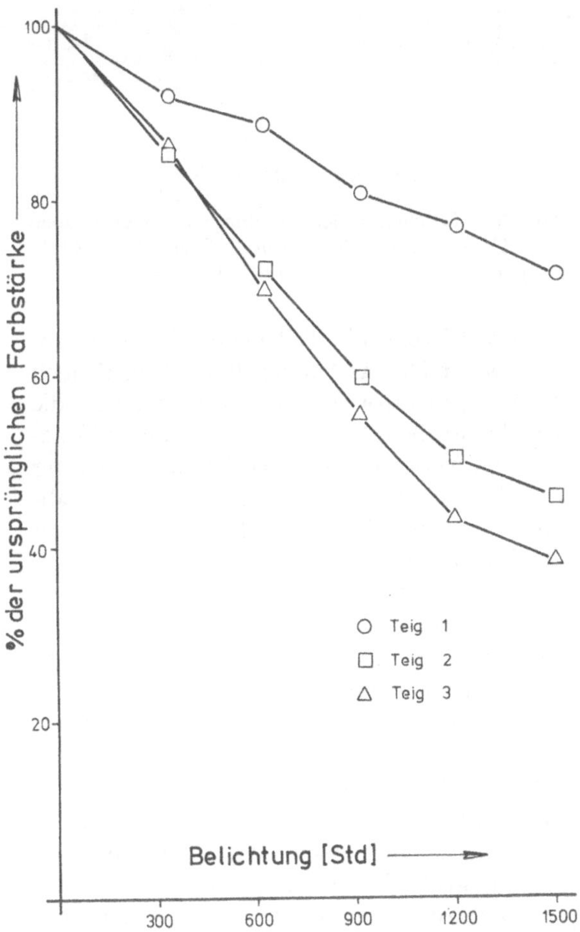

Abb. 15. Relative Farbstärke belichteter Ausfärbungen der Permanentrot GG-Teige 1–3 in weißer Binderfarbe in % der ursprünglichen Farbstärke

Färbung verwendeten Teigmenge man die belichteten Ausfärbungen nachstellen konnte (siehe Abb. 15). Nach 1500 Stunden waren dazu bei Teig 1 72%, bei Teig 2 46% und bei Teig 3 39% der Ausgangsmenge erforderlich.

Das schlechtere Abschneiden der feinteiligen Teige wird verständlich, wenn man berücksichtigt, daß die feinen Teilchen einerseits erheblich mehr zur Farbstärke beitragen als die groben, andererseits aber wegen ihrer großen spezifischen Oberfläche beim Belichten stärker mit dem umgebenden Medium reagieren und dadurch bevorzugt zersetzt werden. Dazu kommt noch, daß wir die feinteiligeren Teige 2 und 3 in geringerer Konzentration eingesetzt haben als Teig 1.

Es fällt aber auf, daß trotz der erheblich höheren Farbstärke des Teiges 3 sich seine Ausbleichkurve nur wenig von der des Teiges 2 unterscheidet. Das hängt damit zusammen, daß sich auch die Teilchengrößenverteilungen beider Teige gerade bei den feinsten, farbstärksten Fraktionen nur wenig voneinander unterscheiden. Die bessere Farbstärke von Teig 3 beruht nicht so sehr auf einem höheren Gehalt an feinsten Teilchen als vielmehr darauf, daß er weniger grobe Teilchen enthält als Teig 2, also eine engere Teilchengrößenverteilung hat. Durch die breite Teilchengrößenverteilung von Teig 2 wird einerseits im Grobkornbereich Farbstärke verschenkt, andererseits im Feinstkornbereich zwar Farbstärke gewonnen, aber auch schlechte Lichtechtheit eingehandelt. Daraus ergibt sich, daß man Pigmente mit möglichst enger Teilchengrößenverteilung anstreben und den mittleren Teilchendurchmesser so wählen muß, daß für das betreffende Anwendungsmedium ein optimaler Kompromiß zwischen brauchbarer Lichtechtheit und günstiger Farbstärke erzielt wird.

Bisher sind wir davon ausgegangen, daß die Pigmente im Anwendungsmedium unlöslich sind. Aber das ist natürlich eine idealisierende Vereinfachung, da auch sehr lösemittelechte Pigmente, vor allem bei erhöhter Temperatur, in manchen Medien eine gewisse Löslichkeit zeigen.

Handelsübliche Pigmentteige, sog. Abtönpasten, sollen sich auch während längerer Lagerung bei erhöhter Temperatur koloristisch nicht ändern. Das ist nicht selbstverständlich, da die Teige – wie wir gesehen haben – nicht monodispers sind und daher die Gefahr besteht, daß sich die thermodynamisch instabileren, feinen, farbstarken Teilchen auflösen und die stabileren, groben, farbschwachen Teilchen auf ihre Kosten wachsen (Ostwald-Reifung). Man hilft sich, indem man möglichst enge Teilchengrößenverteilungen anstrebt und zur Herstellung der Teige Kombinationen von Flüssigkeiten und Dispergiermitteln wählt, die das Pigment praktisch nicht anlösen. Das muß bei jedem neu zu entwickelnden Teig geprüft werden. Ansätze, die dieser Bedingung noch nicht genügen, erleiden beim Lagern schon bei geringfügiger Änderung der Teilchengrößenverteilung deutliche Farbstärkeeinbußen.

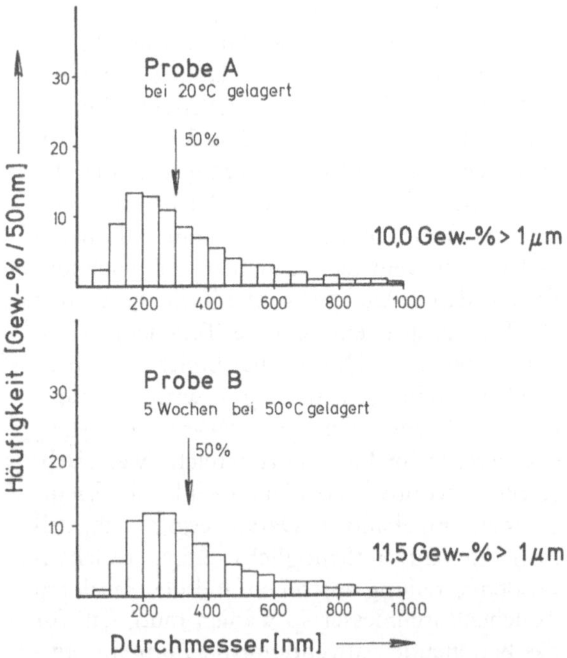

Abb. 16. Teilchengrößenverteilungen zweier Proben eines Permanentrot GG-Teiges. Probe A bei 20 °C gelagert; Probe B 5 Wochen bei 50 °C gelagert

Auf Abb. 16 sind die Teilchengrößenverteilungen zweier Proben eines Permanentrot GG-Teiges dargestellt. Probe A wurde bei 20 °C gelagert, Probe B 5 Wochen bei 50 °C. Ein genauer Vergleich zeigt, daß die Häufigkeiten der ersten vier Fraktionen (50–250 nm) bei Probe B durchweg um einige % geringer sind als bei Probe A. Erst oberhalb von 250 nm liegen die Häufigkeiten der Fraktionen von Probe B über denen der Probe A. Der mittlere Teilchendurchmesser verschiebt sich durch die 50°-Lagerung von 300 auf 340 nm. Die Farbstärkeeinbuße beträgt nach koloristischem Befund 15%, nach den oben angegebenen Methoden aus den Teilchengrößenverteilungen berechnet 14%.

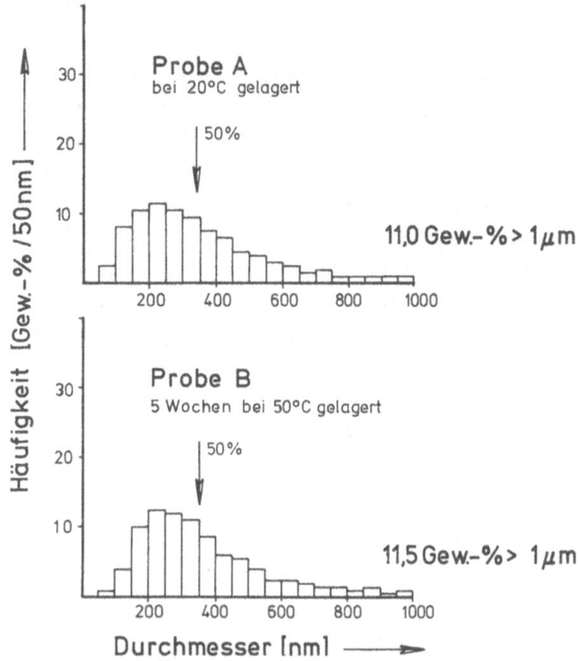

Abb. 17. Teilchengrößenverteilungen zweier Proben eines Hansascharlach RNC-Teiges. Probe A bei 20 °C gelagert; Probe B 5 Wochen bei 50 °C gelagert

Abb. 17 zeigt die Teilchengrößenverteilungen zweier Hansascharlach RNC-Teig-Proben (C. I. Pigmentrot 3). Auch hier hat sich die Teilchengrößenverteilung durch die 50°-Lagerung etwas verändert. Da sich die Änderung aber hauptsächlich im Feinstkornbereich abspielte, wurde der mittlere Teilchendurchmesser davon praktisch nicht berührt. Und doch ist Probe B nach koloristischem Befund 10% farbschwächer als Probe A. Die Rechnung ergibt hier eine Farbstärkeminderung um 8%.

Die vorstehenden Ausführungen sollten zeigen, wie entscheidend die Gebrauchseigenschaften der Pigmente, vor allem ihre koloristischen Eigenschaften, vom Verteilungszustand abhängen. Zugleich sollte dargelegt werden, worauf dieser starke Einfluß der Teilchengröße beruht und wie man ihn aufgrund theoretischer Ansätze oder experimenteller Methoden quantitativ fassen kann. Um eine einheitliche Darstellung zu ermöglichen, wurde dabei im wesentlichen über eigene

Arbeiten berichtet, für die alle Unterlagen zur Hand waren. Abschließend sei aber auf die Arbeiten anderer Autoren hingewiesen, die sich mit ähnlichen Fragestellungen befaßt haben. So hat *Broßmann* (13) Untersuchungen an Eisenoxidrot ausgeführt und dabei auch das bei anorganischen Pigmenten wichtige Streuvermögen berücksichtigt. *Hauser*, *Herrmann* und *Honigmann* (14) haben die Theorien von *Mie* und *Kubelka* und *Munk* auf Phthalocyanin- und Chinacridonpigmente angewandt und zugleich den Einfluß der Teilchengrößenverteilung auf die rheologischen Eigenschaften von Druckfarben untersucht. In einer neueren Arbeit (15) berichten *Hauser* und *Honigmann* schließlich über die Optimierung koloristischer Eigenschaften organischer Pigmente mit Hilfe der Kubelka-Munk- und der Mie-Theorie.

Zusammenfassung

Wichtige Gebrauchseigenschaften organischer Pigmente, wie Farbstärke (Ausgiebigkeit), Farbton, Licht- und Lösemittelechtheit hängen nicht allein von der chemischen Konstitution, sondern auch von der Kristallstruktur und der Teilchengrößenverteilung ab. Den Einfluß der Teilchengröße auf Farbstärke und Farbton kann man näherungsweise berechnen, wenn Brechzahlen und Absorptionskoeffizienten der Pigmente im sichtbaren Spektralbereich gemessen sind. In präparativen Ultrazentrifugen lassen sich Pigmentdispersionen auch in Teilchengrößenfraktionen aufteilen, deren Beitrag zu den koloristischen Eigenschaften des Pigments farbmetrisch bestimmt werden kann. Die feinsten Teilchen tragen am meisten zur Farbstärke der Pigmente bei. Wegen ihrer großen spezifischen Oberfläche sind sie jedoch besonders reaktionsfähig und verschlechtern dadurch die Licht- und Lösemittelechtheit der Pigmente. Um hinsichtlich Farbstärke und Lichtechtheit optimale Pigmente zu gewinnen, muß man enge Teilchengrößenverteilungen anstreben. Solche Pigmente sind in Dispersion auch besser lagerbeständig (Ostwald-Reifung wird zurückgedrängt) als Pigmente mit breiter Teilchengrößenverteilung.

Summary

Important properties such as tinctorial strength (yield), shade and fastness to light and solvents depend not only on the chemical constitution of organic pigments but also on their crystalline structure and particle size distribution. The influence of particle size on tinctorial strength and shade can be calculated approximately when the refractive indices and absorption coefficients of the pigments are measured in the visible range of the spectrum. Pigment dispersions can also be separated in an ultracentrifuge into particle size fractions whose contribution to the coloristic properties of a pigment can be determined colorimetrically. The finest particles contribute most to the tinctorial strength of pigments. However, owing to their large specific surface area, they are also particularly reactive and thereby impair the fastness to light and solvents of such pigments. A narrow particle size distribution must be aimed at if pigments with optimum tinctorial strength and light fastness are to be obtained. Such pigments also have better storage stability in dispersion than pigments with a wider particle size distribution (Ostwald ripening is suppressed).

Literatur

1) *Marshall, C. E.*, Proc. Roy. Soc. London Ser. **A 126**, 427 (1930).

2) *Marshall, C. E.*, J. Soc. Chem. Ind. **50**, 444 und 457 (1931).

3) *Maikowski, M. A.*, farbe + lack **77**, 640 (1971).

4) *Nassenstein, H.*, Ber. Bunsenges. **71**, 303 (1967).

5) *Gläser, F.*, Ber. Bunsenges. **71**, 311 (1967).

6) *Maikowski, M. A.*, Ber. Bunsenges. **71**, 313 (1967).

7) *Mie, G.*, Ann. Physik (4) **45**, 377 (1908).

8) *Kubelka, P.* und *F. Munk*, Z. techn. Physik **12**, 593 (1931).

9) *Kubelka, P.*, J. opt. Soc. America **38**, 488 (1948).

10) *Ryde, J. W.*, Proc. Roy. Soc. London Ser. **A 131**, 451 (1931).

11) *Brockes, A.*, Die Farbe **9**, 53 (1960).

12) *Brockes, A.*, Optik **21**, 550 (1964).

13) *Broßmann, R.*, AIC Color **69**, Tagungsbericht Bd. **2**, 890 (1970).

14) *Hauser, P.*, *M. Herrmann* und *B. Honigmann*, farbe + lack **77**, 1097 (1971).

15) *Hauser, P.* und *B. Honigmann*, farbe + lack **81**, 1005 (1975).

Anschrift des Verfassers:

Dr. *Michael Maikowski*
Diplom-Chemiker
Hoechst AG
Postfach 800320
6230 Frankfurt/Main 80

Progr. Colloid & Polymer Sci. **59**, 82–86 (1976)

VIII.

Some horizons in colloid science

M. L. Huggins (Woodside, California/USA)

(Received October 18, 1975)

In this lecture I shall discuss some fields of research that will, I believe, become increasingly important in the future.

1. Hydrogen-bond compounds

We all know of many substances composed of small molecules joined by hydrogen bonds to form larger units, often of definite composition and structure. We might call these "hydrogen-bond compounds". Ice is a simple example (1, 2).

Many gels have similar, but less regular, structures. Ice-like regions are stabilized and rigidified by hydrogen bonding to polymer chains and networks. As an interesting new example, I shall mention "Superslurper" or "H-SPAN" (3, 4) (hydrolyzed starch-polyacrylonitrile graft copolymers) recently prepared and studied by the United States Department of Agriculture and Stanford Research Institute. Gels having masses of about 2000 times the mass of the rigidifying polymer have been prepared.

I suggest that there is an interesting and promising field of future research in the study and application of many small and large hydrogen-bond compounds, in which molecules other than those of water bind the simple units together. Some of these compounds will be stable only in the absence of hydrogen-bond exchangers and at temperatures that are not too high, but they might be interesting and useful, nevertheless.

We know that acetic acid in dilute solution in a nonpolar liquid exists as a dimer, in which two monomer molecules are connected through two hydrogen bonds. One might also say that two hydrogen bonds are coupled together through two resonating conjugated systems:

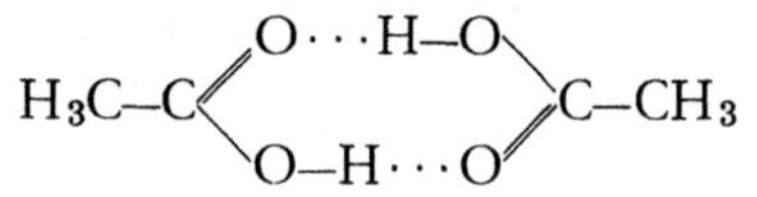

Oxalic acid forms crystals with two types of structure. One type consists of linear hydrogen-bond polymers:

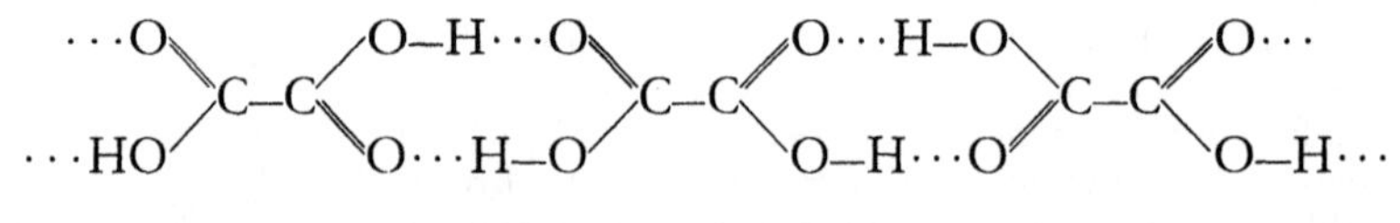

In the other type the hydrogen-bond polymer has a network structure. Each carboxyl group forms hydrogen bonds to two other carboxyl groups. What is the situation in a dilute solution of oxalic acid in a nonpolar liquid? Studies of the viscosity and the optical, dielectric and spectroscopic properties of the solutions as functions of the concentration and the temperature would be interesting.

You can certainly think of many other compounds that will form hydrogen-bond polymers or other compounds, and in many cases you may be able to predict the shapes. What solutes will give hydrogen-bonded ring compounds? How would you make a hydrogen-bond polymer having a helical structure? Could you make a polypeptide-like polymer from compounds such as this?

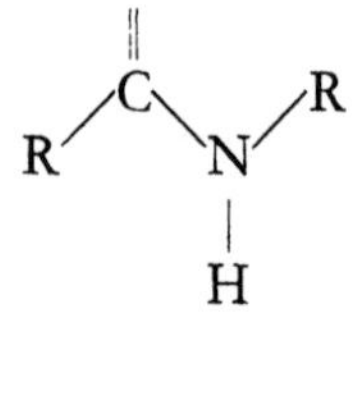

Dihydroxyquinones, such as these

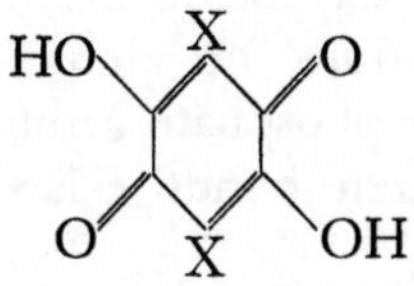

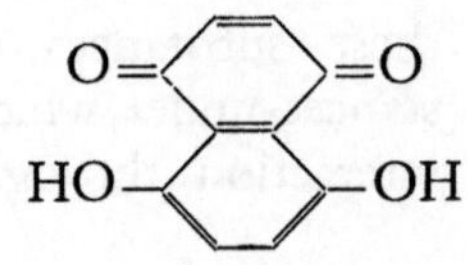

are moderately strong acids. The anions form stable polymeric complexes with Be^{++} and various transition metal cations. I think that these quinones in dilute solution in nonpolar solvents will form stable hydrogen-bond polymers. If so, will they be rodlike or have ring or network structures? The X symbols in the first of these formulas can represent hydrogen, chlorine, phenyl, or, I presume, any of a variety of other atoms or groups. Suppose one X is a vinyl group. Could you polymerize this compound? (It might be easier to make a diester, polymerize, and then deesterify.) Perhaps this mer could be copolymerized with other mers of more common types to obtain interesting and useful products.

It should not be difficult to connect two or three or more dihydroxyquinonate groups through metal ions, obtaining, for example,

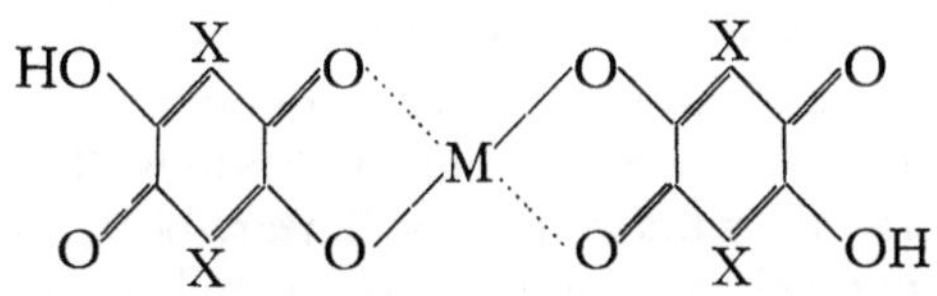

and

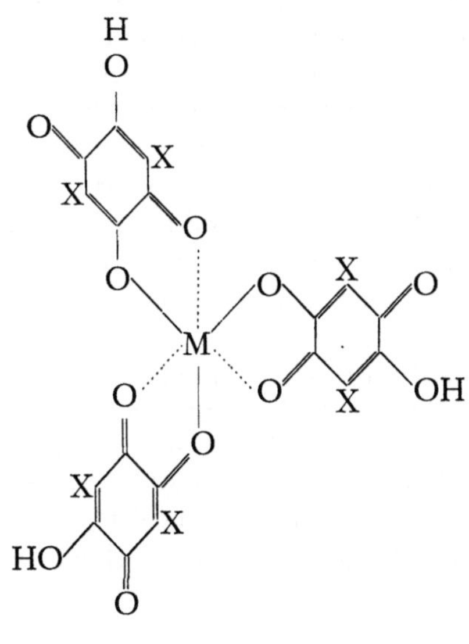

I think these would be beautiful compounds, capable of forming interesting hydrogen-bond polymers. Do you agree with me?

2. Super hydrogen bonds

Many examples are now known of short, strong OHO hydrogen bonds, in which the hydrogen atom is midway between the two bridgehead oxygens, in a potential energy trough that is very broad and flat. The proton can oscillate over wide amplitudes. In other words, this kind of hydrogen bond is even more polarizable than ordinary hydrogen bonds. Most of the known examples are in crystals of hydrated acids. The dihydrate of HCl is an example (5). In that compound there are $H_5O_2^+$ ions

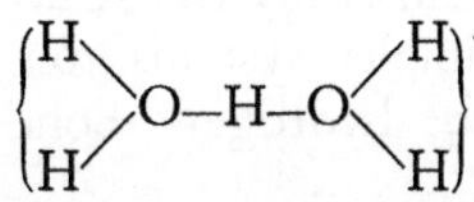

the existence of which I predicted long ago (6, 7).

The excess positive charge decreases the effective negative charge on each of the bridgehead oxygens. This makes the bridge shorter and more symmetrical than it would be otherwise (7).

It would be convenient to have a name for these short, strong, highly polarizable, hydrogen bonds. Shall we call them "super hydrogen bonds"?

X-ray and neutron diffraction studies have shown that the hydrogen bonds in the dimer of acetic acid are unsymmetrical. Changing the effective negative charges on the oxygen atoms should change the energy barriers in the hydrogen bond potential energy curves, making them either more symmetrical or less symmetrical. It would be interesting to study the hydrogen bonds in $F_3C{-}CO_2H$ and in salts containing anions of the type $(O_2C{-}R{-}CO_2H)^-$ or cations such as $(R_3N{-}CO_2H)^+$ and 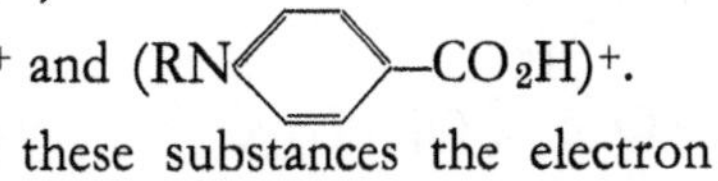.

In some of these substances the electron resonance should be large and the oscillations of the hydrogens and the electron clouds should be synchronized (8). Chains and networks of super hydrogen bonds should be very polarizable. The substances containing them should be ferroelectrics, like KH_2PO_4 and *Rochelle* salt.

The base pairs in the nucleic acids are held together by two (sometimes three) hydrogen bonds that are coupled through resonating conjugated systems, as in the acetic acid dimer.

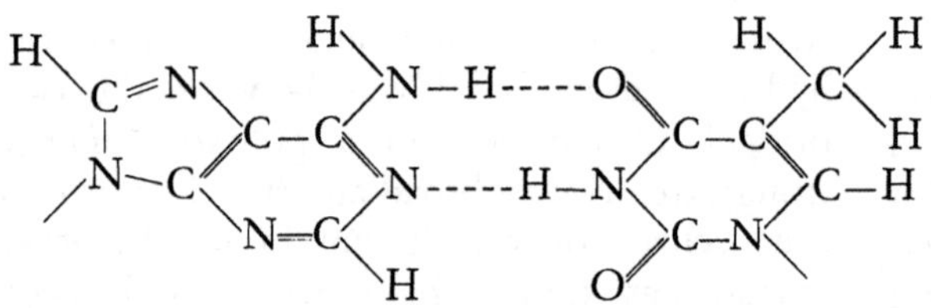

I do not know whether or not the hydrogen bonds in these systems are of the super type, with only a single minimum in the potential energy curve for each. It would be interesting to find out. Someone should study the structures and properties of simpler systems containing similarly coupled hydrogen bond rings.

I wonder if a hydrogen ion is sometimes added to a nitrogen or oxygen in the base pair when the nucleic acid environment is made more acid, or if a hydrogen ion is removed from the base pair when the environment is made more basic. Either of these changes would affect the symmetry and strength of the hydrogen bonds.

KH_2PO_4 contains coupled networks of super hydrogen bonds, as I have implied. I think that phosphinic acids

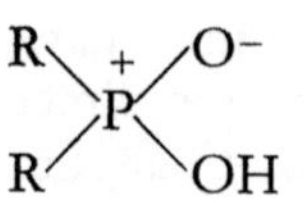

can also form coupled hydrogen bond systems, of the super type if the R groups are appropriately chosen.

The nucleic acids contain many phosphate groups

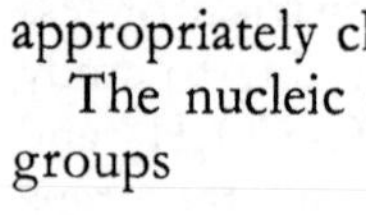

that I would expect to couple together in a similar manner, if or when they get close enough together or if they can be coupled through conjugated systems. Although these groups are apparently not close enough in the two-strand nucleic acids when in their normal stable form, there may be forms of these substances or conditions or circumstances under which strong phosphate group interaction through hydrogen bonds exists. Then it may importantly affect the structures and properties of other parts of the molecules. I wonder if molecular biologists have considered this.

3. Coordination complexes

I have mentioned the joining of dihydroxyquinonate groups through strongly coordinating metal ions. In previous lectures (9–11) I have described and discussed some rodlike and network coordination polymers with this kind of strong metal binding between organic groups. Now I only want to suggest that one can make many other new, interesting and useful compounds and ions, both low- and high-molecular, containing the same kinds of chemical units and bonds. The rigid organic units can act as linear, bent, or branching bridges between the metal atoms or as chain terminators. The metal atoms can also produce linear extension, bending or branching. Two and three-dimensional network structures of almost any desired degree of porosity can be made. With electron-conducting bridges and metal atoms that are stable in two or more valence states, one can obtain electron semiconductors that have the advantage of having many conduction paths. In this respect they are far superior to semiconductors consisting of *linear* polymers with long conjugated systems.

The combination of electrical conductivity, high porosity, and (if desired) the presence of unsatisfied metal ions or other atoms or groups that are catalytically active should lead to useful applications in the catalytic field. This new class of substances is worth thinking about.

There are various kinds of organic compounds that can act like the dihydroxyquinonates to produce strong bridging between metal ions. Consider the structure and properties of nickel dimethylglyoxime (12):

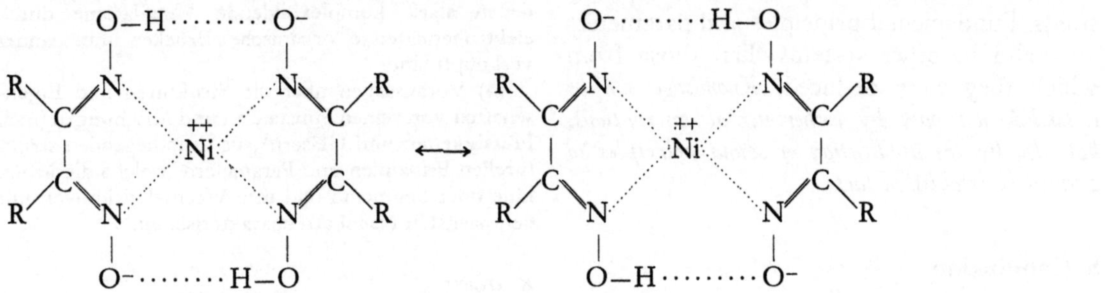

The hydrogen bonds are short (2.44 Å), symmetrical, and very strong. Because of this and the strong bonding betwen the N atoms and the nickel, the two glyoxime groups are rigidly held together in a planar arrangement.

Surely good synthetic chemists can make tetraoximes such as

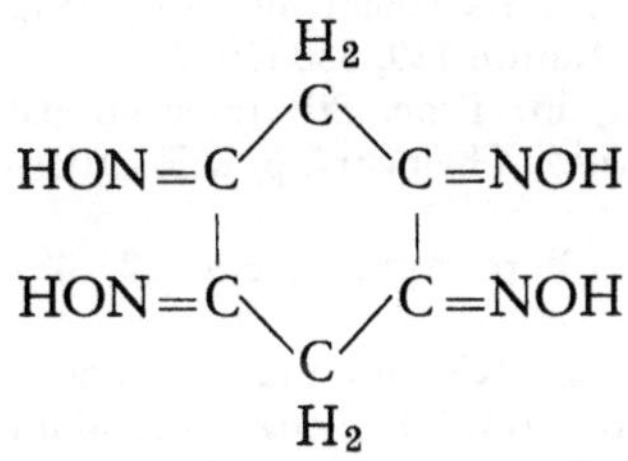

Used as bridges between nickel atoms, they should form stable linear high polymers. The polymers can be given some flexibility and irregularity of shape, if desired, by putting some flexible links in the organic bridges, but, if *high* polymers are wanted, the flexibility should not be enough to permit rings containing only a few monomeric units.

4. Prediction of structures and properties

I have recently been concerned with the relations between the chemical compositions and the properties of glasses and of liquids, especially solutions. From accurate experimental data on such properties as the heat and Gibbs energy changes when liquids are mixed, I have been calculating parameters for the interactions between close neighbor molecules and segments of molecules – the energies and relative probabilities of contacts of the different types ($\alpha\alpha$, $\beta\beta$, $\alpha\beta$) and a contacting capability parameter for each molecule or segment. These parameters should be useful for predicting the kinds and distributions of intermolecular contacts in other systems than those used to obtain the data.

I have also been concerned recently (and for many years previously) with the principles of the packing of molecules, including polymers, that are held together by forces other than those of covalent bonding. There is of course the tendency to produce as close-packed a structure as possible. There is the crystallographic principle that like atoms or atomic groups tend to be surrounded in like manner; this applies, not only to crystalline substances, but also to amorphous solids and liquids. There is the requirement that the distances between the centers of atoms, molecules, or groups that are not bonded together be approximately the sum of the appropriate van der Waals radii. (For greater accuracy we should use empirical potential energy curves for nonbonded interactions.) Also, there is the principle that all groups capable of being joined by hydrogen bonds *will* be so joined, wherever possible without conflict with stronger forces.

With the aid of these principles I have recently deduced what I believe to be the correct structure pattern for the protein α-keratin.

The intermolecular parameters and structural principles that I have mentioned should be useful in predicting the structures and properties of many systems, including those in which molecules or ions are held together by van der Waals forces. Have you thought about using these principles and parameters to predict the structures and properties of micelles?

I have been using principles and parameters deduced from known crystal structures to learn about the structures – especially the close-neighbor arrangements – and properties of glasses. Now I find that we can do the same sort of thing for liquids and amorphous solids. Fundamental principles and parameters are valid in other systems than those from which they were deduced. *Knowledge can be extended, not only by experimental observations, but also by the application of sound principles to previously established facts.*

5. Conclusion

Last year, while exploring in my California mountains, Professor *G. V. Schulz* and I saw horizons filled with challenging mountain peaks. We started climbing toward them, but the time we had available was too short. Those peaks and many peaks in our scientific horizons remain for others – you – to climb.

Finally, let me dedicate this lecture to my good friend and fellow explorer, Professor *Schulz*. May he soon regain his health and continue his scientific explorations for many years!

Summary

Some fields of research that may be active in the not-distant future are the following.

(1) "Hydrogen-bond compounds", in which smaller units are held together only by hydrogen bonds.

(2) Substances containing chains of coupled, very polarizable "super hydrogen bonds".

(3) Coordination aggregates and polymers, in which strongly complexing metal atoms are connected together through electron-conducting organic bridges.

(4) Prediction of structures and properties of substances and mixtures, including liquids and glasses, from fundamental principles of structure, plus parameters characterizing the component molecules or segments and their close-neighbor interactions.

Zusammenfassung

Einige Forschungsgebiete, die in nicht zu ferner Zukunft von Bedeutung sein könnten, sind folgende:

(1) „Wasserstoffbrücken-Verbindungen", in denen kleinere Einheiten allein durch Wasserstoffbrücken zusammengehalten werden.

(2) Substanzen, die Ketten von miteinander verkoppelten stark polarisierbaren „Superwasserstoffbrücken" enthalten.

(3) Koordinative Aggregate und Polymere, in denen stark komplexbildende Metallatome durch elektronenleitende organische Brücken miteinander verknüpft sind.

(4) Voraussagen über die Strukturen und Eigenschaften von reinen Substanzen und Mischungen (incl. Flüssigkeiten und Gläsern) aus grundlegenden strukturellen Prinzipien und Parametern, welche die Moleküle oder Segmente und ihre Wechselwirkungen mit den nächsten Nachbarn charakterisieren.

References

1) *Huggins, M. L.*, Angew. Chem. **83**, 163 (1971).

2) *Huggins, M. L.*, Angew. Chem. Int. Ed. **10**, 147 (1971).

3) *Reyes, Z., M. G. Syz* and *M. L. Huggins*, J. Polymer Sci., Part C, No. **23**, 401 (1968).

4) *Weaver, M. O., E. B. Bagley, G. F. Fanta* and *W. M. Doane*, Appl. Polymer Symp. No. **25**, 97 (1974).

5) *Lundgren, J.-O.* and *I. Olovsson*, Acta Cryst. **23**, 966 (1967).

6) *Huggins, M. L.*, Am. Chem. Soc. **58**, 694 (1936).

7) *Huggins, M. L.*, J. Phys. Chem. **40**, 723 (1936).

8) *Huggins, M. L.*, Nature **139**, 550 (1937).

9) *Huggins, M. L.*, in: Proc. 8th International Conference on Coordination Chemistry, p. 253, (Wien-New York 1964).

10) *Huggins, M. L.*, Pure Appl. Chem. **12**, 427 (1966).

11) *Huggins, M. L.*, in: Kinetics and Mechanism of Polyreactions, IUPAC, Vol. VI. Plenary and Main Lectures (Budapest 1971).

12) *Godycki, L. E.* and *R. E. Rundle*, Acta Cryst. **6**, 487 (1953).

Author's address:

Dr. *Maurice L. Huggins*
135 Northridge Lane
Woodside, California 94062
U. S. A.

Für die Schriftleitung verantwortlich: Prof. Dr. H. W. Kohlschütter, Darmstadt
und Prof. Dr. A. Weiss, München
Dr. Dietrich Steinkopff Verlag, Saalbaustraße 12, Postfach 111008, 6100 Darmstadt 11
Herstellung: Meister Druck, 3500 Kassel

Progr. Colloid & Polymer Sci. **60**, 89–93 (1976)

1.

Laboratory of Physical Chemistry, Delft University of Technology, Delft (The Netherlands)

Teaching the theory of light scattering of dilute solutions in an introductory course

H. Janeschitz-Kriegl and *A. E. M. Keijzers*

(Received November 2, 1975)

1. Introduction

In the present note a proposal is made for a simple and physically correct interpretation of *Einstein*'s famous formula for the light scattering, which occurs in solutions by concentration fluctuations (1). Admittedly, no really new views will be given. From *Einstein*'s point of view, we even do a step backwards. However, justification for the publication of this note can be derived from the fact that text books on physical chemistry, polymers or colloid science, as far as known to the authors, either prefer a mere citation of Einstein's final result or give an incorrect pseudo-derivation. The first, respectable alternative comes down to a renunciation, the second one, however, must be vigorously opposed, as every good student can see that the derivation is wrong, but will be unable to find his own way without consulting the original literature. Surprisingly, there seems to be only one review article (2) in which an alternative treatment is carried out correctly. In this review, however, the high degree of abstraction which characterizes *Einstein*' streatment, is avoided by the application of a rather troublesome thermodynamic consideration.

In the following we shall first present our proposal straightforwardly. In a subsequent section we shall try to compare our method of presentation with Einstein's treatment. Finally, we shall discuss some slight abstruseness arising in connection with the application of the virial expansion of osmotic pressure to Einsteins' formula.

2. Simple presentation of the theory

As a starting point the equation for the Rayleigh scattering of a mixture of ideal gasses is chosen. As is well-known, in such a gas every molecule scatters independently. For unpolarised incident light this equation reads:

$$i_s/I_0 = (8\pi^4/\lambda_0^4)\,(1/r^2)\,(1+\cos^2\theta) \sum_i N_i\,\alpha_i^2 \quad [1]$$

where i_s is the intensity of light, scattered at an angle θ with the incident beam, I_0 is the intensity of the incident beam, λ_0 is the wave length in vacuo, r is the distance of the photodetector from the scattering volume, N_i is the number of molecules of type i in the unit of volume and α_i is the polarizability of that type of molecule.

In converting this formula into the one valid for a dilute solution of a (single) solute in a suitable solvent, use is made of the fact that an exactly homogeneous solution would produce no scattering at all like an ideal crystal. In fact, for every direction of scattering a pair of volume elements will be found, from which the scattered waves will suffer mutual extinction by interference. The observed scattering is assumed to be solely due to concentration fluctuations.

If the unit of volume is subdivided into N equal "physical" volume elements of arbitrary volume ψ, but so that

$$\lambda^3 \gg \psi \gg v_m, \quad [2]$$

where λ is the wave length of the used light in the solution and v_m is the volume of a single solute molecule, the solvent molecules being of nearly equal or smaller size, one can rewrite eq. [1] as follows:

$$i_s/I_0 = (8\pi^4/\lambda_0^4)(1/r^2)(1+\cos^2\theta)\sum_i N_i\,\delta\alpha_i^2 \quad [3]$$

where N_i is the number of volume elements possessing a deviation $\delta\alpha_i$ from the average polarizability ($\sum_i N_i = N$). Eq. [3] expresses the assumption that there is no correlation between the $\delta\alpha_i$'s. This means that no correlation between concentration fluctuations of neighbouring volume elements is assumed. One obtains with $\delta\alpha_i = (\partial\alpha/\partial c)\,\delta c_i$:

$$\begin{aligned}\sum_i N_i\,\delta\alpha_i^2 &= (\partial\alpha/\partial c)^2 \sum N_i\,\delta c_i^2 \\ &= N\,(\partial\alpha/\partial c)^2 \sum (N_i/N)\,\delta c_i^2 \\ &= N\,(\partial\alpha/\partial c)^2 \langle\delta c^2\rangle \\ &= (1/\psi)\,(\partial\alpha/\partial c)^2 \langle\delta c^2\rangle \end{aligned} \quad [4]$$

where $(\partial\alpha/\partial c)$ is the change of the polarizability of a volume element ψ in the exactly homogeneous solution (when the overall concentration c is changed) and $\langle\delta c^2\rangle$ is the mean square deviation of the concentration in the physical volume elements. (It will be seen that this quantity depends on the chosen size of ψ.)

From electrostatics a relation for $(\partial\alpha/\partial c)$ can easily be derived with the aid of Maxwell's relation $\varepsilon = n^2$. It reads:

$$(n^2 - 1) = 4\pi\,\alpha/\psi \quad [5]$$

where ε is the dielectric constant and n the refractive index of the homogeneous solution (at the frequency of the used light). (Polarizability α is proportional to the size ψ of the volume element). By differentiation one obtains:

$$\partial\alpha/\partial c = (n\psi/2\pi)\,(\partial n/\partial c) \quad [6]$$

where $(\partial n/\partial c)$ is the experimentally accessible refractive index increment of the homogeneous solution.

It remains now only the task to find an expression for $\langle\delta c^2\rangle$. For the purpose, the work δA_i is calculated, which must be done on the i-th volume element in order to change the concentration in the volume element by δc. (As the size of the volume elements is more or less arbitrarily chosen, it happens that the concentration also fluctuates within one volume element. By the concentration in the volume element we therefore mean the average concentration within this element.) This work δA_i (for spontaneous unmixing) can be written as:

$$\delta A_i = \int_{\psi_i} \delta G\,d\psi \quad [7]$$

where δG is the change of the *Gibbs* free energy per unit of volume. The integration occurs over the volume occupied by the i-th volume element. With:

$$\begin{aligned}\delta G &= (\partial G/\partial c)_{T,P}\,(\delta c) + \\ &\quad + (1/2)\,\partial^2 G/\partial c^2)_{T,P}(\delta c)^2 + \ldots\end{aligned} \quad [8]$$

where the differential quotients are to be taken for a value of c equal to that of the overall (or nominal) concentration of the solution, one obtains for δA_i:

$$\begin{aligned}\delta A_i &= (\partial G/\partial c)\int_{\psi_i} \delta c\,d\psi \\ &\quad + (1/2)\,(\partial^2 G/\partial c^2)\int_{\psi_i} (\delta c)^2\,d\psi \\ &\quad + \ldots = (\partial G/\partial c)\,\psi_i\,(\delta c)_i \\ &\quad + (1/2)\,(\partial^2 G/\partial c^2)\psi_i\,(\delta c^2)_i + \ldots\end{aligned} \quad [9]$$

On the right-hand side of this equation the quantities $(\delta c)_i$ and $(\delta c^2)_i$ clearly mean averages within the i-th volume element.

At this point we introduce Smoluchowski's fluctuation axioma (3). According to this axioma the average work for spontaneous unmixing in a physical volume element is equal to the thermal energy of a single degree of freedom, or:

$$\langle\delta A\rangle = kT/2 \quad [10]$$

It seems to us that every student will find this axioma quite evident and physically acceptable.

By averaging eq. [9] and introducing eq. [10] one obtains (when the subscript "i" is omitted):

$$\langle \delta A \rangle = (\partial G/\partial c)\ \psi \langle \delta c \rangle + (1/2)\ (\partial^2 G/\partial c^2)\ \psi \langle \delta c^2 \rangle + \ldots = kT/2\,. \qquad [11]$$

As $\langle \delta c \rangle = 0$ – there are as many volume elements with positive deviations as there are with negative deviations ($\sum \delta c_i = 0$) – one obtains the important relation:

$$(\partial^2 G/\partial c^2)\ \psi \langle \delta c^2 \rangle = kT \qquad [12]$$

From this equation one can clearly see that $\langle \delta c^2 \rangle$ decreases with increasing size ψ of the physical volume element.

The quantity $\partial^2 G/\partial c^2$ for the unit of volume of the homogeneous solution can be calculated with the aid of well-known thermodynamics. One obtains (see Appendix):

$$(\partial^2 G/\partial c^2)_{P,T} = -(1/c)\ \partial\,(\mu_1/\bar{v}_1)/\partial c \qquad [13]$$

where μ_1 is the chemical potential and v_1 the partial molar volume of the solvent at concentration c. If one introduces the osmotic pressure π and restricts oneself to the limit of $c \to o$, one obtains (see also Section 4):

$$(\partial^2 G/\partial c^2)_{P,T,c=0} = (1/c)\ (\partial \pi/\partial c)_{c=0} \qquad [14]$$

A combination with eq. [12] yields:

$$\langle \delta c^2 \rangle = kTc/\psi\ (\partial \pi/\partial c)_{c=0}\,. \qquad [15]$$

Gathering eqs. [4], [6] and [15] and introducing them into eq. [3], one finally obtains Einstein's well-known equation:

$$i_s/I_0 = (2\pi^2/\lambda_0^4)\ n^2\ (\partial n/\partial c)^2\ (1/r^2) \times (1 + \cos^2\theta)\ ckT/(\partial \pi/\partial c)_{c=0}\,. \qquad [16]$$

The size of the physical volume element ψ has disappeared from this equation. In the present paper, however, we do not enter a discussion of the situation, where v_m is so large that eq. [2] can no longer be fulfilled. This problem has been treated correctly in many text books. (One still has to choose $\psi \gg v_m$ but has to release $\lambda^3 \gg \psi$. As a consequence, eq. [16] only holds for sufficiently small scattering angles θ, where the interference within ψ becomes unimportant).

3. A comparison with Einstein's treatment

According to *Einstein* the probability dP of a system to occur in a certain state of spontaneous unmixing is given by:

$$dP = (\text{const}) \exp(-W/kT)\, d\lambda_1 d\lambda_2 \ldots d\lambda_i \ldots \qquad [17]$$

where W is the work of unmixing and $\lambda_1, \lambda_2, \ldots \lambda_i, \ldots$ are independent internal variables of the system, which become equal to zero for an exactly homogeneous situation. As a consequence, the work W of unmixing can be written as a positive definite quadratic form in the variables λ_i. *Einstein* describes the concentration (or other) fluctuations in a cubic piece of matter in terms of a three dimensional Fourier series, the λ_i's being the coefficients of this expansion. He further undertakes the formidable task to calculate the light scattering of such a cubic piece of matter from first principles.

As text-book treatments in general start from the formula of the Rayleigh scattering in combination with the assumption of no correlation between the concentrations in neighbouring volume elements, it seems quite permissible to write the work W of unmixing in terms of the works δA_i for the individual physical volume elements ψ_i. One obtains in this way:

$$W = \sum_{i=1}^{N} \delta A_i \qquad [18]$$

where the δA_i's are taken from eq. [9]. It seems now plausible to replace the λ_i's by the uncorrelated (and thus seemingly independent) concentration fluctuations δc_i of the N physical volume elements. This replacement would be correct, if there were no condition of the type

$$\sum_{i=1}^{N} \delta c_i = 0\,. \qquad [19]$$

As a consequence, only $N-1$ concentrations can be chosen arbitrarily. In the sum $\sum \delta A_i$ (see eq. [9]) the term with the factor $\partial G/\partial c$ vanishes because of condition [19]. One obtains:

$$dP = (\text{const}) \exp\left[-\psi(\partial^2 G/\partial c^2) \sum \delta c_i^2/2kT\right] dc_1 \ldots dc_{N-1} \qquad [20]$$

where $\psi_i = \psi$ as all ψ_i's are equal. Superficially, eq. [20] may be seen as a product of exponentials, the standard deviation of each of them being:

$$\langle \delta c^2 \rangle_i = kT/\psi(\partial^2 G/\partial c^2).$$

But this is just eq. [12], as derived directly from Smoluchowski's axioma.

The unpermitted statement in many textbooks is, that $(\partial G/\partial c) = 0$ because of the state of equilibrium, where G must have a minimum. Every student can see, however, that $\partial G/\partial c$ is not equal to zero. People forget to say that the minimum of G is a conditioned minimum according to eq. [19]. So, inevitably, one has first to subdivide the matter into physical volume elements and make a sum according to eq. [18], in which the term containing $\partial G/\partial c$ vanishes as a consequence of eq. [19]. It becomes also clear, however, why *Einstein* preferred a more elegant derivation.

4. A comment with respect to the use of the virial expansion of osmotic pressure

As already enounced in the introduction, another, but less serious abstruseness exists with respect to the use of the virial expansion. This becomes clear in the following way:
From eq. [13] we have:

$$(\partial^2 G/\partial c^2)_{P,T} = -(1/c)\ \partial(\mu_1/\bar{v}_1)/\partial c$$

With

$$\pi = -(\mu_1 - \mu_1^0)/\bar{v}_1$$

one obtains:

$$-\partial(\mu_1/\bar{v}_1)/\partial c = \partial\pi/\partial c + (\mu_1^0/\bar{v}_1^2)\ (\partial\bar{v}_1/\partial c) \quad [21]$$

From this equation one can clearly see that eq. [16] is valid only, if the partial molar volume of the solvent does not depend on the solute concentration. Strictly, this only holds in the limit of $c = 0$. In fact, from the well-known equation

$$\bar{v}_1(x_2)/M_1 = v(x_2) - x_2(dv/dx_2)_{x_2} \quad [22]$$

where M_1 is the mol.-wt. of the solvent, x_2 is the weight fraction of the solute and v is the specific volume of the solution at x_2, one obtains by differentiation:

$$(1/M_1)\ (d\bar{v}_1/dx_2) = -x_2(d^2v/dx_2^2). \quad [23]$$

At low value of x_2 one obtains approximately:
$x_2 \simeq c\ \bar{v}_1(0)/M_1$
and:

$$(1/M_1)\ (d\bar{v}_1/dc) \simeq -c(d^2v/dc^2)_{c=0} + \ldots \quad [24]$$

From eqs. [21] and [24] it becomes evident that, strictly speeking, one has to add to the virial expansion (4):

$$\partial\pi/\partial c = RT(1/M + 2Bc + \ldots) \quad [25]$$

where B is the second virial coefficient, a term

$$-c(\mu_1^0 M_1/\bar{v}_1^2)\ (d^2v/dc^2)_{c=0} \quad [26]$$

where $\bar{v}_1$ is the molar volume of the pure solvent and the second derivative gives the curvature of the graph describing the specific volume of the solution as a function of concentration at $c = 0$. No evaluation of this term has been given as yet. One can only hope that this term is small enough to be disregarded.

In his paper on the critical opalescence in liquid mixtures *Debye* (5) explicitely stated that he "neglected any possible contraction in mixing". This is a good approximation near the point where unmixing takes place. For a polymer in a good solvent, however, the term given in eq. [26] should probably be discussed.

5. Conclusions

As the present contribution does not aim at the presentation of new scientific results, we only can hope that this contribution will be useful for those who have to fulfill an apposite teaching task. In summarizing we can probably confine ourselfs to the statement that, in the derivation of an expression for the mean square fluctuation of concentration, Smoluchowski's fluctuation axioma appeals more to the imagination and does not give rise to erroneous simplifications. The latter chance appears to exist, when the minimum of the free energy, which should hold for the absence of fluctuations, is taken as a starting point.

Appendix

Derivation of an expression for $\partial^2 G/\partial c^2$.

The change of Gibbs' free energy of a homogeneous solution can be written as:

$$dG_{T,P} = \mu_1\, dn_1 + \mu_2\, dn_2 \qquad [1a]$$

As $G(T,P,c)$ is defined per unit of volume, one obtains the following second equation:

$$n_1\bar{v}_1 + n_2\bar{v}_2 = 1 \qquad [2a]$$

In these equations the following symbols are used: n_1, n_2 are the numbers of moles of solvent and solute per unit of volume, μ_1, μ_2 are the chemical potentials and $\bar{v}_1$, $\bar{v}_2$ are the partial molar volumes. There are two Gibbs-Duhem equations:

$$n_1\, d\mu_1 + n_2\, d\mu_2 = 0 \qquad [3a]$$

$$n_1\, d\bar{v}_1 + n_2\, d\bar{v}_2 = 0 \qquad [4a]$$

From eqs. [2a] and [4a] one obtains:

$$dn_1 = -(\bar{v}_2/\bar{v}_1)dn_2 \qquad [5a]$$

If $n_2 = c/M$, c being concentration and M the mol.-wt of the solute, one obtains from eqs. [1a] and [5a]:

$$dG_{T,P} = (-\mu_1(\bar{v}_2/\bar{v}_1) + \mu_2)dn_2$$
$$= (1/M)\,[\mu_2 - (\bar{v}_2/\bar{v}_1)\mu_1]\, dc \qquad [6a]$$

Alternatively, this may be written as:

$$(\partial G/\partial c)_{T,P} = (1/M)\,[\mu_2 - (\bar{v}_2/\bar{v}_1)\mu_1] \qquad [7a]$$

By differentiation one obtains:

$$(\partial^2 G/\partial c^2)_{T,P} = (1/M)\,[(\partial\mu_2/\partial c) - (\bar{v}_2/\bar{v}_1)(\partial\mu_1/\partial c)] - (1/M)\mu_1\,\partial(\bar{v}_2/\bar{v}_1)/\partial c \qquad [8a]$$

Using both Gibbs-Duhem relations one arrives at equation [13] of Section 2.

Summary

In general, difficulties arise when results of complicated theoretical considerations must be presented in a simple, but physically correct manner. This statement also holds for Einstein's theory of opalescence, which serves as a basis for the interpretation of the light scattering of dilute (colloidal) solutions. The difficulty of the task becomes obvious, when text books and review articles are considered. Too often, authors confine themselves to a mere citation of the original paper by Einstein, or give an inadequate presentation. For introductory teaching Smoluchowski's fluctuation axioma is very adequate in deriving an expression for the mean square fluctuation $\langle \delta c^2 \rangle$ of concentration. According to this imaginative axioma, the average work of unmixing is just equal to $kT/2$. In equilibrium, *Gibbs'* free energy of the system, which is assumed to consist of N physical volume elements (1, 2, ... N), has only a conditioned minimum. As a consequence, one is not allowed to conclude that $\delta G/\delta c_i = 0$. In fact, for the concentrations in the volume elements one has the extra condition $\sum c_i = N\langle c \rangle$ = constant or $\langle \delta c_i \rangle = 0$.

Zusammenfassung

Bekanntlich ist es nicht leicht, Ergebnisse subtiler theoretischer Betrachtungen in einfacher, physikalisch korrekter Weise wiederzugeben. Dies gilt im besonderen auch für die Einstein'sche Theorie der Opalenszenz, die als Basis für die Interpretation der Lichtstreuung verdünnter (kolloidaler) Lösungen dient. Wie schwierig diese Aufgabe ist, erkennt man beim Durchblättern von Lehrbüchern und Übersichtsartikeln. Allzu oft begnügen die Autoren sich mit bloßem Zitieren der Originalergebnisse Einsteins oder mit unzulänglichen Darstellungen. Für Vorlesungszwecke kommt man am schnellsten zum Ziel, wenn man zur Ermittlung des mittleren Schwankungsquadrates der Konzentration $\langle \delta c^2 \rangle$ Smoluchowskis einleuchtendes Axiom heranzieht, dem zu Folge die spontan am physikalischen Volumenelement geleistete Entmischungsarbeit im Mittel gleich $kT/2$ ist. Die freie Enthalpie des aus N physikalischen Volumenelementen (1, 2 ... i, ... N) bestehenden Systems hat im Gleichgewicht nur ein bedingtes Minimum, aus dem nicht für alle $(\delta G/\delta c_i) = 0$ abgeleitet werden darf. Für die Konzentrationen in den Volumenelementen gilt nämlich die Bedingung $\sum c_i = N\langle c \rangle$ = konst. oder $\langle \delta c_i \rangle = 0$.

References

1) *Einstein, A.*, Ann. d. Phys. **33**, 1275–1298 (1910).

2) *Zimm, B. H., R. S. Stein, P. Doty*, Polymer Bulletin **1**, 90–119 (1945).

3) *Smoluchowski, M.*, Ann. d. Phys. **25**, 205–226 (1908).

4) Light Scattering from Dilute Polymer Solutions, *D. McIntyre* and *F. Gornick*, editors (1964).

5) *Debye, P.*, J. Chem. Phys. **31**, 680 (1959).

Authors' address:

Prof. *H. Janeschitz-Kriegl* and Dr. *A. E. M. Keijzers*
Laboratory of Physical Chemistry,
Delft University of Technology,
Julianalaan 136
Delft 8 (The Netherlands)

Progr. Colloid & Polymer Sci. 60, 94–101 (1976)

2.

Institut für Makromolekulare Chemie der Technischen Hochschule Darmstadt und Röhm GmbH, Darmstadt

Zur Änderung der elektrischen Leitfähigkeit bei Phasentrennung in Lösungen

S. Krozer, T. Kashmoula, M. Tawadjoh und *W. Wunderlich*

Mit 10 Abbildungen und 3 Tabellen

(Eingegangen am 17. Oktober 1975)

Einleitung

Im Jahre 1945 wurde durch *Costa Ribeiro* mitgeteilt, daß während der Verfestigung von geschmolzenem Naphthalin eine Ladungstrennung erfolgt (1). Ein ähnlicher Effekt wurde beim Einfrieren wäßriger ionischer Lösungen durch *Workman* und *Reynolds* im Jahre 1950 beobachtet (2). Diese Versuche wurden in einem Kondensator durchgeführt. Zwischen den Platten des Kondensators ist die Probe so untergebracht worden, daß eine Platte direkt mit der Flüssigkeit in Berührung kam, während die zweite ausschließlich mit der festen Phase bedeckt war. Mittels eines Elektrometers konnte man die Potentialdifferenz an den beiden Kondensatorplatten während des Erstarrens oder Schmelzens messen. Es sind verschiedene Größen, die diese Effekte beeinflussen, untersucht worden (3) wie u.a.: Reinheitsgrad, Kristallwachstumsrichtung, Phasenfortschreitgeschwindigkeit, Art und Konzentration ionischer Verunreinigungen.

Eine umfangreiche Gesamtdarstellung der beiden Effekte ist in der Arbeit (4) zu finden. Im Jahre 1964 wurde von *Krozer* und *Pastusiak* (5, 6) festgestellt, daß bei Phasentrennung in Polymerlösungen die ausgefällten Teilchen während der turbidimetrischen Titration geladen sind. Diese Tatsache wurde aufgrund von Messungen des Stromzuwachses, der, bei auftretender Trübung während der Titrierung, unter konstanter äußerer Spannung in die Meßzelle fließt, festgestellt. Der Niederschlag sammelt sich überwiegend auf der Anode, woraus zu schließen ist, daß die Aufladung in der Regel negativ ist. Dabei wurde auch festgestellt, daß elektrische Wechselwirkungen eine wesentliche Rolle bei der Stabilisierung des Niederschlages während der turbidimetrischen Titration mit stark verdünnten Lösungen (Konzentration $-c$ bis ~ 1 g/l) spielen.

Diese Beobachtungen beziehen sich sowohl auf rein amorphe Polymere (ataktisches Polyvinylchlorid) als auch auf teilkristalline Polykarbonate.

Diese Erkenntnisse wurden ergänzt durch unsere weiteren Untersuchungen (7, 8), wo u.a. festgestellt wurde, daß auch die Polymerniederschläge, die kein festes Dipolmoment aufweisen, geladen sind. Die Tropfen des Niederschlages bleiben geladen, gleich ob die Phasentrennung durch Titration bei konstanter Temperatur mit einem Fällungsmittel (3-Komponentensysteme) oder durch Abkühlung einer Polymerlösung (2-Komponentensysteme) herbeigeführt wurde. Obwohl die Aufladung in der Regel negativ ist, ändert sich jedoch bei Polyäthylenlösungen in Diphenyläther der Ladungssinn des Polymertropfens mit der Temperatur.

Aufgrund dieser unserer Arbeiten kann man annehmen, daß der Ladungstrennungseffekt sich nicht nur auf Phasentrennung bei Kristallisationserscheinungen bezieht. Der Effekt kann wahrscheinlich durch jede Erscheinung, die mit den Ordnungszustandsänderungen und damit mit Dichtefluktuationen verbunden ist, verursacht werden. Solche Dichtefluktuationen in der Nähe des Fällungspunktes führen zu Konformationsänderungen in den makromolekularen Ketten.

Wenn diese Überlegungen richtig sind, ist es zu erwarten, daß sich auch bei anderen Konformationsänderungen in der Lösung sowie Helix-Knäuel-Umwandlungen die Zahl der freien Ladungen während der Umwandlung ändert, was zu Änderungen der Leitfähigkeit führen muß.

Es ist bereits bekannt, daß physikalische Eigenschaften wie reduzierte Viskosität, Dielektrizitätskonstante und Verlustwinkel, Brechungsindex u.a. von Polymethylmethacrylat (PMMA)-Lösungen anomale Änderungen bei Erwärmung innerhalb gewisser Temperaturbereiche zeigen. Ein solches Verhalten beobachtet man sowohl bei Mischungen aus isotaktischen und syndiotaktischen PMMA als auch bei ataktischen Proben. Bei ataktischem PMMA kommt es zur Bildung von Nebenvalenzbindungen, die in verdünnten Lösungen vornehmlich intramolekulare Haftstellen erzeugen. Diese Folgerungen (9) stehen im Einklang mit den Modellvorstellungen, daß die syndiotaktischen Moleküle in den Mulden angeordneter Helices der isotaktischen Moleküle angepaßt sind (10).

Bei Überschreitung einer gewissen Temperatur entsteht eine Konformationsänderung, begleitet durch Solvatationsänderungen. Diese Temperatur offenbart sich durch Änderungen sämtlicher Eigenschaften der Lösung (Knick oder Maximum auf entsprechenden graphischen Darstellungen). Eine ausführliche Übersicht über diese Ergebnisse ist in der Arbeit (11) zu finden. Polystyrol (PS)-Lösungen verhalten sich ähnlich wie PMMA-Lösungen (12), obwohl die Effekte in PS-Lösungen viel kleiner sind. Präzise Messungen zur Nachprüfung dieser Effekte (13, 14) zeigen, daß im Temperaturbereich von 50–70° sowohl bei iso- als auch bei ataktischen PS-Lösungen kleine Abweichungen gemessener $[\eta]$- und Strömungsdoppelbrechungs-Werte gegenüber den durch Extrapolation erwarteten, vorhanden sind.

Betrachtet man die oben diskutierten Effekte in PMMA und PS-Lösungen als einen Mesophasenübergang, der durch Konformationsänderung bestimmt ist, so sind auch dabei Ladungstrennungserscheinungen zu erwarten. Die Arbeit (15) und dieser Bericht teilen über eine zusätzliche Änderung der Leitfähigkeit in PMMA und PS-Lösungen gegen das reine Lösungsmittel mit.

Diese zusätzliche Leitfähigkeit hängt von der Temperatur und dem Lösungsmittel ab. Die Kurven zeigen einen Knick im Temperaturbereich, der den aus der Literatur bekannten Konformationsumwandlungstemperaturen entspricht.

Experimentelles

Die Messungen wurden in einer quaderförmigen Quarzglaszelle $1 \times 2 \times 4$ cm durchgeführt. Diese Zelle war mit einer bestimmten Lösungsmenge angefüllt. Elektroden aus Platinblech $0{,}9 \times 2$ cm wurden auf Teflondeckeln befestigt. Die Elektroden sind in vier Abständen (1,9; 1,2; 0,9; 0,5 cm) auf die Deckel aufmontiert worden. Die äußere Spannung wurde auf 100, 50, 40, 25 und 15 Volt eingestellt. Zum Vergleich wurden Parallelmessungen mit zwei Küvetten durchgeführt. Die Küvetten wurden in einem thermostatischen Gefäß mit dem Lösungsmittel als Kontaktflüssigkeit angebracht. Die Temperatur wurde durch ein Sekundenthermometer (Fa. Testoterm) kontrolliert. Eine solche Einrichtung hat es ermöglicht, die Verdampfung praktisch zu vermeiden und die Küvetten besser zu thermostatisieren. Die Experimente sind bei Erwärmung mit einer Geschwindigkeit von $\sim$0,5 °C/min durchgeführt worden. Ähnlich wie in (15) hat man festgestellt, daß mäßige Änderungen der Erwärmungsgeschwindigkeit einen kleinen Einfluß auf die Meßergebnisse haben. Eine Elektrode aus jedem Paar (Abb. 1) wurde an einen Pol der Spannungsquelle angeschlossen, während die zweite durch einen konstanten Widerstand R mit der Erde verbunden wurde. Der zweite Pol der Spannungsquelle war auch geerdet. Das Spannungsgefälle auf dem Widerstand R wurde mittels Zwei-Kanalschreiber (Servogor RE 520, Eingangswiderstand 2 MΩ) registriert. Es wurde eine Probe radikalisch polymerisiertes PMMA ($M_v = 51000$) untersucht. Das Polymere war nach der Synthese durch zweimalige Umfällungen aus Acetonlösungen ge-

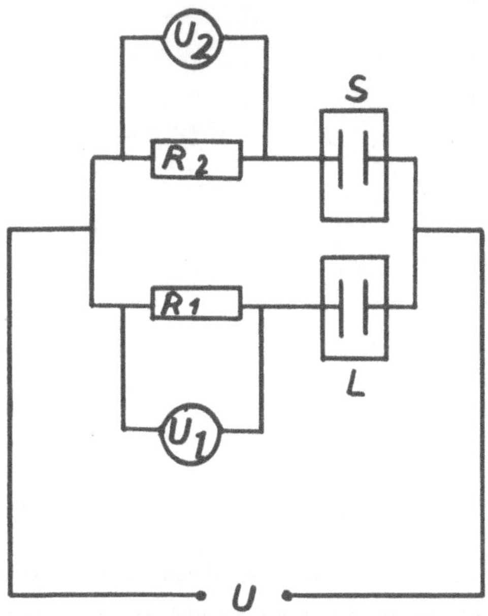

Abb. 1. Elektrisches Schema; S, L – Meßzellen, U_1 und U_2 Zweikanalschreiber; R_1, R_2 – Widerstände

reinigt. Wie aus der NMR-Analyse folgt, enthielt die Probe ca. 59% syndiotaktisch angeordnete Segmente. Die verwendeten analytisch sauberen Lösungsmittel wurden zusätzlich destilliert. Nach der Einfüllung wurden die Lösungen zur Säuberung 15–18 Stunden unter Spannung gehalten. Danach begann die Erwärmung.

Ergebnisse und Diskussion

Die Leitfähigkeitsmessungen wurden aufgrund der Gleichung (15)

$$\sigma = \frac{U_s 1}{100 \text{ RSU}} A \qquad [1]$$

ausgewertet, wo U_s die Empfindlichkeit des Voltmeters ist (Spannung bei $A = 100$), 1 – bedeutet den Abstand zwischen den Elektroden, deren Fläche S durch die Flüssigkeit bedeckt ist, R ist der Widerstand, der parallel zum Schreiber geschaltet wurde und A ist der Ausschlag des Schreibers. Die Messungen wurden in vier Abständen durchgeführt. Die Anfangswerte der Leitfähigkeit (bei 18 °C) und des Anfangsstromes sind in den Tabellen 1 und 2 wiedergegeben. Aus der Gleichung [1]

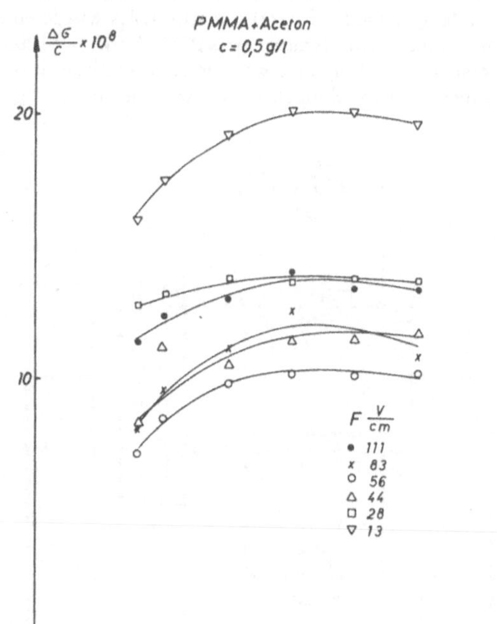

Abb. 2. $\frac{\Delta\sigma}{c}$ -Leitfähigkeitsänderungen der Polymerlösung gegen das Lösungsmittel als Temperaturfunktion – t °C, F – Feldstärke, PMMA ($M_v = 51000$) – Aceton-Lösungen $c = 0{,}5$ g/l

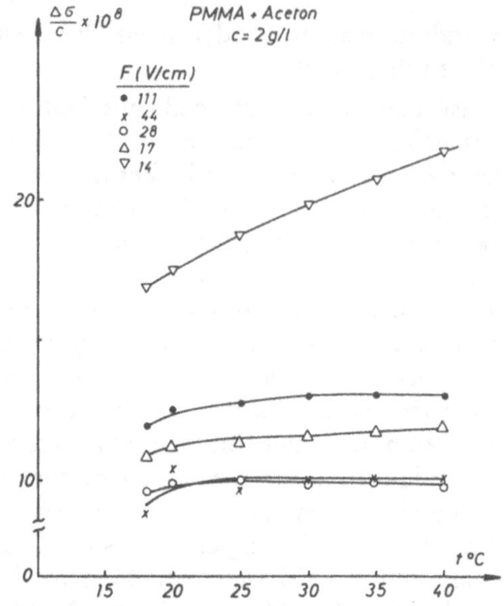

Abb. 3. Bezeichnungen wie in Abb. 2; PMMA ($M_v = 51000$)-Acetonlösungen, $c = 2$ g/l

ist es möglich, die Änderungen der Leitfähigkeit $\Delta\sigma$ der Lösung σ_L gegen die des Lösungsmittels σ_{LM} auszuwerten:

$$\Delta\sigma = \sigma_L - \sigma_{LM} .$$

Auf den Abbildungen 2–6 sind $\frac{\Delta\sigma}{c}$ -Werte für gemessene Lösungen als Funktion der Temperatur mit der Feldstärke F als Parameter dargestellt.

Die Lösungen in Aceton, das ein starker n-Donator ist, zeigen eine relativ große Leitfähigkeit, während die Acetonnitrillösungen (schwächerer n-Donator) eine kleinere Leitfähigkeit zeigen; die kleinste Leitfähigkeit haben Toluollösungen (σ-Donator).

Es wurden auch Acetonlösungen mit einem Zusatz von $2{,}4 \times 10^{-7}$ M/l Tetraäthylammoniumchlorid gemessen. Wie bekannt ist, ist $N(C_2H_5)_4CL$ in Aceton stark dissoziiert, deshalb zeigen die PMMA-Aceton-Lösungen mit diesem Zusatz eine größere Leitfähigkeit im Vergleich zu den Lösungen in reinem Aceton (Abb. 2 und 4, 3 und 5, Tab. 1 und Abb. 6, Tab. 2). Der Verlauf der Kurven in Abb. 2 und 3 entspricht im allgemeinen den Ergebnissen der Arbeit (15). Wie aus diesen Abbildungen folgt, ist $\frac{\Delta\sigma}{c}$ bei $c = 0{,}5$ g/l stärker von der Temperatur abhängig als bei $c = 2$ g/l. Das Abnehmen dieser Temperaturabhängigkeit bei wachsender Konzentration (über 1 g/l) war

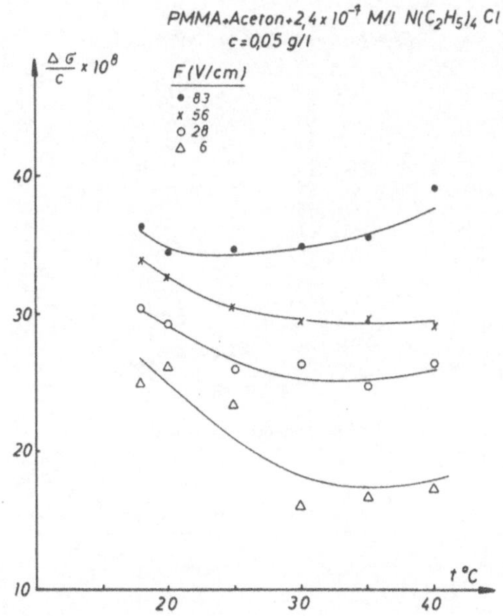

Abb. 4. Bezeichnung wie in Abb. 2; PMMA (M_v = 51000)–Aceton + 2,4 × 10^{-7} *M*/l *N*(C_2H_5)$_4$ Cl-Lösungen, *c* = 0,5 g/l

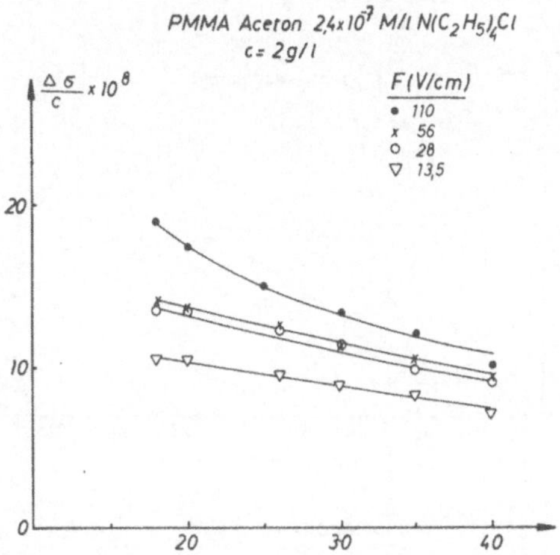

Abb. 5. Bezeichnungen wie in Abb. 2; PMMA (M_v = 51000)–Aceton + 2,4 × 10^{-7} *M*/l *N*(C_2H_5)$_4$ Cl-Lösungen, *c* = 2 g/l

auch in (15) beobachtet worden. Wenn man die Meßergebnisse in der Form $ln \frac{\Delta\sigma}{c} = f\left(\frac{I}{T}\right)$ darstellt, (T - absolute Temperatur), bekommt man Gerade (Abb. 7, 8, 9), die einen deutlichen Knick zeigen. Für Acetonlösungen mit der Konzentration 0,5 g/l, die Knicken bei verschiedenen Feldstärken der Temperatur t_K = 27 °C entsprechen, während man für c = 2 g/l den Knick bei t_K = 22 °C feststellt.

Die Knicktemperaturen bleiben auch für Acetonlösungen mit Tetraäthylammoniumchlorid unverändert. In der Arbeit (15) wurden ähnliche Untersuchungen mit Aluminium-Elektroden durchgeführt. Es wurden Acetonlösungen ataktischer PMMA-Proben mit den Molekulargewichten 30000 und 139000 wie auch eine isotaktische PMMA-Probe untersucht. Die Knicktemperaturen liegen auch bei ca. 30 °C. Der Effekt wird kleiner bei zunehmendem Molekulargewicht der Probe. Auf der graphischen Darstellung der Ergebnisse für die isotaktische PMMA-Probe war kaum ein Knick zu beobachten.

Tab. 1. Strom I und Leitfähigkeit σ bei Anfangstemperaturen 18°. $S = 2.4 \times 10^{-7}$ $M/_L$ $N(C_2H_5)_4$ Cl

F / Probe	*V*/cm	111	83	56	44	28	17	13.5	8
Aceton	$I \times 10^5$	1,54	1,42	0,92	0,75	0,49	0,37	0,32	
	$\sigma \times 10^8$	7,3	9	8,6	9	9,2	11,4	12,4	
PMMA + Aceton	$I \times 10^5$	2,76	2,13	1,31	1,11	0,83		0,52	
c = 0,5 g/l	$\sigma \times 10^8$	13,1	13,5	12,3	13,3	15,6		20,4	
PMMA + Aceton	$I \times 10^5$	6,18			2,34	1,47	1,07		
c = 2 g/l	$\sigma \times 10^8$	29,3			28	27,6	33		
Aceton + S	$I \times 10^5$	6,43	5,13	3,72				1,03	0,67
	$\sigma \times 10^8$	30,5	32,5	35				40	44
PMMA + Aceton + S	$I \times 10^5$		7,98	5,5				1,44	0,99
c = 0,5 g/l	$\sigma \times 10^8$		50,6	51,7				56,3	65,4
PMMA + Aceton + S	$I \times 10^5$	14,5		5,59				1,7	0,99
c = 2 g/l	$\sigma \times 10^8$	68,5		52,5				66,4	65

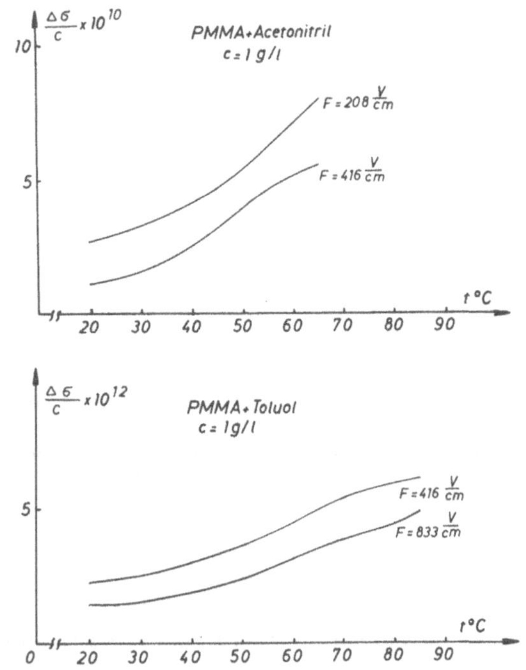

Abb. 6. Bezeichnungen wie in Abb. 2; PMMA (M_v = 51000)–Acetonitril und Toluol-Lösungen, $c = 1$ g/l

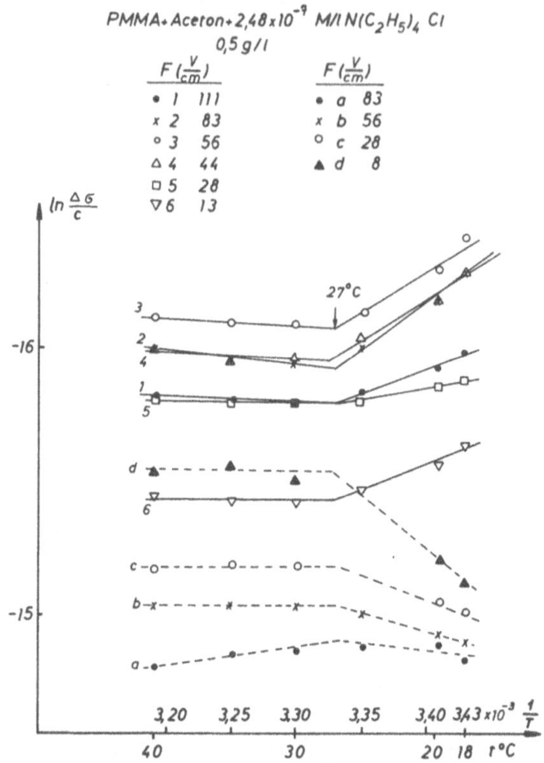

Abb. 7. Der Verlauf von $ln \frac{\Delta\sigma}{c}$ als Funktion der reziproken absoluten Temperatur $\frac{1}{T}$. Die voll gezeichneten Geraden entsprechen den Daten aus Abb. 2, die punktierten Abb. 4

Eine ähnliche Temperatur wurde in einer Reihe von Arbeiten (9, 16, 17) als eine Übergangstemperatur für PMMA-Lösungen in Aceton gefunden.

Die Knicktemperatur für Acetonitrillösungen hat einen Mittelwert von 45 °C bei einer Konzentration von 1 g/l. Die in (10) für dieses Lösungsmittel bei $c = 3$ g/l beobachtete Knicktemperatur = ~37 °C wurde für eine ataktische PMMA-Probe gefunden.

In der Publikation (9) wurden anomale Änderungen der Temperaturabhängigkeit der Dielektrizitätskonstanten und des Verlustwinkels bei 40–42 °C beobachtet. Diese Ergebnisse stimmen mit unseren aus der Abb. 9 überein, wo $t_K = 42$ °C für 1 g/l PMMA-Lösung in Toluol ist.

Dieser Vergleich unserer Ergebnisse mit den Daten aus der Literatur zeigt, daß die Leitfähigkeitsänderungen eng mit Konformationsänderungen verbunden sind. Das bezieht sich auch auf die Ergebnisse der Arbeit (15), wo u. a. Polystyrollösungen in Dichloräthan untersucht wurden. In Abb. 10 sind die Meßergebnisse der Temperaturabhängigkeit der Strömungsdoppelbrechung PS-Lösungen in O-Chlorbenzol aus der Arbeit (14) und der Leitfähigkeit aus (15) aufgetragen. Dem Maximum der Leitfähigkeitskurve entspricht

Tab. 2. Strom I und Leitfähigkeit σ bei Anfangstemperaturen ($t = 18$ °C)

Probe	F V/cm	416	208
Acetonitril	$I \times 10^7$	2,36	1,61
	$\sigma \times 10^{10}$	2,9	4,1
PMMA + Acetonitril	$I \times 10^7$	1,88	1,73
$c = 1$ g/l	$\sigma \times 10^{10}$	2,52	4,74
Probe	**F V/cm**	**833**	**416**
Toluol	$I \times 10^8$	0,25	0,11
	$\sigma \times 10^{12}$	1,5	1,46
PMMA + Toluol	$I \times 10^8$	0,51	0,28
$c = 1$ g/l	$\sigma \times 10^{12}$	3,05	3,6

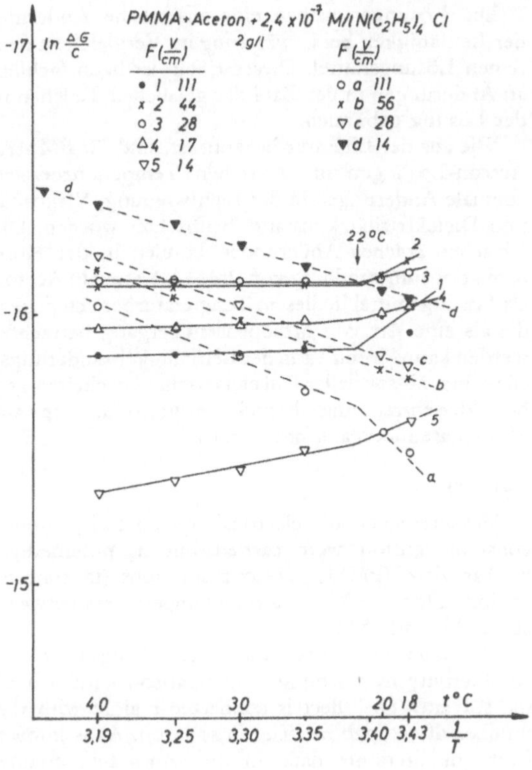

Abb. 8. Bezeichnungen wie in Abb. 7. Die voll gezeichneten Geraden entsprechen den Daten aus Abb. 3, die punktierten Abb. 5

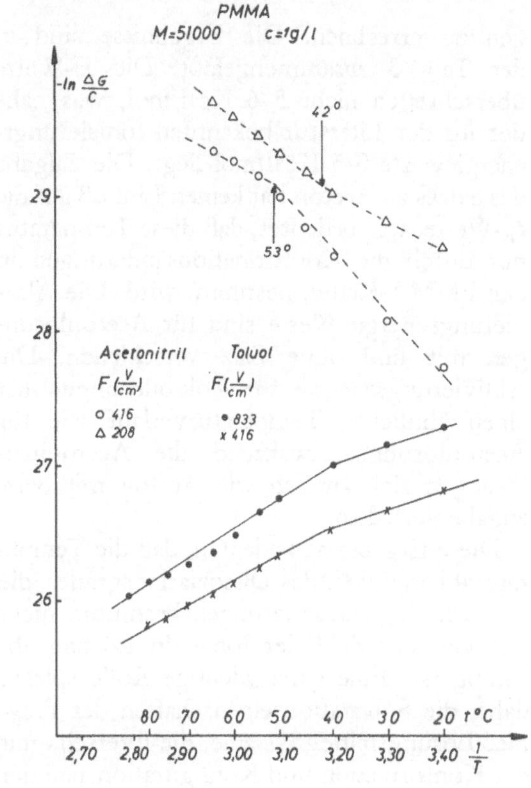

Abb. 9. Bezeichungen wie in Abb. 7. Die Daten entsprechen den Ergebnissen wie in Abb. 7. Die voll gezeichneten Geraden beziehen sich auf Toluollösungen, die punktierten auf Acetonitril

ein kleiner Knick bei den Strömungsdoppelbrechungsergebnissen.

Man kann somit annehmen, daß auch in diesem Fall eine gewisse Konformationsumwandlung stattfindet. Aufgrund der in den Abb. 7–9 dargestellten Graphen ist es möglich, eine Aktivierungsenergie E für $\frac{\Delta\sigma}{c}$-Änderun-

Tab. 3. Aktivierungsenergie E_1 (für $t < t_K$) und E_2 (für $t > t_K$). $S = 2.4 \times 10^{-7}\ M/_L\ N(C_2H_5)_4Cl$

Probe	t_K °C	$E_1\left(\frac{\text{Kcal}}{\text{mol}}\right)$	$E_2\left(\frac{\text{Kcal}}{\text{mol}}\right)$
PMMA + Aceton $c = 0{,}5$ g/l	27	−5,7	+0,43
PMMA + Aceton $c = 2$ g/l	22	−4,4	+0,09
PMMA + Aceton + S $c = 0{,}5$ g/l	27	+3,6	−0,22
PMMA + Aceton + S $c = 2$ g/l	22	+4,7	+3,21
PMMA + Acetonitril $c = 1$ g/l	46	+5,9	+4,7
PMMA + Toluol $c = 1$ g/l	42	−2,3	−4,2

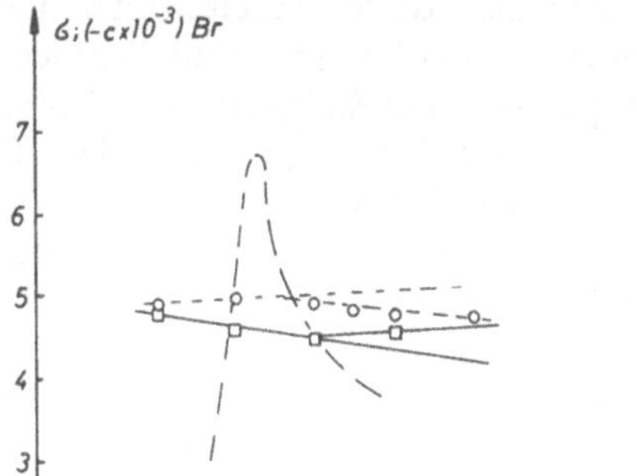

Abb. 10. Vergleich der Ergebnisse aus der Arbeit (14) über Strömungsdoppelbrechung (B) Polystyrollösungen in O-Chlorbenzol mit denen aus der Arbeit (15) über die Leitfähigkeit verdünnter Polystyrollösungen in Dichloräthan (σ in beliebigen Einheiten)

gen zu errechnen. Die Ergebnisse sind in der Tab. 3 zusammengefaßt. Die E-Werte überschreiten nicht 5–6 Kcal/mol, was nahe der aus der Literatur bekannten Ionisierungsenergiewerte 0–5 Kcal/mol liegt. Die Zugabe des Salzes zu Aceton hat keinen Einfluß auf die t_K-Werte, was bedeutet, daß diese Temperatur nur durch die Konformationsänderungen in den PMMA-Ketten bestimmt wird. Die Aktivierungsenergie-Werte sind für Acetonlösungen mit und ohne Salz verschieden. Die Aktivierungsenergie für Toluollösungen hat einen ähnlichen Temperaturverlauf wie für Acetonlösungen, während die Acetonitrillösungen sich ähnlich wie Aceton mit Salzzugabe verhalten.

Diese Ergebnisse bedeuten, daß die Temperaturabhängigkeit des Dissoziationsgrades, die die Leitfähigkeitsänderungen bestimmt, nicht nur von der Zahl der Ionen in Lösung abhängig ist: Eine ganz wichtige Rolle spielen dabei die Solvatationseigenschaften der Polymer-Lösungsmittel-Systeme, die ihrerseits mit der Konformation und Konfigurationsbau der Polymerketten verbunden sein müssen.

Deshalb ist zu erwarten, daß die Konfigurationänderungen der Polymerketten wie Änderungen in der Taktizität, statistische oder Blockcopolymeranordnung u.a. die Leitfähigkeit von Lösungen beeinflussen.

Schlußfolgerungen

Die Ergebnisse dieser Arbeit zeigen, daß die Messungen der Leitfähigkeit und Temperaturänderungen der Leitfähigkeit von Polymerlösungen eine Information über den Konformationszustand des Polymeren in Lösung sowie Wechselwirkungen Polymer – Lösungsmittel liefern können.

Wir möchten Herrn Prof. Dr. *G. Rehage* und Prof. Dr. *K. Weil* für die Diskussionen danken.

Wir danken Herrn Prof. Dr. *J. Schurz* für das Interesse an diesen Untersuchungen.

Die finanzielle Unterstützung der Deutschen Forschungsgemeinschaft hat die Durchführung dieser Arbeit ermöglicht.

Zusammenfassung

Es wurden elektrische Leitfähigkeitsmessungen unter konstanter Spannung in Polymethylmethacrylat (PMMA-)Aceton-Lösungen (Konzentrationsbereich $c = 0{,}25 - 4$ g/l) bei Temperaturen zwischen ca. 20 °C und 45 °C durchgeführt.

Die Lösungen zeigen eine zusätzliche Änderung der Leitfähigkeit bei Erwärmung im Vergleich zu dem reinen Lösungsmittel. Dieser Effekt ist hauptsächlich an Änderungen in der Zahl der geladenen Teilchen in der Lösung gebunden.

Wie aus der Literatur bekannt ist, sind für PMMA-Aceton-Lösungen in demselben Temperaturbereich anomale Änderungen in der Lichtstreuung, Viskosität und Dielektrizitätskonstante beobachtet worden. Die Ursachen solcher Änderungen können in der Konformationsumwandlung von PMMA-Ketten in Aceton als Lösungsmittel in diesem Temperaturbereich liegen, die als eine Art von Mesophasenübergang betrachtet werden kann. Somit kann der Leitfähigkeitsänderungseffekt hier als spezieller Fall elektrischer Erscheinungen bei Phasentrennung berücksichtigt sein, der auf Mesophasenübergang bezogen ist.

Summary

Measurements of electrical conductivity under constant tension were carried out in polymethylmethacrylate (PMMA)-acetone solutions (in concentration ranges $c = 0{,}25$–4 g/l) by temperatures between about 20° and 45 °C.

The solutions show additional changes of the conductivity by warming in comparison with that of the solvent. The effect is connected mainly with the number of charged particles in solution. As is known from the literature data, in the sames temperature ranges anormal changes of the light scattering, viscosity, dielectrical constant and some other physical parameters were observed in PMMA acetone solutions. The causes of that effects could be connected with the conformation changes occuring in the PMMA chains in acetone solutions, that could be taked as a kind of mesophase transition. Therefore the changes in the conductivity occuring here could be considered as a special case of electrical phenomena, occuring by phase transition in this case by mesophase transition.

Literatur

1) *Ribeiro, J. Costa*, Sobre o fenomeno termodielétrieo (Rio de Janeiro 1945).

2) *Ribeiro, J. Costa*, An. Acad. Brasil. Cienc. **22**, 325 (1950); *E. J. Workman, S. E. Reynolds*, Phys. Rev. **78**, 254 (1950).

3) *Pinatti, D., S. Maseareuas*, J. Appl. Phys. **38**, 2648 (1967).

4) *Eyerer, P.*, Adv. of Colloid and Interf. Sci. **3**, 223 (1972).

5) *Krozer, S., A. Pastusiak*, Chim. Ind. (Paris) **92**, 259 (1964).

6) *Krozer, S., A. Pastusiak*, J. Kolloid Chim. (Russ) **28**, 239 (1966).

7) *Cantow, H.-J., M. Kowalski, S. Krozer*, Angew. Chem. **84**, 358 (1972).

8) *Krozer, S., H.-J. Cantow*, J. Polym. Sci. C **42**, 1217 (1973).

9) *Borchard, W., G. Kalawarytinos, B. Mohadjer, M. Pyrlik, G. Rehage*, Angew. Makromol. Chem. **29/30**, 371 (1973).

10) *Liquori, A. M., G. Anzuino, V. M. Goiro, M. D. 'Alagni, P. De Santis, M. Savino*, Nature **206**, 896 (1965).

11) *Rehage, G.*, Progr. in Colloid & Polymer Sci. **57**, 7 (1975).

12) *Reiss, C., H. Beonit*, Comptes Rendus Acad. Sci. **253**, 268 (1962).

13) *Krigbaum, W. R., F. Mark, J. G. Pritchard, H. L. Hunter, A. Cifferri*, Makromol. Chem. **65, 101** (1963).

14) *van der Put, A. G., A. Ghjsels, H. Janeschitz-Kriegl*, Monatschr. Chem. **103**, 1138 (1972).

15) *Krozer, S., T. Kashmoula*, in Vorbereitung.

16) *Kawai, T., T. Veyama*, J. Appl. Polym. Sci. **3**, 227 (1960).

17) *Don dos, A., P. Rempp, H. Benoit*, Makromol. Chem. **171**, 135 (1973).

Adtressen der Verfasser:

S. Krozer, T. Kashmoula und *M. Tawadjoh*
Institut für Makromolekulare Chemie
der Technischen Hochschule Darmstadt,
Alexanderstraße 24
6100 Darmstadt

W. Wunderlich
Röhm GmbH
Kirchenallee
6100 Darmstadt

Progr. Colloid & Polymer Sci. 60, 102–107 (1976)

3.

Institut für Anorganische Chemie der Universität Kiel und Institut für Anorganische Chemie der Universität München

Der Einfluß von cis-Doppelbindungen auf die Struktur bimolekularer Filme

G. Lagaly, E. Stuke und *A. Weiss*

Mit 10 Abbildungen und 1 Tabelle

(Eingegangen am 13. November 1975)

Einführung

1925 haben *Gorter* und *Grendel* (1) gezeigt, daß Lipidextrakte von Erythrozytenmembranen Oberflächenfilme bilden, die mit der Langmuir-Waage gemessen werden können. In der Folgezeit wurden daher zahlreiche Untersuchungen von Lipidfilmen mit der Langmuir-Waage durchgeführt, um die besonderen Eigenschaften biologischer Membranen verstehen zu lernen. 1935 haben *Danielli* und *Davson* (2) das Modell der biologischen Membran entworfen, in dem Lipidschichten zwischen zwei Schichten globulärer Proteine eingelagert sind. Dieses Modell mußte in den letzten Jahrzehnten modifiziert werden (*Danielli* (3)). Im „unit membrane“ Modell von *Robertson* (4) wird die Zahl der Lipidschichten zwischen den Proteinschichten auf zwei begrenzt und angenommen, daß die Proteine auf den Lipidschichten gespreitet sind (β-Konformation der Proteine). Heute ist die Struktur der Proteinschichten noch immer stark umstritten, während der bimolekulare Charakter der Lipidschichten gesichert zu sein scheint. Neben diesen PLP- und den LPL-Membranmodellen (5) werden auch „Subunit“-Modelle (6–10) diskutiert, die als zweidimensionale Aggregationen von Lipoproteid-Untereinheiten beschrieben werden können.

Charakteristisch für die Zusammensetzung biologischer Membranen ist der hohe Gehalt an ungesättigten Fettsäuren. Im Durchschnitt (11, 12) sind etwa 40% der Fettsäuren ungesättigt (Tab. 1), wobei es sich überwiegend um Verbindungen mit cis-Konfiguration um die Doppelbindung handelt. Verbindungen mit trans-Konfigurationen scheinen keine so große Rolle zu spielen. Das ist aus den Untersuchungen an monomolekularen Filmen seit langem bekannt. So sind z. B. die π/A-Kurven von Behensäure ($C_{22}/0$) und Brassidinsäure ($C_{22}/1$-trans) wenig unterschiedlich (Abb. 1), während Erucasäure ($C_{22}/1$-cis) expandierte Filme bildet. Der stärkere Einfluß der cis-Verbindung kann durch die unterschiedliche Molekülgestalt (Abb. 2) erklärt werden. Es ist

Tab. 1. Mittlere Fettsäurezusammensetzung in den Lipiden eines „Durchschnittserythrocyten“ eines Säugetieres (11, 12)

gesättigte Säuren		ungesättigte Säuren	
Palmitinsäure	30%	Ölsäure	17%
Stearinsäure	16%	Linolsäure	11%
		Arachidonsäure	10%
andere Fettsäuren 16%			

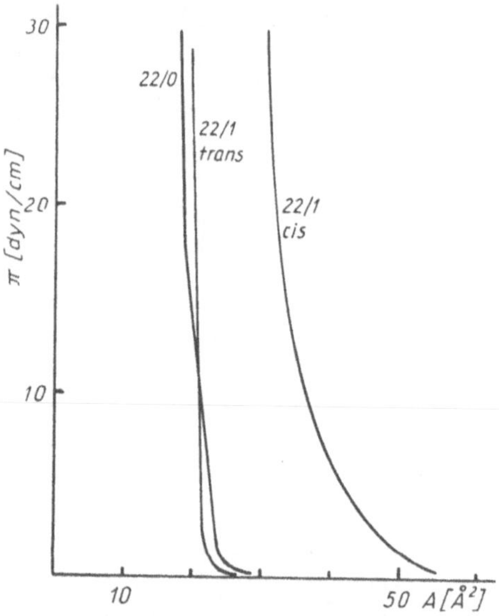

Abb. 1. π/A-Kurven von Oberflächenfilmen von Behensäure ($C_{22}/0$), Brassidin- und Erucasäure ($C_{22}/1$-trans und $C_{22}/1$-cis) (40)

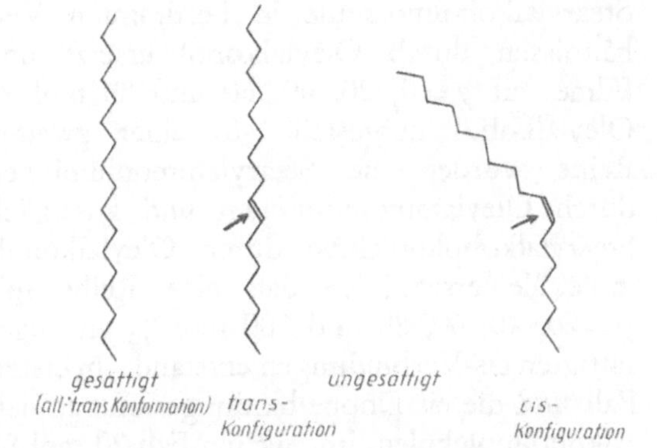

Abb. 2. Konformationen von gesättigten Alkylketten (all-trans) und Alkylketten mit einer Doppelbindung und trans- und cis-Konfiguration

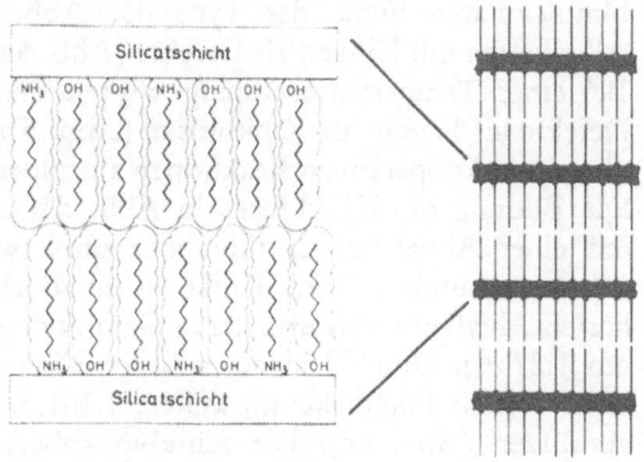

Abb. 3. Ein Modellsystem für biomolekulare Filme und PLP-Membranen: Filme aus Alkylammoniumionen und Alkanolmolekülen zwischen Silicatschichten

aber bis heute nicht bekannt, in welcher Weise die cis-Ketten mit der starken Abweichung von der linearen Form in eine Lamelle aus gestreckten gesättigten Alkylketten eingebaut werden können. Die Annahme eines „Ordnung-Unordnung"-Übergangs beim Einbau von cis-Ketten scheint ein zu grobes Bild zu sein.

Diese Frage kann mit einem neuen Modellsystem für eine biologische Membran mit zentraler Lipidschicht studiert werden. Durch Kationenaustausch und Einlagerungsreaktionen an glimmerartigen Schichtsilicaten lassen sich bimolekulare Filme aus langkettigen *n*-Alkylammoniumionen und *n*-Alkanolmolekülen erzeugen (13). Die Filme sind zwischen die Silicatschichten ähnlich wie die Lipidfilme zwischen die Proteinschichten eingelagert (Abb. 3). Wegen des Schichtcharakters der Silicatkristalle liegen die Einheiten „Silicatschicht + bimolekularer Film" regelmäßig übereinander und ihre Dicke kann röntgenographisch bestimmt werden. Wir haben gefunden, daß diese Filme eine Reihe von Phasenumwandlungen durchlaufen, die sich in der Änderung ihrer Dicke bemerkbar machen und die in ähnlicher Weise in der Lipidschicht biologischer Membranen ablauf n könnten.

Strukturumwandlungen in bimolekularen Filmen aus gesättigten Verbindungen

Die Dicke der bimolekularen Filme erniedrigt sich mit steigender Temperatur zunächst in Stufen von 1.1–1.3 Å, dann bei einer höheren Temperatur innerhalb eines engen Temperaturbereichs um mehrere Å (Abb. 4). Die Abnahme der Filmdicke entsteht durch die Bildung von Kinkblöcken, wie in vorhergehenden Arbeiten ausführlich diskutiert wurde (14, 15). Im allgemeinen enthalten die

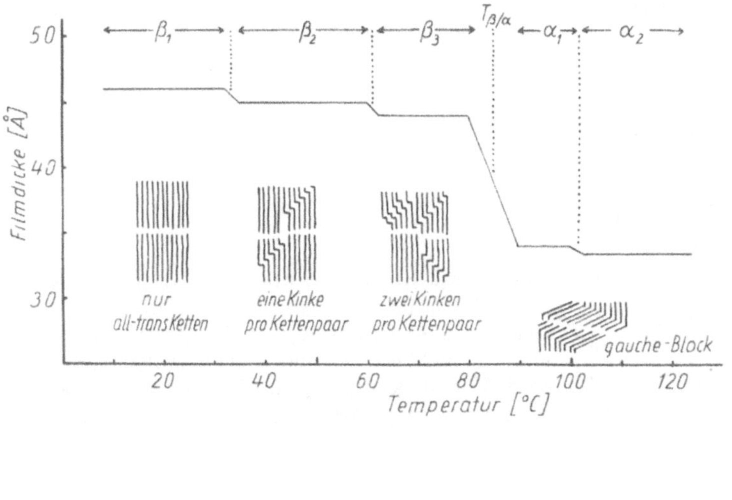

Abb. 4. Phasenänderungen in bimolekularen Filmen zwischen Silicatschichten (schematisch)

bimolekularen Filme des Typs der Abb. 3 Alkylketten mit Kinken als Defekte (Abb. 5a). Bei einer Temperaturerhöhung wirken diese Defekte als Keime für Kinkblöcke (Abb. 5b), die sich in kooperativen Reaktionen ausbilden. Die Bildung des Kinkblocks in Abb. 5b ist mit einer Abnahme der Filmdicke um etwa 1.2 Å verbunden. (Eine Kinke in einer isolierten Alkylkette verkürzt deren Gesamtlänge um 1.27 Å). Durch Einbau weiterer Kinken kann sich die Filmdicke um weitere 1.1–1.3 Å verkürzen (Abb. 5c). Die Kinkblockphasen wurden als β-Phasen bezeichnet. Wenn die Konzentration der Kinken im Film eine obere Grenze erreicht, verringert sich die Filmdicke drastisch (in Abb. 4 bei $T_{\beta/\alpha}$). Der Film geht in eine Folge von α-Phasen über. Die Struktur der α-Phasen ist noch nicht sicher geklärt. Wahrscheinlich sind große Teile der Alkylketten schräg zur Filmebene gerichtet (16). Wegen der Konformationsfolge: *g–t–g* an den „Knickstellen" der Ketten wurden diese Phasen als „Gaucheblock"-Phasen bezeichnet (Abb. 5d).

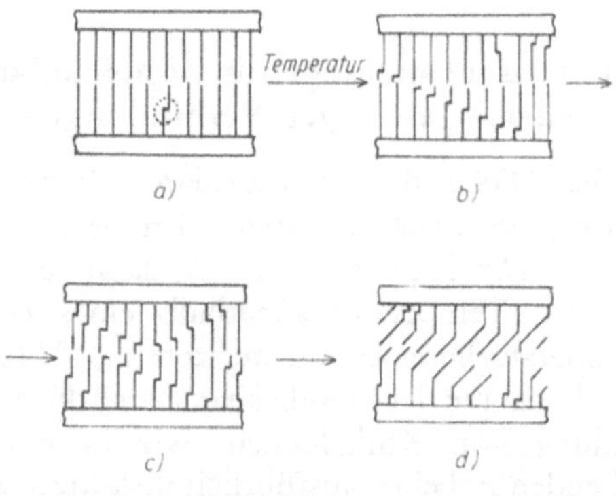

Abb. 5. Kink- und Gauche-Blöcke in bimolekularen Filmen. a) Kinken als Defekte; b) Bildung von Kinkblöcken mit einer Kinke pro Alkylkettenpaar; c) Bildung von Kinkblöcken mit zwei Kinken pro Alkylkettenpaar; d) Gauche-Blöcke

Bimolekulare Filme mit ungesättigten Alkylketten in cis-Konfiguration

Im bimolekularen Film können die gesättigten Alkylverbindungen durch ungesättigte Alkylverbindungen mit cis-Konfiguration ersetzt werden, indem anstelle von Stearylalkohol Oleylalkohol und anstelle von Stearylammoniumionen Oleylammoniumionen eingeführt werden. In einer Meßreihe wurden die Stearylalkoholmoleküle in bestimmten Verhältnissen durch Oleylalkohol ersetzt und Filme mit $\chi = 0$, 20, 40, 60 und 80 mol % Oleylalkohol hergestellt. In einer zweiten Reihe wurden die Stearylammoniumionen durch Oleylammoniumionen und zusätzlich Stearylalkoholmoleküle durch Oleylalkoholmoleküle ersetzt, so daß eine Reihe mit $\chi = 20$, 40, 60, 80 und 100 mol % an ungesättigten cis-Verbindungen entstand. Im ersten Fall sind die cis-Doppelbindungen nur in den Alkoholmolekülen, im zweiten Fall 20 mol % Doppelbindungen im Kation und $\chi - 20$ mol % im Alkohol fixiert.

Abb. 6 gibt die Änderung der Filmdicke mit der Temperatur an. Die Kurven unterscheiden sich in ihrer Art nicht von den Kurven für Filme aus gesättigten Verbindungen. Man erkennt die Folge der β-Phasen an der Abnahme der Filmdicke in kleinen Stufen, den Übergang in die α_1-Phase und die Folge der α-Phasen. Die Umwandlungstemperatur $T_{\beta/\alpha}$ erniedrigt sich aber stark mit zunehmendem Gehalt an cis-Verbindungen (Abb. 10).

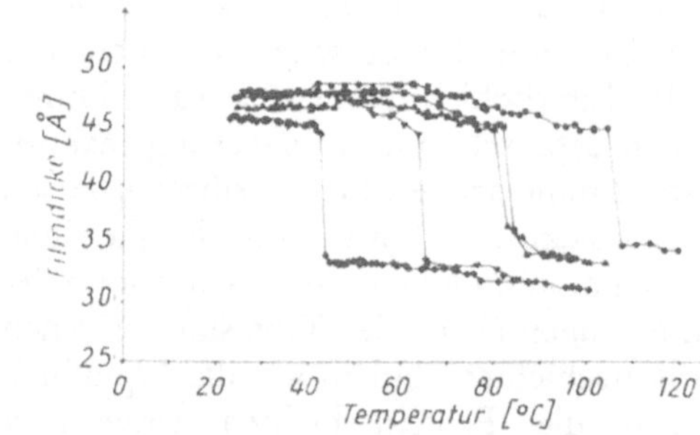

6a

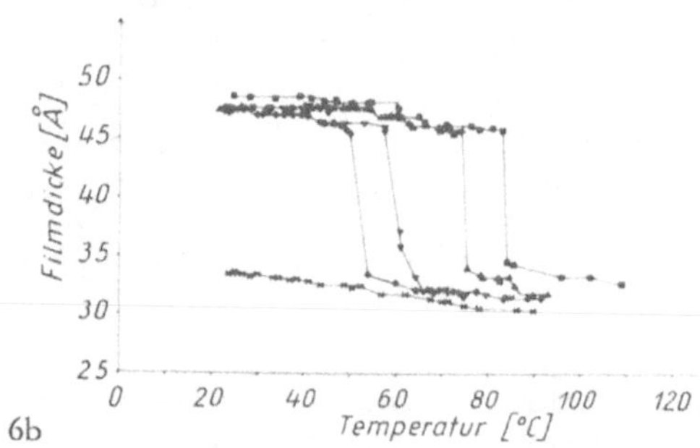

6b

Abb. 6. Änderungen der Filmdicke mit der Temperatur. a) Filme aus Stearylammoniumionen und Stearylalkohol und Oleylalkohol; b) Filme aus Oleylammoniumionen und Stearylalkohol und Oleylalkohol. Mol % an cis-Ketten: ● 0%, ■ ca. 20%, ▲ ca. 40%, ▼ ca. 60%, ◇ ca. 80%, ⧓ 100% (Schichtsilicat: Beidellit)

Der Einbau von „cis-Alkylketten" in bimolekulare Filme

Das gleichartige Verhalten der Filme aus gesättigten Verbindungen und der Filme mit ungesättigten cis-Verbindungen macht deutlich, daß der Einbau der cis-Verbindungen nicht einer vollständigen Strukturänderung oder gar einem Übergang zur Unordnung, d.h. in den amorphen Zustand entsprechen kann. Abb. 7 gibt die Erklärung: Durch den Übergang der zweiten trans-Bindung in der Folge cis-*t*-*t* in eine gauche-Bindung (cis-*t*-*g*) entsteht eine Kettenkonformation, die einer gekinkten Alkylkette sehr ähnlich ist. Solche Ketten können ohne starke sterische Störungen in Kinkblöcke eingebaut werden: Die Kinkblockstrukturen im bimolekularen Film werden auch beim Einbau von cis-Alkylketten aufrecht erhalten; die Ordnung im Film bleibt bestehen.

Deutlich wirken sich die ungesättigten Verbindungen jedoch in den Umwandlungstemperaturen der β-Phase in die α-Phase aus. Das ist durch die oberhalb 20 mol % cis-Verbindungen mit zunehmendem cis-Gehalt abnehmende Kinkblockgröße verständlich (Abb. 8). Im Gegensatz zu den gesättigten Verbindungen, wo an jeder Stelle der Kette eine Kinke entstehen kann, ist die einer Kinke vergleichbare cis-*t*-*g*-Konformation an einer bestimmten Stelle der Kette, nämlich an der Stelle der Doppelbindung, festgelegt. Bei Gegenwart von cis-Ketten muß sich daher der Kinkblock um die cis-Kette herum ausbilden; die cis-Kette kann wegen der festliegenden cis-*t*-*g*-Konformation nur an einer bestimmten Stelle im Kinkblock eingebaut werden.

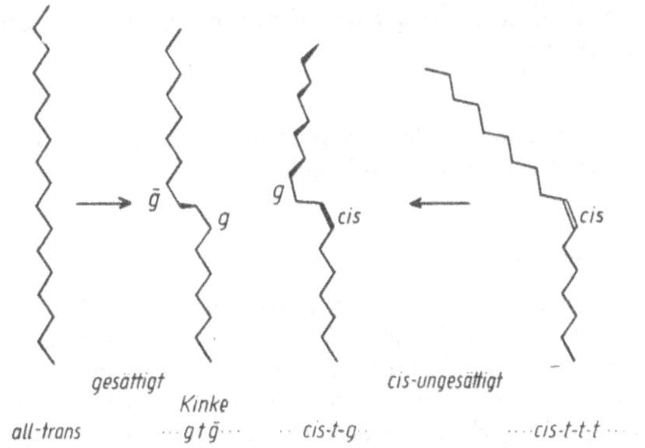

Abb. 7. Einbau von „cis-Ketten" mit cis-trans-gauche-Konformation in Kinkblockphasen gesättigter Verbindungen

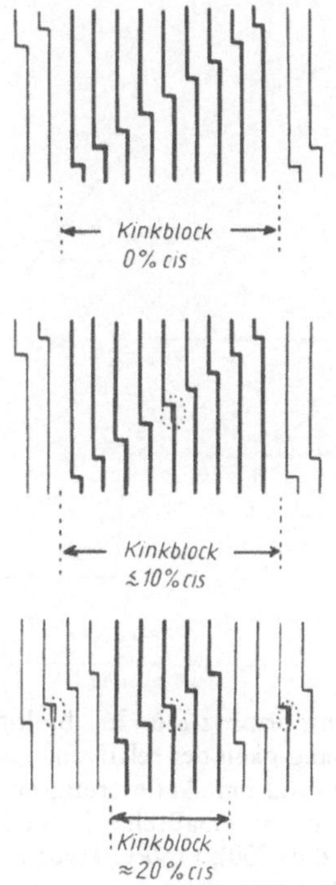

Abb. 8. Der Einfluß der „cis-Ketten" auf die Größe der Kinkblöcke

So lange die Konzentration der cis-Ketten klein ist, wird die Ausbildung der Kinkblöcke nicht beeinflußt. Wird sie größer, können die Kinkblöcke nicht zur vollständigen Größe wachsen, da sich die Blöcke um benachbarte cis-Ketten gegenseitig stören. Die Kinkblöcke bleiben kleiner und die Zahl der Kinkblockgrenzen mit hoher Fehlstellenkonzentration nimmt pro Volumeneinheit zu und die Umwandlungstemperatur sinkt ab.

Vergleich mit Biomembranen

In den letzten Jahren wurden mit den verschiedensten Methoden Phasenumwandlungen in Biomembranen nachgewiesen: DTA und DSC-Kalorimetrie (17, 18, 19, 20, 21), Röntgenographie (22, 23, 24, 25, 26, 33, 38), Turbititäts- und Fluoreszenzmessungen (27, 33, 38, 39), ESR (22, 37), Viskositätsmessungen (39), Dilatometrie (33, 39), Transportphänomene (28–36). Insbesondere hat *Overath* (30, 31, 33) gezeigt, daß die sprunghafte Änderung bestimmter Transporteigenschaften (z.B. Efflux von β-Thiomethylgalactosid, Hydrolyse von o-Nitrophenylgalactosid) von *E.* coli-Membranen vom Gehalt an cis-Verbindungen

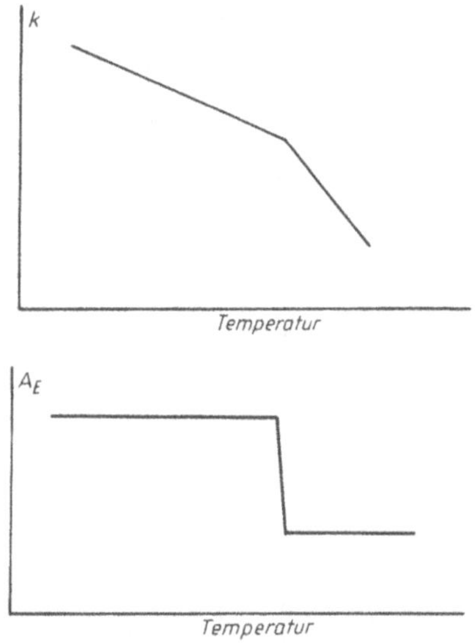

Abb. 9. Transportprozesse in biologischen Membranen: Abhängigkeit der relativen Geschwindigkeitskonstanten k und der Aktivierungsenergien A_E von der Temperatur (Schematisch z. B. für Prolinaufnahme (24) TMG-Efflux (30), ONPG-Hydrolyse (31, 33) etc. an *E.* coli-Membranen)

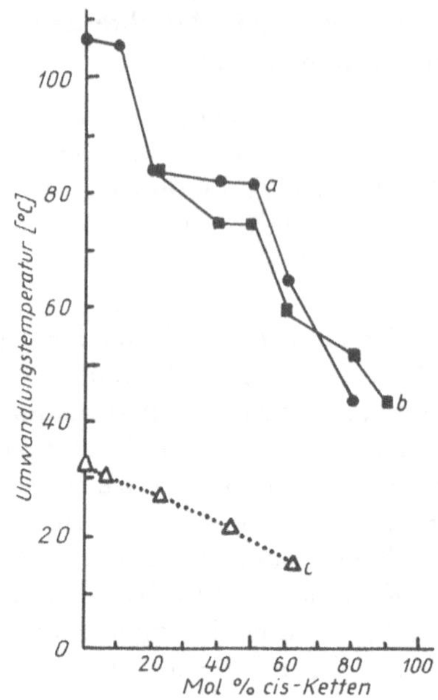

Abb. 10. Abnahme der Umwandlungstemperaturen in einer Biomembran (*E.* coli *Overath* (32)) und im Modellsystem mit dem Gehalt an ungesättigten cis-Verbindungen. a) Modellsystem: Filme aus Stearylammoniumionen und Stearylalkohol/Oleylalkohol; b) Modellsystem: Filme aus Oleylammoniumionen und Stearylalkohol/Oleylalkohol; c) *E.* coli-Membran (K 1062), *Overath* (32)

in der Membran abhängt. In diesen Versuchen wurden bestimmte Mutanten von *E.* coli benutzt, die in Bezug auf die Fettsäuren auxotroph sind. Durch Zuführung geeigneter Fettsäuren durch das Substrat können daher unterschiedliche Fettsäurezusammensetzungen in der *E.* coli-Membran erreicht werden.

Die relativen Geschwindigkeitskonstanten von Transportprozessen führen immer wieder zu Arrheniusdiagrammen wie in Abb. 9a. Die Aktivierungsenergie ändert sich dann wie in Abb. 9b gezeigt. Diese Kurve gleicht der Änderung der Filmdicke mit der Temperatur im Modellsystem (Abb. 4). Es ist einleuchtend, daß Transportprozesse im Bereich von Kinkblockstrukturen mit dichter Packung und relativ hoher Ordnung (Abb. 4) höhere Aktivierungsenergien erfordern als im Bereich von Gaucheblock-Phasen mit kleinerer Packungsdichte und etwas geringerer Ordnung. In Abb. 10 ist die Abhängigkeit der Umwandlungstemperaturen vom (abgeschätzten) cis-Gehalt in der *E.* coli-Membran mit den Umwandlungstemperaturen im Modellsystem (Abb. 6) verglichen. Die Umwandlungstemperaturen nehmen mit steigendem Gehalt an cis-ungesättigten Verbindungen gleichartig ab. Die Absolutwerte sind naturgemäß wegen der anderen chemischen Zusammensetzung in der Biomembran niedriger. Man kann postulieren, daß in dem Lipidbereich der Biomembran Phasenänderungen von ähnlicher Art wie im Modellsystem auftreten können: Kinkblockphasen bei tieferen und Gaucheblock-Phasen bei höheren Temperaturen.

Nach *Träuble* (41) können bestimmte Transportprozesse in Membranen mit der Diffusion von Kinken zusammenhängen. Der Aufbau kinkblockähnlicher Strukturen und ihr Übergang bei höherer Temperatur in Gaucheblock-Phasen kann daher von entscheidendem Einfluß auf derartige Transportprozesse sein (vgl. 42).

Wir danken der Deutschen Forschungsgemeinschaft für Personal- und Sachmittel

Zusammenfassung

In einem Modellsystem (*n*-Alkylammonium-Schichtsilicat-Alkanol-Komplexe) wird gezeigt, wie ungesättigte Verbindungen mit cis-Konfiguration um die Doppelbindung in Filme langkettiger Alkylverbindungen eingebaut werden. Die „cis-Ketten" erreichen durch eine cis-trans-gauche Konformation eine Molekülgestalt, die sehr ähnlich der gekinkter Alkylketten ist. In dieser Form können sie ohne stärkere sterische Hinderungen in Filme aus gesättigten Alkylverbindungen eingebaut werden. Der Einfluß der „cis-Ketten" besteht bei höheren Konzentrationen der ungestättigten Verbindungen hauptsächlich in einer Verringerung der Kinkblockgröße, die zu einer Erniedrigung der Umwandlungstemperaturen in die Gaucheblock-Phasen führt.

In ähnlicher Weise können ungesättigte Alkylverbindungen die Struktur der Lipidschichten in biologischen Membranen beeinflussen.

Summary

Alkylammonium layer silicate-alkanol complexes were used as model systems to investigate the incorporation of unsaturated alkyl chains with cis-configuration in films of saturated alkyl chains. The "cis-chains" adopt the conformation cis-trans-gauche and become similar in shape as saturated alkyl chains with kinks. Cis-chains with this conformation can built in in kink block assemblies of saturated long chain compounds without great sterical hindrance. The effect of higher concentration of "cis-chains" on kink block structures is mainly a reduction of the size of the kink blocks, which results in a decrease of the transition temperature into gauche-block phases.

It is postulated that unsaturated compounds influence the phase transitions in biological membranes in a similar way.

Literatur

1) *Gorter, E., F. Grendel*, J. exp. Med., **41**, 439 (1925).

2) *Danielli, J. F., H. Davson*, J. Cell. comp. Physiol. **5**, 495 (1935).

3) *Danielli, J. F.*, Colston Papers **7**, 1 (1954).

4) *Robertson, J. D.*, Biochem. Soc. Symp. **16**, 3 (1959); Symp. Soc. Study of Development and Growth **22**, 1 (1964); Ann. N. Y. Acad. Sci. **137**, 421 (1966); **195**, 356 (1972); Arch. Intern. Med. **129**, 202 (1972).

5) *Kreutz, W.*, angew. Chem. **84**, 597 (1972).

6) *Sjöstrand, F. S.*, in: Regulatory Functions of Biological Membranes (Amsterdam 1968).

7) *Zahler, P. K.*, Experientia **25**, 449 (1969).

8) *Wallach, D. F. H., A. S. Gordon*, in: Regulatory Functions of Biological Membranes, S. 87 (Amsterdam 1968).

9) *Gross, L.*, J. Theoret. Biol. **15**, 298 (1967).

10) *Benson, A. A.*, J. Amer. Oil Chem. Soc. **43**, 265 (1966).

11) *Groß, W.*, Angew. Chem. **83**, 419 (1971).

12) *van Deenen, L. L. M.*, Angew. Chem. **83**, 419 (1971); Reg. Functions of biological Membranes, 72 (1968).

13) *Lagaly, G., Armin Weiss*, Kolloid Z. Z. Polymere **248**, 968 und 979 (1971).

14) *Lagaly, F., S. Fitz, A. Weiss*, Progr. Colloid & Polymer Sci. **57**, 54 (1975).

15) *Lagaly, G., S. Fitz, A. Weiss*, Clays Clay Min. **23**, 45 (1975).

16) *Pechhold, W., E. Liska, H. P. Großmann, P. C. Hägele*, Pure and Appl. Chem. in press.

17) *Steim, J. M., M. E. Tourtellotte, J. C. Reinert, R. N. McElhaney, R. L. Rader*, Proc. Nat. Acad. Sci. U. S. **63**, 104 (1969).

18) *Reinert, J. C., J. M. Steim*, Science **168**, 1580 (1970).

19) *Melchior, D. L., J. J. Morowitz, J. M. Sturtevant, T. Y. Tsong*, BBA **219**, 114 (1970).

20) *Ashe, G. B., J. M. Steim*, BBA **233**, 810 (1971).

21) *Blazyk, J. F., J. M. Steim*, BBA **266**, 737 (1972).

22) *Sackmann, E., H. Träuble, H. J. Galla, P. Overath*, Biochemistry **12**, 5360 (1973).

23) *Engelman, D. M.*, J. Mol. Biol. **47**, 115 (1970); J. Mol. Biol. **58**, 153 (1971).

24) *Esfahani, M., A. R. Limbrick, S. Knutton, T. Oka, S. J. Wakil*, Proc. Nat. Acad. Sci. **68**, 3180 (1971).

25) *Shechter, E., T. Gulik-Krzywicki, H. R. Kaback*, BBA **274**, 466 (1972).

26) *Dupont, Y., A. Gabriel, M. Chabre, T. Gulik-Krzywicki, E. Schechter*, Nature **238**, 331 (1972).

27) *Abramson, M. B., D. Pisetsky*, BBA **282**, 80 (1972).

28) *Finkelstein, A., A. Cass*, J. Gen. Phys. **52**, 145 (1968).

29) *Schairer, H. U., P. Overath*, J. Mol. Biol. **44**, 209 (1969).

30) *Overath, P., H. U. Schairer, W. Stoffel*, Proc. Nat. Acad. Sci. **67**, 606 (1970).

31) *Overath, P., H. U. Schairer, F. F. Hill*, I. Lamnek-Hirsch, 22. Colloquium Ges. Biol. Chem., 149 (Berlin-Heidelberg 1971).

32) *Overath, P., F. F. Hill, I. Lamnek-Hirsch*, Nature New Biology, **234**, 264 (1971).

33) *Overath, P., H. Träuble*, Biochemistry **12**, 2625 (1973).

34) *Wilson, G., S. P. Rose, C. F. Fox*, Biochem. Biophys. Res. Commun. **38**, 617 (1970).

35) *Esfahani, M., E. M. Barnes, S. J. Wakil*, Proc. Nat. Acad. Sci. **64**, 1057 (1969).

36) *Rosen, B. P., S. L. Hackette*, J. Bacteriol. **110**, 1181 (1972).

37) *Aipp, J., M. Klymkowski, J. Sands, A. Keith, W. Snipes*, BBA **389**, 345 (1975).

38) *Overath, P., M. Brenner, T. Gulik-Krzywicki, E. Shechter, L. Letellier*, BBA, in press.

39) *Zimmer, G., H. Schirmer, P. Bastien*, BBA **401**, 244 (1975).

40) *Gaines, G. L.*, Insoluble Monolayers at Liquid-Gas Interfaces (New York 1966).

41) *Träuble, H.*, Neurosciences Res. Prog. Bull. **9**, 361 (1971).

42) *Weiss, A., J. Spiess, E. Stuke, G. Lagaly*, Z. Naturforschg. **27** b, 317–319 (1972).

Adressen der Verfasser:

Prof. Dr. *G. Lagaly*
Institut für Anorganische Chemie der Universität Kiel
Olshausenstraße 40/60
2300 Kiel

Dipl.-Chem. *E. Stuke* und Prof. Dr. *A. Weiss*
Institut für Anorganische Chemie
der Universität München
Meiserstraße 1
8000 München 2

Progr. Colloid & Polymer Sci. 60, 108–119 (1976)

4.

Lehrstuhl für Physikalische Chemie, Universität und Gesamthochschule Essen, und Institut für Physikalische Chemie der Universität Würzburg

Eine neue Meßmethode zur Untersuchung der Struktur dünner Elektrolytschichten zwischen Festkörperoberflächen

G. Peschel und *P. Belouschek*

Mit 5 Abbildungen

(Eingegangen am 15. November 1975)

Einführung

Die Stabilität disperser kolloider Systeme läßt sich seit den theoretischen Arbeiten von *Deryagin* und *Landau* (1) sowie *Verwey* und *Overbeek* (2) besser verstehen und auch quantitativ behandeln; diese Überlegungen sind in die Literatur entsprechend den Namen der Autoren als DLVO-Theorie eingegangen. Diese beschreibt die Summe der Wechselwirkung zweier Kolloidteilchen in Elektrolytlösungen, wenn diese in Kontakt miteinander geraten. Man unterscheidet hier im speziellen elektrostatische und van der Waals'sche Wechselwirkungen, auf die weiter unten noch einmal kurz näher eingegangen wird.

Experimentelle Stabilitätsuntersuchungen an dispersen Systemen können nur zu mehr oder weniger indirekten Bestätigungen der DLVO-Theorie führen, über direkte Messungen der Wechselwirkungen zwischen zwei in Elektrolytlösung in Kontakt gebrachte Festkörperoberflächen wird aber in der Literatur kaum berichtet. Erste Messungen dieser Art gehen auf *Deryagin* und *Obuchov* (3) zurück, die zwei plane Glimmerflächen in wäßriger Natronlauge gegeneinander preßten und in Elektrolytschichten von etwa der Dicke 10^{-4} cm nachweisbare Abstoßungskräfte fanden.

Erst in neuerer Zeit wurde diese Technik weiter verfolgt. *Roberts* (4) führte in wäßriger Natriumchloridlösung eine sphärische Gummiplatte gegen eine plane Glasfläche um auf diese Weise dem Problem der bei solchen Messungen störenden Rauhigkeit der Glasoberfläche zu begegnen, denn den trotz Politur stets noch vorhandenen Rauhbergen schmiegt sich die Gummiplatte unter Druck an. Der Abstand beider Oberflächen von einander wurde optisch mittels Interferenzstreifen bestimmt. Die Messungen ergaben Abstoßungskräfte, die nur grob der DLVO-Theorie entsprachen.

Barclay und *Ottewill* (5) untersuchten direkt den Druck in dünnen Elektrolytschichten, der sich zwischen in der betreffenden Elektrolytlösung aufeinander gestapelten Natriummontmorillonitplättchen eingestellt hatte. Die Übereinstimmung mit den Erfordernissen der DLVO-Theorie war verhältnismäßig gut bis auf sehr kleine Plättchenabstände, für die die Abstoßung zu hoch gefunden wurde. Die Autoren schreiben diesen Effekt der zusätzlichen Abstoßung von ausgedehnten, an den Festkörperoberflächen befindlichen Solvatschichten zu.

In jüngerer Zeit entwickelten *Peschel* et al. (6, 7) ein Verfahren, bei dem in einer Flüssigkeit, die eine Strukturierung in der Grenzzone vermuten läßt, eine kugelig geformte Festkörperfläche gegen eine entsprechend plane geführt und der bei hinreichend kleinen Plattenabständen auftretende Spaltdruck gemessen wird. Das kugelig/plane Flächensystem garantiert die Nichtexistenz von Verkantungsproblemen, die im Flächensystem plan/plan unvermeidbar sind. Im Flächensystem kugelig/plan sind auch Störungen seitens verunreinigender Kolloid- bzw. Staubteilchen im Bereich zwischen den Festkörperoberflächen unwahrscheinlicher, wie sich auch empirisch leicht nachweisen ließ. Allerdings sind wegen der vorgegebenen Flächengeometrie nur verhältnismäßig kleine Meßwerte für einen eventuell vorhandenen Spaltdruck zu erwarten.

Dieses Meßsystem, dessen Funktion im folgenden noch näher erläutert wird, wurde zur Untersuchung einer Reihe von unpolaren (8) wie auch polaren (9–11) Flüssigkeiten in dünnen Schichten zwischen Quarzglasoberflächen entwickelt und mit Erfolg verwendet. Ein wesentlicher Zug dieses Verfahrens ist, daß die trotz Politur remanenten Rauhigkeiten der Festkörperoberflächen im Rahmen des Auswertungsverfahrens detailliert berücksichtigt werden. Ein Zwang dazu ergibt sich schon daraus, daß die Reichweite der besonderen Flüssigkeitsstrukturierung in Oberflächennähe von der Größenordnung der Rauhtiefe der realen Festkörperoberflächen ist.

Peschel et al. (6, 7) benutzten nunmehr diese apparative Anordnung zur Messung des Spaltdruckes in dünnen Schichten wäßriger Alkalisalzlösungen zwischen hydroxylierten Quarzglasoberflächen. Die Ergebnisse ließen sich in keinem Falle in Übereinstimmung mit den Forderungen der DLVO-Theorie bringen; sie legten vielmehr nahe, die aufgefundenen Zusatzeffekte den Abstoßungen durch an den Quarzglasoberflächen befindlichen ausgedehnten Hydratationsschichten zuzuschreiben.

Im folgenden soll vor allem das bei diesen Versuchen verwendete neue Meßverfahren näher beschrieben und diskutiert werden.

1. Die Komponenten des Spaltdruckes in einer dünnen wäßrigen Elektrolytschicht

Der Spaltdruck in der dünnen Schicht einer wäßrigen Elektrolytlösung zwischen zwei Festkörperoberflächen ist im wesentlichen durch drei Komponenten festgelegt. Davon gilt als die wichtigste die elektrostatisch bedingte, für die *Gouy* (12) und *Chapman* (13) ein elektrostatisches Modell entworfen haben.

a) Die elektrostatische Komponente

Festkörperoberflächen nehmen im Kontakt mit z. B. einer wäßrigen Elektrolytlösung vermittels eines Ladungsüberganges in der Grenzfläche eine Oberflächenladung σ_0 auf und ein Grenzflächenpotential ψ_0 an. Im speziellen Fall einer Quarzglasoberfläche, die im Rahmen der vorliegenden Arbeit von ausschließlicher Wichtigkeit ist, wird diese bei Benetzung mit einer wäßrigen Lösung unter Ausbildung von Silanolgruppen hydratisiert (14); anschließende Adsorption von OH^--Ionen und Dehydratation führt zum Auftreten von O^--Gruppen an der Oberfläche bzw. eines negativen Oberflächenpotentiales. Zumindest gilt diese Vorstellung für den pH-Bereich oberhalb des Ladungsnullpunktes der Quarzglasoberflächen, der bei etwa einem pH-Wert von etwa 3 liegt (15), selbst aber noch von der Konzentration des anwesenden Elektrolyten abhängig ist.

Auf der Lösungsseite der Grenzfläche befindet sich eine diffuse Wolke vornehmlich entgegengesetzt geladener Ionen (Gegenionen). Führt man folglich zwei gleichsinnig geladene Festkörperoberflächen in wäßriger Elektrolytlösung z. B. im neutralen pH-Bereich gegeneinander, so tritt bei Durchdringung der diffusen Ionenwolken eine Abstoßung auf, die sich nach der DLVO-Theorie durch den elektrostatisch bedingten Spaltdruck Π_{el} wiedergeben läßt (2):

$$\Pi_{el} = 2nKT(\cosh u - 1) \qquad [1]$$

n ist die Anzahl der Ionen pro ml, k die Boltzmann-Konstante und $u = ve\psi_{\frac{1}{2}}/KT$. Hier ist v die Wertigkeit der Ionen und $\psi_{\frac{1}{2}}$ das Potential in der Mittelebene zwischen den sich im Abstand h gegenüberstehenden Festkörperoberflächen. h selbst ist nach der Beziehung

$$h = -\frac{2}{\varkappa}\int_z^u \frac{dy}{[2(\cosh y - \cosh u)]^{\frac{1}{2}}} \qquad [2]$$

bestimmbar. Im einzelnen ist $z = ve\psi_0/KT$ und $y = ve\psi/KT$; $\varkappa$ ist der bekannte Hückel-Parameter, ψ das Potential bei einem bestimmten Abstand von der Festkörperoberfläche. Bei vorgegebenem ψ_0 läßt sich u für eine gewählte Elektrolytkonzentration und festgelegtem Wert $\frac{h\varkappa}{2}$ mittels dafür aufgestellter Tabellen angeben (2).

Das verhältnismäßig einfache Modell von *Gouy* und *Chapman* ist durch *Stern* (16) dahingehend erweitert worden, daß er den realen Verhältnissen Rechnung tragend eine spezifische Adsorption der Ionen mit dem chemischen Adsorptionspotential φ_{ads} annimmt. Die praktisch nicht hydratisierten Anionen sind an der Oberfläche direkt adsorbiert (innere Helmholtz-Schicht IHS); die gewöhnlich hydratisierten Kationen sind in einer Ebene festgelegt (äußere Helmholtz-Schicht

AHS), die im Abstand δ von der Oberfläche entfernt liegt. Innerhalb der gesamten Adsorptionsschicht (Stern-Schicht) fällt das Potential vom Wert ψ_0 auf den Wert ψ_δ ab. Die einfache DLVO-Theorie läßt sich dann unter modifizierten Bedingungen anwenden, nämlich wenn man die im Abstand h gegenüberstehenden Festkörperoberflächen als ein Flächensystem mit dem Abstand $h-2\delta$ und den Oberflächenpotentialen ψ_δ behandelt. Man schreibt dann folglich für den Abstand

$$h-2\delta = -\frac{2}{\varkappa}\int_{z_\delta}^{u} \frac{dy}{[2(\cos h\,y - \cos h\,u)]^{\frac{1}{2}}} \quad [3]$$

Für die gesamte Doppelschicht gelten u.a. vier Beziehungen, die schließlich die Ermittlung von ψ_δ gestatten. Ist σ_1 die Ladungsdichte der Stern-Schicht, σ_2 diejenige der diffusen Ionenwolke, dann läßt sich formulieren

$$\sigma_0 + \sigma_1 + \sigma_2 = 0 \quad [4]$$

$$\sigma_0 = \frac{\varepsilon'}{4\pi\delta}(\psi_0 - \psi_\delta) \quad [5]$$

wobei unter ε' die Dielektrizitätskonstante der Stern-Schicht verstanden sein soll.

Für die Ladungsdichte der Stern-Schicht ließe sich die Beziehung (2)

$$\sigma_1 = \frac{N_1 v e M n}{N_L}\exp\left[\frac{v e \psi_\delta + \varphi_{ads}}{KT}\right] \quad [6]$$

ableiten, die insbesondere das chemische Adsorptionspotential φ_{ads} enthält. N_1 ist die Zahl der Adsorptionsstellen an der Oberfläche, M das Molekulargewicht und N_L die Loschmidtsche Zahl. Des weiteren ist die Ladungsdichte sich durchdringender diffuser Ionenwolken im Sternschen Modell gegeben zu

$$\sigma_2 = \left(\frac{n\varepsilon KT}{2\pi}\right)^{\frac{1}{2}} [2(\cos h z_\delta - \cos h u)]^{\frac{1}{2}} \quad [7]$$

Kombinationen der Gln. [4–7] ermöglichen eine numerische Berechnung von σ_0, σ_1, σ_2 und ψ_δ, wenn für alle anderen Größen geeignete Werte eingesetzt wurden.

b) Die London-van der Waals Wechselwirkung zwischen zwei planen Festkörperplatten

Für die zwischen zwei planen Festkörperplatten des Areals 1 cm² und der Dicke d im Vakuum auftretenden weitreichenden van der Waals'schen Attraktionswechselwirkungen geben *Verwey* und *Overbeek* (2) den Ausdruck

$$V_D = \frac{A}{48\pi}\left[\frac{1}{\left(\frac{h}{2}\right)^2} + \frac{1}{\left(\frac{h}{2}+d\right)^2} - \frac{2}{\left(\frac{h}{2}+\frac{d}{2}\right)^2}\right] \quad [8]$$

an. A ist als sog. Hamaker-Konstante in die Literatur eingeführt; sie ist vom Festkörper abhängig und kann tabellarischen Zusammenstellungen entnommen werden (17).

In der vorliegenden Arbeit betrachten wir nur den Fall $h \ll d$. Es ist dann:

$$V_D = \frac{A}{12\pi d^2}$$

und

$$\Pi_D = \frac{dV_D}{dh} = -\frac{A}{6\pi h^3} \quad [9]$$

d.h. es tritt eine Anziehung der Flächen auf. Befindet sich zwischen den Festkörperoberflächen ein Medium, so ist diesem eine gesonderte Hamaker-Konstante A_{22} zuzuordnen; das Festkörpermaterial habe dann die Hamaker-Konstante A_{11}. Die entsprechende effektive Konstante ist dann

$$A = (A_{11}^{\frac{1}{2}} - A_{22}^{\frac{1}{2}})^2 \quad [10]$$

Die bei Plattenabständen von der Größenordnung der sog. London-Wellenlänge notwendige relativistische Korrektur wegen der endlichen Ausbreitungsgeschwindigkeit der elektromagnetischen Strahlung soll hier nicht weiter diskutiert werden, da sie im Rahmen dieser Arbeit ohne Belang ist. Treten im Zwischenmedium noch Adsorptionsschichten an den Oberflächen mit ihrerseits spezifischer Hamaker-Konstante in Erscheinung, dann verkompliziert sich das Attraktionsproblem ganz erheblich (18).

c) Sterisch bedingte Abstoßungseffekte

Abstoßungseffekte zwischen Kolloidteilchen bzw. Festkörperoberflächen in wäßrigen Elektrolytlösungen können neben einer elektrostatischen noch eine weitere Komponente aufweisen, deren Ursache im weiteren Sinne in besonderen zwischenmolekularen Wechselwirkungen des Wassers liegt.

Sind z. B. an Kolloidteilchen oder Festkörperoberflächen in Lösung Tensid- oder Makromolekülschichten adsorbiert, dann treffen diese bei Annäherung aufeinander, und es resultieren deutlich meßbare Abstoßungseffekte, über die *Ottewill* (19) zusammenfassend berichtet. Eine im Rahmen dieser Arbeit wichtige sterische Abstoßung kann aber auch durch Überlappung ausgedehnter Hydrathüllen der Teilchen oder auch der Festkörperoberflächen zustandekommen. Erste quantitative Angaben hierzu finden sich bei *Barclay* et al. (5). Ausgeprägte Effekte dieser Art zwischen hydroxylierten Quarzglasoberflächen fanden *Peschel* et al. (9). In diesem Zusammenhang verdient Beachtung, daß ebenfalls reines Wasser an Quarzglasoberflächen molekular weitreichend orientiert ist bzw. hier eine Makrohydratstruktur aufgebaut hat, die insbesondere durch einen komplizierten Temperaturverlauf gekennzeichnet ist, der sehr viele Korrelationen zu temperaturabhängigen Vorgängen im lebenden Gewebe zuläßt (20). Es hat sich insbesondere gezeigt, daß der Spaltdruck in dünnen Schichten reinen Wassers in bestimmten Temperaturbereichen durch einen vornehmlich entropisch bedingten Mechanismus, in anderen Temperaturbereichen durch einen vorzugsweise energetischen Mechanismus kontrolliert wird.

2. Der effektive Spaltdruck in dünnen Elektrolytschichten zwischen Quarzglasoberflächen

Der in dünnen wäßrigen Elektrolytschichten zwischen Festkörperoberflächen wirksame Spaltdruck (totaler Spaltdruck Π_t) kommt durch die lineare Überlagerung der verschiedenen im vorhergehenden Abschnitt angegebenen Komponenten zustande. Man hat

$$\Pi_t = \Pi_{el} + \Pi_D + \Pi_s \qquad [11]$$

Für den sterisch bedingten Spaltdruck Π_s, der durch die Überlappung von Solvatschichten erzeugt wird, ließ sich in einer Reihe von Untersuchungen (7–11) in guter Näherung die Beziehung

$$\Pi_s = C_s e^{-n_s h} \qquad [12]$$

anwenden. C_s und n_s sind Parameter, deren Bestimmung noch näher erläutert wird. Setzt man nur die einfache Gl. [1] sowie die Gln. [9] und [11] in die Gl. [12] ein, dann ergibt sich

$$\Pi_t = 2nKT(\cosh u - 1) - \frac{A}{6\pi h^3} + C_s e^{-n_s h} \qquad [13]$$

Im Rahmen dieser Arbeit ist als Festkörpermaterial nur Quarzglas von Bedeutung. Für den Fall von Quarzglasoberflächen mit zwischenliegender wäßriger Elektrolytschicht läßt sich die zusammengesetzte Hamaker-Konstante nach Gl. [10] nur näherungsweise bestimmen. Für A_{11} (Quarzglas) findet sich bei *Black* et al. (21) der Wert $2{,}0 \cdot 10^{-13}$ erg; für A_{22} muß in Ermangelung besserer Daten der Wert für reines Wasser genommen werden, für den *Kruyt* (22) den Wert $5{,}6 \cdot 10^{-13}$ erg angibt. Dabei wird auch die Strukturierung des Wassers in Grenzflächennähe, soweit sie nachweisbar ist, außer acht gelassen. Gl. [10] führt schließlich auf den Wert $A = 4{,}4 \cdot 10^{-13}$ erg. Setzt man noch $n = 10^{-13}\, N_L \cdot c$ mit c in Mol/l, dann läßt sich Gl. [13] formulieren:

$$\Pi_t = 2 \cdot 10^{-3}\, c R T\, (\cosh u - 1) - \frac{4{,}4 \cdot 10^{-13}}{h^3} + C_s e^{-n_s h} \qquad [13]$$

3. Die experimentelle Bestimmung des Spaltdruckes in dünnen Elektrolytschichten

Im Experiment ist das Nähern von planparallelen Festkörperoberflächen ohne irgendwelche Verkantungen praktisch nicht möglich. Gerade das aber würden Spaltdruckmessungen bei hinreichend kleinen Flächenabständen unmöglich machen. Es empfahl sich daher, der einen Festkörperoberfläche eine plane, der anderen eine kugelige Form zu geben. Auf diese Weise tritt das Verkantungsproblem erst gar nicht in Erscheinung. Dafür muß aber ein gravierender Nachteil hingenommen werden. Der effektive Bereich in der flüssigen Zwischenschicht, in dem sich die Summe der Spaltdruckkomponenten bemerkbar macht, ist hier außerordentlich klein, so daß entsprechend hohe Anforderungen an die Genauigkeit der Meßapparatur gestellt werden müssen.

Eine weitere Schwierigkeit liegt darin, daß reale Festkörperoberflächen trotz optimaler Politur stets noch eine endliche Rauhtiefe R_b haben, die von der Größenordnung der Dicke der Flüssigkeitsgrenzzone sein kann, in der man die Exzeßphänomene nachweisen kann. In der früheren Literatur wurde dieser Tatsache weiter keine Rechnung getragen. *Adlfinger* und *Peschel* (6, 7) entwickelten eine Theorie zur Bestimmung eines allgemeinen Spaltdruckes in dünnen Flüssigkeitsschichten zwischen rauhen Festkörperoberflächen. Dabei gingen sie a priori von der Gültigkeit der Gl. [12] aus. Der wesentliche Zug dieses Bestimmungsverfahrens ist, daß der Kontakt einer rauhen kugeligen mit einer rauhen planen Festkörperoberfläche bei genauer Kenntnis der statistischen Verteilung der Rauhberge formal durch den Kontakt Kegel/plane Fläche wiedergegeben werden kann. Für die Spaltkraft gelangten *Adlfinger* und *Peschel* zur Beziehung

$$^kK(h)_s = 2\pi C_s e^{-n_s h}\left\{\frac{e^{-n_s f\cdot r_f}}{n_s^2 f^2} + \frac{R}{n_s}\exp\left[-n_s(r_g^2/2R+2R_b)\right] - \frac{1+n_s f r_g}{n_s^2 f^2}\exp\left[-n_s f(r_g+r_f)\right]\right\} \quad [15]$$

die insbesondere einige Kenndaten der realen Rauhfläche enthält. r_g ist als Radius eines sog. ‚Kerngebietes' der Kontaktzone der gegeneinander gepreßten Festkörperplatten eingeführt, in dem strenge Linearität zwischen der Preßverformung der Festkörperplatten (Eindellung) und dem Radius dieser Kontaktzone herrscht. f ist die Konstante, die diese lineare Beziehung herstellt; sie läßt eine Aussage über die relative Rauhigkeit der Kontaktzone zu. r_f legt die Form des formal eingeführten Kontaktkegels fest. Der in Gl. [15] auftretende Ausdruck $C_s e^{-n_s h}$ ist identisch mit dem nach Gl. [12] eingeführten Spaltdruck. Man kann also formal schreiben

$$^kK_s = a_s^2\pi\cdot\Pi_s \quad [16]$$

wenn

$$a_s = \sqrt{\frac{2R}{n_s}}\sqrt{\frac{e^{-n_s f r_f}}{n_s f^2 R} + \exp\left[-n_s(r_g^2/2R+2R_b)\right] - \frac{1+n_s f r_g}{n_s f^2 R}\exp\left[-n_s f(r_g+r_f)\right]} \quad [17]$$

den effektiven Radius des Bereiches darstellt, in dem die Spaltkraft wirksam ist. Logarithmiert ergibt Gl. [16]

$$\ln {}^kK_s = \ln a_s^2\pi C_s - n_s h \quad [18]$$

^kK und h sind die eigentlichen Meßdaten. Der Auftrag von $\ln {}^kK$ (bzw. $\log {}^kK$) gegen h erlaubt die Ermittlung von n_s und C_s, so daß die Abstandsabhängigkeit von Π_s nach Gl. [12] vollständig bestimmt ist.

Die Gln. [15–18] beziehen sich nun auf den Fall einer reinen Flüssigkeit, die in dünnen Schichten nur sterisch bedingte Abstoßungseffekte zeigt. Komplizierter liegen die Verhältnisse naturgemäß in wäßrigen Elektrolytschichten, da sich hier vor allem noch elektrostatische Abstoßungseffekte überlagern.

Betrachtungen der weitreichenden van der Waals'schen Attraktionskomponente sollen zunächst ausgeschlossen sein, da diese sich gewöhnlich stets als wesentlich kleiner herausstellte als die beiden anderen Komponenten. Die totale Spaltkraft ist dann mit Gl. [16]

$$^kK_t = {}^kK_{el} + a_s^2\pi\cdot\Pi_s \quad [19]$$

mit $^kK_{el}$ als elektrostatischer Spaltkraftkomponente. Die Auswertungstheorie nach *Adlfinger* und *Peschel* (7) ist nur dann anwendbar, wenn für die Abstandsabhängigkeit des Spaltdruckes bzw. der Spaltkraft ein exponentieller Ansatz gemacht wird. Die Frage inwieweit daher auch Π_{el} eine Exponentialfunktion des Abstandes sein könnte, läßt sich bei Benutzung der einfachen DLVO-Theorie relativ leicht beantworten. Für kleine elektrostatische Wechselwirkungen (z. B. für hinreichend große Plattenabstände) läßt sich die Beziehung

$$\Pi_{el} = 6{,}4\cdot 10^{-2} c RT\gamma^2 e^{-2\varkappa h} \quad [20]$$

ableiten (2). Dabei ist $\gamma = \dfrac{e^{z/2}-1}{e^{z/2}+1}$

Setzt man $C_{el} = 6{,}4 \cdot 10^{-2}\, c R T$ und

$$n_{el} = 2\varkappa = 2\sqrt{\frac{8 \cdot 10^{-3} \pi c F^2 \nu^2}{\varepsilon R T}} \qquad [21]$$

wobei F die Faraday-Konstante ist, dann läßt sich Gl. [19] mit Hilfe von Gl. [12] auch schreiben

$$^kK_t = a_{el}^2 \pi C_{el} e^{-n_{el} h} + a_s^2 \pi C_s e^{-n_s h} \qquad [22]$$

Für a_{el} wäre noch analog zu Gl. [17] einzuführen

$$\ln\left(^kK_t - a_{el}^2 \pi C_{el} e^{-n_{el} h}\right) = -n_s h + \ln a_s^2 \cdot \pi C_s \qquad [24]$$

und trage die linke Seite dieser Beziehung gegen h auf. Aus Anstieg wie auch Ordinatenabschnitt der Geraden ergeben sich dann die gesuchten Parameter.

Wenn mit steigender Elektrolytkonzentration n_{el} und n_s vergleichbar groß werden, ist die oben aufgezeigte Separierung von elektrostatischem und sterischen Spaltdruckanteil nicht mehr möglich. Bei noch höheren

$$a_{el} = \sqrt{\frac{2R}{n_{el}}} \sqrt{\frac{e^{-n_{el} f r_f}}{n_{el} \cdot f^2 R} + \exp\left[-n_{el}(r_g^2/2R + 2R_b)\right] - \frac{1 + n_{el} f r_g}{n_{el} \cdot f^2 R} \exp\left[-n_{el} \cdot f(r_g + r_f)\right]} \qquad [23]$$

Bei Kenntnis des Oberflächenpotentials ψ_0 ließe sich mit Hilfe der Gln. [20] und [21] der erste Term in Gl. [22] berechnen, so daß die weitere Bestimmung von C_s und n_s ohne weiteres möglich wäre. Dem aber stehen beträchtliche Schwierigkeiten im Weg. Einmal entspricht der erste Term der Gl. [22] der einfachen DLVO-Theorie, die die elektrostatische Wechselwirkung nur mehr qualitativ zu beschreiben vermag; zum anderen ist man bei der Angabe eines Wertes für ψ_0 mehr oder weniger auf Schätzungen angewiesen.

Es wäre daher wünschenswert, die Bestimmung der Parameter C_{el}, n_{el}, C_s und n_s über ein Experiment direkt durchzuführen. Es ergab sich nun aus den Untersuchungen von *Barclay* et al. (5) sowie aus eigenen Arbeiten (20, 23, 24), daß bei Elektrolytenkonzentrationen von etwa 10^{-4} *m* Π_s im Vergleich zu Π_{el} erst bei verhältnismäßig kleinen Plattenabständen in Erscheinung tritt, hier dann aber steil ansteigt. So ist mit Sicherheit die Bedingung $n_s > n_{el}$ bzw. in extremen Fällen $n_s \gg n_{el}$ erfüllt.

Wählt man daher hinreichend große Plattenabstände h, dann ließe sich der zweite Term in Gl. [22] gegenüber dem ersten vernachlässigen, so daß in der Folge der Auftrag von $\ln {}^kK_t$ gegen h im Bereich größerer Abstandswerte näherungsweise die gewünschten Werte für C_{el} und n_{el} liefert. Deren Kenntnis ließe aber unter Benutzung von Gl. [20] eine Berechnung von ψ_0 zu, die trotz der genannten vereinfachenden Voraussetzungen die richtige Größenordnung treffen müßte.

Um nun auch C_s und n_s zu berechnen, bringe man Gl. [22] auf die Form

Elektrolytkonzentrationen (z. B. 0,1 m) kann durchaus der Fall $n_s < n_{el}$ auftreten; dann wäre bei den obigen Betrachtungen nur eine Vertauschung vorzunehmen und man hätte wieder ein separierbares System.

Es empfiehlt sich aber, nach dem oben angegebenen Schema ψ_0 experimentell zu bestimmen, so daß in Gl. [22] der erste Term – trotz grober Näherung – stets als bekannt vorausgesetzt werden darf. Bei den obigen Überlegungen hatten wir die weitreichende van der Waals'sche Wechselwirkung gegenüber den beiden anderen Repulsionskomponenten vernachlässigt, was zwar die Methode übersichtlicher macht, jedoch nur für kleine Elektrolytkonzentrationen oder für nicht zu kleine Flächenabstände statthaft sein dürfte. Über den Konzentrationsverlauf der sterischen Spaltdruckkomponente hingegen läßt sich noch gar nichts aussagen; dies soll erst Gegenstand unserer weiteren Untersuchungen sein. Mit zunehmender Elektrolytkonzentration nimmt die elektrostatische Repulsion bekanntlich ab, bis sie durch die Attraktionskomponente überkompensiert wird. Unter diesen Bedingungen wäre eine Auswertung nur dann möglich, wenn die Attraktionskomponente experimentell separierbar wäre. Das ist uns aber bisher mit unserer Methode noch nicht gelungen.

Lösbar ist das Problem bisher nur dann, wenn im fraglichen Bereich höherer Elektrolytkonzentrationen die sterische Spaltdruckkomponente groß genug ist, so daß die van der Waals'sche Komponente wiederum vernachlässigt werden kann.

Zur Veranschaulichung des komplexen Problems der Wechselwirkungen zwischen zwei Festkörperoberflächen mit zwischenliegender Elektrolytschicht soll die Abb. 1 dienen. Die Elektrolytlösung selbst möge sehr verdünnt sein. Auf der Ordinate der Darstellung ist $\ln {}^kK_t$ aufgetragen, auf der Abzisse die Verlagerung x, die die eine bewegliche Festkörperoberfläche bei Annäherung an die festgehaltene erfährt. Der Nullpunkt des Koordinatensystems ist beliebig in die festgehaltene Platte hinein verlegt. Großen Werten von x entsprechen damit große Plattenabstände h. Wird die bewegliche Festkörperoberfläche der festgehaltenen genähert, so geschieht dies zunächst längs dem Kurventeil s_1. Daß hierfür nach Abb. 1 eine Kraft aufgewendet werden muß, ist apparativ bedingt und wird im nächsten Abschnitt verständlich.

Im anschließenden Geradenteil s_2 macht sich die elektrostatische Abstoßungskraft ${}^kK_{el}$ bemerkbar und schließlich im Geradenteil s_3 die sterisch bedingte Abstoßungskraft ${}^kK_s$. Im Punkt A (Abszisse x_A) treffen die beiden Festkörperoberflächen zusammen. Genau genommen kommen hier mit großer Wahrscheinlichkeit die Spitzen einiger Rauhberge beider Flächen in Kontakt, wobei allerdings die Kontaktstellen immer noch durch mindestens zwei monomolekulare fest an den Oberflächen haftende Wasserschichten voneinander getrennt sein können. Dieser Umstand soll aber bei diesen Betrachtungen vernachlässigt werden, da hierfür die Meßgenauigkeit der im folgenden zu beschreibenden Meßapparatur nicht ausreicht. Der anschließende Kurventeil s_4 in Abb. 1 betrifft die unter steigender Kontaktkraft zustandekommende gegenseitige Verformung der Festkörperflächen.

Der Abb. 1 läßt sich u.a. eine Definition des Abstandes h entnehmen. Man kann schreiben

$$x - x_A = h \qquad [25]$$

Die Darstellung wird komplizierter, wenn man die weitreichende van der Waals'sche Attraktion in die Betrachtungen miteinbezieht. Die effektive Abstoßungskurve würde dann für größere Flächenabstände längs s_5 (punktierte Linie) verlaufen.

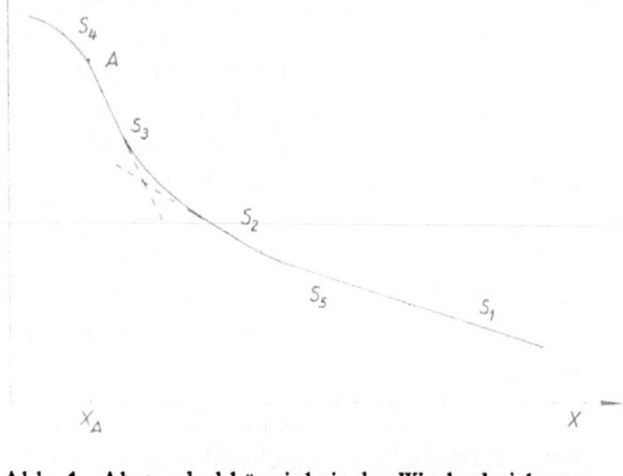

Abb. 1. Abstandsabhängigkeit der Wechselwirkungskräfte in dünnen wäßrigen Elektrolytschichten zwischen Festkörperoberflächen

4. Die Meßapparatur

Der wesentliche Teil der Meßapparatur ist in Abb. 2 dargestellt. In einem Trog Tr, der der Aufnahme der Elektrolytlösung dient, befindet sich auf dem Boden die eine plane Quarzglasplatte A_2 (Herasil III, Fa. Halle, Berlin). Dieser gegenüber befindet sich an dem einen Ende eines Waagebalkens W eine sphärisch geformte Quarzglasplatte A_1 mit dem Krümmungsradius $R = 100$ cm. Die sich gegenüberstehenden Oberflächen sind hoch poliert mit einer mittleren Rauhtiefe von $R_b = 220$Å.

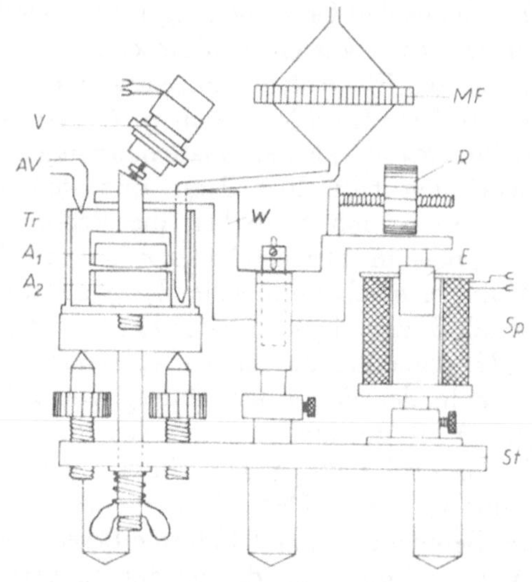

Abb. 2. Aufbau der Meßzelle. A_1 sphärisch geformte Quarzglasplatte, A_2 plane Quarzglasplatte, Tr Trog, V Verlagerungsaufnehmer, W Waagebalken, Sp Spule, E Eisenkern, St gußeisernes Stativ, R Rändelschraube, MF Membranfilter, AV Absaugvorrichtung

Mittels einer stromdurchflossenen Spule *Sp*, in der sich ein Eisenkern *E* befindet, kann der Waagebalken ausgelenkt werden. Insbesondere können so bestimmte Abstände h zwischen A_1 und A_2 eingestellt werden. Über die Spulenstromstärke läßt sich auch die Kraft regulieren, mit der A_1 und A_2 gegeneinander gepreßt werden.

Auf dem Waagebalken oberhalb von A_1 sitzt der Stift eines induktiven Verlagerungsaufnehmers *V* (Typ PR 9310, Fa. Philips, Eindhoven) auf, der die Auslenkung des Waagebalkens bzw. den Plattenabstand h zu messen gestattet. Der Stift dieses Verlagerungsaufnehmers ist primär an einer Blattfeder befestigt, so daß zur Veränderung des Abstandes h ein Kraftaufwand notwendig ist. Dies kommt auch im Verlauf von s_1 in Abb. 1 zum Ausdruck.

Der Verlagerungsaufnehmer ist an eine Präzisions-Trägerfrequenzmeßbrücke (Typ PR 9308, Fa. Philips) angeschlossen und diese wiederum an den x-Eingang eines xy-Kompensationsschreibers. Die Spannungsdifferenz an einem Widerstand im Spulenstromkreis wird über einen logarithmischen Konverter dem y-Eingang eingebaute Nullpunktsunterdrükführt. Damit registriert die y-Koordinate, eine entsprechende Eichung vorausgesetzt, die Größe log ^kK_t. Durch eine zusätzlich am y-Eingang eingebaute Nullpunktsunterdrükkung können kleine Kraftbereiche $\Delta\ ^kK_t$ selektiert und besonders genau vermessen werden.

Eine Grobeinstellung der Kontaktkraft bei der Spulenstromstärke Null ist über die Rändelschraube *R* möglich. Die Elektrolytlösung wird zwecks Säuberung von noch eventuell vorhandenen Kolloidteilchen durch ein Membranfilter *MF* gesaugt; der Flüssigkeitsstand im Trog wird mittels der Absaugevorrichtung *AV* konstant gehalten. Die gesamte Anordnung befindet sich auf einem gußeisernen Stativ *St*, das seinerseits in einem großen temperierbaren und evakuierbaren Kessel aus nichtrostendem Stahl untergebracht ist. Der Kessel selbst ist wiederum auf einem Stativ montiert, das nach einem Vorschlag von *Haringx* (25) schwingungsfrei aufgehängt ist.

Die Temperatur im Trog kann über ein Thermoelement auf einem x, t-Kompensationsschreiber registriert werden.

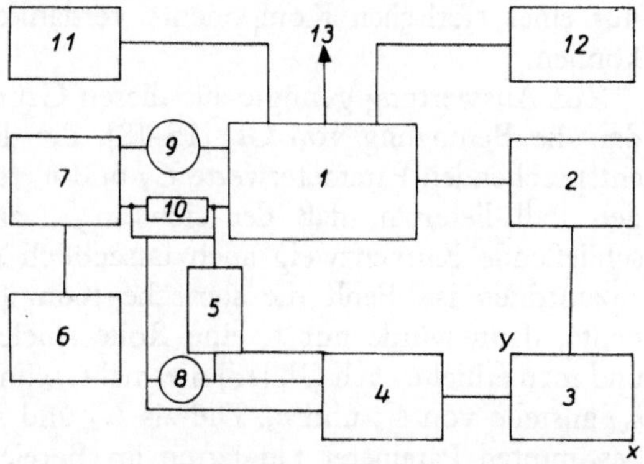

Abb. 3. Blockschaltbild der Apparatur. 1 Meßzelle, 2 Dehnungsmeßbrücke, 3 xy-Kompensationsschreiber, 4 logarithmischer Konverter, 5 Nullpunktsunterdrückungseinheit, 6 Netzgerät, 7 Stromregelgerät, 8 Millivoltmeter, 9 Milliampèremeter, 10 Widerstand, 11 Thermostat, 12 Temperaturschreiber, 13 zur Evakuierungseinheit

In Abb. 3 ist das Blockschaltbild der gesamten Meßanordnung wiedergegeben.

5. Substanzen

Es wurden die ein-einwertigen Alkalisalze LiCl, NaCl und KCl als Elektrolyt gewählt, weil diese vor allem unterschiedliche Hydratisierungstendenzen haben.

Das Wasser wurde einer speziellen Umlaufapparatur entnommen. in der es vielfach destilliert war.

6. Ergebnisse

Von den polierten Quarzglasflächen wurde je ein Profilogramm auf mechanischem Wege aufgenommen. Aus diesem wurden dann die charakteristischen Daten der Rauhigkeit bestimmt wie sie in Gl. [15] aufgeführt sind. Es ließ sich berechnen: $f = 4 . 10^{-4}$, $r_f = -10^{-3}$, $r_g = 10^{-2}$ cm. Die gewählten Elektrolytkonzentrationen lagen zwischen 10^{-4} und 1 m.

In der überwiegenden Mehrzahl aller Fälle lieferte das ln^kK_t-x-Diagramm (Abb. 1) nur die Kurvenzweige s_1, s_3 und s_4; der elektrostatische Anteil war also neben dem sterischen aus offenbar Meßgenauigkeitsgründen gewöhnlich nicht nachzuweisen. Vor allem ergab sich der Befund, daß auch bei höheren Elektrolytkonzentrationen, wo der elektrostatische Spaltdruck verhältnismäßig klein wird, überraschend hohe totale Spaltdruckwerte auftraten, die ihre Herkunft praktisch nur einer sterischen Komponente verdanken können.

Zur Auswertung genügte aus diesen Gründen die Benutzung von Gl. [15–18], die die entsprechenden Parameterwerte C_s und n_s für den Fall lieferten, daß der sich an s_1 anschließende Kurvenzweig auch tatsächlich s_3 zuzuordnen ist. Fehlt die sterische Komponente, dann würde nur s_2 eine Rolle spielen und man erhielte nach Gl. [15] diesmal C_{el} und n_{el} anstelle von C_s und n_s. Die als C_s und n_s bestimmten Parameter rangierten im Bereich um 10^7 bzw. zwischen 10^6–10^7.

Die van der Waals'sche Attraktion ließ sich im Rahmen der Meßgenauigkeit nicht nachweisen. Sie hätte sich, wie auch in Abb. 1 skizziert, bereits bei relativ hohen Abständen bemerkbar gemacht. Abb. 4 zeigt den Auftrag des totalen Spaltdruckes gegen die Elektrolytkonzentration in Mol/l für einen Plattenabstand von 100 Å. Die DLVO-Theorie hätte hier eine monotone Abhängigkeit liefern müssen. Daher sind vor allem bemerkenswert die Spaltdruckmaxima bei etwa 10^{-2} m und etwa 0,5–0,8 m. Außerdem treten klare individuelle Unterschiede zwischen den einzelnen Salzen in Erscheinung.

Die gestrichelt eingezeichnete Kurve ist die graphische Darstellung von Gl. [1]; sie

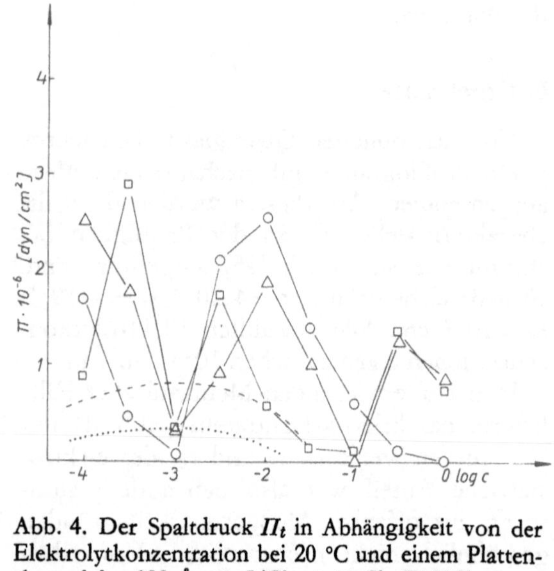

Abb. 4. Der Spaltdruck Π_t in Abhängigkeit von der Elektrolytkonzentration bei 20 °C und einem Plattenabstand $h = 100$ Å; ○ LiCl; △ NaCl; □ KCl.
--------------- berechnet nach der DLVO-Theorie für $\psi_0 = -200$ mV;
.... berechnet unter Berücksichtigung der STERN'Schicht für $\varphi_{ads} = 0$ und $\psi_0 = -200$ mV

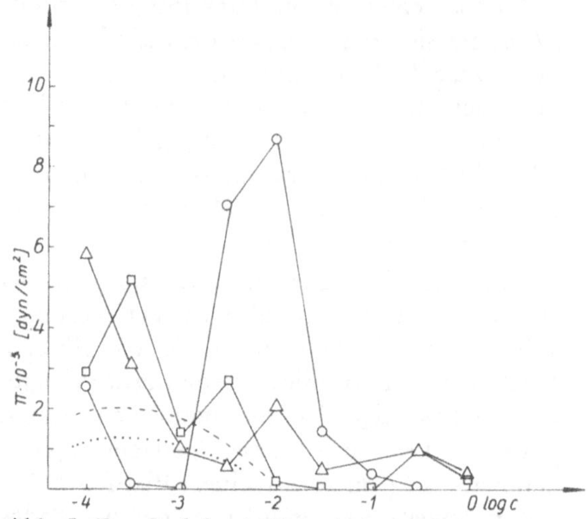

Abb. 5. Der Spaltdruck Π_t in Abhängigkeit von der Elektrolytkonzentration bei 20 °C und einem Plattenabstand $h = 200$ Å; ○ LiCl; △ NaCl; □ KCl.
-------------- berechnet nach der DLVO-Theorie für $\psi_0 = -200$ mV;
.... berechnet unter Berücksichtigung der STERN-Schicht für $\varphi_{ads} = 0$ und $\psi_0 = -200$ mV

gibt den auf der Grundlage des DLVO-Modells zu erwartenden elektrostatischen Spaltdruck wieder. Dabei wurde für ψ_0 der realistische Wert von -200 mV angenommen.

Die punktierte Kurve entspricht der Stern'schen Theorie für das Adsorptionspotential $\varphi_{ads} = 0$. Zur Berechnung wurden die Gln. [4]–[7] sowie Tabellen bei *Verwey* und *Overbeek* (2) benutzt.

Abb. 5 gibt die analogen Verhältnisse für einen Plattenabstand von 200 Å wieder.

Diskussion

Eine Analyse der Abb. 4 und 5 zeigt allzu deutlich, daß die einfache elektrostatische Theorie wie auch die nach *Stern* korrigierte die realen Wechselwirkungsverhältnisse in sehr dünnen Elektrolytschichten zwischen Quarzglasoberflächen nicht einmal qualitativ beschreiben kann.

Es ist allerdings zunächst festzustellen, daß schon eine gute Übereinstimmung mit den theoretischen Forderungen dadurch nicht zustande kommen kann, daß die Summe der möglichen Meßfehler relativ hoch sein kann. Detaillierte Betrachtungen der Fehlermöglichkeiten lassen die Aussage zu, daß ein durch Gl. [15] bestimmter Spaltdruck durchaus einen Fehler von etwa 80% aufweisen kann. Dagegen lassen sich die Parameter n_{el} bzw. n_s verhältnismäßig genau angeben und liefern daher in der Form $1/n_{el}$ bzw. $1/n_s$ zuverlässige Angaben über die mittlere Reichweite der entsprechenden Spaltdruckkomponente.

Die beiden Spaltdruckmaxima bei etwa 10^{-2} m und 0,5–0,8 m sind auf keinen Fall mit der DLVO-Theorie oder ihrer Modifizierung durch *Stern* vereinbar und müssen daher zwangsläufig von einer sterischen Komponente herrühren. Auf der anderen Seite ist es auffällig, daß die Spaltdruckwerte im Bereich z. B. um 10^{-3} m sehr niedrig liegen. Da hier aber auf jeden Fall die elektrostatische Komponente wirksam sein muß, würde diese deutlich kleiner sein als nach der Stern'schen Theorie zu erwarten wäre. Ein Grund dafür kann darin liegen, daß sich auf den benutzten Quarzglasoberflächen eine dünne Gelschicht ausgebildet hatte, in die eine Anzahl Kationen eingedrungen sind und einen Teil der negativen Oberflächenladung kompensiert haben. Die der Stern'schen Theorie entsprechenden gestrichelten Kurven in den Abb. 4 und 5 müßten so zu kleinen Ordinatenwerten verschoben werden. Alle darüber auftretenden Spaltdrucke würden sich von sterischen Mechanismen ableiten. Bezüglich gerade dieser Frage soll eine Interpretation versucht werden.

Betrachten wir zunächst das Spaltdruckmaximum bei etwa 0,5–0,8 m. Hier ist, wie sich leicht zeigen läßt, $\Pi_s > \Pi_{el}$.

Bereits *Deryagin* und *Rabinovich* (26) machen auf Besonderheiten in diesem Konzentrationsbereich aufmerksam. Nach ihren Messungen ist hier eine besonders hohe Energiebarriere zu überwinden, wenn man zwei in Alkalisalzlösung gekreuzte Platin- bzw. Golddrähte in metallischen Kontakt miteinander bringen will. Die Höhe der Energiebarriere steigt dabei vom LiCl zum KCl an, wie in unserem Fall der Spaltdruck. Zur Klärung dieses Sachverhaltes könnte eine Arbeit von *Vaslow* (27) beitragen. Er fand, daß die genannten Elektrolytlösungen gerade im fraglichen Konzentrationsbereich deutliche Unstetigkeiten im Konzentrationsverhalten der partiellen Molvolumina zeigen. Dieser Effekt wird darauf zurückgeführt, daß in diesem Konzentrationsbereich praktisch das gesamte Lösungswasser mehr oder weniger an ausgedehnten Hydratclustern teilnimmt, die die Ionen umgeben. Bei Erhöhung der Ionenkonzentration erfolgt ein kooperativer Abbau dieser cluster bzw. eine Umstrukturierung, was sich nach außen als Strukturübergang der Lösung erkennen läßt. Das K^+-Ion dürfte wegen seiner leicht strukturabbauenden Eigenschaften die labilste Hydratzone aufweisen. Hier findet *Vaslow* auch den stärksten Strukturübergang. Dieser ist beim Li^+-Ion am wenigsten ausgeprägt. Die vielleicht ungewöhnliche Konsequenz dieses Konzeptes ist die Tatsache, daß den Ionen auf Grund dieses Befundes beträchtlich ausgedehnte Hydrathüllen zugeordnet werden müßten, die das bekannte Hydratationsmodell nach *Frank* und *Wen* (28) nicht zur Diskussion stellt. Nun aber haben *Horne* und *Birkett* (29) das Frank-Wen'sche Modell modifiziert. Sie nehmen wie die letzteren Autoren an, daß das Kation in erster Sphäre von orientiertem, immobilisiertem und verhältnismäßig fest gebundenem Wasser umgeben ist. Nach ihrer Meinung ist aber diese Zone von einer Zone wasserstoffbrückenvernetzten Wassers umgeben, so daß das Ion tatsächlich von einem Hydratcluster umgeben erscheint. Hieran schließt sich dann wie bei *Frank* und *Wen* ein Bereich strukturgestörten und relativ mobilen Wassers an. *Horne* und *Birkett* leiten ihr Konzept von der Tatsache ab, daß Ionenlösungen bei Vorgabe von äußerem Druck eine unerwartet starke elektrische Leitfähigkeitszunahme erfahren, die auf Dehydratationseffekte hindeutet (30). Das Modell nach *Birkett* und *Horne* postuliert so zwangsläufig auch höhere Hydratationszahlen. In der Literatur werden dann auch z. B. für das Na^+-Ion Zahlen zwischen 1 und 71 zitiert (31), je nachdem welche Nachweismethode benutzt wurde.

Zurückkommend auf unser eigentliches Problem ist zu sagen, daß der Konzentrationsbereich zwischen 0,5 und 0,8 m wegen der vermuteten Strukturumwandlung ein Bereich erhöhter Strukturstörung des Lösungswassers ist.

In einer Anzahl von Arbeiten (9, 10, 11) konnten wir zeigen, daß reine Flüssigkeiten in Temperaturbereichen einer Strukturumwandlung (z. B. molekulare Rotationsumwandlung) einen gut nachweisbaren Spaltdruck in dünnen Schichten erkennen lassen, der durch eine molekulare Fernorientierung der Flüssigkeitsmoleküle in der Nähe der verwendeten Quarzglasoberflächen zustande kommt und daher sterisch bedingt ist. Die Quarzglasoberfläche, die über Oberflächenhydroxylgruppen mit der ersten adsorbierten Moleküllage wechselwirkt, kann offensichtlich in strukturgestörten Temperaturbereichen – oder wie im vorliegenden Fall in strukturgestörtem Konzentrationsbereich – besonders stark epitaxial auf die angrenzende Flüssigkeitsphase wirken. So wären die Spaltdruckmaxima zwischen 0,5 und 0,8 m durch eine molekulare Fernorientierung des Wassers erklärbar. Da die Strukturstörung der KCl-Lösungen hier am größten ist, müßte der Spaltdruck hier auch am größten sein; das läßt sich aber infolge der Meßungenauigkeiten unserer Methode nicht genau angeben, LiCl-Lösungen zeigen nach *Vaslow* kaum einen Strukturübergang; hier finden wir auch im Rahmen der Meßgenauigkeit keinen Spaltdruck.

Die negativ geladene Quarzglasoberfläche ist nun in der Lage, Kationen innerhalb der äußeren Helmholtz-Schicht zu konzentrieren. Nimmt man in Höhe der äußeren Helmholtz-Schicht beispielsweise ein Potential von -100 mV an, dann liefert ein Boltzmann-Ansatz eine Konzentrierung um etwa den Faktor 55. Größenordnungsmäßig wäre es folglich vorstellbar, daß im Bereich der äußeren Helmholtz-Schicht eine Kationenkonzentration von etwa 0,5–0,8 m erreicht wird, wenn weit weg von der Grenzfläche eine solche von etwa 10^{-2} m vorliegt. Auf diese Weise liegt in der äußeren Helmholtz-Schicht ein Zustand vor, bei dem alle Wassermoleküle in diesem Bereich irgendwie an Hydratclustern partizipieren, die zudem durch Adsorptionseffekte in Grenzflächennähe (Wechselwirkungen mit den Hydroxylgruppen an der Quarzglasoberfläche) beträchtlich stabilisiert sind (32), so daß sie als Matrix für eine weitreichende kooperative Immobilisierung der Wassermoleküle dienen können. Das Li^+-Ion, das als besonders strukturfördernd bekannt ist, zeigt in den Abbn. 4 und 5 auch den größten Effekt im fraglichen Konzentrationsgebiet.

Auch im Konzentrationsbereich um 10^{-4} bis 10^{-3} m scheint eine erhebliche sterische Spaltdruckkomponente vorzuliegen. Steigende Elektrolytkonzentration fördert wegen zunehmender Störung der Wasserstruktur mit Sicherheit den epitaxialen Einfluß der hydroxylierten Quarzglasoberfläche auf benachbarte Wassermoleküle; zum anderen führt sie aber bekanntlich auch zum Abbau von Hydratstrukturen. Als Folge müßte bei einer bestimmten Elektrolytkonzentration ein Maximalwert der sterischen Spaltsruckkomponente auftreten. Die experimentellen Befunde für den Konzentrationsbereich 10^{-4} –10^{-3} m scheinen diese Ansicht für die KCl-Lösung zu stützen. Für die NaCl-Lösungen wären zur weiteren Klärung noch Messungen bei kleineren Konzentrationen notwendig. Daß zumindest NaCl-Lösung hier ein Spaltdruckmaximum zeigen muß, läßt sich davon ableiten, daß reines Wasser für z. B. 100 Å Plattenabstand (Quarzglasoberflächen) und 20 °C nur einen Spaltdruck von ca. $4{,}9 \cdot 10^5$ dyn/cm zeigt.

Zusammenfassend läßt sich sagen, daß in dünnen wäßrigen Elektrolytschichten zwischen zwei hochenergetischen, hydrophilen Festkörperoberflächen neben elektrostatischen und vergleichsweise geringen van der Waals'schen Attraktionswechselwirkungen beträchtliche sterische Wechselwirkungen auftreten können, die offenbar durch weitreichende Hydratationseffekte erzeugt werden, deren Bedeutung vor allem im biologischen Bereich noch nicht abzusehen ist (20).

Zusammenfassung

Es wird über ein neues experimentelles Verfahren berichtet, bei dem zwei in eine wäßrige Elektrolytlösung getauchte Festkörperplatten – die eine ist plan, die andere sphärisch geformt – gegeneinander geführt und der bei hinreichend kleinen Plattenabständen wirksame effektive Spaltdruck gemessen wird, der sich aus einer elektrostatischen, einer van der Waals' schen und einer sterischen Komponente zusammensetzt. Meßgrößen sind die Kraft, mit der die Platten gegeneinander gepreßt werden, und der Plattenabstand. Die Ergebnisse zeigen starke Abweichungen von den Forderungen der elektrostatischen DLVO-Theorie. Die Ursache dafür scheint in der sterischen Spaltdruckkomponente zu liegen, die durch eine molekulare Fernorientierung des Wassers in Grenzflächennähe erklärt wird.

Summary

A new experimental method is described by which two solid plates – one is planar, the other spherically formed – are approached when being immersed in an aqueous electrolyte solution. At sufficiently small plate distances a disjoining pressure composed of an electrostatic, a van der Waals and a steric component becomes measurable. The data measured are the force by which the plates are pressed against each other and the plate distance. A special evaluation procedure takes account of the finite surface roughness of the plates and permits the calculation of the distance dependence of the disjoining pressure. The results show large deviations from the requirements of the DLVO-theory. The reason for this effect seems to be due to the steric disjoining pressure component which is regarded to be generated by a molecular long-range orientation of water near the interfaces.

Literatur

1) *Derjaguin, B. V., L. D. Landau*, Acta physicochim. URSS **14**, 633 (1941).

2) *Verwey, E. J. W., J. Th. G. Overbeek*, Theory of the Stability of Lyophobic Colloids (Amsterdam 1948).

3) *Derjaguin, B. V., E. Obuchov*, Acta physicochim. URSS **5**, 1 (1936).

4) *Roberts, A. D.*, J. Colloid Interf. Sci. **41**, 23 (1972).

5) *Barclay, L., A. Harrington, R. H. Ottewill*, Kolloid Z. Z. Polymere **250**, 655 (1972).

6) *Adlfinger, K. H., R. Schnorrer, G. Peschel*, Z. Angew. Physik **29**, 136 (1970).

7) *Adlfinger, K. H., G. Peschel*, Z. Physik. Chem. (N. F.) **70**, 151 (1970).

8) *Peschel, G., K. H. Adlfinger*, Z. Naturforschg. **26**a, 716 (1971); Z. Angew. Physik **32**, 137 (1971).

9) *Peschel, G., K .H. Adlfinger*, Z. Naturforschg. **26**a, 707 (1971).

10) *Adlfinger, K. H., G. Peschel*, Spec. Discuss. Faraday Soc. **1**, 89 (1970).

11) *Peschel, G., R. Schnorrer*, Z. Physik. Chem. (N. F.) **75**, 97 (1971).

12) *Gouy, G.*, J. Phys. Radium **9**, 417 (1970); Ann. Phys. **7**, 129 (1917).

13) *Chapmann, D. L.*, Phil. Mag. **25**, 475 (1913).

14) *Tadros, Th. F., J. Lyklema*, J. Electroanl. Chem. **17**, 267 (1968).

15) *Parks, G. A.*, Chem. Rev. **65**, 177 (1965).

16) *Stern, O.*, Z. Elektrochem. **30**, 508 (1924).

17) *Gregory, J.*, Adv. Colloid Interf. Sci. **2**, 396 (1969).

18) *Sonntag, H., K. Strenge*, Koagulation und Stabilität disperser Systeme (Berlin 1970).

19) *Ottewill, R. H.*, Colloid Science, A Specialist Report, Vol. 1, p. 207 (London 1973).

20) *Peschel, G.*, The Structure of Water in the Biological Cell, in: Water and Plant Life: Problems and Modern Approaches, Ecological Studies (Berlin-Heidelberg-New York) im Druck.

21) *Black, W., J. G. V. de Jongh, J. Th. Overbeek, M. G. Sparnaay*, Trans. Faraday Soc. **56**, 1597 (1960).

22) *Kruyt, H. R.*, Colloid Science, Vol. 1 (Amsterdam 1952).

23) *Peschel, G., K. H. Adlfinger, G. Schwarz*, Naturwissenschaften **61**, 215 (1974).

24) *Peschel, G., K. H. Adlfinger, G. Schwarz, P. Belouschek*, in Vorbereitung.

25) *Haringx*, Philips techn. Rev. **9**, 16 (1947).

26) *Derjaguin, B. V., Ya. J. Rabinovich*, Kolloidn. Zh. **31**, 47 (1969).

27) *Vaslow, F.*, J. Phys. Chem. **70**, 2286 (1966).

28) *Frank, H. S., W. Y. Wen*, Discuss. Faraday Soc. **24**, 133 (1957).

29) *Horne, R. A., J. D. Birkett*, Elektrochim. Acta **12**, 1153 (1967).

30) *Horne, R. A., R. A. Courant, D. S. Johnston*, Electrochim. Acta **11**, 987 (1966).

31) *Bockris, J. O'M., A. K. N. Reddy*, Modern Electrochemistry Vol. 1, p. 118 (New York 1970).

32) *Drost-Hansen, W.*, Chemistry of the Cell Interface, Part B (New York 1971).

Anschrift der Verfasser:

Prof. Dr. *G. Peschel*
Lehrstuhl für Physikalische Chemie
an der Universität und Gesamthochschule Essen,
Schützenbahn 70, 4300 Essen
und
Dipl. Chem. *P. Belouschek*
Institut für Physikalische Chemie der Universität
Würzburg
Markusstraße 9–11, 8700 Würzburg

Progr. Colloid & Polymer Sci. **60**, 120–129 (1976)

5.

Physikalisch-Chemisches Institut der Technischen Universität Clausthal

Thermodynamische Eigenschaften des Systems Gelatine—Wasser

W. Borchard, K. Bergmann, A. Emberger und *G. Rehage*

Mit 11 Abbildungen

(Eingegangen am 28. November 1975)

Einführung

Das native Kollagen besteht aus drei Polypeptidketten, von denen beim Hautkollagen vom Typ I zwei in ihrer Aminosäuresequenz (Primärstruktur) identisch zu sein scheinen (1). Diese Ketten sind jede für sich und umeinander verdrillt und bilden höher organisierte fibrilläre Strukturen, die in verschiedenen Modellen noch zur Diskussion stehen (2–8). Man kann annehmen, daß die verdrillten Einzelketten durch Wasserstoffbrückenbindungen untereinander verknüpft sind. Wird fibrilläres Kollagen über seine Denaturierungstemperatur erhitzt, so verschwindet der innere Zusammenhalt der Struktur. Durch chemischen oder enzymatischen Abbau gewinnt man aus Kollagen Gelatine. *Tomka* u.a. konnten zeigen, daß Gelatine eine komplizierte Molmassenverteilung besitzt, wobei Assoziate des Kollagenmoleküls, sowie Bruchstücke vornehmlich in Form einzelner Polypeptidketten vom sog. Typ α_1 oder α_2, Zweierketten, sog. $\beta_{i,j}$-Komponenten (mit $i, j = 1, 2$) bestehend aus zwei α-Ketten vom Typ α_1 oder α_2, ferner sog. γ-Komponenten gebildet aus drei α-Ketten und auch höhermolekulare Assoziate, nachgewiesen werden konnten (9). Danach ist Gelatine vom physikalisch-chemischen Standpunkt aus gesehen als molekular-uneinheitliches Copolymeres zu betrachten. Dies erschwert die Interpretation der an Gelatine verschiedenen Ursprungs gewonnenen Ergebnisse.

Die Gelierung der Gelatine ist vergleichbar der Renaturierung des löslichen Kollagens, weil qualitativ gleiche Änderungen der physikalischen Eigenschaften wie z.B. der spezifischen Drehung u.a.m. beobachtet werden (10–38). Der Begriff der Gelierung besagt, daß ein Gel gebildet wird, wobei die Vernetzung der Mischphase durch kristalline Bereiche zustande kommt.*) Über die Morphologie dieser Netzwerkstruktur können wir zur Zeit keine quantitativen Angaben machen. Aufgrund der molekularen Uneinheitlichkeit der Gelatine ist jedoch eine wesentlich verschmiertere Umwandlung im Vergleich zum molekulareinheitlichen Kollagen zu erwarten. Neueste kalorimetrische Untersuchungen ergaben eine auf das Polymere bezogene Umwandlungswärme von 17 bis 19 $J\,g^{-1}$ für das System Gelatine-Wasser (39). Die Enthalpieänderungen und Umwandlungstemperaturen die mit einem modifizierten Differentialkalorimeter bestimmt wurden, waren von der Geliertemperatur, der thermischen Vorgeschichte und der Gelierzeit abhängig. Wie bei kristallisierenden hochmolekularen Substanzen üblich nimmt die Umwandlungswärme mit steigender Kristallisations- bzw. Geliertemperatur ab und die Umwandlungstemperatur zu (40). Die Umwandlungswärmen und Umwandlungstemperaturen wachsen mit zunehmender Gelierdauer gegen Grenzwerte, die auf das Entstehen einer größeren Menge von höher geordneten Strukturen hindeuten.

In einer früheren Arbeit konnten wir mit Hilfe von Quellungsdruckmessungen zeigen, daß die Gelierung von chemisch vernetzter Gelatine mit 60% Polymergehalt bei 4 °C in einem Zweistufenprozeß abläuft (41). Als eine Erklärung bot sich an, daß beim Gelieren

*) Da als primäre Ursache die Verknüpfung zweier Molekülbereiche durch Wasserstoffbrücken anzusehen ist, kann in dieser Arbeit nicht zwischen Gelieren und Kristallisieren bzw. Schmelzen des Gels und Schmelzen der Kristalle oder allgemein Umwandeln unterschieden werden.

zunächst ein dichtes physikalisches Netzwerk entsteht, das sich nach einigen Tagen in ein anderes umwandelt, das eine geringere effektive Vernetzungsdichte besitzt. Vorläufige kalorische Experimente konnten zunächst keinen Hinweis auf eine durch den Zweistufenprozeß bedingte Änderung der Umwandlungserscheinungen geben. Daher sollte das thermische Verhalten von wäßriger Gelatine bei mehreren Geliertemperaturen in Abhängigkeit der Gelierzeit untersucht werden.

Experimentelles

Die Untersuchungen wurden an einer sauer geäscherten Gelatine mit einem isoelektrischen Punkt von pH 7,5 durchgeführt. 20 g des Granulats wurden mit 80 g destilliertem Wasser bei 60 °C gelöst, gegen Schimmelbildung mit einigen Tropfen einer 5%igen alkoholischen Raschitlösung versetzt und im Kühlschrank bei ca. 8 °C aufbewahrt.

Das thermische Verhalten der Gele wurde mit einem Differentialkalorimeter DSC–1B der Firma Perkin-Elmer untersucht, für das zusätzlich ein temperierbares Zellmantelgefäß konstruiert worden war. Für Präzisionsmessungen wurde die Temperatur des Zellmantels auf -50 °C $\pm 0{,}1$ °C mit Hilfe eines Kryostaten geregelt. Dadurch konnten Schwankungen der aufgezeichneten Wärmeflußkurven weitgehend eliminiert werden. Die Gele wurden mit einem Spatel aus dem Stammgel ausgestochen, mit einer Rasierklinge zurechtgeschnitten und in die für Flüssigkeiten vorgesehenen Pfännchen gefüllt. Die Gelmasse wurde durch Differenzwägung ermittelt. Nach Abschluß der Messungen wurden die Gele bis zur Gewichtskonstanz bei 120 °C getrocknet. Da zwischen der Schmelztemperatur des Wassers und der Umwandlungstemperatur der Gelatine insbesondere bei tiefen Geliertemperaturen von z.B. 5 bis 10 °C nur ein Temperaturintervall von ca. 5 bis 10 °C zur Verfügung stand, mußte die Aufheizgeschwindigkeit so gewählt werden, daß die Anlaufverschiebung der Basislinie innerhalb dieses Intervalls erfolgt war. Diese Voraussetzung war bei Aufheizgeschwindigkeiten unterhalb von 5 °C/min erfüllt. Bei allen DSC-Experimenten wurde die Geschwindigkeit von $\dot{T} = 2$ °C/min gewählt, weil im Rahmen der Meßgenauigkeit die Gelschmelztemperaturen von $\dot{T}$ unabhängig, und die Geräteempfindlichkeit ausreichend war. Das Kalorimeter wurde mit Indium und Wasser geeicht, die Flächeneichfaktoren stimmten bis auf 3% überein. Zur Eichung der Temperaturanzeige diente das Schmelzmaximum von Wasser.

Vor der ersten Messung wurden die Proben im DSC-Gerät 2 min auf 60 °C erhitzt und so schnell wie möglich auf die Geliertemperatur abgekühlt. Durch die kurzzeitige Temperung war der Einfluß der athermischen Keimbildung unterbunden. Nach beendeter isothermer Gelierung bei T^* wurden die Proben auf $T^* - 10$ °C rasch abgekühlt und mit 2 °C/min bis maximal 47 °C aufgeheizt. Die daran anschließenden Gelierexperimente mit variabler Gelierzeit wurden mit derselben Probe durchgeführt. Für jede Geliertemperatur wurde eine neue Probe genommen. Wiederholte Messungen bei einer Geliertemperatur und -zeit mit derselben Probe waren reproduzierbar, wenn die Probenpfännchen gut verschlossen waren, so daß kein Wasser entweichen konnte.

Die größte Fehlerquelle bei der Bestimmung von Umwandlungswärmen aus DSC-Diagrammen liegt bekanntlich im Einzeichnen der Basislinie. Insbesondere im Bereich tieferer Geliertemperaturen, bei denen das Umwandlungsintervall sehr groß ist, können für kurze Gelierzeiten Meßwertstreuungen bis zu 20% auftreten. Bei Geliertemperaturen in der Nähe von 15 °C beträgt der durch die Lage der Basislinie bedingte Fehler nur ca. 5%.

Der komplexe Schermodul einer 4%igen wäßrigen Lösung einer alkalisch geäscherten Gelatine mit einem isoelektrischen Punkt bei pH = 4,8 wurde in einem Rotationsviskosimeter bestimmt, das von *Duiser* und *den Otter* entworfen und von *Pyrlik* in einigen Punkten geändert wurde (42, 43). Realanteil G' und Imaginäranteil G'' des komplexen Schubmoduls wurden bei konstanter Temperatur zu verschiedenen Zeiten gemessen. Die Modulzunahme mit der Zeit wurde solange verfolgt, bis die Meßwerte nahezu konstant blieben. Alle Messungen wurden im linearen Bereich bei einem Scherwinkel von 1° und bei einer Frequenz von 3,3 Hz durchgeführt. Im Rahmen der Meßgenauigkeit konnte zwischen 10^{-1} und 10^2 Hz keine wesentliche Frequenzabhängigkeit der Größen G' und G'' beobachtet werden.

Die Quellungsdrucke wurden in einer neuen Quellungsdruckapparatur gemessen. Mit diesem Gerät können die thermodynamischen Funktionen bei nahezu konstanter Zusammensetzung des binären Systems ermittelt werden. Die für eine Quellungsdruckmessung benötigte Zeit beträgt ca. 30 min, so daß nicht zu schnell ablaufende isotherme Änderungen der thermodynamischen Eigenschaften von Gelen der Beobachtung zugänglich sind. Die sauer geäscherte Gelatine war zuvor mit Glyoxal chemisch schwach vernetzt worden.

Ergebnisse und Diskussion

In der Abb. 1 sind die Wärmeflußkurven einer 20%igen Gelatinelösung für verschiedene Gelierzeiten bei einer Geliertemperatur von 18 °C aufgetragen. Man entnimmt den Meßkurven, daß sich das Maximum der Umwandlungskurve sowie Anfang und Ende des Umwandlungsbereichs mit zunehmender Gelierdauer zu höheren Temperaturen verschieben. Ferner nimmt die Umwandlungswärme unter isothermen Bedingungen mit der Gelierzeit zunächst stark und dann immer langsamer zu. Dieses Verhalten wird allgemein bei reinen makromolekularen kristallisierenden Substanzen gefunden. Im Unterschied zu

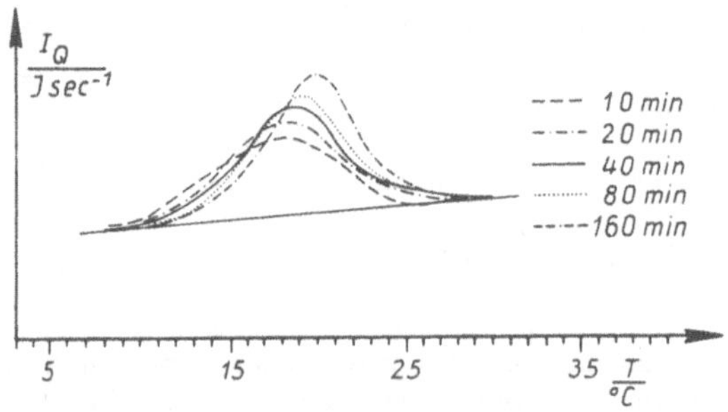

Abb. 1. Thermogramme eines wäßrigen Gels mit 20 Gew% Gelatine für verschiedene Gelierzeiten, Geliertemperatur $T^* = 18$ °C, I_Q = Wärmefluß

reinen Stoffen nimmt die treibende Kraft mit dem Fortschreiten der Kristallisation aus Lösungen ständig ab, so daß sie für den Umwandlungsprozeß über ein größeres Zeitintervall nicht mehr als konstant angesehen werden kann (40).

Für die Renaturierung von verdünnten denaturierten Kollagenlösungen werden im wesentlichen zwei Mechanismen vorgeschlagen. *Flory* und *Weaver* erklären die Rückbildung des Kollagens über einen langsamen geschwindigkeitsbestimmenden Schritt, nämlich die Helicierung einer Einzelkette vom Typ des Polyprolin II, die in einem zweiten schnellen Schritt die Kollagenstruktur über Assoziation der Einzelhelices ausbildet (13). Von *Hippel* und *Harrington* nehmen an, daß unter Beteiligung von Wasser zunächst sehr schnell die Einzelkettenhelicierung abläuft, und dann in einem langsameren Schritt die Assoziierung der Helices erfolgt (12). Bei höheren Polymerkonzentrationen kann mit einer unbehinderten Ausbildung vollständiger Helices wegen der Kettenverschlaufungen nicht mehr gerechnet werden. Vor allem ist jedoch zu vermuten, daß im Gegensatz zu Umwandlungen in verdünnten Lösungen nicht immer thermodynamische Gleichgewichtszustände erreicht werden. So konnten wir u.a. in einer früheren Arbeit zeigen, daß die nach einer Gelierzeit von 24 h bestimmten Thermogramme bei höheren Konzentrationen den Hinweis auf Nachkristallisation erbrachten (41). Dieser Einfluß ist nur zu eliminieren, wenn man zu höheren Aufheizgeschwindigkeiten übergeht. Wegen der oben erwähnten experimentellen Gegebenheiten sind die vorliegenden Ergebnisse, die mit einer Aufheizgeschwindigkeit von $\dot{T} = 2$ °C/min erhalten wurden, nicht frei von Nachkristallisationserscheinungen.

Die Glastemperatur T_G der 20%igen Gelatinelösung liegt bei ca. 6–10 °C je nach thermischer Vorgeschichte. Daher nimmt die Umwandlungsenthalpie ΔH bei Geliertemperaturen im Einfrierbereich nur noch sehr langsam mit der Gelierzeit zu. Das Thermogramm eines bei 4 °C getemperten Gels ist in Abb. 2 wiedergegeben. Typisch ist der große Umwandlungsbereich von 10 bis 40 °C, wobei nach einer Gelierzeit von 160 min eine Zunahme von ΔH im Temperaturintervall von 15–30 °C zu beobachten ist. Das Thermogramm einer 28 Tage bei 4–8 °C im Kühlschrank aufbewahrten Probe ergibt, daß die Umwandlungswärme im Vergleich zu der Kurve mit einer Gelierzeit von 160 min nur geringfügig zunimmt. Aus dem im Temperaturbereich zwischen 15 und 35 °C schmelzenden Material hat sich teilweise eine thermisch beständigere Form gebildet, deren maximale Umwandlungstemperatur um ca. 5 °C höher liegt.

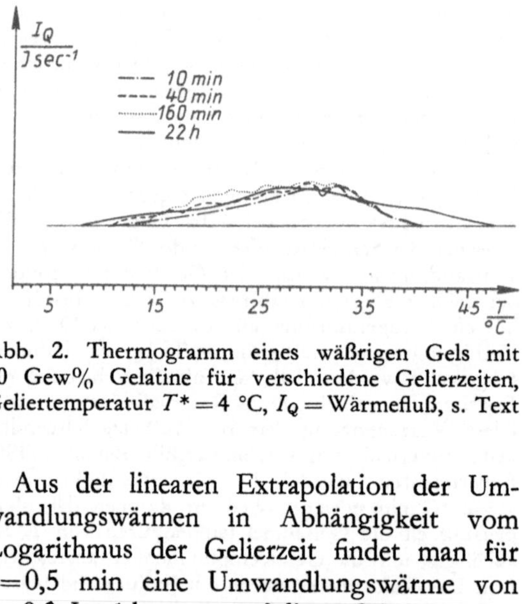

Abb. 2. Thermogramm eines wäßrigen Gels mit 20 Gew% Gelatine für verschiedene Gelierzeiten, Geliertemperatur $T^* = 4$ °C, I_Q = Wärmefluß, s. Text

Aus der linearen Extrapolation der Umwandlungswärmen in Abhängigkeit vom Logarithmus der Gelierzeit findet man für $t = 0{,}5$ min eine Umwandlungswärme von ca. 0,3 $J\,g^{-1}$ bezogen auf die wäßrige Lösung. Dieser Abschätzung entnimmt man, daß aufgrund der im Experiment realisierbaren Abkühlzeit von maximal 0,5 min nur ca. 5% der nach sehr langer Meßzeit bestimmten Umwandlungswärme darauf zurückzuführen ist, daß bereits während des Abkühlvorgangs eine Gelierung eintritt. Da für Geliertemperaturen oberhalb von 4 °C die Abkühlzeit noch kürzer ist, dürfte dieser Einfluß der Gelierung während des experimentell bedingten Abkühlens zu vernachlässigen sein.

In Abb. 3 sind die Umwandlungswärmen einer Mischung von 20% Gelatine in Wasser für verschiedene Gelierzeiten in Abhängigkeit von der Geliertemperatur T^* aufgetragen. Bei -10 °C kristallisiert Wasser aus, so daß das Gel nicht mehr homogen bleibt. Die isochronen Enthalpiekurven durchlaufen ein Maximum, das in den gemessenen Zeitintervallen bei ca. 5 °C liegt. Nimmt man an, daß die Enthalpieänderung proportional zur Umwandlungsgeschwindigkeit ist, diese wiederum von der Keimbildungs- und Keimwachstumsgeschwindigkeit eines der beiden oben erwähnten Teilprozesse abhängig ist, so ist das Auftreten des Maximums verständlich (40).

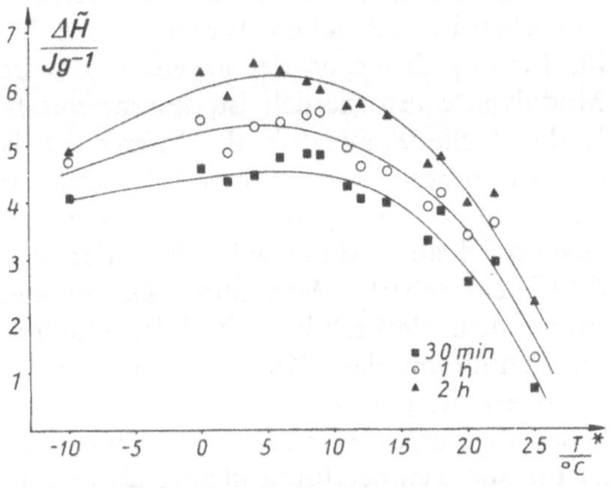

Abb. 3. Spezifische Umwandlungswärmen im System Gelatine-Wasser bei einer Polymerkonzentration von 20 Gew% in Abhängigkeit von der Geliertemperatur T^* für verschiedene Gelierzeiten

Trägt man die von *Beier* und *Engel* erhaltenen negativen spezifischen Drehwerte einer verdünnten denaturierten Kollagenlösung in Abhängigkeit der Renaturierungstemperatur auf, so ergeben sich ähnliche Kurven wie die in Abb. 3 gezeigten (44). Hieraus kann man schließen, daß die spezifische Drehung und die Enthalpieänderung den Bruttoumwandlungsprozeß erfassen. Als molekulare Vorgänge sind Helicierung von Kettensegmenten, Assoziation von helicierten und eventuell nicht helicierten Segmenten sowie die vollständige Ausbildung von Superhelices möglich, die sich durch eine verschiedene thermische Stabilität voneinander unterscheiden. Der Schmelzpunkt von Lösungen aus nativem Kollagen liegt höher als der von Gelatinegelen gleicher Konzentration. Aus dem Vorliegen des breiten Schmelzbereichs unserer Gelproben kann daher auf das Vorliegen von Kristalliten verschiedener Größe geschlossen werden. Die Bildung von Wasserstoffbrücken begünstigt dabei die ungeordnete Verknüpfung von Kettensegmenten zu einem dreidimensionalen Netzwerk. Daß in verdünnten renaturierten Kollagenlösungen höhermolekulare Assoziate gebildet werden, die bei tieferen Temperaturen als die eigentliche Kollagenkomponente schmelzen, konnte mit Hilfe von Ultrazentrifugenmessungen nachgewiesen werden (44). Bei hochkonzentrierten Gelatinelösungen entstehen unterhalb des Gelschmelzpunktes zunächst Gele, die nur bei relativ tiefen Temperaturen beständig sind, die sich dann partiell in thermisch stabilere Gele umwandeln. Insbesondere entnimmt man den Thermogrammen bei Geliertemperaturen zwischen 5–15 °C, daß die nach 160 min gebildeten, im Intervall zwischen 15 bis 30 °C schmelzenden Komponenten nach längeren Temperzeiten zum größten Teil in stabilere Komponenten umgewandelt werden. Thermogramme mit anfangs sehr flachem Maximum ändern sich dabei je nach Gelierbedingung in solche mit zwei deutlich voneinander getrennten Maxima, wie sie in Abb. 4 zu sehen sind. Die beiden Proben wurden 36 bzw. 37 Tage bei ca. 4 bis 8 °C im Kühlschrank getempert. Der relativ flache Verlauf der Wärmeflußkurve zu tieferen Temperaturen erschwert ohne zusätzliche Messungen an derselben Probe das Einzeichnen der Basislinie. Jedoch sind die Maxima deutlich zu erkennen. Wir vermuten, daß diese Erscheinungen, die auf eine Umkristallisation hindeuten, die Ursache für die von uns schon früher beobachtete zeitliche Änderung der thermodynamischen Eigenschaften eines ca. 60%igen Gelatinegels sind (41).

Die Gelierung äußert sich wie eingangs erwähnt in der zeitlichen Änderung der viskoelastischen Eigenschaften der Mischphase. Der experimentell bestimmbare komplexe Schubmodul G^* setzt sich aus dem Speichermodul G' und dem Verlustmodul G'' zusammen: $G^* = G' + i\,G''$ mit $i = \sqrt{-1}$. Der Speichermodul G' ist ein Maß für die während einer Schwingungsperiode maximal gespeicherte reversible Verformungsarbeit pro Volumenein-

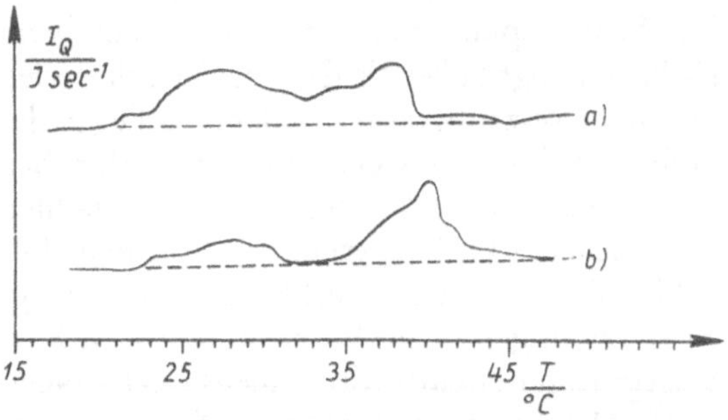

Abb. 4. Thermogramme zweier wäßriger Gele mit 20 Gew% Gelatine für verschiedene Gelierzeiten, Geliertemperatur ca. 6 ± 2 °C, a) 15 mg Einwaage 36 Tage; b) 13 mg Einwaage 37 Tage, I_Q = Wärmefluß

heit bei der Scheramplitude vom Betrag eins. Der Verlustanteil G'' ist ein Maß für die pro Schwingungsperiode in der Volumeneinheit dissipierte Arbeit bei der Scheramplitude vom Betrag eins (53).

Das Schwingungsviskosimeter, das zur Bestimmung von G' und G'' diente, wurde bei 60 °C blasenfrei mit einer 4%igen Gelatinelösung gefüllt und sogleich auf die Meßtemperatur von 25 °C abgekühlt. Wie aus den Abb. 5 und 6 ersichtlich ist, steigen die Kenngrößen G' und G'' zunächst stark an (51). Mit zunehmender Gelierzeit wird die Änderung der Größen immer kleiner und erreicht nach ca. 4 Tagen stationäre Werte. Bei weiterem schrittweise erfolgendem Abkühlen steigen Real- und Imaginäranteil, G' und G'', des

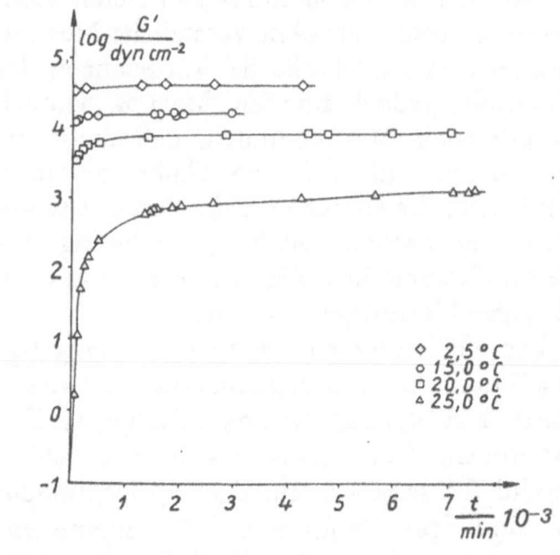

Abb. 5. Abhängigkeit des Speichermoduls G' von der Gelierzeit t bei verschiedenen Temperaturen in halblogarithmischer Darstellung. Die Gelatinekonzentration beträgt 4 Gew%

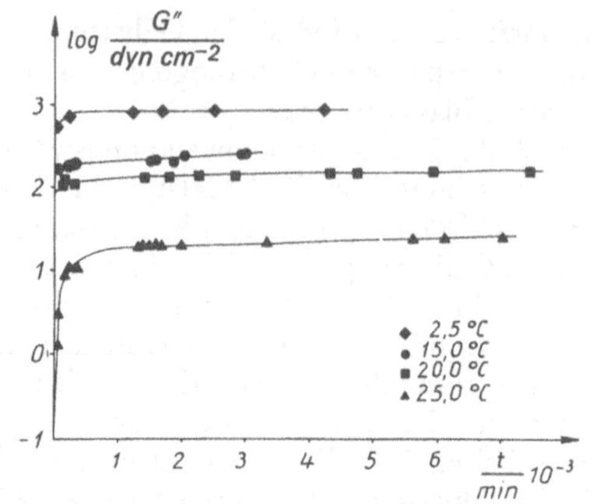

Abb. 6. Abhängigkeit des Verlustmoduls G'' von der Gelierzeit t bei verschiedenen Temperaturen in halblogarithmischer Darstellung. Die Gelatinekonzentration beträgt 4 Gew%

komplexen Schubmoduls bereits innerhalb der Zeit, die für den thermischen Ausgleich erforderlich ist, auf höhere Werte an. Die Zeit, die für das Erreichen der jeweils stationären Modulwerte erforderlich ist, nimmt mit fallender Geliertemperatur ab. Interessant ist, daß zu früheren Gelierzeiten G'' stärker anwächst als G', zu späteren Zeiten ist es umgekehrt. Daher durchläuft das Verhältnis G''/G' ein scharfes Maximum, das im logarithmischen Maßstab in Abb. 7 dargestellt ist. Man entnimmt dem Kurvenverlauf, daß die Netzwerkbildung nach ca. 10^3 min im wesentlichen abgeschlossen ist. Das Verhältnis G''/G' ist für alle Temperaturen kleiner als 2% und liegt im Bereich der entsprechenden Werte in anderen Systemen. Die Frequenzabhängigkeit (45). Dies geht auch aus der Konstanz von

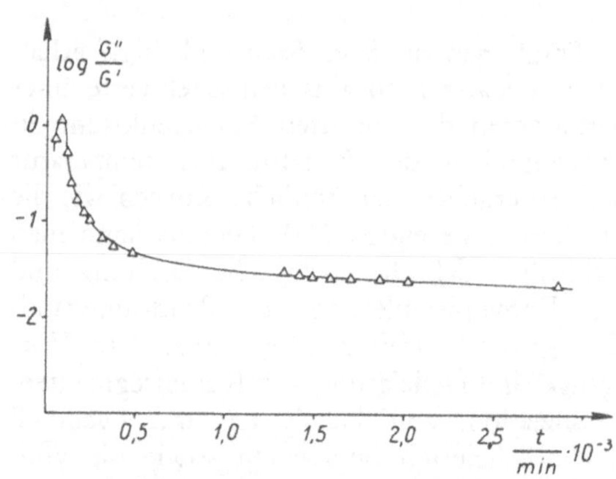

Abb. 7. Logarithmus von G''/G' als Funktion der Gelierzeit t bei 25 °C. Die Gelatinekonzentration beträgt 4 Gew%

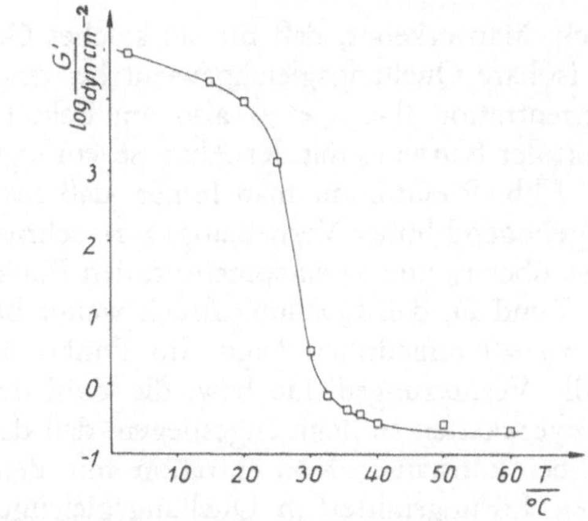

Abb. 8. Abhängigkeit der stationären log G'-Werte von der Geliertemperatur bei konstanter Gelatinekonzentration von 4 Gew%

der Modulwerte wurde im Bereich von $10^{-1} \leqslant \omega \leqslant 2 \cdot 10^2$ Hz für 15, 20 und 25 °C untersucht. Bei konstantem Speichermodul steigt der Verlustmodul ab $\omega = 1$ Hz geringfügig an, ω ist die Kreisfrequenz.

Die Temperaturabhängigkeit des stationären Speichermoduls ist in Abb. 8 zu erkennen. Oberhalb von 30 °C liegt das System mit 4% Gelatine als Lösung vor. Im Temperaturbereich von 30 bis 20 °C geliert die Lösung. Die Netzwerkbildung ist durch einen Anstieg des Moduls um ca. 4 Zehnerpotenzen charakterisiert. Zu tieferen Temperaturen nimmt der Speichermodul weiter zu. *Miller*, *Ferry* und Mitarbeiter konnten zeigen, daß bei wäßrigen Gelatinegelen vergleichbarer Polymerkonzentration dynamischer und statischer Modul gleichgesetzt werden können G' in Abhängigkeit von der Anregungsfrequenz hervor, wobei die Bedingung $G'' \ll G'$ immer erfüllt ist. Aus diesen Ergebnissen können wir schließen, daß die effektive Netzwerkdichte nach dem stufenartigen Modulanstieg zu tieferen Temperaturen kontinuierlich zunimmt, bis die Phase glasig erstarrt oder Wasser auskristallisiert. Genaue Untersuchungen höher konzentrierterer Systeme mit gleicher thermischer Vorgeschichte wie bei den kalorimetrischen Messungen, die Aufschluß über den Einfluß der Umkristallisation auf die elastischen Kenngrößen geben können, sind zur Zeit in Vorbereitung.

Geliervorgänge, wie sie bisher beschrieben wurden, sind nicht nur auf das Gebiet der Lösungen beschränkt. Auch in hochkonzentrierten chemisch vernetzten Gelen können noch Prozesse ablaufen, die zu einer weiteren Vernetzung z. B. durch kristalline Bereiche oder Wasserstoffbrückencluster führen. Da diese zusätzlichen Vernetzungsstellen thermisch reversibel geknüpft oder gelöst werden können, sprechen wir von physikalischer Vernetzung. Diese Art der Vernetzung kann direkt über Modul- oder indirekt über Quellungsdruckmessungen bestimmt werden. Der Quellungsdruck ist von Natur aus ein osmotischer Druck, bei dem das Gel die Funktion einer semipermeablen Membran übernimmt. Er kann definiert werden als der Druck, unter dem eine Gelmischphase stehen muß, damit sie bei einer Polymerkonzentration mit dem reinen Lösungsmittel koexistieren kann, die größer als die Sättigungskonzentration im isobaren Quellungsgleichgewicht ist (47–49). Der Quellungsdruck π_Q ist die negative Differenz des chemischen Potentials des Lösungsmittels $\Delta\mu_1$ in beiden koexistierenden Phasen dividiert durch V_1.

$$\pi_Q V_1 = -\Delta\mu_1 \qquad [1]$$

V_1 ist das partielle Molvolumen des Lösungsmittels im Gel. Gl. [1] gilt für isotrope Gele unter der Annahme, daß V_1 druckunabhängig ist. Mit Hilfe der statistischen Theorie kann man einen Zusammenhang zwischen $\Delta\mu_1$ und molekularen Parametern eines Gels ableiten wie z. B. der Zahl der Netzbögen ν, der Funktionalität f, d. h. Zahl der Kettenenden, die in einem Vernetzungspunkt zusammenstoßen, dem Wechselwirkungsparameter χ, der ein Maß für die Wechselwirkungsenergien zwischen Polymerem und Lösungsmittel ist, und dem Quotienten $\overline{r^2}/\overline{r_0^2}$ (54). Hierin bedeutet $\overline{r^2}$ den quadratischen Mittelwert des End-zu-End-Abstandes der Makromoleküle (Ketten) im Netzwerk und $\overline{r_0^2}$ den entsprechenden Mittelwert der freien Ketten bzw. den in einem bestimmten Bezugszustand. Mit Gl. [1] resultiert dann für konstante Temperatur und Konzentration eine Beziehung der Art

$$\pi_Q = \pi_Q (\chi, \nu, f, \overline{r^2}/\overline{r_0^2}) \qquad [2]$$

Die bei der Gelierung ablaufenden Vorgänge wie Konformationsänderung der Segmente von Makromolekülen im Netzwerk infolge der Helicierung oder die physikalische Vernetzung verschiedener Segmente von Polymerketten durch Wasserstoffbrückenbindungen werden vermutlich alle in Gl. [2] aufgeführten Parameter beeinflussen, wenn die Voraussetzungen der Theorie annähernd erfüllt bleiben. So sollte z.B. die Zahl der möglichen Konformationen einer Netzwerkkette als Funktion des End-zu-End-Vektors mit einer Gauss-Verteilung beschreibbar sein. Würde während der Gelierung die Änderung der Netzwerkstruktur vorwiegend auf einer Erhöhung der Zahl der Netzwerkketten ν beruhen, so ist mit einer Abnahme des Quellungsdruckes zu rechnen.

Diesen Sachverhalt kann man sich anhand der Abb. 9 verdeutlichen. Mit steigender Polymerkonzentration y_2 (Massenbruch) steigt der osmotische Druck π_0 einer hochmolekularen Lösung an, wie es schematisch durch die Kurve mit dem Parameter ν_1 dargestellt ist. Die Bezeichnung $\nu_1=0$ besagt, daß alle Makromoleküle frei, d.h. nicht in einem Netzwerk verknüpft sind.

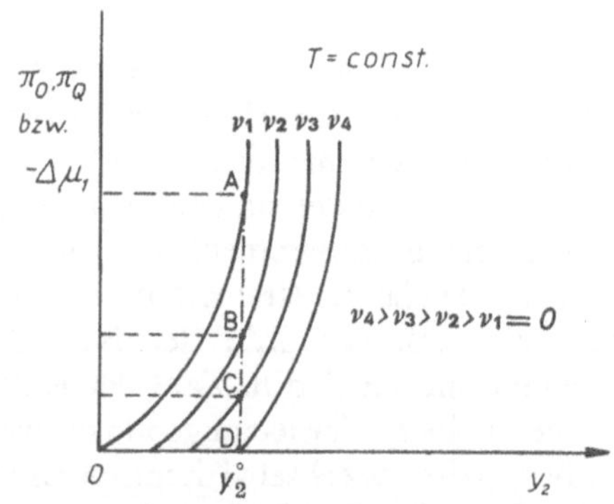

Abb. 9. Schematische Darstellung der Konzentrationsabhängigkeit von π_O, π_Q bzw. $\Delta\mu_1$; π_O = osmotischer Druck, π_Q = Quellungsdruck, $\Delta\mu_1$ = Differenz des chemischen Potentials des Lösungsmittels in den beiden Phasen; ν_i mit $i = 1, 2, 3, 4$ Zahl der Netzbögen, y_2 = Massenbruch des Polymeren, s. Text

Diese Lösung mit einer gegebenen Ausgangskonzentration y_2^0 hat einen bestimmten osmotischen Druck, siehe z.B. Punkt A. Verknüpft man in einem Prozeß bei konstanter Temperatur und Konzentration die Makromoleküle so, daß sie alle in ein Netzwerk eingebaut sind, so entsteht ein Gel. Dieser Schritt ist in Abb. 9 durch den Übergang von $\nu_1=0$ im Punkte A zu $\nu_2>0$ im Punkte B dargestellt. Ein Gel mit der Kenngröße ν_2 besitzt nun einen zum Punkte B gehörenden Quellungsdruck. Man erkennt, daß für ein solches Gel das isobare Quellungsgleichgewicht bei einer Konzentration $0<y_2<y_2^0$ also am Schnittpunkt der Kurve ν_2 mit der Abszisse vorliegt. Der Abb. 9 entnimmt man ferner, daß man bei genügend hoher Vernetzung, z.B. schrittweise über ν_3 und ν_4 entsprechend den Punkten C und D, den Quellungsdruck weiter bis auf $\pi_Q=0$ erniedrigen kann. Im Punkte D ist die Vernetzungsdichte bzw. die Zahl der Netzwerkketten so hoch angestiegen, daß das Gel' bei konstanter Konzentration mit dem reinen Lösungsmittel im Quellungsgleichgewicht koexistiert. Eine weitere Erhöhung der Vernetzung ist bei konstanter Konzentration nicht mehr möglich. Ein Gleichgewicht kann sich nur bei einer Entquellung des Gels einstellen. Man spricht dann von Synärese.

Eine fast sprunghafte Änderung des Quellungsdrucks findet man für ein schwach chemisch vernetztes Gel mit einem Polymergehalt von 62% Gelatine zwischen 30 und 50 °C, wie aus Abb. 10 zu entnehmen ist (41, 50). Läßt man das zuvor auf 50 °C erhitzte Gel bei konstanter Polymerkonzentration bei 4 °C gelieren, so nimmt der Quellungs-

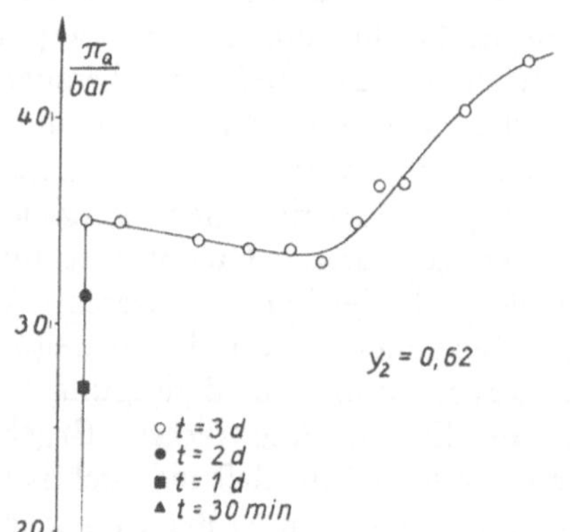

Abb. 10. Temperaturabhängigkeit des Quellungsdrucks π_Q einer schwach mit Glyoxal vernetzten Gelatine in Wasser mit verschiedenen Gelierzeiten bei 4 °C, y_2 = Massenbruch des Polymeren, s. Text

druck von ca. 43 auf 18 bar stark ab. Nach einer Gelierzeit von einigen Tagen bei 4 °C steigt er bis auf einen stationären Wert von 35 bar wieder an. Mißt man dann bei schrittweise erhöhter Temperatur, so erhält man bis 30 °C eine $\pi_Q(T)$-Kurve mit negativer Steigung und zwischen 30 und 50 °C den oben erwähnten sprunghaften Anstieg. Die Kurve $\pi_Q(T)$ hat den aus Gleichgewichtsbetrachtungen erwarteten Verlauf (41, 50, 52). Danach sollte die Steigung der Quellungskurve (Sättigungskonzentration in Abhängigkeit von der Temperatur) das gleiche Vorzeichen wie die Steigung der Quellungsdruck-Temperaturkurve besitzen. Die in Abb. 10 dargestellten Quellungsdrucke $\pi_Q < 35$ bar sind für die Geliertemperatur von 4 °C Nichtgleichgewichtswerte.

Man entnimmt diesen Betrachtungen, daß die Gelierung bei 4 °C über Nichtgleichgewichtszustände abläuft, wobei der Quellungsdruck nicht kontinuierlich dem Gleichgewichtswert zustrebt, sondern in Abhängigkeit von der Zeit ein Minimum durchläuft. Die im Gel ablaufenden Prozesse können durch besondere thermische Behandlung bei höheren Temperaturen beeinflußt werden, wie man der Abb. 11 für ein Gel mit 61 Gew% Gelatine entnehmen kann (50). Durch Abkühlen von 20 auf 4 °C erhält man nach einer Gelierzeit von 30 min einen Quellungsdruck von ca. 19 bar, der durch schrittweise Temperaturerhöhung bis 20 °C ansteigt. Nach einer Temperzeit von 2 Tagen bei 20 °C wurde das Gel erneut auf 4 °C abgekühlt und der Quellungsdruck nach 30 min ermittelt. Die anschließend gemessene $\pi_Q(T)$-Kurve lag oberhalb der zuerst bestimmten. Ein nochmaliges Gelieren bei 4 °C ergab wiederum einen zeitlichen Anstieg des Quellungsdrucks. Die nach weiteren 2 Tagen gemessene Kurve, die oberste in Abb. 11, hatte bis 30 °C einen positiven Anstieg, der jedoch im Vergleich zu den vorher ermittelten kleiner war. Die durch diese Kurve dargestellten Quellungsdrucke stellen unterhalb von 30 °C noch nicht die Gleichgewichtswerte dar. Oberhalb von 30 °C tritt auch für dieses Gel eine nahezu sprunghafte Änderung von π_Q auf.

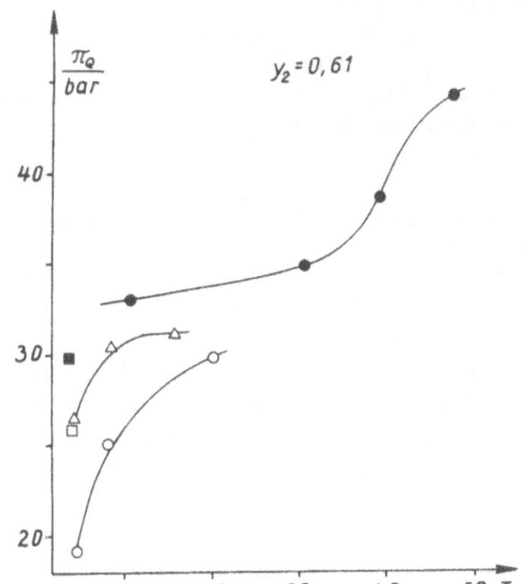

Abb. 11. Abhängigkeit des Quellungsdrucks π_Q von der Temperatur und für verschiedene Gelierzeiten. Die Probe wurde von 20 °C auf 4 °C abgekühlt und sofort bis 20 °C erwärmt (○), dann 2 Tage bei 20 °C gelassen, erneut auf 4 °C abgekühlt und bis 16 °C gemessen (△). Anschließend wurde sie 2 Tage bei 4 °C getempert (□, ■) und danach bis 48 °C gemessen (●)

Für die Anomalie im zeitlichen Verlauf des Quellungsdrucks bei 4 °C können mehrere Erklärungen diskutiert werden. Eine einfache auf der Änderung der Netzwerkdichte beruhende Deutung besagt, daß im ersten Schritt eine partielle Konformationsänderung der Netzwerkketten begleitet von einer Nichtgleichgewichtsvernetzung unter maximaler Absättigung aller in der näheren Umgebung der Ketten verfügbaren Wasserstoffbrücken abläuft. Dies hat eine relativ hohe effektive Vernetzungsdichte zur Folge. In einem länger dauernden Prozeß findet dann eine Umgruppierung des Netzwerks statt, wobei es denkbar ist, daß stabilere fibrilläre Strukturen gebildet werden. Durch den Einbau von Netzwerkketten in die Mikrokristallite fibrillärer Struktur steigt der Schmelzpunkt an und ferner wird die effektive Vernetzungsdichte herabgesetzt, was den zeitlichen Anstieg von π_Q bewirkt. Diese Abnahme der Vernetzungsdichte kann durch ein Dicken- oder Längenwachstum der fibrillären Bereiche auf Kosten der Nichtgleichgewichtsbereiche stattfinden. Im Temperaturbereich von 30 bis 50 °C schmelzen die fibrillären kristallinen Bereiche wodurch die physikalische Vernetzung aufgehoben wird. Diese Erklärung steht im Einklang mit Ergebnissen aus elektronenmikroskopischen Untersuchungen am System Gelatine-Wasser, die für isotherme Gelierung unterhalb des Schmelzintervalls eine Zunahme der Fibrillendicke ergeben (9, 22–25).

Die hier beobachteten Erscheinungen haben eine große Ähnlichkeit mit der aus niedrigmolekularen Systemen bekannten Ostwald-reifung. Bei diesem Prozeß wachsen unter isotherm-isobaren Bedingungen größere Kristalle auf Kosten kleinerer (55).

Frau *C. Nowak* möchten wir für die Anfertigung der Thermogramme unseren Dank aussprechen.

Zusammenfassung

Das thermische Verhalten wäßriger Gelatinelösungen wurde mit Hilfe eines Differentialkalorimeters untersucht. Die Schmelztemperaturen der Gele sind von der Geliertemperatur und der Gelierzeit abhängig. Mit der Gelierung ist der Aufbau eines durchgehenden physikalischen Netzwerkes verbunden, der sich durch einen Anstieg des Realteils des komplexen Schubmoduls um 4 Dekaden im dynamisch-mechanischen Versuch bemerkbar macht.

Chemisch vernetzte Gelatine wird bei dem Geliervorgang zusätzlich physikalisch vernetzt. In dem Temperaturbereich des Aufschmelzens der physikalischen Vernetzungsstellen zeigt der Quellungsdruck bzw. das chemische Potential des Wassers einen stufenförmigen Verlauf. Aus der zeitlichen Änderung des Quellungsdrucks bei konstanter Temperatur unterhalb der Umwandlungstemperatur erkennt man, daß die Netzwerkbildung in zwei Schritten erfolgt. Als Deutung bietet sich an, daß zunächst ein sehr dichtes Netzwerk mit physikalisch weniger geordneten Bereichen entsteht das sich dann – im Sinne einer Ostwaldreifung betreffend das Wachstum großer Kristalle auf Kosten kleinerer – in ein Netzwerk umstrukturiert, das durch thermisch stabilere und geordnetere Bereiche gekennzeichnet ist.

Summary

The thermal behaviour of aqueous gelatin solutions has been studied by means of differential scanning calorimetry. The melting temperatures of the gels were found to depend on gelation temperature and time. The gelation is coupled with the formation of a three-dimensional physical network which can be observed by an increase of the real part of the complex shear modulus by 4 decades in the dynamic-mechanical experiment.

During the gelation process slightly crosslinked gelatin is crosslinked additionally by physical bonds. In the melting range of the physical crosslinks the swelling pressure respectively the chemical potential of the water exhibit a steplike course. From the isothermal change of the swelling pressure with time it can be concluded that the process of network formation is taking place in two steps at temperatures below the melting range. The interpretation is given that primarily a relatively dense network consisting of physically less ordered microphases is formed which changes to a more stable network with better ordered microphases. This process is very similar to the process of Ostwald ripening, in which larger crystals are growing at the cost of smaller ones.

Literatur

1) *Miller, E. J.*, Clinic. Ortho. **92**, 260 (1973).

2) *North, A. C. T., P. M. Cowan, J. T. Randall*, Nature (London) **174**, 1142 (1954).

3) *Ramachandran, G. N., W. V. Saisekharan*, Arch. Biochem. Biophys. **63**, 255 (1956).

4) *Burge, R. E.*, in: Structure and function of connective and skeletal tissue.

5) *Miller, A., J. S. Wray*, Nature (London) **230**, 437 (1971).

6) *Hosemann, R., R. Bonart, Th. Nemetschek*, Colloid & Polymer Sci. **252**, 912 (1974).

7) *Nemetschek, Th., R. Hosemann*, Kolloid-Z. u. Z. Polymere **251**, 1044 (1973).

8) *Dreißig, W., R. Hosemann, Th. Nemetschek*, Z. Naturforschg. **29c**, 516 (1974).

9) *Bohonek, J., A. Spühler, M. Ribeaud, I. Tomka*, voıgetragen auf dem Symposium der Royal Photogr. Soc. of Gr. Britain (Cambridge 1974).

10) *Ferry, J. D., J. E. Eldridge*, J. Phys. Chem. **53**, 184 (1949).

11) *Robinson, C.*, in: The Nature and Structure of Collagen, S. 96 (New York–London 1953).

12) *von Hippel, P. H., W. F. Harrington*, Biochem. Biophys. Acta **36**, 427 (1959) in: Protein Structure and Function, Brookhaven Symp. Biol. **13**, 213 (1960).

13) *Flory, P. J., E. S. Weaver*, J. Amer. Chem. Soc. **82**, 4518 (1959).

14) *Robinson, C., M. J. Bott*, Nature (London) **168**, 325 (1951).

15) *Coopes, I. H.*, J. Polym. Sci. Part A–1, **6**, 1991 (1968).

16) *Herrmann, K., O. Gerngross, W. Abitz*, Z. Phys. Chem. Bd. 10, 371 (1930).

17) *Katz, J. R., J. C. Derksen*, Rec. Trav. Chim. Pays Bas **50**, 513 (1931).

18) *Gerngross, O., K. Herrmann, R. Lindemann*, Kolloid-Z. **60**, 276 (1932).

19) *French, M., J. Angus, A. Walton*, Biochim. Biophys. Acta **251**, 320 (1971).

20) *Pines, E., W. Prins*, Macromolecules **6**, 888 (1973).

21) *Moritani, M., N. Hayashi, A. Utsuo, K. Kawai*, Polymer J. **2**, 74 (1971).

22) *Slonimski, G. L., A. J. Kitaigorodskii, V. M. Belavtseva, V. B. Tolstogusov, I. I. Maljzeva*, Polym. Sci. USSR **10**, 640 (1968).

23) *Titova, E. F., V. M. Belavtseva, E. E. Brando, V. B. Tolstogusov*, Micro Symposium (Prag 1973).

24) *Bohonek, J.*, Colloid Polym. Sci. **252**, 333, (1974).

25) *Bohonek, J.*, Colloid & Polymer Sci. **252**, 417 (1974).

26) *Meerson, S. T., S. M. Lipatov*, Colloid J. USSR **20**, 336 (1958).

27) *Purcell, A. W., A. S. Jahn, L. P. Witnauer*, J. Amer. Leather Chem. Ass. **61**, 273 (1966).

28) *Yannas, I., A. V. Tobolsky*, J. Macromol. Chem. **1**, 723 (1966).

29) *Puett, D.*, Biopolymers **5**, 327 (1967).

30) *Yannas, I., A. V. Tobolsky*, Europ. Polym. J. **4**, 257 (1968).

31) *Naghski, J., A. Wisnewski, E. W. Harris, L. P. Witnauer*, J. Amer. Leather Chem. Ass. **61**, 64 (1966).

32) *Bobrova, L. E., V. N. Izmailova, V. A. Kholler*, Colloid J. **32**, 662 (1970).
33) *Privalov, P. L., E. I. Tiktopulo*, Biopolymers **9**, 127 (1970).
34) *Okamoto, Y., K. Saeki*, Kolloid-Z. u. Z. Polymere **194**, 124 (1963).
35) *Haas, H. C., M. J. Manning, M. H. Mach*, J. Polym. Sci. Part A—1 **8**, 1725 (1970).
36) *Haas, H. C., R. L. MacDonald*, Polymer Letters **8**, 425 (1970).
37) *Haas, H. C., M. J. Manning, S. A. Hollander*, Analytical Calorimetry **2**, 211 (1970).
38) *Eldridge, J. E., J. D. Ferry*, J. Phys. Chem. **58**, 992 (1954).
39) *Petrie, S. E. B., R. Becker*, Analytical Calorimetry **2**, 225 (1970).
40) *Mandelkern, L.*, Crystallisation of Polymers (New York 1964).
41) *Borchard, W., K. Bergmann, G. Rehage*, in: Photogr. Gelatin, (im Druck), vorgetragen auf dem Symposium der Royal Photogr. Soc. of Gr. Britain, Cambridge Sept. (1974).
42) *den Otter, J. L.*, Dissertation (Leiden 1967).
43) *Pyrlik, M., G. Rehage*, Rheol. Acta **14**, 303 (1975).
44) *Beier, G., J. Engel*, Biochem. **5**, 2744 (1966).
45) *Miller, M., J. D. Ferry, F. W. Schremp, J. E. Eldridge*. J. Phys. Colloid Chem. **55**, 1387 (1951).
46) *Pyrlik, M., W. Borchard, G. Rehage, E.-P. Uerpmann*, Angew. Makromol. Chem. **36**, 133 (1974).
47) *Riecke, E.*, Wied. Ann. **53**, 564 (1894).
48) *Breitenbach, J. W., H. P. Frank*, Mh. Chemie **79**, 531 (1948).
49) *Rehage, G.*, Kolloid-Z. u. Z. Polymere **194**, 16 (1964).
50) *Emberger, A.*, Diplomarbeit (Clausthal 1975).
51) *Bergmann, K.*, Diplomarbeit (Clausthal 1975).
52) *Hermanns, B., W. Borchard, G. Rehage*, Angew. Makromol. Chem. **36**, 117 (1974).
53) *Schäfer, E. E., G. Rehage*, Makromol. Chem. **123**, 91 (1969).
54) *Dusek, K., W. Prins*, Adv. Polym. Sci. **6**, 58 (1968).
55) *Kahlweit, M.*, Zeitschrift Phys. Chem. N.F. **36**, 293 (1963).

Anschrift der Verfasser:
W. Borchard, K. Bergmann, A. Emberger und *G. Rehage*
Physikalisch-Chemisches Institut
der Technischen Universität Clausthal
Adolf-Römer-Straße 2A
3392 Clausthal-Zellerfeld

Progr. Colloid & Polymer Sci. **60**, 130–137 (1976)

6.

Vereinfachte Methode zur Bestimmung von Sedimentationskoeffizienten nach dem photoelektrischen Scanverfahren

H. Craubner (Köln)

Mit 8 Abbildungen und 3 Tabellen

(Eingegangen am 15. Dezember 1975)

Die Ultrazentrifuge (UZ) bleibt eines der wichtigsten Hilfsmittel zur Untersuchung von Makromolekülen. Voraussetzung sind wesentliche Fortschritte theoretischer, experimenteller und apparativer Art. Beispiele bilden u.a. die Ausarbeitung der Thermodynamik von Multikomponentensystemen (1, 2) und ihre Anwendung auf Gleichgewichts- (3) und Geschwindigkeits-Ultrazentrifugation (4) sowie die Entwicklung des photoelektrischen Scanverfahrens (5a, b).

Die Scaneinrichtung mit Photomultiplier mißt optisch die Konzentrationsverteilung in der Meßzelle und registriert das Signal mit einem Schreiber. Neuerdings wird auch die direkte Auswertung mittels Computer versucht (5b, 6). Abb. 1 zeigt als Beispiel das Scandiagramm eines Proteins vom Molekulargewicht $M = 108000$ in Wasser. Nachfolgend wird eine vereinfachte Methode zur Bestimmung von Sedimentationskoeffizienten mitgeteilt.

Theoretischer Teil

In Abb. 2 wird unter a) die Geometrie einer Doppelsektorzelle im Sedimentationsfeld einer analy-

Abb. 1. Photoelektrisches Scandiagramm bei Sedimentation eines Proteins vom Molekulargewicht $M = 108000$ in einer Doppelsektorzelle bei 30000 Umdrehungen pro Minute. Die Lösung enthielt 0,309 mg/cm³ Protein in Wasser von 20 °C

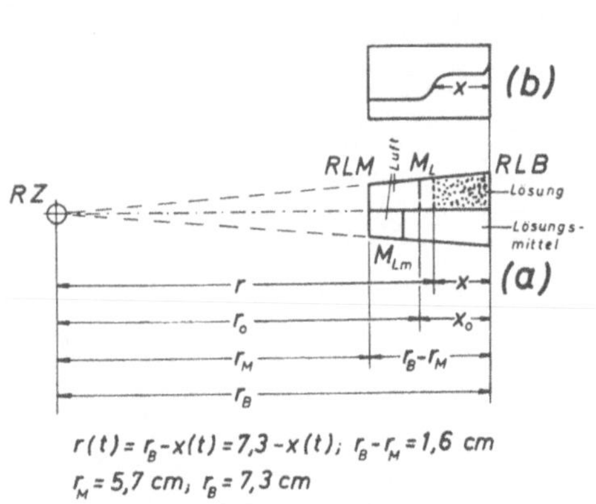

Abb. 2. Schemazeichnung einer Doppelsektorzelle im Rotor der analytischen Ultrazentrifuge: a) Geometrische Lage; b) die Konzentrationsverteilung in der Lösung (Zeichenerklärung im Text)

tischen UZ mit Bezeichnungen dargestellt. Die Zelle selbst ist dick ausgezogen. Ganz oben ist schematisch unter b) die wirkliche Konzentrationsverteilung bei ansedimentierter Lösung normiert auf reines Lösungsmittel als Bezugsstandard aufgetragen. Die Höhe der Zelle wird begrenzt durch Referenzlöcher an Boden (RLB) und Meniskus (RLM). Ihr Abstand $r_B - r_M = 1{,}6$ cm dient zur Längeneichung; r bezeichnet den wirklichen Abstand der Grenzschicht (Halbwertshöhe) vom Rotationszentrum (RZ) in cm, r_0 den Abstand vor Beginn der Sedimentation. Ferner sind x und x_0 die konjugierten Längen bezogen auf den Boden der Zelle, $r_M = 5{,}7$ cm entspricht dem Abstand $\overline{\text{RLM-RZ}}$ und $r_B = 7{,}3$ cm dem Bodenabstand; M_L und M_{Lm} bedeuten die Menisken von Lösung (L) und Lösungsmittel (Lm) gegen Luft.

In Abb. 3 wurden die Bezeichnungen von Abb. 2 auf das makroskopische Scandiagramm in Abb. 1 mit

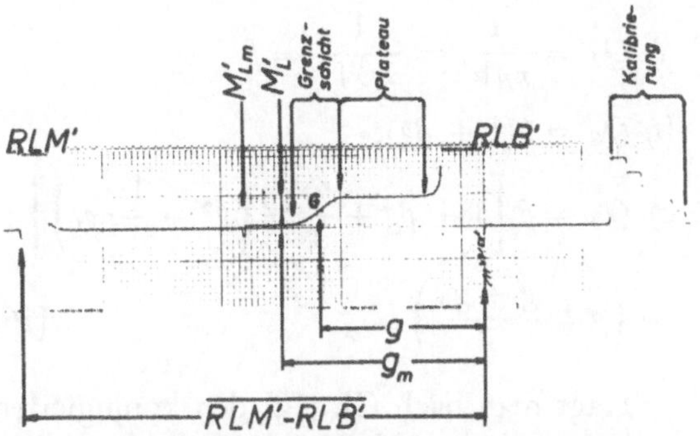

Abb. 3. Scandiagramm nach Abb. 1 mit den makroskopischen Bezeichnungen (Erklärung im Text)

den entsprechenden makroskopischen Längen übertragen. Dabei bedeuten RLM' und RLB' die Bilder von RLM und RLB. Der Bildabstand $\overline{\text{RLM'–RLB'}}$ bezogen auf den wahren Abstand $\overline{\text{RLM–RLB}} = |r_M - r_B| = 1{,}6$ cm liefert die Vergrößerung $V = (\overline{\text{RLM'–RLB'}})/1{,}6$. g ist der makroskopische Abstand der Halbwertshöhe G von der Referenzlinie bei RLB', g_m entsprechend der Abstand der Abbildung des Meniskus der Lösung (M'_L) von RLB'. Die Scansignale für die Menisken von Lösung und Lösungsmittel bei M'_L bzw. M'_{Lm} sind deutlich zu erkennen (s. auch Abb. 1). Darauf folgt in Richtung Boden der Zelle der Konzentrationsanstieg im Bereich der Grenzschicht bis zum Konzentrationsplateau. Ganz rechts sind die Kalibrierstufen zu erkennen.

Nach der Sedimentationsgeschwindigkeitsmethode liefert der Sedimentationskoeffizient (7)

$$S = \frac{1}{\omega^2 r} \cdot (dr/dt) = \frac{1}{\omega^2} (d \ln r/dt) \text{ (sec)} \quad [1]$$

(ω = Winkelgeschwindigkeit in $\sec^{-1}$; t = Meßzeit in sec)
in Verbindung mit Diffusionsmessungen das absolute Molekulargewicht. Oft dient er auch für sich allein zur Charakterisierung von Makromolekülen. Für S = const erhält man durch Integration über die Sedimentationsdauer zwischen 0 und τ (8a, 9a) als Bewegungsgleichung

$$\ln r = \ln r_0 + \omega^2 S\tau = \ln r_0 + \omega^2 S(\tau_0 + t)\,, \quad [2]$$

$$\tau = \tau_0 + t \text{ (sec)}\,. \quad [3]$$

Wegen der Anfahrbedingungen ist eine Nullzeitkorrektur τ_0 erforderlich. Die wirkliche Sedimentationszeit errechnet sich nach Gl. [3] additiv aus τ_0 und der Meßzeit t ab erreichen der Solldrehzahl. Der Anstieg in Gl. [2] liefert nach Gl. [1] den wirklichen Sedimentationskoeffizienten. Machen sich im Verlauf der Sedimentation Konzentrations- bzw. Druckeffekte oder andere nichtlineare Einflüsse bemerkbar, so ist streng genommen für jede Versuchskonzentration der Grenzübergang zum Anfangszustand mit Hilfe entsprechender Zeit- (8a) bzw. Ortskorrekturen (9a) unter Berücksichtigung von τ_0 zu vollziehen,

$$S = \lim_{\tau \to 0} \left(\frac{1}{\omega^2 r} \cdot \frac{dr}{d\tau} \right) = \lim_{\tau \to 0} \left(\frac{1}{\omega^2} \cdot \frac{d \ln r}{d\tau} \right). \quad [1a]$$

Durch Taylorentwicklung von Gl. [2] kann die S-Bestimmung vereinfacht werden. Das gilt besonders beim photoelektrischen Scanverfahren. Für den Zusammenhang zwischen wirklicher Lage der Grenzschicht im UZ-Sedimentationsfeld der Meßzelle und dem konjugierten makroskopischen Abstand der Halbwertshöhe G von RLB' gilt mit den bei Abb. 2 und 3 eingeführten Bezeichnungen

$$x(t) = r_B u(t) = r_B - r(t) = g(t)/V = \beta r_B g(t)\,, \quad [4]$$

$$x_0 = r_B u_0 = r_B - r_0 = g_0/V = \beta r_B g_0 \quad [4a]$$

($r_B = 7{,}3$ cm; $\beta = 1/r_B V = 1/7{,}3\, V$).
Anstelle von r führen wir in Gl. [2] den reduzierten konjugierten Halbhöhenabstand $u(t) = x(t)/r_B$ ein und erhalten

$$\ln r_B(1 - u(t)) = \ln r_B(1 - u_0) + \omega^2 S\tau\,. \quad [5]$$

Reihenentwicklung bis zur n-ten Ordnung ($i \in N_n = \{1, 2, \ldots, n\}$) im Intervall $-1 < u < 1$ ergibt nach Umformung (10)

$$\sum_{i=1}^{n} \frac{1}{i} (u^i - u_0^i) + R_n - R_{no} = -\omega^2 S\tau,\ (i \in N_n)\,. \quad [6]$$

Der Näherungsfehler aus den Resten ($0 < \vartheta < 1$; $-1 < u \leqq u_0 < 1$)

$$R_n = \frac{u^{n+1}}{(n+1)(1-\vartheta u)} < \frac{u^{n+1}}{(n+1)(1-u)} < \frac{u^{n+1}}{(n+1)(1-u_0)}\,; \quad [7]$$

$$R_{no} = \frac{u_0^{n+1}}{(n+1)(1-\vartheta u_0)} < \frac{u_0^{n+1}}{(n+1)(1-u_0)}, \quad [7a]$$

beträgt

$$|\Delta R_n| = |R_n - R_{no}| < \frac{1}{n+1}\left|\frac{u^{n+1}-u_0^{n+1}}{1-u_0}\right|. \quad [8]$$

Wie man sieht, werden bei hinreichend großem n sowohl die Restglieder nach Gl. [7] als auch $|\Delta R_n|$ beliebig klein.

Aus Gl. [6] folgt nach Umformung

$$u = u_0 - a\tau \Big/ \left[1 + \frac{\Delta R_n}{q_n(u-u_0)}\right] \quad [9]$$

und für $\Delta R_n \to 0$

$$u = u_0 - a\tau\,. \quad [9a]$$

Der Kurvenanstieg entspricht dann für die n-te Näherung

$$a = \omega^2 S_n / q_n\,, \quad [10]$$

mit dem reziproken Korrekturfaktor

$$q_n = \sum_{i=1}^{n} \frac{1}{i} \cdot \frac{u^i - u_0^i}{u-u_0}, \; (i \in N_n)\,. \quad [11]$$

Geht man bei Gl. [9a] gemäß Gl. [4] (rechterhand) zum konjugierten makroskopischen Halbhöhenabstand g über, so resultiert unter sonst gleichen Voraussetzungen

$$g = g_0 - A\tau = g_0' - At\,, \quad [12]$$

$$g_0' = g_0 - A\tau_0\,. \quad [13]$$

Dann ist

$$-\dot{g} = A = aq_n/Q_n = \omega^2 S_n/Q_n\,. \quad [14]$$

Der reziproke makroskopische Korrekturfaktor n-ter Ordnung lautet

$$Q_n = \beta q_n = \sum_{i=1}^{n}\left[\frac{\beta^i}{i}\cdot\frac{g^i-g_0^i}{g-g_0}\right], \; (i \in N_n)\,. \quad [15]$$

Für die 1. bis 3. Näherung gilt

$$\text{a)}\; Q_1 = \frac{1}{r_B V} = \frac{1}{7{,}3\,V} = \beta\,;$$

$$\text{b)}\; Q_2 = \beta(1+\beta\bar{g})\,;$$

$$\text{c)}\; Q_3 = \beta\left[1+\beta\bar{g}+\frac{4}{3}\beta^2\left(\bar{g}^2-\frac{1}{4}gg_0\right)\right]\,;$$

$$\left(\bar{g} = \frac{g+g_0}{2}\right). \quad [16]$$

Trägt man nach Gl. [12] den konjugierten makroskopischen Halbhöhenabstand g gegen die Meßzeit t auf, so sollte bei festem S, kurzen Versuchszeiten, d.h. $|(g-g_0)/g_0| \ll 1$, und $\Delta R_n \to 0$ eine fallende Gerade mit einem innerhalb der Meßgenauigkeit konstanten Anstieg $dg/dt = -A$ resultieren.

Nach Gl. [1] und [14] errechnet sich hierbei der Sedimentationskoeffizient n-ter Näherung zu

$$S_n = \frac{1}{\omega^2} AQ_n = -\frac{1}{\omega^2} Q_n(dg/dt)\,. \quad [17]$$

Mißt man, wie bei UZ-Versuchen üblich, die Zeit in Minuten statt in Sekunden, so ist durch 60 zu dividieren, $\hat{t} = t/60$ (t in sec, $\hat{t}$ in min). Entsprechend transformiert sich $A \to \hat{A}$, und Gl. [12] bis [14] unter den getroffenen Voraussetzungen nach

$$g = g_0' - \hat{A}\hat{t}\,, \quad [12a]$$

$$g_0' = g_0 - \hat{A}\hat{\tau}_0, \; (\hat{\tau} = \tau/60 \text{ min})\,; \quad [13a]$$

$$-dg/d\hat{t} = -\hat{\dot{g}} = \hat{A} = 60\,\omega^2 S_n/Q_n\,. \quad [14a]$$

Für den Sedimentationskoeffizienten erhält man in n-ter Näherung anstelle von Gl. [17] bei Zeitmessung in Minuten

$$S_n = \frac{1}{60\,\omega^2}\hat{A}Q_n = -\frac{1}{60\,\omega^2}Q_n(dg/d\hat{t})\,,$$

$$(\hat{t} \text{ in min};\; n = \text{Max}\, i,\; i \in N_n)\,. \quad [18]$$

Für $S = \text{const}$ spielt die Nullzeitkorrektur τ_0 nach oben keine Rolle. Die Auswertung von Gl. [17] bzw. [18] kann dann im Rahmen der Voraussetzungen an beliebiger Stelle, zweckmäßig jedoch in der Umgebung der experimentellen Grenzlage ($\tau = \tau_0 \iff t = 60\ \hat{t} = 0$ $|g = g_0'$), d.h. nach Erreichung der Solldrehzahl, erfolgen. Hier wird gemäß Gl. [16] $\bar{g} = (g_0+g)/2 \approx g_0'$; $Q_2 \to Q_{20}'$ und $Q_3 \to Q_{30}'$. Für die Approximationen 2. bzw. 3. Ordnung folgt damit aus Gl. [18]

$$S_2 = \frac{\hat{A}}{60\,\omega^2} Q'_{20} = \frac{\hat{A}}{60\,\omega^2}\,\beta\,(1 + \beta g'_0)\,; \quad [18\text{a}]$$

$$S_3 = \frac{\hat{A}}{60\,\omega^2} Q'_{30}$$

$$= \frac{\hat{A}}{60\,\omega^2}\,\beta\,[1 + \beta g'_0 + (\beta g'_0)^2]\,. \quad [18\text{b}]$$

Verläuft unter den gegebenen Voraussetzungen die Kurve nach Gl. [12] nicht linear, so ist strenger Grenzübergang $\hat{\tau} \to 0$ für die wirkliche Sedimentationsdauer $\hat{\tau}$ entsprechend Gl. [1a] erforderlich. Dazu wird die Nullzeitkorrektur benötigt. Man erhält aus Gl. [14a] und [15]

$$S_{no} = \lim_{\hat{\tau}\to 0} \frac{1}{60\,\omega^2} Q_n \hat{A}$$

$$= -\frac{1}{60\,\omega^2} \lim_{\hat{\tau}\to 0} \left(Q_n \frac{dg}{d\hat{\tau}} \right). \quad [19]$$

Bei $\hat{\tau} = 0$ liegt nach üblicher Arbeitsweise die Grenzschicht am Meniskus der Lösung, d.h. es ist $g_0 \equiv g_m$. Die Nullzeitkorrektur errechnet sich aus dem Anfahrverhalten zu (9b, 11)

$$\hat{\tau}_0 = \int_{\hat{\tau}=0}^{\hat{\tau}_\omega} (\omega'/\omega)^4\, d\hat{\tau} \ (\text{min}) \quad [20]$$

(ω' = Winkelgeschwindigkeit des Rotors zur Zeit $\hat{\tau} < \hat{\tau}_0$; ω = Sollwert der Winkelgeschwindigkeit für $\hat{\tau} \geqq \hat{\tau}_\omega$; $\hat{\tau}_\omega$ = Versuchszeit ab Start bis Erreichung von ω).

Aus Gl. [13a] folgt im Vergleich dazu ($\hat{\tau} = 0 \Longleftrightarrow g_0 \equiv g_m$)

$$\hat{\tau}_0 = \frac{1}{\hat{A}}(g_0 - g'_0) = \frac{1}{\hat{A}}(g_m - g'_0) \ (\text{min})\,. \quad [21]$$

Zur Berechnung der Nullzeitkorrektur nach Gl. [21] wird g_m direkt aus dem Scandiagramm entnommen (s. Abb. 3); g'_0 ist der Ordinatenabschnitt und $\hat{A}$ der negative Anstieg nach Gl. [12a] bzw. [14a].

Ein nach Gl. [17] bzw. [18] erhaltener Sedimentationskoeffizient S_n unterscheidet sich vom wirklichen Wert S wegen der Restglieddifferenz um

$$\frac{|\Delta S_n|}{S_n} = \frac{|S - S_n|}{S_n} = \frac{|\Delta R_n|}{Q_n(g_0 - g)} < \frac{\beta^{n+1}}{n+1} \cdot \left| \frac{\sum_{\nu=0}^{n} g_0'^{\nu} g^{n-\nu}}{(1 - \beta g'_0)\, Q_n} \right|, \ (\nu \in N_0)\,. \quad [22]$$

Ganz wie ΔR_n nach Gl. [8], so kann auch ΔS_n gemäß Gl. [22] bei hinreichend guter Näherung beliebig klein gehalten werden. Für den Näherungsfehler 2. Ordnung gilt beispielsweise (da $g_0 \gtrapprox g'_0 \geqq g$)

$$\frac{|\Delta S_2|}{S_2} = \frac{|S - S_2|}{S_2} < \frac{\beta^2}{3} \cdot \frac{g^2 + g g_0 + g_0'^2}{(1 - \beta g_0)(1 + \beta g'_0)} \approx \frac{(\beta g_0)^2}{1 - (\beta g_0)^2}\,. \quad [22\text{a}]$$

Experimentelles

Die Proteine sind in (4, 12) beschrieben. Die Molekulargewichte, wässrigen Lösungsmittelgemische und ihre Eigenschaften (ϱ_{Lm} = Dichte in g/cm³; η_{Lm} = Viskosität in Centipoise) enthält Tab. 1.

Die Sedimentationsgeschwindigkeitsversuche erfolgten in Doppelsektorzellen bei 280 nm auf einer analytischen Ultrazentrifuge Beckman Modell E,

Tab. 1. Proteine, wäßrige Lösungsmittelgemische und Versuchsbedingungen bei 20 °C

Protein	I	II	III
Molekulargewicht	25200[a]	108000[b]	600000[b]
wäßriges Lösungsmittelgemisch	Natriumdodecylsulfat (0,25%); 0,05 M NaCl	Wasser	0,05 M Na_2CO_3; 0,05 M NaCl
ϱ_{Lm} (g/cm³)	1,0007	0,9982[c]	1,0060
η (Centipoise)	1,022	1,005[d]	1,029
pH	7	7	11,5
Zentrifugendrehzahl (Umdrehungen/min)	30000	30000	20000

[a] (4); [b] (12); [c] (13a); [d] (13b).

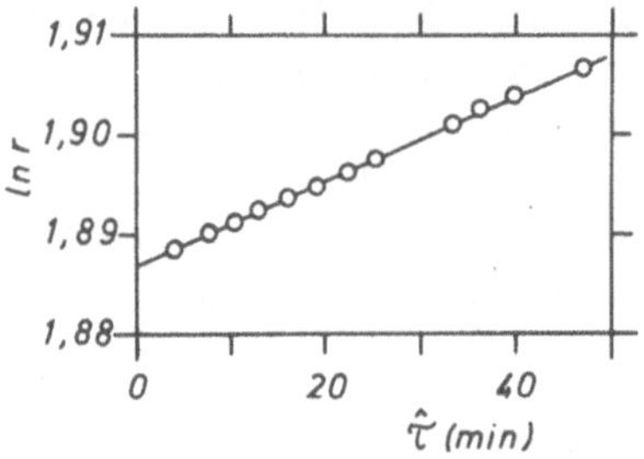

Abb. 4. Logarithmische Auftragung von r gegen $\hat{\tau}$. r in cm ist der wirkliche Abstand der Grenzschicht vom Rotationszentrum, $\hat{\tau}$ die wirkliche Sedimentationszeit in Minuten. Die Proteinlösung ist die gleiche wie bei Abb. 1

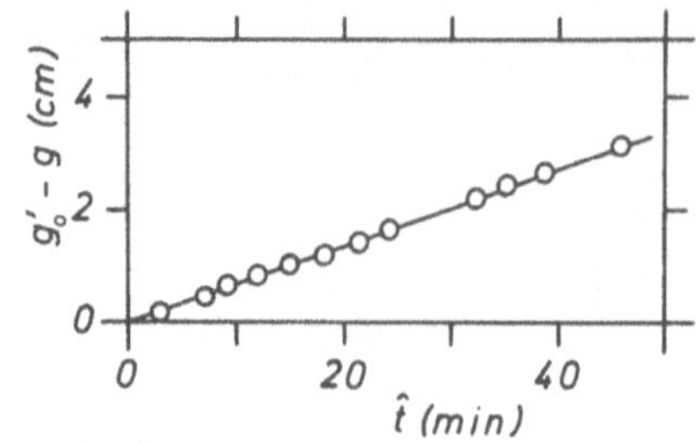

Abb. 6. Konjugierte makroskopische Verschiebung g_0'–g der Grenzschicht im Scandiagramm in Abhängigkeit von der Meßzeit $\hat{t}$. Die Proteinlösung ist die gleiche wie bei Abb. 1

ausgerüstet mit einer photoelektrischen Scaneinrichtung (Die Zentrifugendrehzahlen stehen in Tab. 1). Dichtemessungen wurden mit einem Präzisionsdichtemeßgerät Modell DMA 02 (Paar, (14)) ausgeführt, Viskositätsmessungen in einem Ubbelohde-Viskosimeter mit hängendem Niveau (Schott, Modell I). Alle Messungen erfolgten bei 20 °C.

Ergebnisse und Diskussion

Am Beispiel von Protein $M = 108000$ zeigt Abb. 4 entsprechend Gl. [2] den linearen logarithmischen Verlauf des wirklichen Abstandes r der Grenzschicht (Halbhöhe) von RZ in Abhängigkeit von der wirklichen Sedimentationszeit $\hat{\tau}$ in Minuten (integrale Nullzeitkorrektur $\hat{\tau}_0 = 1{,}1$ min). Aus dem durch Regressionsrechnung bestimmten Anstieg errechnet sich der wirkliche Sedimentationskoeffizient für die betreffende Proteinkonzentration (0,309 mg/cm³) nach Gl. [1] zu $S_c = 7{,}25$ SE (SE = Svedbergeinheit $\equiv 10^{-13}$ sec). Abb. 5 zeigt zum Vergleich den konjugierten makroskopischen Abstand g der Grenzschicht (s. Abb. 3) in Abhängigkeit von der

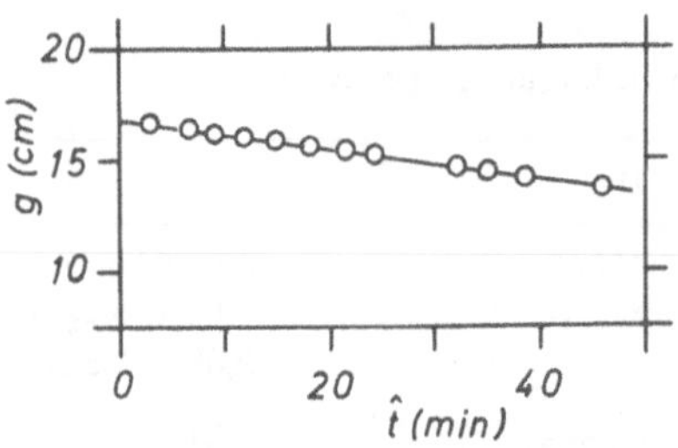

Abb. 5. Zeitlicher Verlauf von g mit $\hat{t}$. g bedeutet den konjugierten makroskopischen Abstand der Grenzschicht im Scandiagramm (Halbwertshöhe G) in cm von der Referenzlinie für den Boden (RLB', s. Abb. 3), $\hat{t}$ die Meßzeit in Minuten. Die Proteinlösung ist die gleiche wie bei Abb. 1.

Meßzeit $\hat{t}$ in Minuten. In Übereinstimmung mit Gl. [12a] erhält man eine mit $\hat{t}$ fallende Gerade. In Abb. 6 ist die konjugierte makroskopische Verschiebung g_0'–g der Grenzschicht im Scandiagramm während der Versuchszeit $\hat{t}$ dargestellt. Gemäß $g_0' - g = \hat{A}\hat{t}$ (aus Gl. [12a]) erhält man eine durch den Nullpunkt ($\hat{t} = 0 | g = g_0' = 16{,}86$ cm) gehende Gerade. Aus dem durch Regressionsrechnung bestimmten negativen Anstieg $-dg/d\hat{t} = \hat{A} = 6{,}833 \cdot 10^{-2}$ cm/min, der makroskopischen Scanvergrößerung $V = 24{,}14$, dem Korrekturfaktor $\beta = 1/7{,}3\, V = 5{,}676 \cdot 10^{-3}$ cm^{-1} und der Winkelgeschwindigkeit $\omega = 3{,}12 \cdot 10^3$ sec^{-1} erhält man nach Gl. [18a] bzw. [18b] $S_2 = 7{,}25$ SE; $S_3 = 7{,}32$ SE. Innerhalb der Fehlergrenze $\Delta S = \pm 0{,}07$ SE ($\pm 0{,}9$ %) besteht quantitative Übereinstimmung der Näherungen mit dem wirklichen Sedimentationskoeffizienten. Der

Tab. 2. Sedimentationskoeffizienten eines Polypeptids vom Molekulargewicht $M = 25000$ bei verschiedenen Konzentrationen in wäßrigen Lösungsmittelgemischen mit 0,25% Natrium-dodecylsulfat und 0,05 M NaCl (20 °C, 30000 RPM)

$c \cdot 10^3$ (g/cm³)	$S \cdot 10^{13}$ (sec)	$S_2 \cdot 10^{13}$ (sec)	$S_3 \cdot 10^{13}$ (sec)	$\lvert\Delta S_2\rvert \cdot 10^{13}$ (sec)
0,195	2,59	2,58	2,60	0,01
0,214	2,33	2,32	2,33	0,01
0,234	2,59	2,58	2,59	0,01
0,268	2,48	2,47	2,49	0,01
0,273	2,51	2,50	2,52	0,01
0,312	2,49	2,48	2,49	0,01
0,321	2,69	2,68	2,69	0,01
0,375	2,79	2,78	2,79	0,01
0,390	2,52	2,51	2,52	0,01
0,428	2,29	2,29	2,29	0,01
0,468	2,08	2,07	2,08	0,01
0,482	2,04	2,03	2,04	0,01

Approximationsfehler 2. Ordnung beträgt nach Gl. [22a] lediglich $|\Delta S_2| < 0{,}01$ SE ($g_0 \equiv g_m = 16{,}91$ cm). Gl. [21] liefert schließlich als Nullzeitkorrektur nach der einfachen Meniskusmethode $\hat{t}_0 = 0{,}8$ min. Das stimmt befriedigend mit den nach Gl. [20] durch numerische Integration erhaltenen 1,1 min überein.

In Tab. 2 sind für verschiedene Konzentrationen von Polypeptid $M = 25000$ in wäßrigen Natriumdodecylsulfat-Kochsalz-Lösungen, also für Mehrkomponentensysteme, die wirklichen Sedimentationskoeffizienten S den Näherungswerten 2. und 3. Ordnung nach Gl. [18a] bzw. [18b] gegenübergestellt. Wie die kleinen Differenzen von durchweg $|\Delta S_2| =: |S - S_2| \lessapprox 0{,}01$ SE zeigen, besteht auch hier innerhalb der Meßgenauigkeit von $\Delta S = \pm 0{,}05$ SE quantitative Übereinstimmung zwischen S und S_2 bzw. S_3. Das erkennt man auch aus dem Konzentrationsverlauf $S = S(c)$ der wirklichen Sedimentationskoeffizienten (0) im Vergleich mit den S_3-Werten (+) in Abb. 7. Es ergibt sich völlige Übereinstimmung im Rahmen der Fehlergrenze. Man sieht ferner, daß die Sedimentationskoeffizienten bei sehr kleinen Polypeptidkonzentrationen ($c < 0{,}4$ mg/cm^3) auch in Detergenslösungen konzentrationsunabhängig werden. Die für unendliche Verdünnung $c \to 0$ erhaltenen Grenzwerte stehen in Tab. 3.

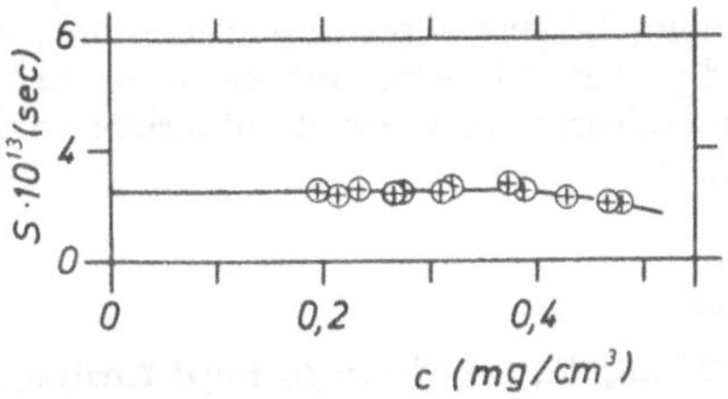

Abb. 7. Konzentrationsverlauf des wirklichen Sedimentationskoeffizienten (0) und der Näherung 3. Ordnung (+) für das Polypeptid $M = 25000$ in wäßrigen Natriumdodecylsulfat-Kochsalz-Lösungen von 20 °C (0,25% Na-Dodecylsulfat; 0,05 M NaCl)

In Abb. 8 sind für die Proteine a) $M = 108000$ und b) $M = 600000$ die Reziprokwerte der wirklichen Sedimentationskoeffizienten (0) und der Näherung 2. Ordnung (+) über der Proteinkonzentration aufgetragen. Bei beiden Versuchsreihen fallen wirkliche Werte und Approximationen innerhalb des Fehlerintervalls zusammen. Es ergeben sich Geraden, die

$$\frac{1}{S_c} = \frac{1}{S_0}(1 - k_s c) \qquad [23]$$

entsprechen. S_c steht für die Sedimentationskoeffizienten bei endlicher Proteinkonzentration, $S_0 = \lim_{c \to 0} S_c$ für den Grenzwert bei unendlicher Verdünnung und k_s für den negativen Anstieg, welcher im untersuchten Konzentrationsbereich konstant ist (a) $k_s = 1{,}89 \cdot 10^2$ cm^3/g; b) $k_s = 2{,}62 \cdot 10^2$ cm^3/g). Die schwache Negativität deutet auf eine gewisse Aggregationstendenz.

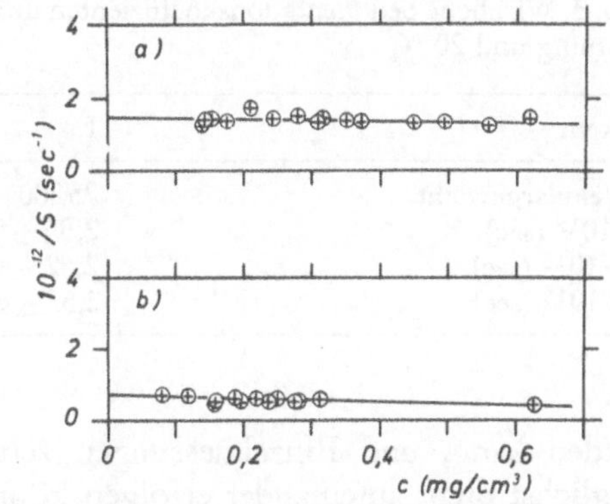

Abb. 8. Reziprokwerte der wirklichen Sedimentationskoeffizienten (0) und der Näherungen 2. Ordnung (+) bei 20 °C, aufgetragen über den Proteinkonzentrationen: a) $M = 108000$ in Wasser; b) $M = 600000$ in wäßrigen Carbonatlösungen (0,05 M Na_2CO_3; 0,05 M NaCl)

Die Zahlenwerte für die wahren Sedimentationskoeffizienten bei unendlicher Verdünnung (S_0) sowie die Näherungen 2. und 3. Ordnung (S_{20}, S_{30}) stehen in Tab. 3. Innerhalb der angegebenen Fehlergrenzen besteht quantitative Übereinstimmung zwischen S_0 und den nach Gl. [12] bzw. [12a] sowie Gl. [18a] und [18b] errechneten Näherungswerten S_{20} bzw. S_{30}.

Damit ist für einen weiten Molekulargewichtsbereich ($2 \cdot 10^4 < M < 10^6$) gezeigt, daß der wirkliche Sedimentationskoeffizient präzise nach der vereinfachten makroskopischen Methode gemäß Gl. [12] bzw. [12a] durch die Approximationen 2. bzw. 3. Ordnung bestimmt werden kann. Der wesentliche Vorteil liegt im großen Zeitgewinn. Das gilt sowohl für das UZ-Experiment selbst, wo der Anfahrbereich besonders rasch durchfahren

Tab. 3. Wirkliche Sedimentationskoeffizienten und die Approximationen 2. und 3. Ordnung bei unendlicher Verdünnung und 20 °C

Protein	I	II	III
Molekulargewicht	25200	108000	600000
$S_0 \cdot 10^{13}$ (sec)	2,53 ± 0,05	6,64 ± 0,12	15,8 ± 0,5
$S_{20} \cdot 10^{13}$ (sec)	2,52 ± 0,05	6,63 ± 0,12	15,8 ± 0,5
$S_{30} \cdot 10^{13}$ (sec)	2,53 ± 0,05	6,68 ± 0,12	15,9 ± 0,5

werden kann, und Einzelmessungen zeitlich möglichst dicht aufeinander erfolgen können. Zum andern benötigt man für die einfache makroskopische Auswertung wesentlich weniger Zeit als üblich. Das ist vor allem für Serienversuche sowie die direkte Computerauswertung von Sedimentationsgeschwindigkeitsversuchen von Interesse. Die Methode ist nicht auf das photoelektrische Scanverfahren beschränkt, sondern kann auch auf Schlieren- und Interferenzverfahren sowie auf Aktivitätsmessungen übertragen werden.

Zusammenfassung

Es wird eine vereinfachte makroskopische Methode zur Bestimmung von Sedimentationskoeffizienten (S) nach dem photoelektrischen Scanverfahren beschrieben. Im allgemeinen werden Sedimentationskoeffizienten aus dem Anfangsanstieg der logarithmischen Bewegungsgleichung für die Grenzschicht erhalten. (Standardmethode). Theoretisch wird gezeigt, daß der Logarithmus der wirklichen Position der Grenzschicht durch den konjugierten makroskopischen Abstand g im Scandiagramm ersetzt werden kann. Dieser wird der Referenzlinie für den Boden der Zelle zugeordnet (RLB′) und kann direkt mittels Lineal ausgemessen werden. g genügt als Funktion der Zeit einer Geraden mit negativem Anstieg. Daraus resultieren einfache Beziehungen für den Sedimentationskoeffizienten. Die Differenz zum wahren Wert von S nach der Standardmethode wird bei hinreichend hoher Ordnung der Approximation beliebig klein. Zur Berechnung der Nullzeitkorrektur wird eine einfache Meniskusmethode angegeben.

Die Anwendung der neuen Methode wird bei wäßrigen Proteinlösungen ($M = 25000$; 108000; 600000) erprobt. Durchweg führt schon die 2. Näherung innerhalb der Versuchsfehlergrenze zu quantitativer Übereinstimmung mit dem wirklichen Sedimentationskoeffizienten. Wegen des großen Zeitgewinns erweist sich die neue Methode als besonders geeignet zur schnellen und genauen Auswertung von Reihenversuchen.

Summary

The simplified determination of sedimentation coefficients (S) by photoelectric scanning is descibed. Generally, sedimentation coefficients are evaluated from the initial slope of the logarithmic equation of motion of the boundary (standard method). Theoretically it is shown that the logarithm of the real position of the boundary may be replaced by the conjugated macroscopic distance g of the scan diagram. This is related to the reference line of the bottom of the cell (RLB′) and can directly be measured by a ruler. g as a function of time fits a straight line of negative slope. Therefrom, simple relations result for the sedimentation coefficient. The difference relative to the actual value of S, resulting from the standard method becomes vanishingly small if the order of approximation is sufficiently high. To calculate the zero time correction a simple meniscus procedure is given.

The application of the new method is tested at aqueous solutions of proteins ($M = 25000$; 108000; 600000). It proves that already the 2nd order of approximation agrees quantitatively well with the real sedimentation coefficient within the experimental error limits. Because of the large gain in time, the new method proves to be especially suited for the fast and precise evaluation of series of sedimentation velocity experiments.

Literatur

1) *Haase, R.*, in: Ultracentrifugal Analysis, S. 13, (New York-London 1963).

2) *Casassa, E. F., H. Eisenberg*, Adv. Protein Chem. **19**, 287 (1964).

3) *Tanford, C., Y. Nozaki, J. A. Reynolds, S. Makino*, Biochemistry **13**, 2369 (1974).

4) *Craubner, H., F. Koenig, G. H. Schmid*, Z. Naturforschg. **30c**, 615 (1975).

5) *Schachman, H. K., S. J. Edelstein*, a) Biochemistry **5**, 2681 (1966); b) Methods Enzymol. **27**, 3 (1973).

6) *Crepeau, R. H., C. P. Hensley, S. J. Edelstein*, Biochemistry **13**, 4860 (1974).

7) *The Svedberg, K. O. Pedersen*, Die Ultrazentrifuge, S. 244 (Dresden und Leipzig 1940).

8) *Schachman H. K.*, Ultracentrifugation in Biochemistry, 2nd print., a) S. 75, b) S. 90 (New York-London 1964).

9) *Elias, H.-G.*, Ultrazentrifugen-Methoden, 3. A., a) S. 63, b) S. 190, c) S. 84 (München 1969).

10) *Courant, R.*, Vorlesungen über Differential- und Integralrechnung, Bd. 1, 3. A., S. 271 (Berlin-Göttingen-Heidelberg 1961).

11) *Yphantis, D. A.*, J. Phys. Chem. **63**, 1742 (1959).

12) *Koenig, F., W. Menke, H. Craubner, G. H. Schmid, A. Radunz*, Z. Naturforschg. **27b**, 1225 (1972).

13) *Hodgman, C. D., R. C. Weast, R. S. Shankland, S. M. Selby*, Handbook of Chemistry and Physics, 44th ed., a) S. 2197, b) S. 2257 (Cleveland 1963).

14) *Kratky, O., H. Leopold, H. Stabinger*, Methods Enzymol. **27**, 98 (1973).

Anschrift des Verfassers:

Priv.-Doz. Dr. *H. Craubner*
Kolibriweg 10
5000 Köln 30

Progr. Colloid & Polymer Sci. **60**, 138–146 (1976)

7.

Institut für Kolloidchemie und Kolloidtechnologie, Loránd-Eötvös-Universität, Budapest (Ungarn)

Einfluß von Polyvinylpyrrolidon auf die Struktur und einige physikalische Eigenschaften von chemisch vernetzten Polyvinylalkoholgelen

M. Nagy, E. Wolfram und *T. Váradi*

Mit 13 Abbildungen

(Eingegangen am 18. Oktober 1975)

Einleitung

Zur quantitativen Beschreibung dreidimensionaler polymerer Netzwerke verwendet man einfache idealisierte Modelle mit streng Gauss'scher Segmentverteilung, ohne Inhomogenitäten (1, 2). Reale Netzwerke haben jedoch Fehlstellen verschiedener Art, z.B. molekulare, wie cyklische Strukturen, Verschlaufungen, unreagierte Funktionalitäten, oder supermolekulare Heterogenitäten, die durch lokale Segmentdichten weit über den Durchschnittswert charakterisiert sind. Die letzteren Inhomogenitäten entstehen meistens dann, wenn die Gelbildung durch eine gehinderte Phasenseparation begleitet wird (3–5).

Obwohl die detaillierte Kenntnis solcher inhomogener Strukturen von großer Bedeutung ist, z.B. für das planmäßige Synthetisieren von Materialien mit großer struktureller Variabilität (von molekularen Netzwerken bis zu porösen Stoffen), oder für die Erkenntnis biologischer Strukturen, ist bisher weder der Mechanismus der Bildung, noch die Beziehung zwischen Struktur und Eigenschaften befriedigend studiert worden.

In einer früheren Arbeit (6) hatten wir gezeigt, daß unter den Faktoren, die Strukturen von durch chemisches Vernetzen eines Polymeren geformten Gelen beeinflussen, sowohl der Vernetzungsgrad, als auch die Anfangskonzentration des Polymeren von primärer Bedeutung sind. Hier ist der Vernetzungsgrad als die mittlere Zahl der Monomereinheiten zwischen zwei chemischen Haftpunkten definiert.

Ziel der vorliegenden Arbeit war es, den Einfluß einer chemisch inerten, nichtreagierenden zweiten Polymerkomponente, Polyvinylpyrrolidon (PVP), auf die Gelbildung von Polyvinylalkohol (PVA) zu studieren. Wir sind davon ausgegangen, daß das PVP, obwohl es in der Gelierung selbst nicht teilnimmt, vermutlich doch Änderungen in der räumlichen Verteilung sowohl der Segmente wie auch der Ketten des reaktiven PVA hervorruft, und daß dadurch experimentell erfaßbare Strukturänderungen entstehen, aus denen man Schlußfolgerungen auf die reale Struktur des Netzwerkes ziehen kann.

Experimentelles

Materialien

Die PVA-Gele wurden aus einem alkalisch hydrolisierten und fraktionierten kommerziellen Produkt (Rhodoviol 16/20, $M \approx 10^5$) hergestellt. Daten für das nichtreaktive PVP: K 30; $M_\eta = 4 \cdot 10^4$ bzw. K 90; $M_\eta = 3.6 \cdot 10^5$; die chemische Vernetzung wurde mit Glutardialdehyd (GDA) durchgeführt.

Herstellung der Gele

In einer PVA-Stammlösung wurde zuerst die nötige Menge von PVP, dann – unter Homogenisierung – der Vernetzer aufgelöst. Die Konzentration des letzteren wurde so gewählt, daß die durchschnittliche Zahl der Monomereinheiten zwischen den Netzpunkten (der Vernetzungsgrad) 20, 50 bzw. 100 beträgt. Dabei wurde eine quantitativ ablaufende Reaktion angenommen. Durch Einstellen des pH zu etwa 1 mit 1 *n* HCl wurde die Vernetzungsreaktion ausgelöst. Nach 5 Minuten Reaktionszeit wurden aus der Mischung teils zylinderförmige Probekörper für die mechanischen Untersuchungen, teils dünne Filme für die optischen bzw. Quellungsmessungen hergestellt.

Erfahrungsgemäß erfolgt die vollständige Gelbildung innerhalb von 4 Tagen. Nach dieser Zeit wurden die Gele durch dest. Wasser extrahiert und bis zur Verwendung unter dest. Wasser bei 5 °C stehen gelassen.

Methoden

Turbiditätsmessungen

Teils zur Verfolgung der Änderungen während der Gelbildung, teils zur Charakterisierung der fertigen Gelfilme haben wir die Turbidität mit Hilfe eines Spektrophotometers (Spekol ZV) im Bereich zwischen 400 und 700 nm gemessen. Im ersten Fall wurde die Turbidität des gelierenden Systems mit der Zeit gemessen. Zum Vergleich wurden die gleichen Messungen an Systemen von der gleichen Zusammensetzung, jedoch ohne Vernetzer durchgeführt. Im zweiten Fall wurden die Gelfilme, deren Dicke mittels eines Meßmikroskopes genau bestimmt waren, in eine 1 cm dicke Küvette gesetzt und ihre Turbidität gegenüber Wasser im obigen Wellenlängenbereich bestimmt. Aus diesen Daten lassen sich die Absolutwerte der Turbiditäten, sowie – aus ihrer Abhängigkeit von der Wellenlänge – mit Hilfe eines Kalibrationsverfahrens (7) der mittlere Radius der unter der Gelbildung entstandenen, als kugelförmig angenommenen Streuzentren, berechnen. Die Zuverlässigkeit dieser Kalibrationsmethode wurde durch Vergleichsmessungen, die an elektronenmikroskopisch streng kugelförmigen monodispersen Latexteilchen durchgeführt worden sind, kontrollieren. Es wurde eine recht gute Übereinstimmung gefunden, so daß der Relativfehler der Turbiditätsdaten höchstens 10% beträgt.

Rheologische Messungen

Zur Charakterisierung der mechanisch-rheologischen Eigenschaften wurden Deformations-Spannungskurven (im wesentlichen die unilaterale Kompressibilität) unter Verwendung einer modifizierten analytischen Waage bestimmt. Die Genauigkeit betrug 0.002 cm für die Deformations-, bzw. 0.01 g für die Belastungsbestimmungen in einem breiten Meßintervall. Der Relativfehler der am selben Probekörper durchgeführten Messungen war kleiner als 5%.

Bestimmung des Quellungsgrades

Die mit reinem Wasser im Quellungsgleichgewicht stehenden Gelzylinder wurden zuerst in diesem Zustand, sowie nach Trocknen bei 80 °C im Vakuum bis zur Gewichtskonstanz gewogen. Nach wiederholter Quellung der letzteren Proben konnte die Reversibilität bestimmt werden. Der auf diese Weise erhaltene Quellungsgrad (q_w) war innerhalb von 1% reproduzierbar.

Ergebnisse und Diskussion

Optisches Verhalten

Die zeitliche Turbiditätszunahme während der Gelbildung wurde ausführlicher an einem System studiert, das PVA in der Konzentration von 2.7 g/100 ml enthielt und GDA sowie PVP in variierender Menge enthielt. Nach den Erfahrungen wird sowohl die Geschwindigkeit der Turbiditätsänderung, als auch der Endwert der Turbidität vor allem durch den Vernetzungsgrad, sowie der Konzentration und dem Molekulargewicht des PVP beeinflußt. Bei einem gegebenen Vernetzungsgrad ist in erster Linie der Effekt des Molekulargewichts wichtig. Während sich nämlich die Turbidität von Systemen mit PVP niedrigeren Molekulargewichts nur relativ langsam ändert, führt PVP mit höherem Molekulargewicht bereits in der Nähe des Gelpunktes eine steile Zunahme der Turbidität herbei. Als Beispiel dient Abb. 1.

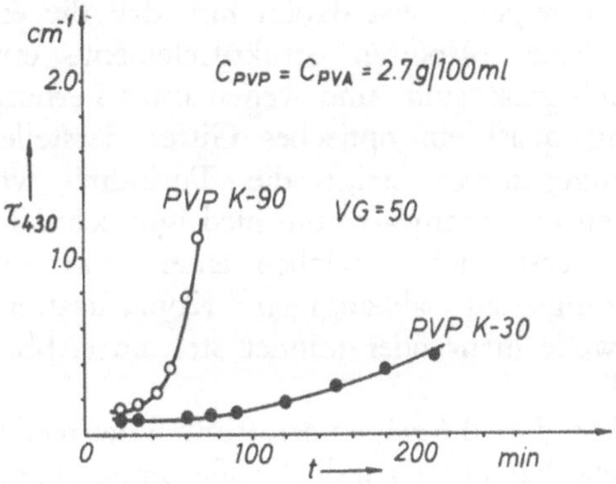

Abb. 1. Zeitabhängigkeit der Turbidität von gelierenden PVA-Lösungen in Gegenwart von PVP. VG: Vernetzungsgrad

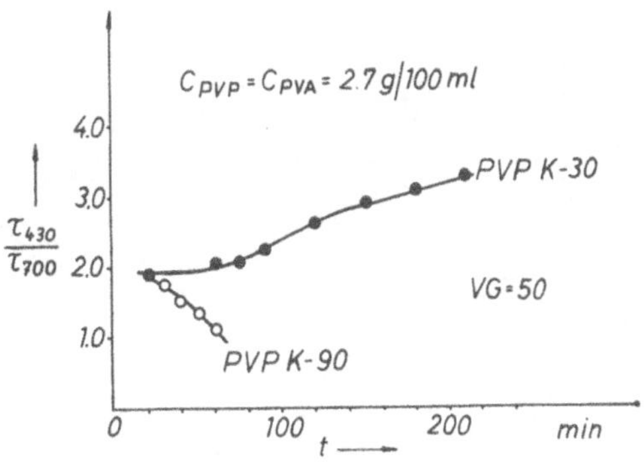

Abb. 2. Zeitabhängigkeit der relativen Turbidität von gelierenden PVA-Lösungen in Gegenwart von PVP. VG: Vernetzungsgrad

Ein bedeutender Unterschied besteht auch hinsichtlich des Molekulargewichtseffektes des PVP für die zeitliche Größenänderung der Streuzentren. In Abb. 2 wurden die Verhältnisse der bei 430 bzw. 700 nm gemessenen Turbiditäten als Funktion der Zeit aufgetragen. Die monoton abfallende Kurve (großes

Molekulargewicht) entspricht einer bedeutenden Abnahme der „Teilchengröße“, während die aufsteigende Kurve (niedriges Molekulargewicht) dafür spricht, daß die bereits gebildeten „Teilchen“ allmählich feiner werden.

Der gleiche Unterschied im Effekt des Molekulargewichtes auf die Turbidität wurde auch für die Konzentrationsabhängigkeit von Gelfilmen gefunden, die sich im Quellungsgleichgewicht befinden. Die Turbidität nimmt etwa linear und zugleich sehr steil mit der PVP-Konzentration zu. Die Beobachtung, daß die Gelfilme im durchfallenden Licht einen Iriseffekt zeigen, weist darauf hin, daß die entstandenen dispersen Strukturelemente etwa gleich groß sind, und wegen ihrer Fernordnung quasi ein optisches Gitter darstellen. Demgegenüber steigt die Turbidität von Gelen in Gegenwart vom niedrigmolekularen PVP erst nach Erreichen einer vom Vernetzungsgrad abhängigen Konzentrationsschwelle mehr oder minder steil an (Abb. 3 u. 4).

Abb. 5 und 6 zeigen den Einfluß des niedermolekularen PVP auf die Größe der gebildeten supermolekularen Partikel. Solche Partikel von relativ loser Struktur, d.h. von relativ kleiner lokaler Polymerkonzentration, bilden sich bereits in Lösungen ohne PVP, werden aber unter dem Einfluß des inerten PVP kompakter und demzufolge natürlich auch kleiner. Dies steht im Einklang mit den Ergebnissen der kinetischen Untersuchungen. Es ist dazu folgendes zu bemerken: Bei der dem

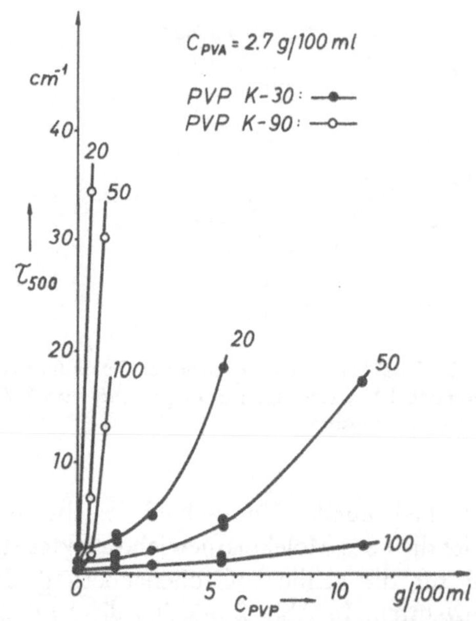

Abb. 3. Abhängigkeit der Turbidität der PVA-Gele von der PVP-Konzentration. Laufende Zahlen sind Vernetzungsgrade

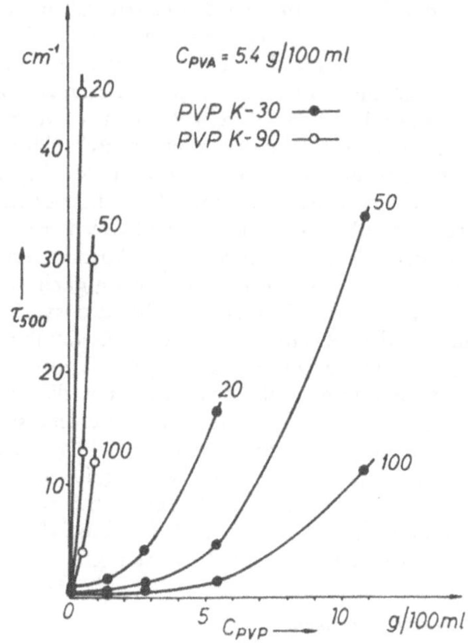

Abb. 4. Abhängigkeit der Turbidität der PVA-Gele von der PVP-Konzentration. Laufende Zahlen sind Vernetzungsgrade

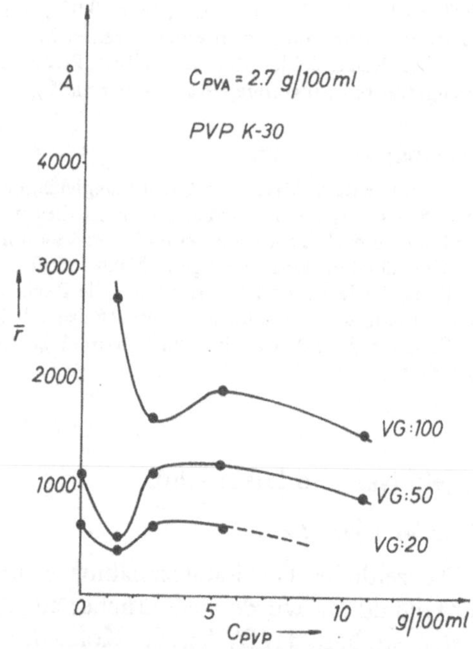

Abb. 5. Abhängigkeit der Größe der in PVA-Gelen entstehenden Inhomogenitäten von der PVP Konzentration. VG: Vernetzungsgrad

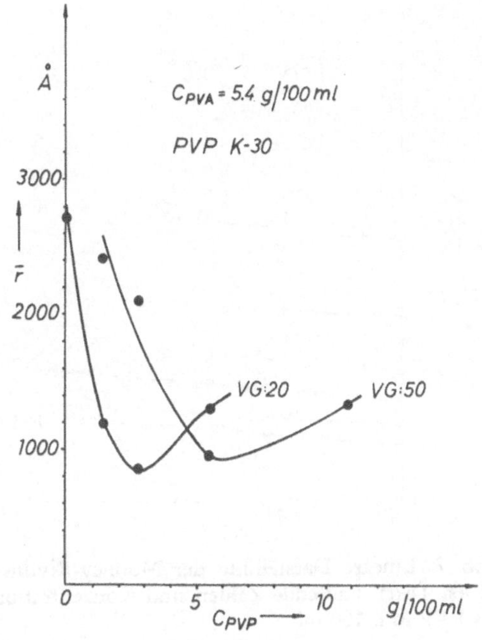

Abb. 6. Abhängigkeit der Größe der in PVA-Gelen entstehenden Inhomogenitäten von der PVP-Konzentration. VG: Vernetzungsgrad

Minimum entsprechenden PVP-Konzentration ist die Turbiditätszunahme noch nicht sehr beträchtlich im Vergleich zu dem Wert für die PVP-freie Gele. So kann man mit Recht annehmen, daß die Zahl der relativ kleinen Strukturelemente des oben beschriebenen Typs verhältnismäßig groß ist.

Interessant ist aber, daß die Größe jener Teilchen, die unter dem Einfluß des hochmolekularen PVP entstanden, im relativ engen Bereich von 2000–2500 Å liegt, praktisch unabhängig von der Konzentration beider Polymere und dem Vernetzungsgrad.

Aus den während der Gelbildung beobachteten Änderungen, sowie aus der Wirkung des PVP auf die Turbidität der schon gebildeten Gele läßt sich schließen, daß die die optischen Inhomogenitäten hervorrufenden Strukturelemente unter den Versuchsbedingungen äußerst empfindlich wirken.

Zur Bedeutung der Vorgänge kann man sich folgendes überlegen. Bekanntlich wird die Kompatibilität in ternären Systemen mit zwei Polymerkomponenten durch die molekularen Wechselwirkungen beeinflußt, die ihrerseits natürlich vom Molekulargewicht der Polymere abhängen. Falls die zwischenmolekularen Wechselwirkungen eine Kompatibilität überhaupt zulassen, so liegt jener kritische Konzentrationsbereich, unterhalb dem das System noch homogen ist, um so niedriger, je größer das Molekulargewicht ist. Erfahrungsgemäß ist PVP in PVA-Lösungen zu beträchtlichen Konzentrationen löslich, was auf relativ intensive Wechselwirkungen der beiden Polymere hinweist. Betrachten wir zuerst den Effekt vom PVP niederen Molekulargewichts. Bei der Vernetzung des PVA ändert sich dessen Molekulargewicht vom gegebenen Anfangswert zu praktisch unendlich. Bei bzw. oberhalb der Konzentration des Gelpunkts bewirkt die Verdrängung des PVP – insbesondere aus Domänen mit höherem lokalem Vernetzungsgrad – die weitere Zunahme des Vernetzungsgrades und damit auch der Polymerkonzentration in diesen Bereichen. Mit zunehmender PVP-Konzentration (d.h. mit abnehmender thermodynamischer Güte des Lösungsmittels) wächst aber auch die Zahl der in der beschriebenen Weise entstandenen Keime, und – infolge der immer mehr in den Vordergrund tretenden intramolekularen Reaktion – zugleich die Möglichkeit zu einer Globulisation.

Mit diesem qualitativen Bild lassen sich nun die Versuchsdaten der kinetischen Messungen, wie auch diese bezüglich der Größe der Inhomogenitäten erklären. Dazu läßt sich noch sagen, daß die anfängliche Größenabnahme der PVP-haltigen Systeme im Vergleich zu den reinen PVA-Gelen eine Folge der relativ starken PVA-PVP-Wechselwirkung ist, da dadurch die Homogenität der räumlichen Verteilung der Netzpunkte wächst. Der Einfluß des niedermolekularen PVP besteht also darin, daß durch die mehr oder weniger diskreten Inhomogenitäten kolloider Größe das Netzwerk selbst eine disperse Struktur annimmt.

Qualitativ anders sind die Verhältnisse beim PVP höheren Molekulargewichts, das sich bereits am Anfang der Bildung des Netzwerks in Form äußerst feiner Lösungströpfchen ausscheidet. Die Größe dieser Tröpfchen wird deshalb durch die Eigenschaften des entstandenen Gels nur noch in relativ geringem Maße beeinflußt. Da das PVP polydispers ist, läßt sich die niedrigmolekulare Fraktion vom Gel leicht extrahieren, wogegen die Tröpfchen nicht einmal nach monatelangem Stehenlassen in dest. Wasser entfernt werden können. Infolge der relativ niedrigen Konzentration der hochmolekularen Substanz, handelt es sich in diesem Falle um ein System von praktisch unendlich großer kinetischer Stabilität, die durch Einbetten von Lösungströpfchen in ein verhältnismäßig homogenes Netzwerk herbeigeführt wird.

Mechanische Eigenschaften der Gele

Oft verwendet man zur Bestimmung molekularer Charakteristika von polymeren Netzwerken Parameter, die sich aus dem Deformationsverhalten errechnen lassen. Für ideale Netzwerke mit streng Gauss'scher Segmentverteilung besagt die statistisch-thermodynamische Theorie der Hochelastizität, daß die Kraft f, die eine bestimmte Längenänderung hervorruft, proportional der Zahl der elastisch wirksamen Netzketten je Volumeneinheit ist (2).

$$f = A\nu k T(\alpha - \alpha^{-2}) \qquad [1]$$

Für Systeme im Quellungsgleichgewicht lautet die Formel

$$f = A\nu k T q_i^{1/3} q_0^{-2/3}\left(\alpha - \frac{q}{q_i}\alpha^{-2}\right) \qquad [2]$$

Dabei ist f: die auf einen gegebenen Querschnitt des Gels wirksame Kraft
ν: die Zahl der elastisch wirksamen Ketten
α: die relative Längenänderung
k: Boltzmann-Konstante
T: abs. Temperatur
A: Konstante (meistens 1)
q_i und q: der Quellungsgrad vor und nach der Deformation
q_0: sog. Memorie-Parameter (eigentlich ein Referenzwert des Quellungsgrades), der von der Vorgeschichte des Systems abhängt

Zur quantitativen Beschreibung des mechanischen Verhaltens nichtidealer Netzstrukturen eignet sich ein von *Mooney* und unabhängig von ihm von *Rivlin* vorgeschlagener Zusammenhang (8):

$$f = C_1(\alpha - \alpha^{-2}) + C_2(1 - \alpha^{-3}) \qquad [3]$$

worin C_1 und C_2 empirische Konstanten sind.

Aus dem Vergleich der Gln. [2] und [3] erkennt man, daß C_1 zur Konzentration der elastisch wirksamen Ketten proportional ist. Für den Fall $C_2 = 0$, ergibt sich C_1 zu $A\nu kT q_i^{1/3} q_0^{-2/3}$.

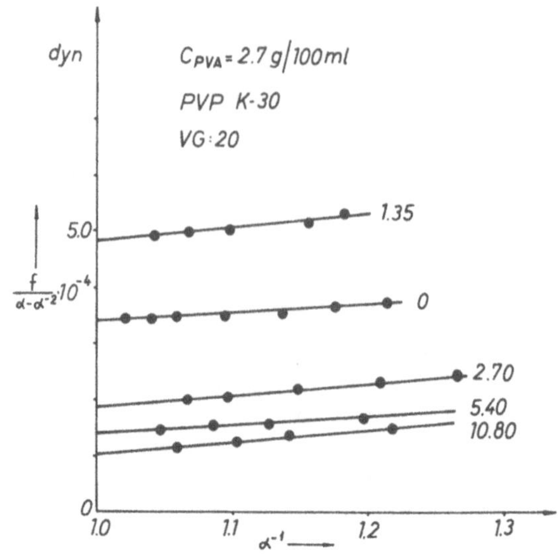

Abb. 7. Lineare Darstellung der Mooney-Rivlinsche Gl. (s. Text). Laufende Zahlen sind Konzentrationen des PVP in g/100 ml

Abb. 7 zeigt die in linearisierter Form dargestellte Mooney-Rivlin'sche Gleichung für das System der PVA-Konzentration von 2.7 g/100 ml und des Vernetzungsgrades von 20. Die Gleichung wurde mit Ausnahme von Systemen (PVA-Konz. 5.4 g/100 ml, Vernetzungsgrad 20) für alle untersuchten Gele als gültig gefunden. Bei Systemen, für die die Gleichung nicht anwendbar ist, wurde der Wert von C_1 mit der Annahme $C_2 = 0$ zu jenem $f/(\alpha - \alpha^{-2})$-Wert gleich genommen, der der relativen Deformation $\alpha = 1.1$ entspricht. Um Gele mit verschiedenem Quellungsgrad vergleichen zu können, wurde die Kraft jeweils auf 1 cm^2 Querschnitt des trockenen Systems bezogen.

Es ist zu erwähnen, daß bei optisch stark inhomogenen Systemen eine Hysterese in der Deformations-Spannungskurve auftritt, wahrscheinlich als Folge von Volumänderungen der in diesem Falle weitgehend porösen Strukturen. Für solche Systeme haben wir zur Berechnung von C_1 jeweils den ansteigenden Kurvenast verwendet.

Die Abhängigkeit der Konstante C_1 von der PVP-Konzentration für Systeme mit unterschiedlicher PVA-Konzentration und Vernetzungsgrad ist in Abb. 8 und 9 dargestellt. Wie man sieht, ist der Effekt des zugegebenen PVP nicht eindeutig: bis zu einer gewissen Konzentration wird die Netzstruktur verstärkt, dann aber nimmt die Zahl der elastisch

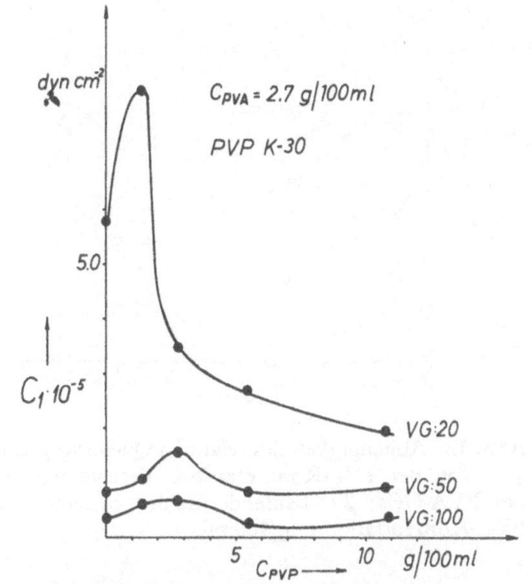

Abb. 8. Abhängigkeit der C_1-Konstante der Gl. [3] von der PVP-Konzentration. VG: Vernetzungsgrad

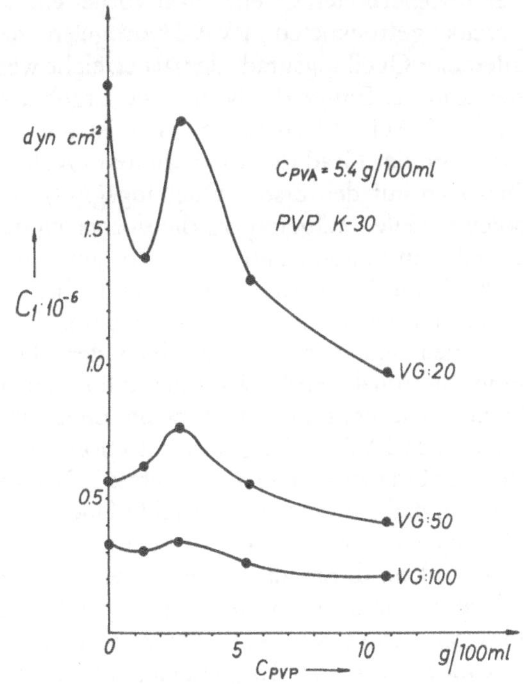

Abb. 9. Abhängigkeit der C_1-Konstante der Gl. [3] von der PVP-Konzentration. VG: Vernetzungsgrad

wirksamen Elemente stark zu, wie es der steile Abfall von C_1 zeigt.

Wichtig ist darauf hinzuweisen, daß die PVP-Konzentration, bei der der erwähnte maximale Verstärkungseffekt auftritt, in guter Annäherung jener PVP-Konzentration gleich ist, bei der die supermolekularen Strukturelemente die minimale Größe haben. Dieser Befund untermauert die Richtigkeit der auf Grund der optischen Untersuchungen plausiblen Vorstellung, daß das inerte Polymer zuerst die mehr homogene Netzpunktverteilung, dann aber die Entstehung von Bereichen extrem hoher Segmentverteilung, d.h. von quasidiskreten supermolekularen Teilchen fördert. Es ist somit einleuchtend, daß die Elastizität dieser Gele praktisch nur durch die bereits vorher vernetzten lockeren Domänen bedingt ist.

Mit zunehmender PVA-Konzentration tritt die Rolle der entstandenen Heterogenitäten verhältnismäßig zurück, was auf Grund statistischer Überlegungen leicht zu erklären ist. Überraschend ist jedoch, daß der Wert von C_2 (bis auf die beiden Gelserien vom größten Vernetzungsgrad) niedrig ist, ja sogar auf Null zurückgeht, obwohl es sich doch um relativ inhomogene Strukturen handelt. Daraus folgt natürlich, daß $C_2 \neq 0$ keinesfalls als eindeutiger Beweis für das Abweichen vom idealen Netzwerk anzusehen ist (Abb. 10).

Bei PVP hohen Molekulargewichts konnte bei den untersuchten Konzentrationen von 0.45 bzw. 0.90 g/100 ml nur ein mäßiger Verstärkungseffekt beobachtet werden. Das läßt sich vor allem dadurch deuten, daß das Polymer, oder wenigstens die Fraktion vom höchsten Molekulargewicht, bereits in der Anfangsperiode der Gelbildung in Form von Mikrotröpfchen ausgeschieden war und in die Matrix eingebettet wurde. Mikroheterogenitäten dieser Art sind aber für die mechanische Beschaffenheit nur als neutrale „Füllstoffe" zu betrachten.

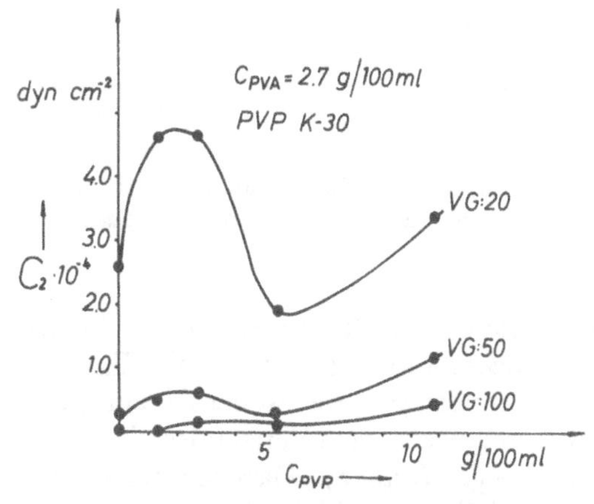

Abb. 10. Abhängigkeit der C_2-Konstante der Gl. [3] von der PVP-Konzentration. VG: Vernetzungsgrad

Quellung und Synärese

Nach der Quellungsthermodynamik (1) gilt für das Quellungsgleichgewicht

$$\mu_{1,m} + \mu_{1,e} = 0 \,, \qquad [4]$$

wobei μ_1 die Änderung des chemischen Potentials des Lösungsmittels bedeutet, und der Index m bzw. e auf jenen Anteil der Änderung hinweist, welcher vom Mischen bzw. von der elastischen Deformation des Netzwerkes herrührt.

Letzterer Anteil ist proportional zur Konzentration der elastisch effektiven Ketten. Daraus folgt, daß irgendwelche Änderung des Quellungsgrades mit der aktuellen Konzentration der Netzketten in Zusammenhang gebracht werden kann, falls die Vernetzungsreaktion bei konstanter Polymerkonzentration durchgeführt wird und der Polymergehalt des Gels nicht sehr von der Anfangskonzentration der noch unvernetzten Polymerlösung abweicht.

Abb. 11 stellt den Quellungsgrad nach Gewicht ($q_w = W_{qu}/W_{tr}$) als Funktion der PVP-

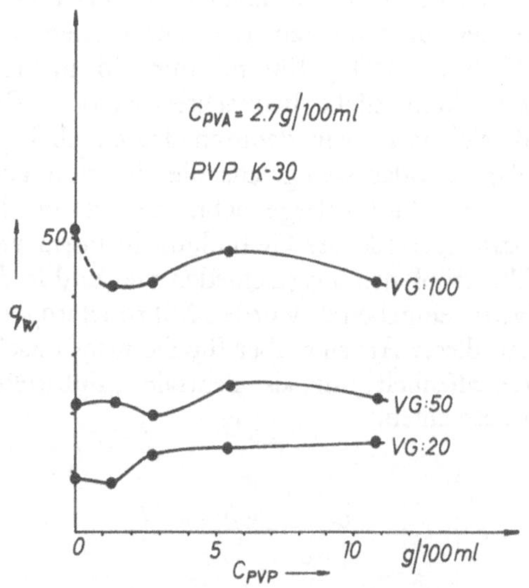

Abb. 11. Abhängigkeit des Quellungsgrades q_w von der PVP-Konzentration. VG: Vernetzungsgrad

Konzentration dar (PVP: K 30; PVA-Ausgangskonzentration: 2.7 g/100 ml). Entsprechend dem oben gesagten ist der Ablauf dieser Kurven umgekehrt dem Verlauf der $C_1 - c_{PVP}$ Kurven (vgl. Abb. 8). Dasselbe wurde für Gele mit höheren PVA-Konzentrationen gefunden.

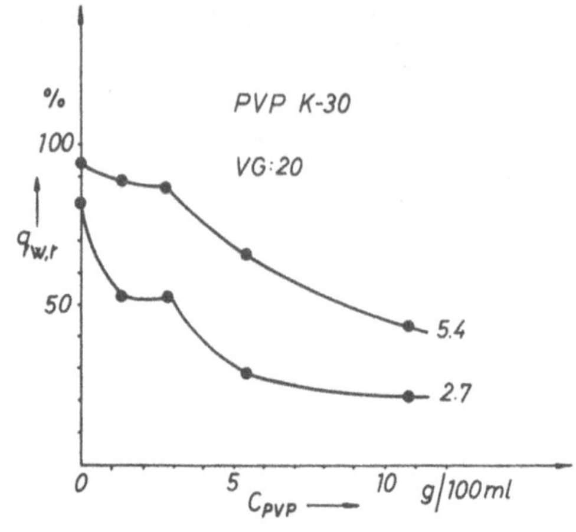

Abb. 12. Abhängigkeit des relativen Quellungsgrades $q_{w,r}$ von der PVP-Konzentration. Vernetzungsgrad des PVA-Gels: 20. Laufende Zahlen bedeuten die PVA-Konzentration in g/100 ml

Es ergab sich die allgemeine Erfahrung, daß beim wiederholten Quellen von vorher einmal bereits getrockneten PVA-Hydrogelen der allererste Quellungsgrad niemals erreicht werden konnte. Einige diesbezügliche Ergebnisse sind auf Abb. 12 zu sehen. Hier ist auf der Ordinate der Grad des wiederholten Quellens (bezogen auf den ersten Quellungsgrad) von solchen Gelen aufgetragen, die vorher einmal bei 80 °C in Vakuum getrocknet worden waren.

Auch aus diesen Messungen sind die beiden, strukturell recht unterschiedlichen Bereiche zu erkennen, indem die Reversibilität der Quellung mit zunehmender Zahl der Inhomogenitäten stark abnimmt. Für beide Gele verschiedener PVA-Anfangskonzentration ergibt sich der Grenzwert von $q_{w,r}$ zu etwa 3. Nimmt man an, daß das erneut eingestellte Quellungsgleichgewicht nach dem Trocknen im wesentlichen nicht durch die stark vernetzten Bereiche, sondern durch die diese verbindenden lockeren Strukturelemente bestimmt wird, so ist einleuchtend, daß das „Rückfedern" infolge der Wechselwirkung mit dem Lösungsmittel mit zunehmender Konzentration der dicht vernetzten Teile abnimmt. Für dieses quasizweiphasige System läßt sich sagen, daß der erhaltene Grenzwert 3 nunmehr lediglich für die Wasseraufnahme der stark vernetzten Domäne charakteristisch ist. Dies aber bedeutet, daß die Polymerkonzentration der erwähnten, auch optisch erfaßbaren Bereiche um etwa 30 Gew. Prozent liegt.

Vernetzt man gelöste Polymere, so erreicht man einen, durch Gl. [4] bestimmten kritischen Vernetzungsgrad, oberhalb dessen die Gele unter gleichzeitigem Abscheiden von Flüssigkeit schrumpfen. Das ist die wohlbekannte makroskopische Synärese, oder *Makrosynärese*. Falls dieser kritische Vernetzungsgrad nicht im gesamten Gelvolumen, sondern nur in submikroskopischen Raumanteilen erreicht wird, so geht der erwähnte Vorgang ebenfalls vor sich, jedoch nur in strukturell geeigneten Bereichen. Dadurch entstehen chemisch fixierte Mikrotröpfchen, die natürlich Inhomogenitäten darstellen. Diese Erscheinung bezeichnet man als *Mikrosynärese*.

Bisher hat man wenig Aufmerksamkeit der grundlegenden Frage gewidmet, in welcher Beziehung die beiden Arten der Synärese zueinander stehen. Einige orientierende Versuche von uns zeigen, daß das Maß der Makrosynärese mit zunehmender Konzentration der chemisch fixierten Inhomogenitäten abnimmt. Zur Deutung dieser Beobachtung betrachten wir das System in Abb. 13a, das einen idealen Netzwerk im Quellungsgleichgewicht schematisch darstellt. Ruft das Entstehen weiterer chemischer Haftpunkte eine derartige Konformationsänderung der Ketten hervor, infolge der die Aktivität des Lösungsmittels größer als 1 wird und die räumliche Verteilung der Haftpunkte gleichmäßig bleibt, so ist die Schrumpfung sowohl für die Ganzheit, wie auch für jedes Element des Gels homogen und isotrop (*ideale Makrosynärese*, Abb. 13b).

Werden jedoch die Haftpunkte des Ausgangsmodells in der Weise verschoben (Abb. 13c), daß die neue Anordnung nicht mit Konformationsänderungen verbunden ist, die die Lösungsmittelaktivität ändern, dann geht die Synärese (da ja das Volumen des gesamten

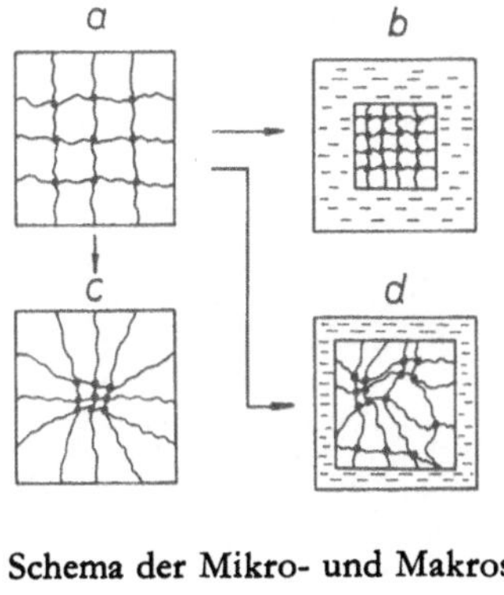

Abb. 13. Schema der Mikro- und Makrosynärese

Systems konstant bleibt) nur im Inneren des Gels vor sich (*ideale Mikrosynärese*).

Für reelle Systeme wissen wir wenig darüber, was für einen Einfluß die neu entstandenen Netzpunkte auf die Konformation der Zwischenketten ausüben. Die erhaltenen Ergebnisse sprechen immerhin dafür, daß das Entstehen weiterer Haftbereiche gleichzeitig beide Effekte auslösen kann, d.h. Makro- und Mikrosynärese parallel auftreten. Auf Grund des obigen einfachen Modells, aber auch aus den Versuchsdaten läßt sich etwa die qualitative Regel aufstellen, daß Makro- und Mikrosynärese antibat verlaufen: mit zunehmender Makrosynärese geht die Mikrosynärese zurück.

Beim PVP hohen Molekulargewichts hatten wir einen neuen Typ der Mikrosynärese beobachtet: hier erfolgte nämlich das Entstehen und Einbetten der submikroskopischen Lösungstropfen durch die Inkompatibilität der aktiven und inerten Polymerkomponenten, die durch Vernetzung der ersteren verursacht wurde. Die Verhältnisse sind aber ziemlich kompliziert, so daß zur Deutung weitere eingehende Untersuchungen notwendig sind.

Zusammenfassung

Aus wäßrigen Polyvinylalkohollösungen durch chemisches Vernetzen mit Glutaraldehyd entstehen Gele, die infolge molekularer Inhomogenitäten eine quasidisperse Struktur aufweisen. Diese Struktur wird beträchtlich beeinflußt durch Polyvinylpyrrolidon. Der Effekt hängt stark vom Molekulargewicht und der Konzentration beider Polymere ab, und es können sowohl Bereiche mit hoher Segmentdichte, als auch Mikrotröpfchen entstehen. Diese Schlußfolgerung wurde an Hand von optischen, mechanischen und Quellungsmessungen gezogen.

Summary

Gels formed from aqueous solutions of polyvinyl alcohol by chemical crosslinking with glutaraldehyde possess a quasidisperse structure due to inhomogeneities on both molecular and supermolecular level. This structure is affected by the presence of polyvinylpyrrolidon and depends characteristically on the molecular wight and the concentration of the polymers. Regions with high segment density as well as submicroscopic droplets may cause the quasi-disperse-type heterogeneities. This conclusion is based on optical, mechanical and swelling equilibrium data.

Literatur

1) *Flory*, *P. J.*, Principles of polymer chemistry. (Oxford 1953).

2) *Dušek, K., W. Prins*, Adv. Polymer Sci., **6** 1–102 (1969).

3) *Dušek, K.*, J. Polymer Sci. **16**, 1289–1299 (1967).

4) *Dušek, K., B. Sedlaček*, Collection of Czechoslovak Chem. Commun. **34**, 136–157 (1969).

5) *Dušek, K.*, Chem. zvesti **25**, 184–189 (1971).

6) *Nagy, M., E. Wolfram*, 14th Prague Microsymp. on Macromolecules. Crosslinking and Networks (Prag 1974).

7) *Sakurada, I., M. Hosono, S. Tamamura*, Bull. Chem. Research Kyoto Univ. **42**, 145–152 (1964).

8) *Treloar, L. R. G.*, The Physics of Rubber Elasticity (Oxford 1958).

Anschrift der Verfasser:

Prof. Dr. *E. Wolfram*, Dr. *M. Nagy* und *T. Váradi*
Loránd-Eötvös-Universität, Budapest
H–1088 Budapest, Puskin u. 11/13, Ungarn

Progr. Colloid & Polymer Sci. **60**, 147–151 (1976)

8.

Lehrstuhl für Makromolekulare Stoffe im Institut für Technische Chemie der Technischen Universität München

Sedimentations-Untersuchungen zur Wirkung makromolekularer Adsorptionsschichten auf die Stabilität von Aerosilsuspensionen*)

E. Killmann und *J. Eisenlauer*

Mit 7 Abbildungen und 2 Tabellen

(Eingegangen am 6. November 1975)

1. Einleitung

Die Adsorption makromolekularer Substanzen an Feststoffgrenzflächen aus der Lösung ist über das akademische Interesse hinaus ein grundlegender Effekt für eine Reihe von Anwendungen, von denen dem Zusammenhang mit der Veränderung der Stabilität von Suspensionen besondere Bedeutung zukommt. Sowohl stabilisierende wie destabilisierende Wirkung wird bei Zugabe von Polymeren zu suspendierten Partikeln beobachtet.

Unsere ellipsometrischen (1), IR-spektroskopischen (2) und mikrokalorimetrischen (3, 4) Untersuchungen waren auf die Strukturaufklärung der adsorbierten Schicht bzw. auf die Konformationsaufklärung der adsorbierten Makromoleküle ausgerichtet. Nach eingehender Kenntnis der adsorbierten Schichten an Kolloidoberflächen liegt es nahe, deren Wirkung auf die Stabilität dieser Suspensionen zu untersuchen.

Um parallel zu den Adsorptionsmessungen an den gleichen Polyäthylenglykol/Aerosil-Systemen Stabilitätsuntersuchungen durchzuführen, wurde ein Laserphotosedimentometer entwickelt, gebaut und auf seine Eignung zur Erfassung von Sedimentationsvorgängen getestet. Die vorläufigen Sedimentationsmessungen geben Aufschluß über die in der Literatur angedeutete Flokkulationsfähigkeit von Polyäthylenglykolen (5, 6) und zeigen, wie entscheidend derartige Sedimentationsvorgänge von den durch Polymerzugabe modifizierten Wechselwirkungskräften zwischen den suspendierten Partikeln geprägt sind.

Während zur Beschreibung der freien Sedimentation einzelner Partikel das Stoke'sche Gesetz ausreicht, werden für die Beschreibung der Sedimentation realer Suspensionen folgende, das Sedimentationsverhalten charakterisierende Parameter vorgeschlagen (7):

a) das Volumen und die Eigenschaft der aussedimentierten Phase im statischen Gleichgewicht,

b) die Wanderungsgeschwindigkeit der sedimentierenden Grenzschicht,

c) die Konzentrations-Höhen-Gradienten als Funktion der Sedimentationszeit und

d) der Konzentrationsverlauf in der sedimentierenden Grenzschicht.

Vor allem die Größen a) und b) wurden bisher mit relativ geringem Geräteaufwand (graduierte Sedimentationsgefäße und Stoppuhr) in wissenschaftlichen Untersuchungen zur Interpretation von Stabilitätsphänomenen verwendet, und auch um direkte Information für die technologische Anwendung von Suspensionen zu erhalten. Diese Messungen sind aber, ganz besonders bei unscharf ausgeprägter Grenzschicht, vom subjektiven Empfinden des Beobachters abhängig.

2. Experimentelles

2.1. *Laserphotosedimentometer*

In den Abb. 1 und 2 ist der Aufbau des Laserphotosedimentometers schematisch dargestellt. Mit diesem Gerät ist die gleichzeitige, objektive Erfassung der Größen a) bis d) möglich. Durch zeitabhängiges Abtasten der Küvettenhöhe A mit dem Laser-Detektorsystem nach Abb. 2 erhält man eine Beziehung zwischen Trübung und Küvettenhöhe und damit die zeitliche Wanderung der sich ausbildenden

*) Herrn Prof. Dr. Dr. h. c. *Franz Patat* zum 70. Geburtstag gewidmet.

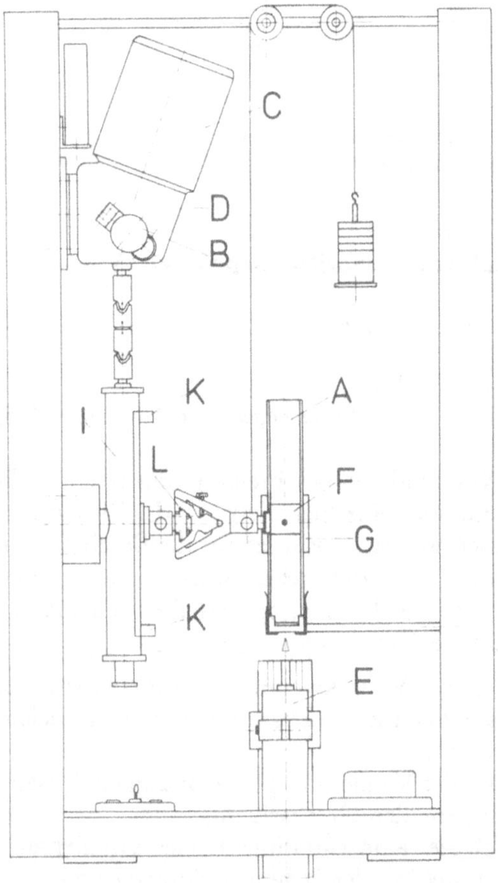

Abb. 1. Schemazeichnung des Laserphotodimentometers *A* 100 cm^3-Quarzglasküvette; *B* Präzisionspotentiometer; *C* synchronisierter Servomotor; *D* variables Getriebe; *E* Laser-Lichtquelle; *F* 90°-Reflektor-Prisma (laseroptische Qualität); *G* Schlitzblende; *H* Detektorsystem; *I* Präzisions-Mikrometerspindel; *K* Mikroendschalter; *L* optische Schiene

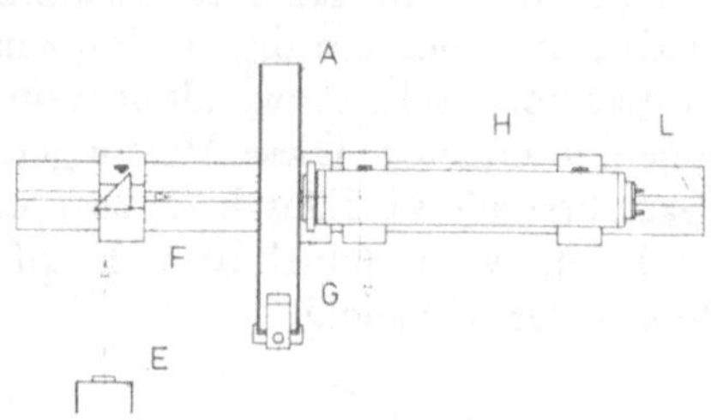

Abb. 2. Schemazeichnung des Laser Detektorsystems

Grenzschicht, die zeitliche Änderung des Konzentrationsverlaufes in der Suspension und das Sedimentationsvolumen im statischen Gleichgewicht. Die Küvettenhöhe wird potentiometrisch über eine Spannungsteilerschaltung *B* erfaßt und ein *x*-*y*-Schreiber protokolliert direkt den Verlauf der Trübung (Detektorspannung). Anzahl und Geschwindigkeit der Abtastvorgänge werden mit einem synchronisierten

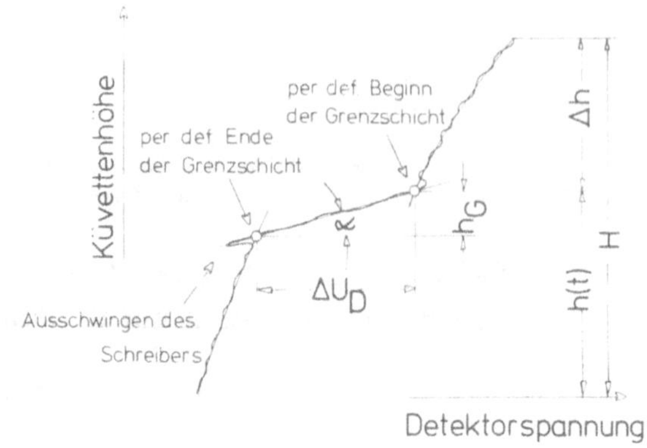

Abb. 3. Schematische Darstellung des Trübungsverlaufes in der sedimentierenden Suspension

Servomotor *C* über ein variables Getriebe *D* geregelt. Die Verstärkung des Photostroms läßt sich über die Verstärkereinheit des *x*-*y*-Schreibers in weiten Grenzen ändern. Durch diese beiden Regeleinheiten wird eine optimale Anpassung an Trübung und Sedimentationsgeschwindigkeit des jeweiligen Systems erreicht. Die Verwendung einer Laserlichtquelle *E* erlaubt auch die Durchstrahlung hochkonzentrierter Suspensionen. Während mit der hier benutzten Anordnung die Konzentrationsänderung über die Trübung (Lichtstreuung) erfaßt wird, ist bei Verwendung eines in der Wellenlänge durchstimmbaren Laser-Detektorsystems das Aufsuchen eines Absorptionsmaximums des suspendierten Stoffes und die Verfolgung der Konzentrationsänderung über die Extinktion (Absorption) möglich. Die Absorption ist nur von der Feststoffmenge abhängig und nahezu unabhängig von der Partikelgröße, damit ist eine einfache Konzentrations-Extinktions-Eichung möglich (8). Je nach Größe bzw. Gewicht des Lasers kann dieser direkt auf die optische Schiene *L* montiert oder wie in den Abb. 1 u. 2 angeordnet werden.

2.2. *Substanzen*

Die Suspensionen wurden aus Aerosil[1]) in Benzol, Methanol und Wasser unter Zugabe von Polyäthylenglykol[2]) hergestellt. Reinigung und Vorbehandlung der nach einer standardisierten Einschrittmethode gemischten Substanzen erfolgte wie bei den Adsorptionsmessungen (1, 2, 3, 4, 8).

3. Ergebnisse und Diskussion

Eine schematische Darstellung des Trübungsverlaufes zeigt Abb. 3. Fährt das Laser-

---

[1]) Aerosil 200 der Fa. Degussa, Frankfurt a.M. mit der spez. Oberfläche von 200 ± 25 m^2/g Substanz.

[2]) Polyäthylenglykol der Fa. Hoechst AG (Werk Gendorf) mit dem mittleren Molekulargewicht $M_w = 2000$.

Detektorsystem von oben nach unten, dann durchläuft es zunächst einen niedrigen Konzentrationsbereich mit hoher Photospannung (Δh). Bei Erreichen der Grenzschicht nimmt die Trübung sehr stark zu, wodurch die Photospannung schnell absinkt (h_G) und dann im Bereich der aussedimentierten Suspension mit sehr steilen Gradienten verläuft. Nach dem Schema in Abb. 3 wird die Grenzschichtposition $h\ (t)$ definiert. Als quantitatives Maß für den Konzentrationsverlauf in der Grenzschicht eignet sich der Winkel α.

Nach Gleichung [1]

$$t = t_0 + \Delta t = t_0 + \frac{\Delta h}{v} \qquad [1]$$

lassen sich bei bekannter Abtastgeschwindigkeit v die Schreiberprotokolle zeitlich korrigieren und den Grenzschichthöhen $h(t)$ die jeweiligen Zeiten t zuordnen. Die zeitliche Abhängigkeit der Grenzschichtposition $h(t)$ ist schematisch in Abb. 4 dargestellt. Daraus wer-

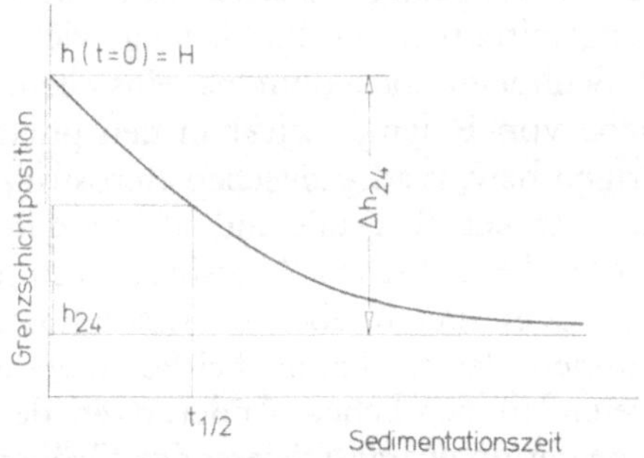

Abb. 4. Schematische Darstellung der zeitlichen Abhängigkeit der Grenzschichtposition

den die dem Sedimentationsvolumen nach 24 Stunden entsprechende Höhe h_{24}, die Halbwertszeit $t_{1/2}$ und die Kontraktionszahl K_{24} (Verhältnis des Sedimentationsvolumen nach 24 Stunden zum Ausgangsvolumen) entnommen.

Um den Einfluß der Polymeradsorption zu erfassen, wurde das Sedimentationsverhalten einer reinen Aerosilsuspension mit dem Sedimentationsverhalten einer Aerosilsuspension bei Polymerzugabe von 0.1 g/1 g Aerosil in Benzol, Methanol und Wasser verglichen. Diese Polymereinwaage entspricht einer Adsorptivbelegung im Anstiegsbereich der zugehörigen Adsorptionsisothermen, wodurch nach

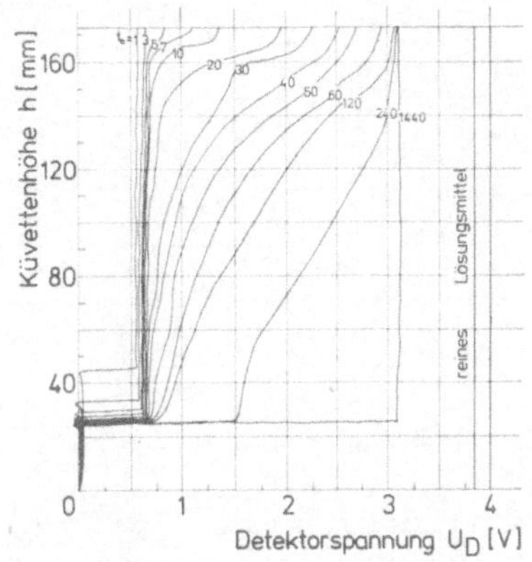

Abb. 5. Schreiberprotokoll des Systems 1 g Aerosil 200/100 cm³ Methanol; t_0 [min] Startzeit des Abtastens als laufender Scharparameter; Abtastgeschwindigkeit $v = 5$ mm s^{-1}; Wellenlänge $\lambda = 0.6328\ \mu$

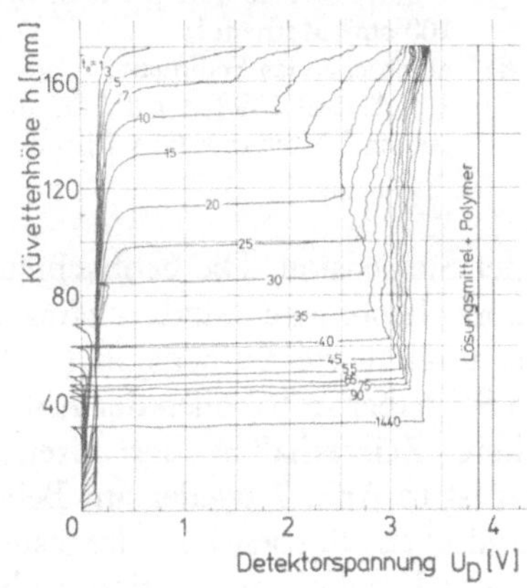

Abb. 6. Schreiberprotokoll des Systems 1 g Aerosil 200/0.3 g PÄG, $M_w = 2000/100$ cm³ Methanol; t_0 [min] Startzeit des Abtastens als laufender Scharparameter; Abtastgeschwindigkeit $v = 5$ mm/s; Wellenlänge $\lambda = 0.6328\ \mu$

den bestehenden Modellvorstellungen Flokkulation begünstigt wird (8, 9). In den Abb. 5 und 6 ist der Vergleich des Sedimentationsverhaltens für die methanolische Suspension an Hand der Schreiberprotokolle beispielgebend auch für die benzolische und wäßrige Suspension dargestellt. Nach Zugabe von Polymer ist eine deutliche Änderung des Sedimentationsverhaltens zu erkennen. Die polymerfreie Suspension zeigt der Teilchengrößenverteilung entsprechende Sedimentationsgradienten bei allmählicher Zunahme der Suspensionskonzentration zum Boden. Bei Zugabe von Polymer findet man steile Sedimentationsgradienten und eine deutlich ausgebildete Grenze zwischen Sediment und über-

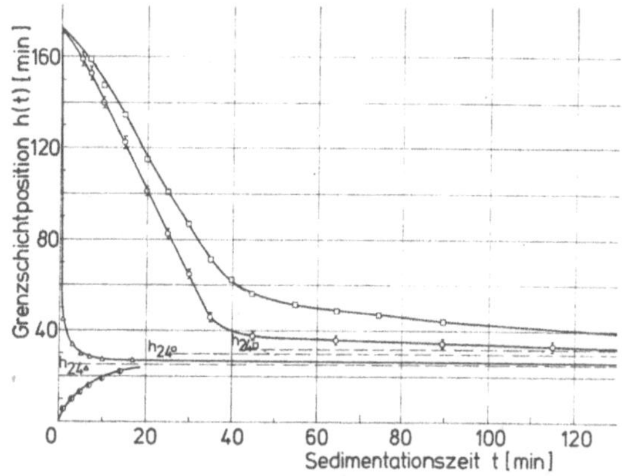

Abb. 7. Zeitliche Abhängigkeit der Grenzschichtposition
System △ 1 g Aerosil 200/100 cm³ Methanol (aus Abb. 5);
System ○ 1 g Aerosil 200/0.1 g PÄG, $M_w = 2000$/100 cm³ Methanol;
◐ aufstockendes Sediment;
System □ 1 g Aerosil 200/0.3 g PÄG, $M_w = 2000$/100 cm³ Methanol (aus Abb. 6)

stehender Suspension. Die beobachteten Sedimentationsphänomene sind charakteristisch für eine flokkulierte Suspension (7, 10). Das aus den Schreiberprotokollen der Abb. 5 und 6 abgeleitete Zeitverhalten der Grenzschichtposition ist in Abb. 7 wieder am Beispiel der methanolischen Suspension dargestellt. Als allgemeines Ergebnis ergibt sich nach Tab. 1 auch für die benzolische und wäßrige Suspension, daß im Anstiegsbereich der Adsorptionsisothermen das Sedimentationsvolumen h_{24} und die Halbwertszeit $t_{1/2}$ mit steigender Polymerkonzentration C_p zunehmen. Für einen umfassenden Vergleich der einzelnen Systeme ist es sinnvoll, die folgenden, in Tab. 2 aufgeführten Verhältnisse zu definieren:

$$f_{h_{24}} = h_{24}(C_p = 0) \,/\, h_{24}(C_p = 0.1)$$
$$f_{t_{1/2}} = t_{1/2}(C_p = 0) \,/\, t_{1/2}(C_p = 0.1)\,.$$

Tab. 1. Abhängigkeit des Sedimentationsverhalten von der Polymerzugabe beim System Aerosil 200/Polyäthylenglykol $M_w = 2000$/Methanol

Polymerkonzentration [g/100 cm³]	0	0.1	0.3
h_{24} [mm]	25	30	32
K_{24} [–]	0.145	0.174	0.185
$t_{1/2}$ [min]	0.5	20.5	23.5

Tab. 2. Einfluß des Lösungsmittels auf das Sedimentationsverhalten

Lösungsmittel		Benzol	Methanol	Wasser
Dielektrizitätszahl ε_r [–]		2.3	32	80.8
h_{24} [mm]	$C_p = 0$	55	25	11
	$C_p = 0.1$	58	30	71
$f_{h_{24}}$ [–]		1.05	1.2	6.45
K_{24} [–]	$C_p = 0$	0.318	0.145	0.065
	$C_p = 0.1$	0.346	0.174	0.411
$t_{1/2}$ [min]	$C_p = 0$	4	0.5	0.5
	$C_p = 0.1$	8.5	20.5	552
$f_{t_{1/2}}$ [–]		2.1	10.3	276

Aus den Werten in Tab. 2 ist deutlich der dominante Einfluß des Lösungsmittels auf das Sedimentationsverhalten zu erkennen. Die mit Polymer versetzten Aerosilsuspensionen weisen einen stärkeren Einfluß des Lösungsmittels auf als die polymerfreien Aerosilsuspensionen, in denen sich, wie schon von *Fischer* (11) gezeigt wurde, mit steigender Lösungsmittelpolarität im Gleichgewicht kleinere Sedimentationsvolumina einstellen. Die Zugabe von Polymer wirkt in den polareren wäßrigen bzw. methanolischen Aerosilsuspensionen stärker flokkulierend als in den unpolareren benzolischen Aerosilsuspensionen.

Mit dem beschriebenen Laserphotosedimentometer lassen sich die bei Polymerzugabe auftretenden deutlichen Änderungen der die Sedimentation charakterisierenden Größen detailliert erfassen. Ein quantitativer Zusammenhang der Sedimentationsparameter mit den Parametern der Adsorptionsschicht – Adsorptionsisotherme, Struktur, Haftstellendichte, Stärke der adsorptiven Bindung, Reversibilität der Adsorption – ist noch nicht ersichtlich, da hierfür eine Variation aller, das Stabilitätsverhalten charakterisierenden Einflußgrößen – Feststoffkonzentration, Belegung, Molekulargewicht des Polymeren, Lösungsmittel, Temperatur etc. – notwendig ist.

Der Arbeitsgemeinschaft industrieller Forschungsvereinigungen danken wir für die Unterstützung dieser Arbeit durch Personal- und Sachmittel.

Zusammenfassung

Es wird ein Laserphotosedimentometer beschrieben mit dem es möglich ist, das Sedimentationsverhalten von Suspensionen zu erfassen. Aus den Meßkurven lassen sich die das Stabilitätsverhalten von Suspensionen charakterisierenden Größen ermitteln: Volumen und Eigenschaft der aussedimentierten Phase, Wanderungsgeschwindigkeit der sedimentierenden Grenzschicht, Konzentrations-Höhe Gradient als Funktion der Zeit, Konzentrationsverlauf in der sedimentierenden Grenzschicht. Der Einfluß der Polyäthylenglykoladsorption (PÄG, $M_w = 2000$) auf die Stabilität von benzolischen, methanolischen und wäßrigen Aerosilsuspensionen wird untersucht. Im Anstiegsbereich der Adsorptionsisothermen aller Systeme wirkt steigende Polymerzugabe zunehmend flokkulierend. Mit wachsender Polarität des Suspensionsmittels steigt diese flokkulierende Wirkung deutlich an.

Summary

A laser-photo-sedimentometer is being described which enables the recording of the sedimentation behaviour of suspensions. Based on the graphs, it is possible to determine the characteristic quantities for the stability behaviour of suspensions: volume and properties of the settled phase, settling rate of the boundary layer, concentration-height gradient as a function of time, slope of concentration in the settling boundary layer. The influence of the adsorption of polyethyleneglycol (PEG, $M_w = 2000$) on the stability of benzenic, methanolic and aqueous aerosil suspensions is being investigated. In the rise of the adsorption isotherm of all systems increasing polymer addition increases flocculation. With rise in polarity of the suspension medium this flocculating effect grows significantly.

Literatur

1) *Killmann, E., M. v. Kuzenko*, Angew. Makromol. Chem. **35**, 39 (1974); *H. Gebhard*, Dissertation TU München (1975).

2) *Killmann, E., H. J. Straßer*, Angew. Makromol. Chem. **31**, 169 (1973).

3) *Killmann, E., R. Eckart*, Makromol. Chem. **144**, 45 (1971).

4) *Killmann, E., K. Winter*, Angew. Makromol. Chem. **43**, 53 (1975).

5) *Kitchener, J. A.*, Brit. Polymer J. **4**, 217 (1972).

6) *Matijević, E.*, Surface and Colloid Sci., Vol. 6 (New York 1973).

7) *Parfitt, G. D.*, Dispersion of Powders in Liquids (London 1973).

8) *Fleer, G. J.*, Ph. D. Thesis (Wageningen/The Netherlands 1971).

9) *Vincent, B.*, Adv. Colloid Interf. Sci. **4**, 193 (1974).

10) *Alince, B., A. A. Robertson*, Kolloid-Z. u. Z. Polymere **252**, 920 (1974).

11) *Fischer, E. K.*, Colloidal Dispersions (New York 1950).

Anschrift der Verfasser:

Prof. Dr. *E. Killmann* und Dipl.-Ing. *J. Eisenlauer*
Lehrstuhl für Makromolekulare Stoffe im
Institut für Technische Chemie,
Technische Universität München,
Arcisstraße 12
8000 München 2

Progr. Colloid & Polymer Sci. 60, 152–157 (1976)

9.

Nezu Chemisches Institut, Musashi University, Tokyo (Japan)

Bemerkungen über den Zusammenhang zwischen mesomorphen und kolloiden Systemen

B. Tamamushi

Mit 12 Abbildungen

(Eingegangen am 22. November 1975)

Die sogenannten ‚flüssigen Kristalle' sind die Aggregatzustände, die sich zwischen flüssigen und kristallen Zuständen befinden, so daß sie eigentlich Mesophasen oder mesomorphe Zustände genannt werden können (1). Nach der Entdeckung von *Reinitzer* (2) und *Lehmann* (3) am Ende des vorigen Jahrhunderts sind diese Zwischenzustände nicht nur von Chemikern und Physikern sondern auch von Biologen als ein besonders interessantes Forschungsthema betrachtet worden. Im Anfang der Dreißigerjahre hat *Wo. Ostwald* (4) aus seinem Standpunkt als Kolloidiker bemerkt, daß zwischen mesomorphen und kolloiden Systemen ein enger Zusammenhang vorhanden sein könnte. Er hat für das mesomorphe System die folgende experimentelle Definition gegeben:

„a) Plastizität bis völlig flüssige Beschaffenheit, die aber mit der Richtung variabel sein kann: Anisotropie der Viskosität, Anisotropie der Oberflächenspannung. b) Große Labilität scharf geradliniger und scharf winkliger Begrenzungsformen bis herab zum Auftreten typischer Flüssigkeitsformen. c) Gleichzeitig Vorhandensein von Doppelbrechung oder auch optischer Drehung von zuweilen extrem großen Werten nicht als Folge äußerer Kräfte (spontane optische Anisotropie). d) Immerhin werden Form und optische Eigenschaften relativ leicht beeinflußt durch äußere Kräfte, z. B. Grenzschichtwirkungen."

Nach Erläuterung dieser charakteristischen Eigenschaften mesomorpher Systeme bemerkte *Ostwald* zum Schluß, daß die mesomorphen Systeme als ein Typ von den dispersen Systemen, und zwar von den geordneten dispersen Systemen mit anisodimensionalen Periodizitäten, betrachtet werden. Als experimentelle Gründe für seine Schlußbemerkung hat er besonders die Viskositätsanomalie in Betracht gezogen, die man sowohl bei mesomorphen als auch bei kolloiden Systemen beobachten kann.

Es ist schon von *Vorländer* (5) gefunden worden, daß die Viskosität der mesomorphen Schmelze von Cholesterylcarbonsäureäthylester ein scharfes Maximum bei einer Temperatur zeigt, die der Umwandlungstemperatur von anisotropen zu isotropen Flüssigkeiten entspricht. Die analoge Erscheinung kann man bei solchen kolloiden Systemen wie Albumin Sol, Stärke Sol oder Phenol-Wasser Gemisch beobachten. *Ostwald* (6) hat weiter auf die Tatsache hingewiesen, daß die Viskosität von mesomorpehn Systemen: Aethyl-p-azoybezoat, Cholesterylazetat, usw. stark von der Scherkraft abhängig ist, d.h. das Fließen dieser mesomorphen Schmelzen ist nicht normal (non-Newtonian). Diese anomale Fließeigenschaft, oder ‚Strukturviskosität' ist auch charakteristisch bei solchen Kolloiden wie Gelatin oder Kautschuk Sol.

Die oben bemerkten Viskositätsanomalien in mesorphen Systemen wurden vor kurzem noch näher untersucht, nicht nur bei nematischen und cholesterischen Mesophasen (7) sondern auch bei smektischen (8). Abb. 1 zeigt wie die Viskosität der anisotropen Schmelze des Ammoniummyristats bei verschiedenen Scherkräften von der Temperatur abhängig ist. Man sieht hier deutlich ein Viskositätsmaximum bei einer Temperatur, die ungefähr der Umwandlungstemperatur dieser anisotropen Schmelze entspricht, und dieses Maximum sinkt mit der vergrößerenden Scherkraft herab. Abb. 2 zeigt wie die Scherkraft der gleichen Substanz bei verschiedenen

Temperaturen von der Schergeschwindigkeit abhängt. Wie man hier sieht, ist das Fließen deutlich plastisch, soweit die Schmelze anisotrop bleibt. Die ähnlichen Beziehungen wurden in meinem Laboratorium auch bei anderen Ammoniumalkanoaten, welche die typischen smektischen Mesophasen darstellen, gefunden. Über den Mechanismus dieser Viskositätsanomalien der smektischen Mesophasen habe ich schon kurz diskutiert (8).

Es gibt nun zwei Arten der Mesophasen, d.h. thermotropische und lyotropische Mesophasen. Die erstere sind Schmelzformen, die zwischen den Umwandlungstemperaturen von Kristall zu anisotroper Flüssigkeit und von anisotroper Flüssigkeit zu isotroper Flüssigkeit existieren. Sie sind die Zwischenzustände, die von der Temperatur abhängig sind. Die zweite sind dagegen die Zwischenzustände von Kristall und Lösung, wobei das Lösungsmittel eine wichtige Rolle spielt (9). Die thermotropischen Mesophasen sind meistens einkomponentige Systeme, während die lyotropischen Mesophasen zwei oder mehr komponentige Systeme sind. Zum vergleichenden Studium der mesomorphen und kolloiden Systeme dürfen die experimentellen Daten von den lyotropischen Mesophasen nützlicher sein, als die von den thermotropischen Mesophasen, weil die kolloiden Systeme oftmals auch lyotrope Systeme sind. Als *Ostwald* die Mesophasen behandelte, gab es noch wenige Daten von den lyotropischen Mesophasen.

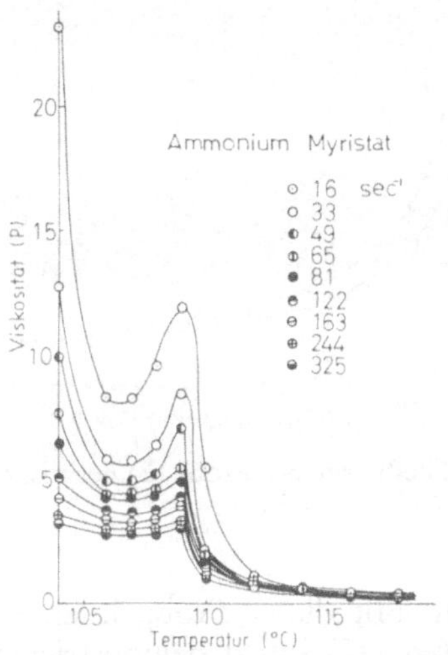

Abb. 1. Viskosität-Temperatur Abhängigkeit der thermotropischen Mesophase des Ammoniummyristats bei verschiedenen Schergeschwindigkeiten

Seife, Tenside und Phospholipide sind die typischen Verbindungen, die mit Wasser die lyotropischen Mesophasen bilden (10). In meinem Laboratorium wurden kürzlich die dreikomponentigen Systeme: Wasser + Ammoniumalkanoat + *n*-Oktanol (8) und Wasser + Cetyltrimethylammoniumbromid (CTAB) + *n*-Hexanol untersucht, besonders in Bezug auf die Fließeigenschaften der verschiedenen Lokalstellen ihrer Phasendiagramme. Abb. 3 gibt das Phasendiagramm für das System: Wasser + CTAB + Hexanol bei 25 °C, das neulich festgestellt wurde. Dieses Diagramm stimmt im Ganzen mit dem von den früheren Autoren überein (11).

Die Notierungen haben die folgenden Bedeutungen: L_1: mizellare Lösung, L_2: inverte mizellare Lösung (Mikroemulsion), 2L: zwei-

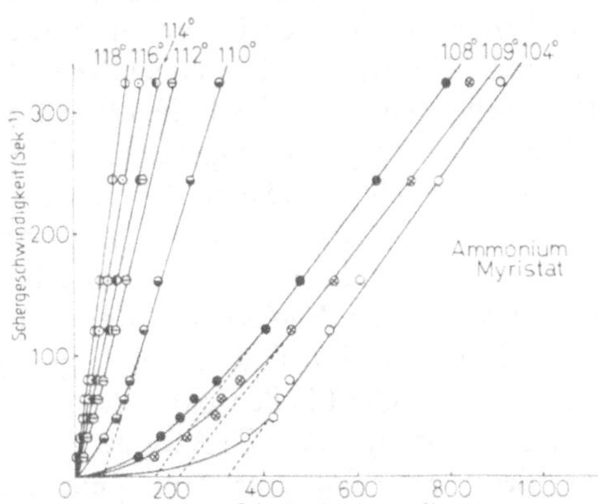

Abb. 2. Scherkraft-Schergeschwindigkeit Abhängigkeit der thermotropischen Mesophasen des Ammoniummyristats bei verschiedenen Temperaturen

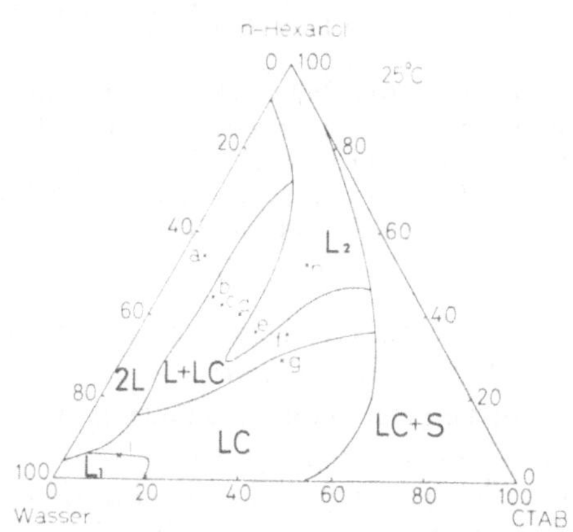

Abb. 3. Phasendiagramm des Systems: Wasser + CTAB + *n*-Hexanol

phasige Flüssigkeiten oder Emulsion, LC: lyotropische Mesophase, L + LC: Mesophase im Gleichgewicht mit Lösung, LC + S: Mesophase im Gleichgewicht mit Kristall; a, b, c, usw. Lokalstellen der Proben, womit die Fließeigenschaften, Polarisationsmikrophotographie, usw. untersucht wurden. Die Fließeigenschaften wurden mittels einem Couettetyp Autoviskometer, welches im Bereich von Schergeschwindigkeit 10–1000 sek^{-1} und Scherkraft 10–2000 dyn.cm^{-2} wirkte.

In diesem Diagramm sieht man, daß die lyotropischen Mesophasen als die Zwischenstufe von Lösung (2L, L_1, L_2) und Kristall (S) erscheinen. Wenn man z. B. dem Gemisch von Wasser und Hexanol des ungefähr gleichen Mengenverhältnisses (g. %) CTAB in kleiner Menge stufenweise hinzufügt, so erkennt man zuerst zweiphasige 2L, dann eine stabile Emulsion und dann zweiphasige L + LC, wobei sich LC-Phase freiwillig vom Lösungsmittel absetzt. Weiterhin kommt eine scheinbare homogene klare Lösung (Mikroemulsion) hervor und schließlich eine homogene flüssigkristallinische LC-Phase. Abb. 4 zeigt ein Photo solches Veränderungsprozesses.

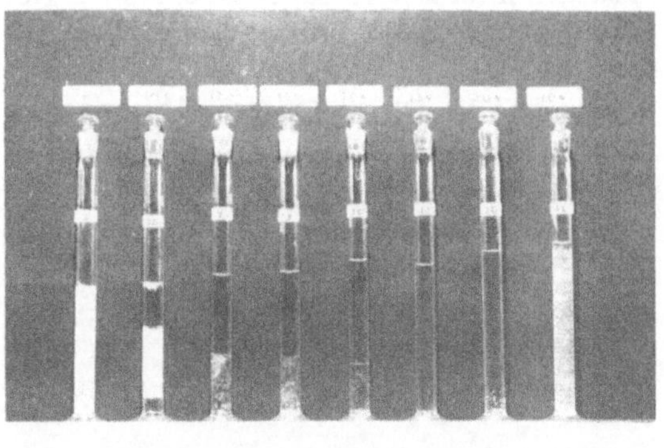

Abb. 4. Photo von Proben in verschiedenen chemischen Kompositionen: die gezeigten Zahlen bedeuten den Gehalt von CTAB (g.%) in Gemischen von Wasser und Hexanol in gleichen Mengenverhältnissen. Aufnahme nach 4-Tagen-Stehenlassen

Dementsprechend verändern sich die Fließeigenschaften folgenderweise: Abb. 5 gibt die Fließkurve einer stabilen Emulsion (Probe a), die mehr oder weniger plastisch ist. Die Probe b scheidet sich in zwei Teilen, eine klare Flüssigkeit (oben) und andere mehr oder weniger trübe, schwach doppelbrechende Flüssigkeit (unten). Dieser untere Teil ist bedeutend visko-

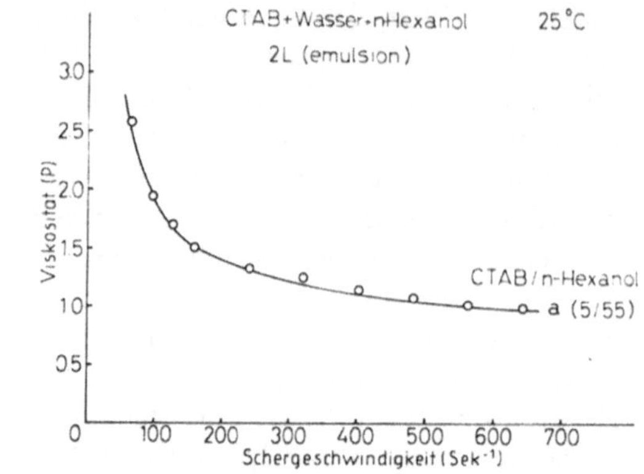

Abb. 5. Fließkurve der Probe (a) der stabilen Emulsion

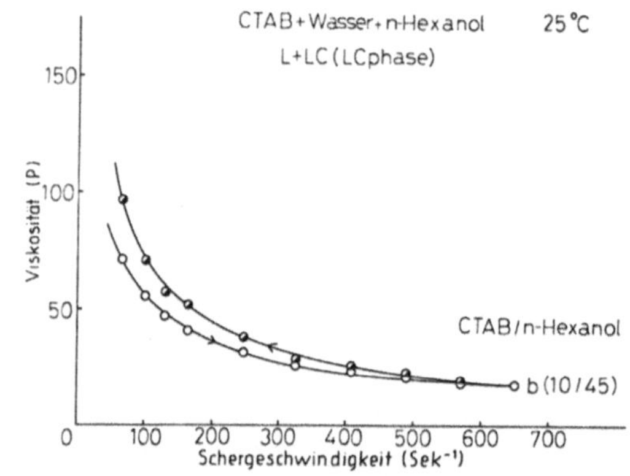

Abb. 6. Fließkurve der Probe (b) des viskoelastischen Teils im Gebiet L + LC

elastisch. Mit dieser Probe konnte man den *Weissenberg* (12) Effekt demonstrieren. Abb. 6 illustriert die Fließkurve dieser Teilprobe, welche auch den Charakter der inverten Thixotropie andeutet.

Abb. 7 gibt die Fließkurven der stark doppelbrechenden LC-Phasen in Proben c, d und f, die dem Gebiet L + LC angehören. Alle diese Kurven stellen die plastischen Fließtypen dar. Wenn die Menge des zugesetzten CTABs etwa 25 % erreicht, erscheint das ganze Gemisch als eine klare scheinbar homogene Lösung (Mikroemulsion) wie man in Abb. 4 erkennen kann. Die Fließkurven der Proben e, h der Mikroemulsion sind in Abb. 8 gezeigt, die das Newtonsche Fließen darstellen.

Wenn die Menge des CTABs 30 % übersteigt, dann erscheint eine homogene stark doppelbrechende LC-Phase. Abb. 9 zeigt die Fließkurve der Probe g, deren Struktur lamellar ist, wie man in Abb. 11 (polarisationsmikroskopische Aufnahme) erkennen kann.

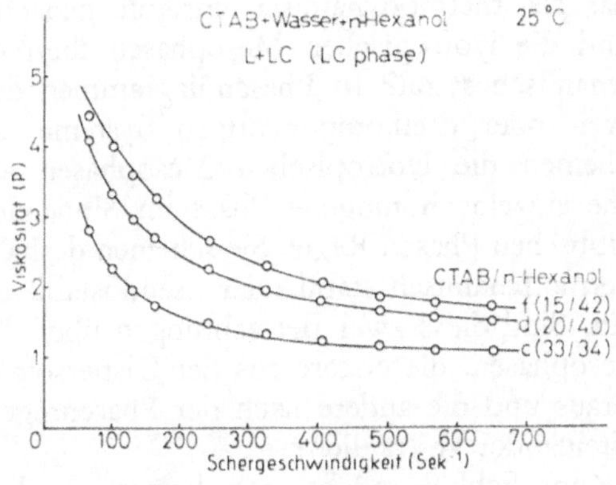

Abb. 7. Fließkurven der Proben (c, d, f) der LC-Phasen im Gebiet von L + LC

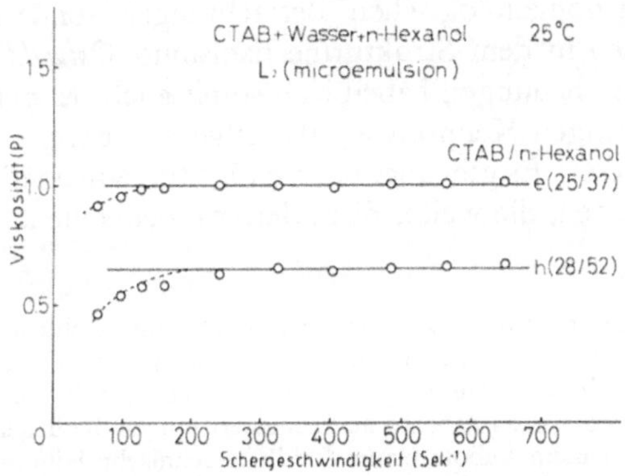

Abb. 8. Fließkurven der Proben (e, h) der Mikroemulsion

Im Gebiet LC des Phasendiagramms gibt es noch ein schmales Teilgebiet von hexagonaler Struktur. Die Probe i in solchem Gebiet verhält sich beim Fließen wie in Abb. 10 gezeichnet ist, deren polarisationsmikroskopische

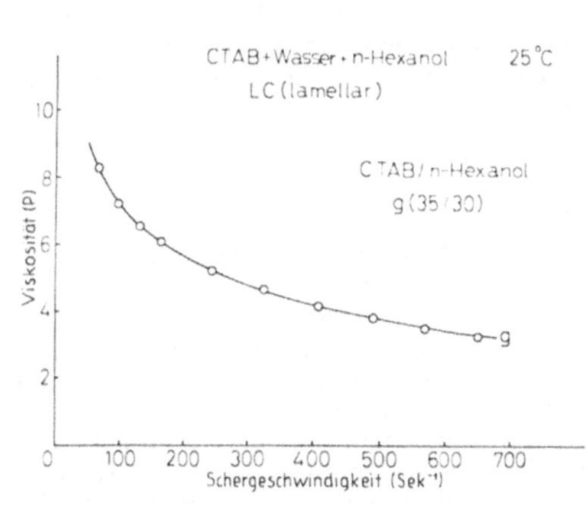

Abb. 9. Fließkurve der Probe (g) der homogenen LC-Phase mit lamellarer Struktur

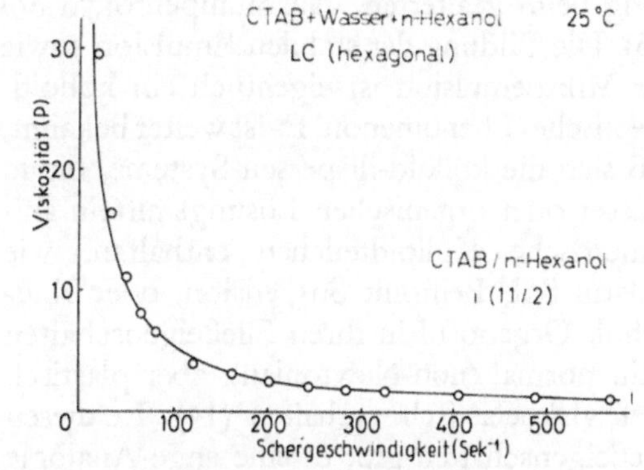

Abb. 10. Fließkurve der Probe (i) der homogenen LC-Phase mit hexagonaler Struktur

Abb. 11. Polarisationsmikroskopische Aufnahme der lamellaren LC-Phase

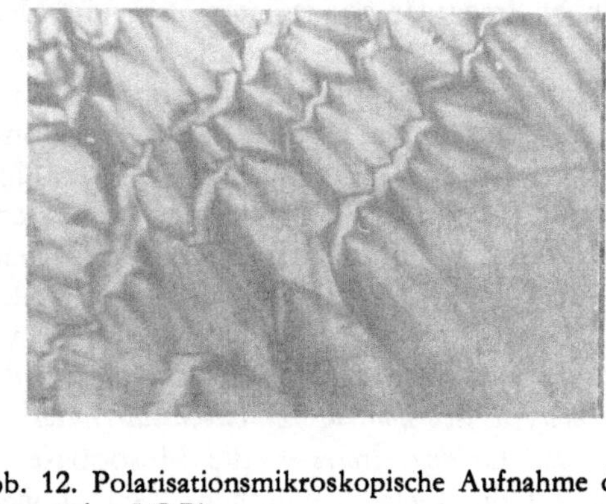

Abb. 12. Polarisationsmikroskopische Aufnahme der hexagonalen LC-Phase

Aufnahme in Abb. 12 angegeben ist. Die beiden Fließkurven in Abb. 9 und 10 sind auch typisch plastisch mit großen Viskositäten und Fließ-Streckgrenzen (*Bingham* yield values).

Die oben angedeuteten Veränderungsprozesse sind bemerkenswert aus dem Gesichtspunkt nicht nur der Rheologie sondern auch der Kolloidchemie. Die freiwillige Abscheidung der LC-Phase ähnelt der Taktoide-Bildung beim gealterten Vanadiumpentoxyd Sol (13). Die Bildung der stabilen Emulsion sowie der Mikroemulsion ist eigentlich ein kolloidchemisches Phenomenon. Es ist weiter bekannt, daß sich die kolloid-dispersen Systeme, die in Wasser oder organischen Lösungsmitteln anisometrische Kolloidteilchen enthalten, wie Gelatin Sol, Bentonit Suspension, oder Kautschuk Organosol in ihren Fließeigenschaften nicht normal (non-Newtonian), aber plastisch oder viskoelastisch verhalten (14). In diesen Fließeigenschaften gibt es eine enge Analogie zwischen Kolloiden und lyotropischen Mesophasen. Der Unterschied zwischen den zwei Systemen liegt nur darin, daß sich in kolloiden Systemen die anisometrischen Teilchen irregulär verteilen, während sich in lyotropischen Systemen die anisometrischen, amphiphilen Moleküle im Lösungsmittel in einer regelmäßigen Ordnung verteilen.

Die lyotropischen Mesophasen haben im allgemeinen eine labile Form mit kleiner Elastizität, aber mit großer Plastizität und Viskosität. In diesen Eigenschaften ähneln die lyotropischen Mesophasen den kolloiden Gelen. Kann man nicht die lyotropischen Mesophasen als eine Art der kolloiden Gele betrachten? Gele sind die festen kolloiden Systeme, worin sich anisometrische Kolloidteilchen irregulär aggregieren, um ein Netzwerk oder eine andere besondere Struktur zu bilden. Die lyotropischen Mesophasen sind dagegen die Systeme, worin sich die anisometrischen einzelnen Moleküle in regelmäßiger Ordnung aggregieren. Die beiden Systeme sind aber analog in der Hinsicht, daß sie beide die dispersen Verteilungszustände darstellen. Es ist hier zu bemerken, daß *Flory* (15) vor kurzem in seinem Einleitungsvortrag bei den '*Faraday Discussions of the Chemical Society on Gels and Gelling Processes*' die Mesophase als eine Art der Gele, namentlich, 'Gel of well-ordered lamellar structure' bezeichnet hat.

Soweit es die lyotropischen Mesophasen betrifft, scheint der Zusammenhang zwischen mesomorphen und kolloiden Systemen klar zu sein. Die lyotropischen Mesophasen kann man in weiterem Sinne als die dispersen Systeme betrachten. Es ist aber fraglich, ob man auch die thermotropischen Mesophasen als die dispersen Systeme betrachten kann, wie früher *Ostwald* gedacht hat. Es gibt noch eine Frage. Die kolloiden dispersen Systeme sind manchmal als thermodynamisch instabil gedacht. Sind die lyotropischen Mesophasen thermodynamisch stabil? In Phasendiagrammen der zwei- oder dreikomponentigen Systeme erscheinen die lyotropischen Mesophasen als eine einzelne homogene Phase im Sinne der Gibbschen Phasen-Regel. Sie scheinen deshalb thermodynamisch stabil oder pseudostabil zu sein. Sind diese zwei Betrachtungen über die Mesophasen, die erstere aus der Dispersoidik heraus und die andere nach der Phasenregel, miteinander verträglich?

Zum Schluß möchte ich bemerken, daß zwischen kolloiden und mesomorphen Systemen, besonders lyotropischen Mesophasen, ein enger Zusammenhang besteht, nicht nur in phenomenologischen Betrachtungen sondern auch in dem Strukturmechanismus. *Ostwald*'s Anschauungen haben sich somit auch bei den heutigen Kenntnissen als teilweise richtig erwiesen. Es gibt aber noch einige fundamentelle Fragen, die weiter diskutiert werden sollen.

Herrn Prof. Dr. *S. Friberg* in Stockholm möchte ich für seine freundlichen Hinweise auf das System: Wasser + CTAB + *n*-Hexanol meinen besten Dank aussprechen. Ich möchte auch meinen jungen Kollegen in meinem Laboratorium für ihre technische Hilfe in dieser Arbeit warm danken.

Zusammenfassung

Die Frage über den Zusammenhang zwischen mesomorphen und kolloiden Systemen wurde früher von *Wo. Ostwald* eingehend behandelt. Diese Frage ist auf Grund der neuen experimentellen Tatsachen, besonders der Fließeigenschaften der thermotropischen, smektischen Mesophasen (Ammonium-alkanoate) sowie der lyotropischen Mesophasen, die bei den dreikomponentigen Systemen: Wasser + Grenzflächenaktiver Stoff (Ammoniumalkanoate, Cetyltrimethylammoniumbromid) + Alkohol (Hexanol, Oktanol) entstehen, neu behandelt und diskutiert worden.

Summary

The problem concerning the relationship between mesomorphic and colloidal systems was treated precisely by *Wo. Ostwald* in the early thirtieth of this century. On the basis of the newly established experimental data, especially of flow properties observed in the thermotropic smectic mesophases of ammonium alkanoates and also in the lyotropic mesophases formed in the three component systems: water + surfactant (ammonium alkanoates, cetyltrimethylammonium bromide) + alcohol (hexanol, octanol), the above problem has been retreated and discussed.

Literatur

1) *Friedel, G.*, Ann. Physique, **18**, 273 (1922).
2) *Reinitzer, F.*, Monatschr., **9**, 421 (1888).
3) *Lehmann, O.*, Z. physik. Chem., **4**, 462 (1889).
4) *Ostwald, Wo.*, Z. Krist., **79**, 222 (1931).
5) *Vorländer, D.*, Z. Krist., **79**, 78 (1931).
6) *Ostwald, Wo.*, Diss. Farad. Soc. 'Liquid Crystals and Anisotropic Melts', 1002 (1933).
7) *Porter, R. S., J. F. Johnson*, Rheology IV, Chap. 5, Ed. by *F. Eirich*, (New York 1968); *K. Sakamoto, R. S. Porter, J. F. Johnson*, Proc. 2nd. Int. Conf. Liquid Crystals, Ed. by *G. H. Brown*, Part II, 237 (1968).
8) *Tamamushi, B.*, Rheol. Acta, **13**, 247 (1974); *B. Tamamushi*, Liquid Crystals and Ordered Fluids, Ed. by *J. F. Johnson, R. S. Porter*, **2**, 711 (1974).
9) *Lawrence, A. S. C.*, Diss. Farad. Soc. 'Liquid Crystals and Anisotropic Melts' 1008 (1933).
10) *Brown, G. H., W. G. Shaw*, Chem. Rev. **57**, 1135 (1957).
11) *Lawrence, A. S. C., J. T. Pearson*, 4th Int. Cong. Surface active Substances, Preprint B IV. 132 (1964); *Mandel, L., K. Fontell, P. Ekwall*, Ordered Fluids and Liquid Crystals, Ed. by *J. F. Johnson*, 89 (1967).
12) *Weissenberg, K.*, Nature, **159**, 310 (1947).
13) *Zocher, H.*, Z. anorg. Chem., **147**, 91 (1925).
14) *Kruyt, R. H.*, Colloid Science I, Chap. IX, 342 (1952).
15) *Flory, P. J.*, Farad. Diss. Chem. Soc., No. 57, 7 (1974).

Adresse des Verfassers:

Prof. Dr. *B. Tamamushi*
Nezu Chemical Institute, Musashi University,
126 Toyotama-Kami,
Nerimaku, Tokyo (Japan)

Progr. Colloid & Polymer Sci. 60, 158–162 (1976)

10.

Bayer AG, Leverkusen

Kolloide aus der Sicht der Assoziation des Wassers

H. Steinbach und *Chr. Sucker*

Mit 6 Abbildungen

(Eingegangen am 28. Oktober 1975)

Über die Assoziation des Wassers an oberflächenaktiven Molekülen, die in der Luft/Wasser-Grenzfläche gelöst sind, haben wir mehrfach berichtet (1–5). Wir sind dabei zu der Erkenntnis gelangt, daß Wassermoleküle die hydrophile Gruppe eines oberflächenaktiven Moleküls komplexartig umlagern. Besonders stabile Hydratationskomplexe stellen dabei das Einer- und das Vierer-Assoziat dar.

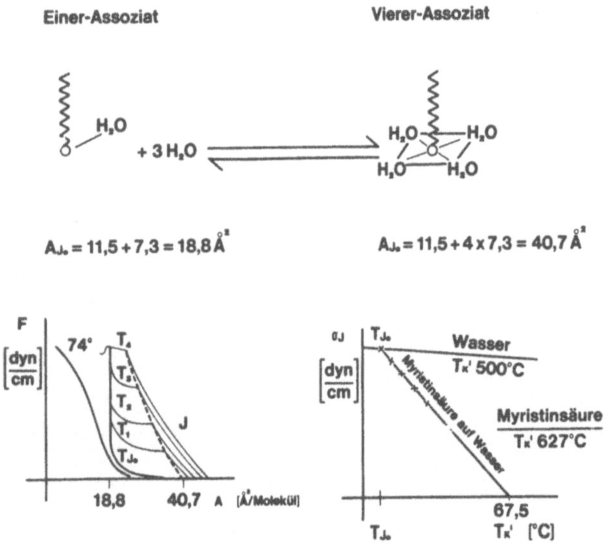

Abb. 1. Darstellung des Gleichgewichtes verschiedener in der Grenzfläche bestehender Hydratationskomplexe. Die Gleichgewichtskennzeichnung durch F/A-Isothermen und σ/T-Geraden ist in der unteren Bildhälfte skizziert

Wie Abb. 1 zeigt, hat das Einer-Assoziat einen Platzbedarf von 18,8 Å²; eine Fläche also, die nach den Müller'schen Versuchen (6) der Größe der Alkylkette zugesprochen wurde. Nach unserer Vorstellung setzt sie sich aus dem Platzbedarf der hydrophilen Gruppe – im Falle der Myristinsäure handelt es sich um die Carboxylgruppe mit 11,5 Å² – und demjenigen eines Wasser-Moleküls von 7,3 Å² zusammen. Dieser Hydratationskomplex ist sehr stabil. Er begrenzt die Kompressibilität des Filmes bis zum Kollaps. Beim Dilatieren der auf der Langmuir'schen Waage gespreiteten Moleküle nimmt das Einer-Assoziat aus der Subphase drei Wasser-Moleküle auf, um ein Vierer-Assoziat zu bilden, dessen Platzbedarf nach der in Abb. 1 angegebenen Gleichung bei 40,7 Å² liegt. Das Gleichgewicht obiger Assoziationsgleichung wird durch die Kurvenschar entsprechender F/A-Isothermen ausgedrückt. Die Verbindung aller Knickpunkte schneidet bei 40,7 Å² die Abszisse.

Trägt man nun die Oberflächenspannung im Knickpunkt gegen die Temperatur auf, so erhält man eine Gerade, die bei 67,5 °C die Abszisse schneidet. Der Schnittpunkt einer Oberflächenspannungs-Temperatur-geraden mit der Abszisse gibt nach Eötvös eine kritische Temperatur an. Sie liegt für Wasser bei 500 °C, für Myristinsäure bei 627 °C und für Myristinsäure, die auf Wasser gespreitet wird, bei 67,5 °C. Es hat sich nämlich in stöchiometrischer Assoziation aus Myristinsäure und Wasser an der Grenzfläche ein Hydratationskomplex gebildet, der zwischen T_{J_0} – das ist die untere Beständigkeitsgrenze des Vierer-Assoziates — und T_K' — das ist die obere Beständigkeitsgrenze, nämlich die kritische Temperatur von 67,5 °C — beständig ist. Eine bei 74 °C an Myristinsäure auf *n*/100 HCl gemessene F/A-Isotherme zeigt, daß das Vierer-Assoziat oberhalb T_K' nicht mehr beständig ist.

Abb. 2 zeigt nun, daß alle Alkylcarbonsäuren die gleiche kritische Temperatur haben — sie ist also an das Vierer-Assoziat gebun-

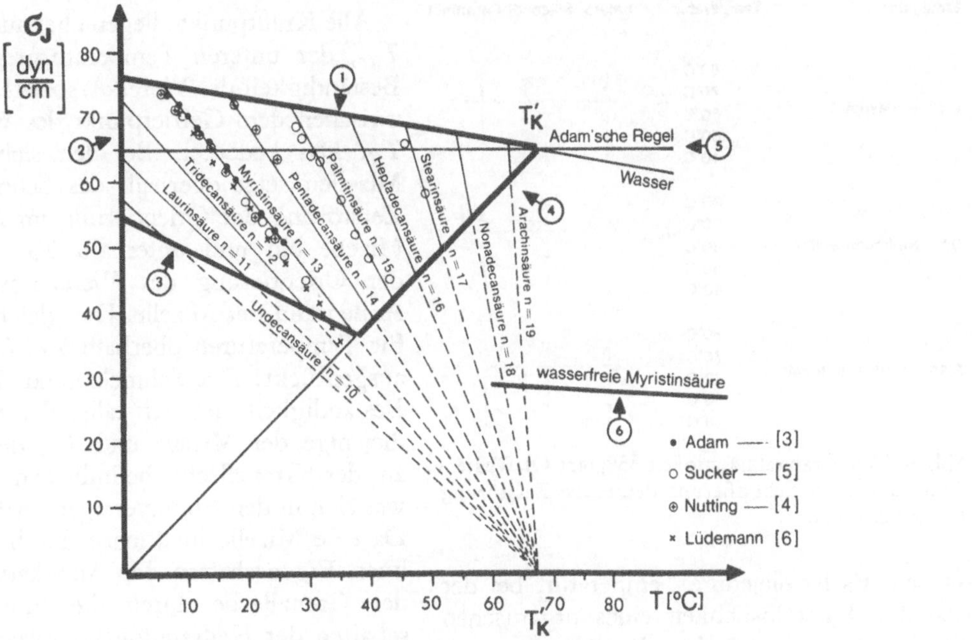

Abb. 2. Die Temperaturabhängigkeit der Oberflächenspannung verschiedener auf Wasser gespreiteter monomolekularer Alkylcarbonsäurefilme im Punkte *J*

den – während sich die T_{Jo}-Werte mit der Alkylkettenlänge vergrößern.

Wir wollen im folgenden der Frage nachgehen, inwieweit dieses Vierer-Assoziat für die Emulgiereigenschaften verantwortlich ist.

Um die Thermostabilität 35%iger Öl/Wasser-Emulsionen zu prüfen, erwärmten wir Proben dieser Emulsion 1, 2, 4, 6 und 24 Stunden lang auf 50, 60, 70, 80, 90 und 100 °C. Anschließend wurden die Emulsionen zentrifugiert und die gemessene Abscheidung in Abb. 3 eingetragen. Die gefundenen Kurven zeigten einen Knickpunkt bei 70 °C, d.h. bei der kritischen Temperatur des Vierer-Assoziates.

Abb. 4 zeigt die in dieser Weise geprüften Temperaturbeständigkeiten verschiedener Emulsionen von Salatöl, Siliconöl und Paraffinöl, bei denen außer Na-Myristat auch Na-Laurylsulfat oder -sulfonat als Emulgator verwendet wurden. Es zeigt sich, daß diese Emulsionen in der Nähe des kritischen Punktes für das Vierer-Assoziat, also in der Nähe von 67,5 °C zerstört werden und aufrahmen. Die Schraffierung deutet diese Zersetzung der Emulsion an. Auch Abb. 5, in der auf der Ordinate die Temperatur und auf der Abszisse die Alkylkettenlänge *n* aufgetragen ist, zeigt oberhalb T_K' die Zerstörung des Vierer-Assoziates an. Bei den Abszissenwerten ist die Alkylkettenlängenveränderung in Abhängigkeit von der hydrophilen Gruppe berücksichtigt worden (5).

In diesem Diagramm ist weiterhin der Schmelzpunkt verschiedener Alkylcarbonsäuren eingetragen, der bekanntlich zwischen geraden und ungeraden Kettengliedern alterniert. Nach der Krafft'schen Regel liegt die Geliertemperatur kurz unter dem Schmelzpunkt der zugehörigen Fettsäure. Sie wird heute als Krafftpunkt nach DIN 53918 ge-

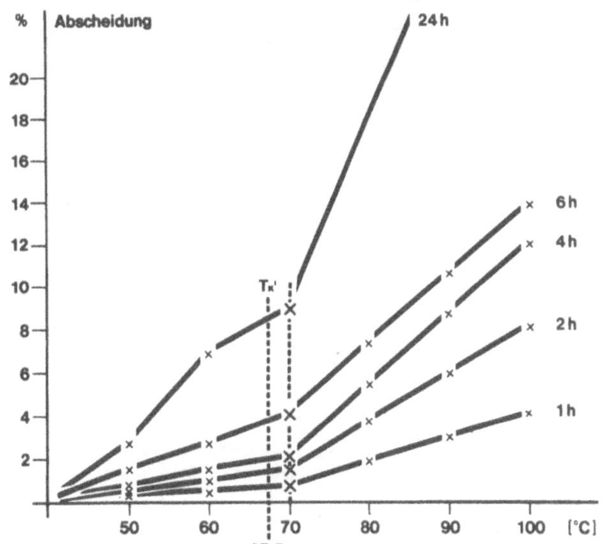

Abb. 3. Aufrahmung einer 35%igen Öl/Wasser-Emulsion in Abhängigkeit von der Temperatur

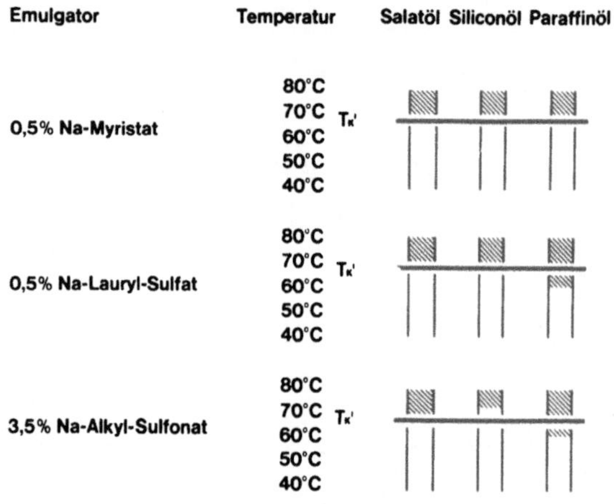

Abb. 4. Temperaturabhängigkeit 35%iger Öl/Wasser-Emulsionen. Die Schraffierung deutet die Zerstörung der Emulsion an

messen. Es ist diejenige Temperatur, bei der sich die Wasserlöslichkeit eines organischen Tensids sprunghaft ändert. Krafftpunkte verschiedener Verbindungen sind in Abb. 5 eingezeichnet. Sie liegen unterhalb des Schmelzpunkt der zuhörigen Fettsäure. Sie wird länge parallel zum Schmelzpunkt an. Es handelt sich um die Krafftpunkte von Na-Salzen der Alkylcarbonsäuren, der Elaidinsäure und der Ölsäure nach *Krafft* und *Wiglow* (7). Die Alkylsulfate zeigen nach *Lange* und *Schwuger* (8) auch ein Alternieren des Krafftpunktes. Schließlich sind noch Krafftpunkte der Alkylsulfate nach *Raison* (9) und diejenigen der Alkylsulfonate nach *Tartar* und *Wright* (10) eingezeichnet.

Alle Krafftpunkte liegen aber auch oberhalb T_{Jo}, der unteren Temperaturgrenze für die Beständigkeit des Vierer-Assoziates. Sie liegen zwischen dem Gefrierpunkt des Wassers und T'_K. Das bedeutet: Bei den sich bildenden Mizellen setzt oberhalb des Schmelzpunktes Zerstörung der Orientierung im Inneren der Mizelle ein und unterhalb T_{Jo} Zerstörung der Orientierung des Vierer-Assoziates am Außenrand der Mizelle. Das gleiche gilt auch für Temperaturen oberhalb T'_K. Oder anders ausgedrückt: Der Schmelzpunkt definiert die Beständigkeit des Kristalls, der Krafftpunkt diejenige der Mizelle und T_{Jo} diejenige des an der Grenzfläche befindlichen Assoziates, was sich in den Emulgiereigenschaften äußert. Da eine Mizelle im Innern durch die kristallinen Eigenschaften der Alkylketten und an der Grenzfläche durch die Emulgiereigenschaften der Hydratationskomplexe bestimmt wird, wird erklärlich, daß der Krafftpunkt, der sich auf die Beständigkeit der gesamten Mizelle bezieht, zwischen T_{Jo} und dem Schmelzpunkt liegt.

Stellt man sich nun eine Myristinsäuremizelle als Kugel vor mit einem Volumen $\frac{4}{3} r^3 \pi$ und einer Oberfläche $4 r^2 \pi$, so ergibt sich die Gleichung $6 \cdot V = \mathrm{d} \cdot O$, in der d den inneren Durchmesser der Kugelmizelle darstellt. Sie wird mit Alkylketten des Volumens $V = \frac{\mathrm{n} \cdot \mathrm{CH_2}}{\gamma \cdot N_L}$ [cm³] ausgefüllt. Die Oberfläche

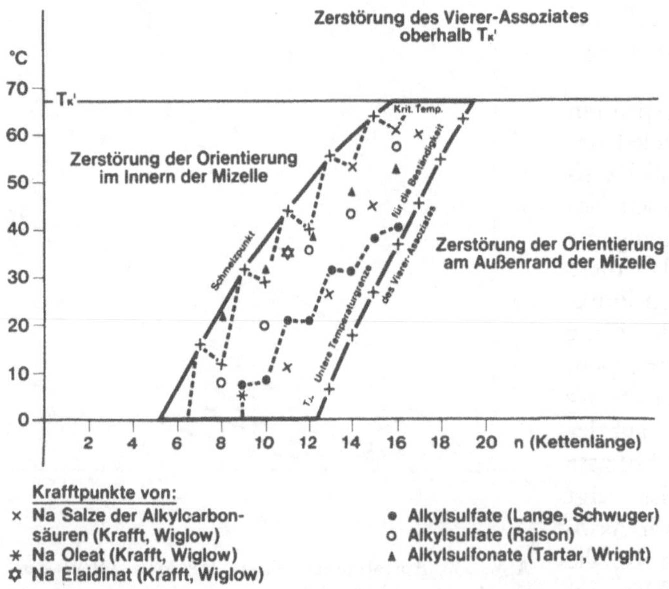

Abb. 5. Im Temperatur/Kettenlängen-Diagramm liegt der Krafftpunkt zwischen Schmelzpunkt und der unteren Temperaturgrenze für die Beständigkeit des Vierer-Assoziates. Er liegt zwischen Gefrierpunkt des Wassers und der kritischen Temperatur des Vierer-Assoziates

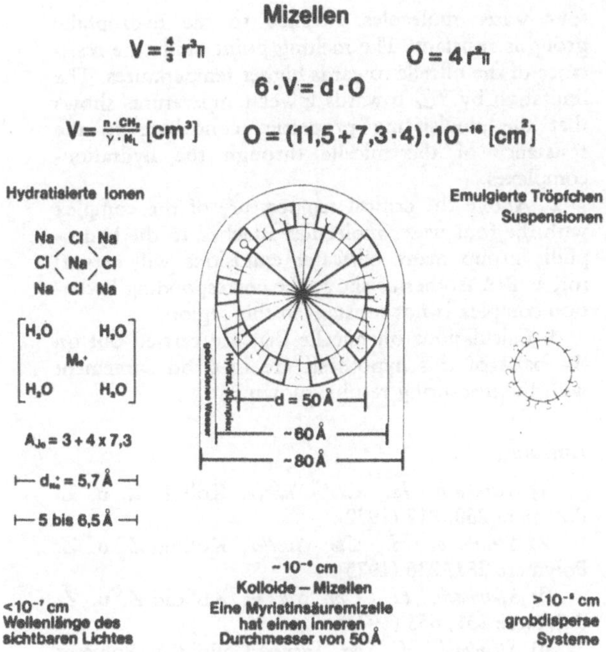

Abb. 6. Modellvorstellungen hydratisierter Ionen, Mizellen und Suspensionen

der Kugelmizelle wird, wie wir gezeigt haben, mit Vierer-Assoziaten der Flächengröße $(11{,}5 + 4 \cdot 7{,}3) \cdot 10^{-16}$ [cm^2] bedeckt. Setzt man O und V in obige Gleichung ein, so erhält man einen inneren Durchmesser der Kugelmizelle von 50 Å. Zieht man die Dicke der Hydratationskomplexe hinzu, so erhält man 60 Å und bezieht man darunterliegende, festgebundene Wasserschichten, wie sie beispielsweise an gespreiteten Organopolysiloxanfilmen nachgewiesen wurden (4), in die Mizelle ein, so erhält man 80 Å Durchmesser für eine solvatisierte, kugelige Myristinsäuremizelle. Sie ist $\sim 10^{-6}$ cm groß und unterscheidet sich von den solvatisierten Ionen, die auf der linken Seite der Abb. 6 betrachtet werden. In der Spaltebene eines Kochsalzkristalls wird ein Na-Ion von vier Chlorionen umgeben. Nach dem Auflösen in Wasser werden die Gitterplätze der Chlorionen von Wasser eingenommen. Die Querschnittsfläche des solvatisierten Ions beträgt nach unserer Formel 32 Å^2 und der Durchmesser 5,7 Å. Solvatisierte Ionen zeigen, so betrachtet, Durchmesser, die zwischen 5 und 6,5 Å und somit unterhalb der Wellenlänge des sichtbaren Lichtes liegen, während emulgierte Tröpfchen und grobdisperse Systeme den inneren Mizellbereich mit Fremdstoffen anfüllen, so daß sie einen Durchmesser von mehr als 10^{-5} cm einnehmen.

Es ist nicht die Aufgabe dieser Arbeit, die Ansicht darüber, ob man eine Mizelle als flüssig oder als kristallisiert ansehen soll, um einen weiteren Beitrag zu bereichern, auch wenn die mitgeteilte Vorstellung eine zum mindesten gitterähnliche Struktur der Alkylketten im Inneren der Mizelle und eine in Hydratationskomplexen geordnete Struktur der Wassermoleküle im Mantel der Mizelle nahelegt. Wir haben uns auch nicht die Aufgabe gestellt, über die Form – ob es sich um scheibige, fadige oder kugelige Mizellen handelt – zu entscheiden.

Es sollte gezeigt werden, daß unter Einbeziehung der Assoziation des Wassers Abschätzungen an einer kugelförmig angenommenen Myristinsäuremizelle einen inneren Durchmesser von 50 Å ergeben; eine solche Mizelle enthält 193 Myristinsäuremoleküle und hat ein Teilchengewicht von 44000. Sie wird von zahlreichen wohl orientierten Wassermolekülen umhüllt. Dieser Wassermantel unterscheidet sich in Dichte und Brechungsindex vom frei beweglichen Wasser. Die in ihm vorhandenen Bindungskräfte schützen die Mizelle vor dem Zerfall und vor Koagulation. Das Teilchengewicht beträgt einschließlich der Solvathülle etwa 100000. Die so errechneten Ergebnisse liegen durchaus in der Größenordnung heutiger Messungen und Vorstellungen.

Granath (11) hat beispielsweise an Myristinsäuremizellen bei 30 °C Fäden mit dem gleichen Durchmesser von 50 Å festgestellt, die je nach der gewählten KBr-Menge in der Pufferlösung bis zu 2300 Å lang werden können. Das Teilchengewicht solcher Myristinsäurefäden betrug bei kürzester Fadenlänge — und damit nähern sie sich kugeliger Gestalt — 130000.

Unsere Vorstellungen über die Assoziation des Wassers lassen Erklärungen und Berechnungen zu, die Ansatzpunkte für Aufbau und Verhalten von Kolloiden ermöglichen und liefern somit einen Beitrag zum Thema „Kolloidchemie heute“.

Zusammenfassung

Hydratationskomplexe, die sich um die hydrophile Gruppe von grenzflächenaktiven Verbindungen ausbilden, sind u.a. eine Voraussetzung für deren kolloidchemisches Verhalten. Nach unserer Vorstellung ist besonders das Vierer-Assoziat für die Emulgierwirkung verantwortlich, dessen Platzbedarf sich aus der Größe der hydrophilen Gruppe und dem vierfachen Platzbedarf eines Wassermoleküls von 7,3 Å² berechnen läßt. Experimentell konnten bereits 1939 3,5 Wassermoleküle je hydrophile Gruppe an Kolloiden nachgewiesen werden (J. Am. Chem. Soc. **61**, 539 1939). Der Zusammenhang zwischen Kolloiden und der Assoziation des Wassers wird an einigen Beispielen verdeutlicht:

1. Der Krafftpunkt liegt zwischen dem Schmelzpunkt der Alkylcarbonsäure und T_{Jo}; das ist jene Temperatur, oberhalb der das Vierer-Assoziat beständig ist. Der Schmelzpunkt begrenzt die Beständigkeit der Mizelle nach oben. Daß die Emulgiereigenschaften aufgrund der Hydratationskomplexe zur Beständigkeit der Mizelle beitragen, zeigt die untere Begrenzung durch T_{Jo}.

2. Oberhalb der kritischen Temperatur des Vierer-Assoziates rahmen zahlreiche Öl/Wasser-Emulsionen auf, weil in diesem Gebiet der entsprechende Hydratationskomplex unbeständig ist, wie F/A-Isothermen zeigen.

3. Berechnungen an Mizellen, die unter Einbeziehungen dieser Hypothese durchgeführt werden, zeigen gute Übereinstimmung mit den bekannten Meßergebnissen.

Summary

Hydrationcomplexes which form around the hydrophilic group of surface active compounds are one of the basic requirements for the colloid-chemical behaviour of these compounds. According to our conception especially the complex in which four water molecules are attached to the hydrophilic group is responsible for the emulsifying effect; the area requirements of this complex can be calculated from the size of the hydrophilic group and from four times the area requirements of a water molecule of 7.3 Å². The relationship of the colloids with the water association is illustrated by means of some examples:

1. The Krafft point ranges between the melting point of the alkyl carboxylic acid and T_{Jo}; this is the temperature above which the complex with the four water molecules attached to the hydrophilic group is resistant. The melting point limits the resistance of the micelle towards higher temperatures. The limitation by T_{Jo} towards lower temperatures shows that the emulsifying properties contribute to the resistance of the micelle through the hydration-complexes.

2. Above the critical temperature of the complex with the four water molecules attached to the hydrophilic group many oil/water emulsions will cream; for, as F/A isotherms show, the corresponding hydration complex is not resistant in this region.

3. Calculations on micelle that are carried out on the basis of this hypothesis are in good agreement with the measuring results known.

Literatur

1) *Steinbach, H., Chr. Sucker*, Kolloid-Z. u. Z. Polymere **250**, 812 (1972).

2) *Steinbach, H., Chr. Sucker*, Kolloid-Z. u. Z. Polymere **251**, 236 (1973).

3) *Steinbach, H., Chr. Sucker*, Kolloid-Z. u. Z. Polymere **251**, 653 (1973).

4) *Steinbach, H., Chr. Sucker*, Colloid & Polymer Sci. **252**, 306 (1974).

5) *Steinbach, H., Chr. Sucker*, Colloid & Polymer Sci. **253**, 380 (1975).

6) *Müller, A.*, Proc. Roy. Soc. A **114**, 542 (1927).

7) *Krafft, F.*, Wiglow, Berichte der deutschen Chem.-Ges. **28**, 2566 (1895).

8) *Lange, H., M. J. Schwuger*, Kolloid-Z. u. Z. Polymere **223**, 145 (1968).

9) *Raison, M.*, The Proceedings of the Second International Congress of Surface Activity 1957, Vol. I, S. 374 (1957).

10) *Tartar, H. V., K. H. Wright*, J. Amer. Chem. Soc. **61**, 539 (1939).

11) *Manegold, E.*, Allgemeine und angewandte Kolloidkunde, Bd. 1, Seite 631 (1956).

Adresse der Verfasser:

H. Steinbach und *Chr. Sucker*
5090 Leverkusen – Bayerwerk

Progr. Colloid & Polymer Sci. **60**, 163–175 (1976)

11.

School of Chemistry, University of Bristol, Bristol (England)

Studies on the preparation and characterisation of monodisperse polystyrene latices

IV. The preparation of latex particles with a size greater than 1 μm

*Y. Chung-li**), *J. W. Goodwin*, and *R. H. Ottewill*

With 8 figures and 8 tables

(Received October 16, 1975)

1. Introduction

Within the last decade a number of studies have been made on the preparation of monodisperse polystyrene latices without the addition of emulsifying agents (1, 2, 3, 4, 5). Monomer concentration, initiator concentration, ionic strength and temperature were found to be important variables in the preparations (4, 5). Under these conditions (4, 5), however, it was not found practicable, within the range explored, to prepare particles with a diameter greater than 1 μm in a single stage process. Therefore, in order to obtain monodisperse systems containing particles of diameter greater than 1 μm, a seeded-growth procedure appeared to be a viable route (6). Unfortunately, in many seeded-growth experiments, in addition to the growth of the seed particles, new nucleation frequently occurs leading to a new set of particles (secondary growth) and thus to a bimodal, or even broader, distribution (7). It is therefore of importance to understand in some detail the mechanism of seeded growth and to be able, in practical situations, to control the variables which influence the nucleation and growth processes.

Latices in the size range 1 to 4 μm are particularly valuable for use as model dispersions since they are visible in the optical microscope and they can be counted and sized conveniently by means of a Coulter Counter (8). In this size range also the transition occurs between truly colloidal dispersions and suspensions as the influence of the gravitational force becomes significant. The secondary minimum in the potential energy of interaction curve also becomes important in this range.

The present work was thus undertaken with two primary objectives. Firstly, to establish methods for the preparation of monodisperse polystyrene latices containing particles in the size range 1 to 4 μm. Secondly, to obtain a better understanding of the mechanism of particle growth in polymerizing systems.

Historically, a number of mechanisms have been suggested for the growth of latex particles, including the possibilities that, under typical polymerization conditions, all monomer was absorbed into the latex particles before conversion into polymer and that the propagation rate was controlled by the diffusion of monomer to the surface of the particles. The rate of swelling of preformed latex particles by monomer was therefore determined in the present work, but this was found to be too slow to explain the rate of particle growth. From a study of short-stopped reactions, followed by exposure of freshly polymerized material to monomer it was also found that the rate of swelling was too small to play an important part in the growth of particles. However, from a variation of the number concentration of the seed latex it was found that at "high" number concentrations of seed, monodisperse systems were obtained, whereas with "low" number concentrations, new particles were formed giving a bimodal distribution. The number concentration of the seed latex remained essentially constant during the polymerization. It was

*) Present address: The People's Republic of China, Peking, The Chinese Academy of Sciences, Institute of Chemistry.

therefore concluded that the heterocoagulation of the freshly formed particles on to seed particles played an important role in the growth process. The new particles, swollen with monomer, thus appeared to transport the monomer to the seed particle.

2. Experimental

2.1. Materials

All the distilled water used was doubly-distilled. The second distillation was carried out in an all-Pyrex apparatus.

Styrene was B.D.H. reagent grade material. This was purified by distillation at 40 to 50° in an atmosphere of nitrogen at a pressure of ca. 5 mm Hg. Purified styrene was stored, under nitrogen at 5°.

Potassium persulphate was B.D.H. Analar material. This was recrystallised twice from distilled water and then dried in a desiccator. This material was recrystallised again if the storage time exceeded two weeks.

B.D.H. Analar grade sodium chloride and sodium hydroxide were used without further purification. Hydrochloric acid was used from B.D.H. C.V.S. ampoules.

All nitrogen used was British Oxygen Company, white spot, gas.

2.2. Basic polymerization procedures

All polymerizations were carried out in round bottomed, three-necked flasks, usually with a capacity of 1 dm³. The contents of the flask were stirred with a PTFE paddle stirrer (type Q–ST 7/2) which was inserted into the central neck of the flask. The stirrer speed was maintained at 350 r.p.m. and checked at frequent intervals with a tachometer. The remaining two outlets of the flask were used for a water-cooled condenser and a nitrogen inlet; nitrogen was bubbled continuously throughout the reaction, at a low flow-rate to minimize evaporation, in order to flush oxygen from the system. The flask was maintained at a constant temperature, by immersion to the neck, in a water-thermostat bath.

Initially the major part of the water was added to the flask. The required quantity of sodium chloride dissolved in 30 cm³ of distilled water was then added and washed in with a further 20 cm³ of water. After a period of 10 min in the thermostat bath, with nitrogen passing, the styrene was added. A further 15 min was allowed for the contents of the flask to attain the bath temperature before a weighed quantity of potassium persulphate dissolved in 30 cm³ of water, was added; this was washed in with a further 20 cm³ of distilled water.

2.3. Preparation of seed latices

The general apparatus used was as described above. Further details of the polymerization methods used in emulsifier-free systems have been given in a previous publication (5).

Seed RB53

This preparation was carried out as a single stage polymerization for 24 h at 65°. The quantities of material used were as follows:

Water	7.08 dm³
Styrene	0.921 dm³
Potassium persulphate	1.913 g
Sodium chloride	11.17 g

After dialysis, electron microscope examination gave the particle number average diameter as 0.915 μm with a coefficient of variation on the mean of 1.2%.

Seed RB61

This was prepared by a seeded growth reaction. For this type of polymerization the seed latex was added first and washed in with the distilled water. The quantities used were:

Styrene	80 cm³
Sodium chloride	1.026 g
Potassium persulphate	0.347 g
Water	693 cm³
Seed latex RB53 (added as a 25.3% *w/w* dispersion)	26 cm³

Thus the initial number concentration of seed in the flask was 2.2×10^{10} per cm³.

The reaction was allowed to proceed for 24 h at 60°. After extensive dialysis, the number average particle diameter, obtained by electron microscopy, was found to be 2.14 μm with a coefficient of variation of 3.2% on the mean.

Seed Y–1

This was prepared by a reaction using the same procedure as RB61, except that 27 cm³ of latex RB53 were added as a 25.3% *w/w* dispersion. The concentration of the latex, after extensive dialysis was 7.8% *w/w*.

The average particle diameter was found to be: –
2.16 μm (modal diameter) from Coulter Counter analysis
2.07 μm (number average) from Electron Microscopy.

2.4. Sampling procedures

In experiments where samples were removed for particle size analysis, either by electron microscopy, or by the Coulter Counter (8), the following procedure was adopted. After a specified period of reaction, the stirrer was stoped, but not the nitrogen feed, and 5 min was allowed for the monomer to separate into a surface layer. Usually a 10 cm³ sample was withdrawn by pipette from the bottom of the flask avoiding, as far as possible, the inclusion of monomer. The stirrer was then restarted. The sample was transferred to a sample tube, cooled in ice, and allowed to stand for 5 min for any monomer to separate as a surface layer.

For electron microscopy, a small aliquot (ca. 1 cm³) was withdrawn and diluted to an appropriate concentration with distilled water. Care was taken in preparing grids for electron microscope examination to keep the monomer content of the samples as low as possible since in the drying stage, the particles appeared to be very susceptible to softening by monomer.

For Coulter Counter examination 5 cm^3 of the aqueous dispersions were collected from the lower part of the subnatant layer in the sample tube. The latter was transferred to a volumetric flask and made up to a total volume of 250 cm^3 with distilled water. After thorough mixing, 5 cm^3 of the latter dispersion were diluted to 250 cm^3 with filtered electrolyte, to give a dispersion suitable for analysis. Considerable care was required throughout the dilution procedure to reduce the transfer of monomer to a minimum; monomer in the mixtures was found to be a nuisance, in that, in addition to reducing the accuracy of dilutions, it also coated the orifice of the Coulter Counter.

Whenever possible, analyses were carried out immediately after sampling. If it was not possible to carry out immediate analysis, samples were stored at 5°.

2.5. *Coulter counter procedure*

In a number of cases the particle diameter and particle number concentration were determined using a model A Coulter Counter (8). This was used in conjunction with a 30 μm sapphire orifice taking the sample volume as 0.05 cm^3. 0.1 mol dm^{-3} sodium chloride was used as the supporting electrolyte after filtration through a No. 5 Sintaglas Buchner funnel. In order to maintain low counts for the electrolyte alone, electrolyte solutions were always used within two days of filtration.

The lower limit of resolution of the instrument used under these conditions was ca. 0.8 μm. This meant that studies could easily be carried out on seed particles but that new particles (<0.8 μm) produced by secondary growth were not detected.

2.6. *Electron microscopy*

Latex aliquots from the subnatants in the sample tubes were diluted with distilled water to give number concentrations between 10^{10} and 10^{11} particles per cm^3. Drops of dispersion were put onto Formvar coated electron microscope grids either by a platinum loop or by a Vaponefrin atomizer; the latter technique was found to be preferable when looking for secondary growth. In order to obtain representative sampling for particle size analysis, a number of grids were examined for each sample, and photographs were taken at intervals across the grid.

The electron microscopes used were an Hitachi HS7 or an Hitachi HU 11B. In order to calibrate the electron microscope, a micrograph of a carbon replica of a diffraction grating was taken at the same microscope setting as that used to examine the latex particles. The grating had a mean spacing of 878 nm and was calibrated before use by means of a Zeiss microscope with a micrometer eyepiece (type Ealing Optical Company, No. 11–5162).

The particle size determinations were made using a Carl Zeiss TGZ3 Particle Size Analyzer. Whenever possible, counts of the order of 1000 particles were taken.

In some cases, however, particularly when secondary growth was present, smaller samples had to be used. A further difficulty in this case was the difference in size of the two populations which required a low magnification for the seed particles and a large magnification for the small particles. Considerable attention was required in electron microscope examination to ensure that representative populations were obtained, since the small particles migrated to the edges of the drops, on the grid, as the dispersion medium evaporated. The effect was minimized by using a higher latex concentration and an atomizer to form the drops.

Owing to the large number of samples involved, some delay inevitably occurred between sampling and microscopy. A small amount of growth might have occurred during this stage even though the samples were stored at 5°.

An overall experimental error of 5–10% on the electron microscope data would appear to be a reasonable estimate.

3. Results

3.1. *The swelling of latex particles in the presence of monomer*

3.1.1. *Introduction*

In seeded growth experiments, the seed particles are usually left in contact with an aqueous phase saturated with monomer for a time before addition of initiator. The experiments described in this section were therefore carried out to determine both the extent of swelling of latex particles by monomer and the rate at which this occurred. The conditions used were the same as those used for the polymerisation reactions, except that the initiator was omitted. Using a Coulter Counter, both the particle diameter and the particle number concentration were determined as a function of time.

3.1.2. *Experimental procedure*

5 g of styrene were added to 445 g of distilled water in a flask of 1 dm^3 capacity. Once the contents of the flask had reached 60°, 50 cm^3 of latex RB61 (concentration = 8.6% *w/w*) were introduced. This point was taken as the zero time of the reaction. Subsequently, samples were taken at frequent intervals (see tab. 1), for Coulter Counter analysis, over a period of 69 h.

3.1.3. *Results*

The experimental data obtained are tabulated in tab. 1 and presented graphically in fig. 1.

Tab. 1. Increase in diameter of latex particles (RB61) on swelling with styrene

Time h	Diameter μm	Particle no. concn. per cm³ in reaction vessel
0	2.14	–
2	2.14	1.47×10^9
4	2.14	1.52×10^9
6	2.14	1.47×10^9
8	2.14	1.45×10^9
10	2.14	1.43×10^9
18	2.14	1.50×10^9
20	2.16	1.50×10^9
24	2.16	1.42×10^9
30	2.18	1.46×10^9
42	2.17	1.44×10^9
44	2.18	1.48×10^9
46	2.19	1.47×10^9
48	2.19	1.47×10^9
66	2.23	1.40×10^9
69	2.22	1.33×10^9

3.1.4. *Conclusion*

The experimental data presented in fig. 1 show that the swelling of latex particles is a slow process. 24 h after being placed in contact with monomer, the particles had increased by only 0.9%, and after the full period of the experiment (69 h) the diameter had only increased by 3.6%.

The results basically indicate a slow diffusion of monomer into the particle, although the increase in rate which occurs with time does suggest that monomer transfer may be facilitated once some swelling has occurred.

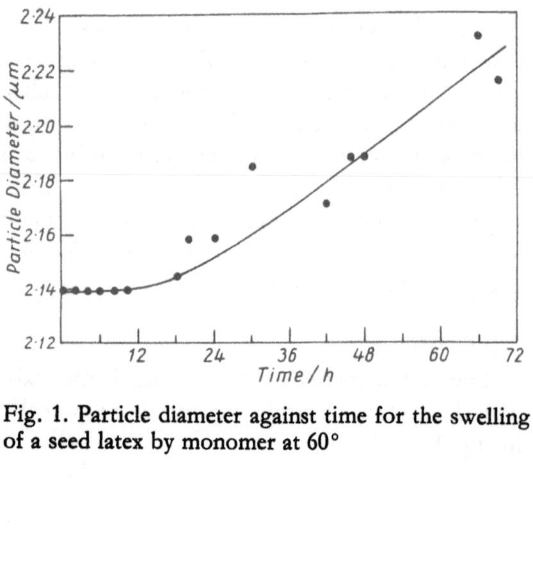

Fig. 1. Particle diameter against time for the swelling of a seed latex by monomer at 60°

4. The rate of swelling of freshly formed polymer by monomer

4.1. *Introduction*

Since the initial rate of swelling of aged polymer latex particles was found to be slow, an attempt was made to determine the rate of uptake of monomer by particles which had freshly formed polymer already on, or in, the particles; i.e. a particle condition analogous to that in an actual preparation. It was considered that freshly formed polymer, possibly already swollen by monomer, might enhance the overall rate of swelling of the particles by monomer. The experiments were carried out in the following way using several stages.

4.2. *Stage 1. Seeded growth polymerisation*

The seeded growth system was set up (flask A), as described in section 2.3, using the following quantities: –

Styrene	80 cm³
Sodium chloride	1.026 g
Potassium persulphate	0.347 g
Water	640 cm³
Seed latex RB–61 [added as an 8.3% *w/w* dispersion]	100 g

The reaction was carried out at 60°. 3 h after the addition of the initiator, a 20 cm³ sample was taken from the reaction (sample A/1) for Coulter Counter analysis; a further 10 cm³ sample was withdrawn for electron microscope examination. In a similar manner samples were withdrawn from flask A at 6 h (sample A/2) and 9 h (sample A/3). In the latter case, however, only 10 cm³ was withdrawn and this was put under refrigeration as soon as possible in order to impede further polymerization.

The reaction in flask A was allowed to proceed with the remaining contents for a period of 24 h. The vessel was then removed from the thermostat, allowed to stand for 5 min for residual monomer to separate, and then the subnatant filtered through glass wool (lead-free B.D.H. material). The filtered latex was dialysed extensively against distilled water, adjusted to pH 8.5, as previously described.

4.3. *Rate of swelling of sample A/1 by monomer*

0.01 g of p-benzoquinone was added to 124 cm³ of distilled water in a 500 cm³ three-necked flask; a further 50 cm^3 of water was used to wash the inhibitor in. The solution was warmed to 60° and then 4.5 g of styrene was added (flask B). This mixture was prepared so that after 15 min stirring it was possible to take sample A/1 from flask A and to add it immediately to flask B. As soon as sample A/1 had mixed into B, a sample was taken from flask B. Further samples were then taken at 1 h intervals. The diameter of the latex particles was determined using the Coulter Counter.

4.4. *Rate of swelling of sample A/2 by monomer*

The procedure used was identical to that described in section 4.3. The 20 cm^3 sample, was taken from flask A, 6 h after the start of the reaction and added to flask C.

4.5. *Results*

Tab. 2. Swelling of new polymer by monomer

Reaction time h	Particle diameter/µm Flask A	Flask B	Flask C
0	2.14	–	–
3	2.89	2.89	–
4	–	2.93	–
5	–	2.93	–
6	3.29	2.93	3.29
7	–	–	3.38
8	–	–	3.44
9	3.56	–	3.44
24	–	2.82*	3.54*

* Obtained by electron microscopy

4.6. *Discussion*

The particle diameters, obtained as a function of time, from flasks A, B, C are given in tab. 2 and plotted in fig. 2. The particle diameter of the latex in flask A increased continuously with time; some secondary growth, however, was observed after a period of 6 h. In the case of sample B a small increase in diameter occurred for the first hour, after short-stopping the reaction; after this, the rate of growth over a period of 2 h was, within experimental error, negligible. In the case of sample C, more pronounced growth occurred after short-stopping, although after 2 h, growth appeared to cease.

An interesting observation throughout these experiments was that the samples (except that at $t = 0$ h) creamed on standing, thus indicating an uptake of monomer. In view of the slow rate of growth in non-initiated samples (fig. 1) and in short-stopped samples (B and C) it appears that this monomer is transported to the seed by new particles formed in the aqueous phase. The latter when freshly formed are apparently swollen with monomer and in the colloidal sense are unstable. Under these conditions they heterocoagulate with the seed particles.

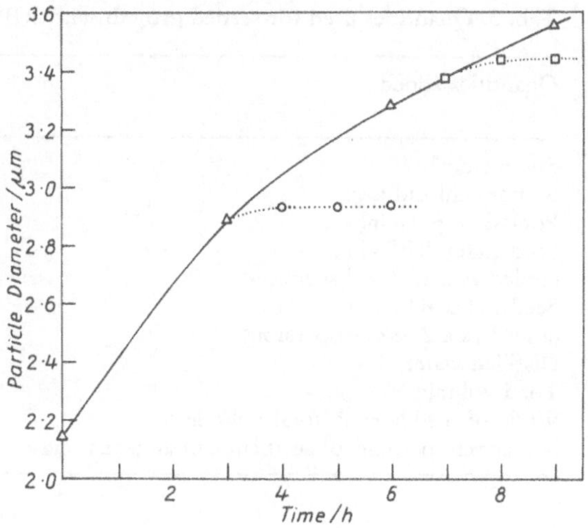

Fig. 2. Seeded growth polymerization at 60°; △, A – continuous polymerization; ○, B – sample withdrawn after 3 h, short-stopped and then added to a monomer dispersion at 60°; □, C – sample withdrawn after 6 h, short-stopped and then added to a monomer dispersion at 60°

5. The formation of latices, in the absence of added emulsifier, by growth on seed particles

5.1. *Introduction*

In the preceding section it was found that in seeded-growth experiments, new particles were formed after a certain time period (secondary growth). A series of experiments were therefore devised to examine the influence of the seed number concentration on both the final particle size of the latices formed and the extent of secondary growth.

5.2. *Seeded growth with RB53 seed particles*

5.2.1. *Experimental conditions*

Three reactions were carried out in the manner described in section 4.2. The quantities

Tab. 3. Quantities used for seeded growth with RB53 as seed

Quantities added	Latex designation		
	YRGC	YRGE	YRGF
Styrene/cm³	80	80	80
Sodium chloridge *g*.	1.026	1.026	1.026
Potassium persulphate	0.347	0.347	0.347
Seed Latex RB53 in *g*. (added as a 25.3% dispersion)	31.30	10.43	–
Seed Latex RB53 in *g*. (added as a 2.48% dispersion)	–	–	39.6
Distilled water	689	710	680
Total volume	800	800	800
Wt.% of seed latex in total volume	1.0	0.330	0.123
No. concn. per cm³ of seed latex in aqueous phase	2.6×10^{10}	8.7×10^9	3.2×10^9

of seed added to the three systems was, however, varied as shown in tab. 3. The reaction temperature was 60° and the reaction was continued for 12 h; the stirrer speed was maintained at 350 r.p.m. The reaction period was confined to 12 h since in some cases it was found that if the reaction was allowed to continue beyond this, either coagulation occurred, or the latex formed a stable foam which was ejected from the condenser.

5 cm³ samples were withdrawn from the reaction vessel at 3 h intervals using the procedure previously described. The samples were immediately placed in an ice bath to quench the reaction. Each sample was subjected to an electron microscope analysis. In addition to obtaining a size analysis, it was possible to obtain evidence of secondary growth and hence the ratio of new particles formed to seed particles.

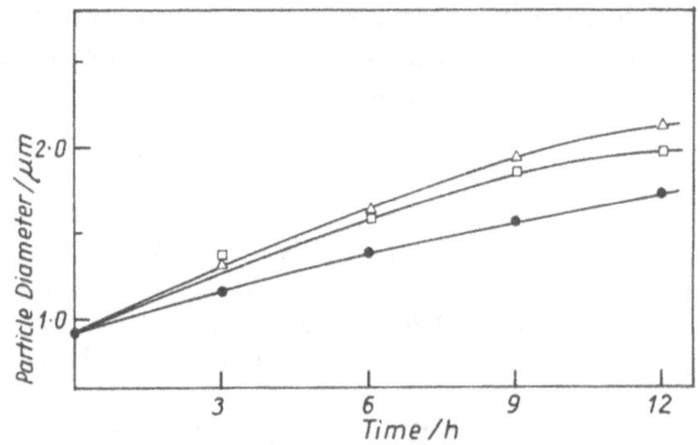

Fig. 3. Variation of seed diameter with time for various concentrations of added seed latex (RB53) at 60°; ●, latex YRGC, 1% seed; □, latex YRGE, 0.33% seed; △, latex YRGF, 0.12% seed

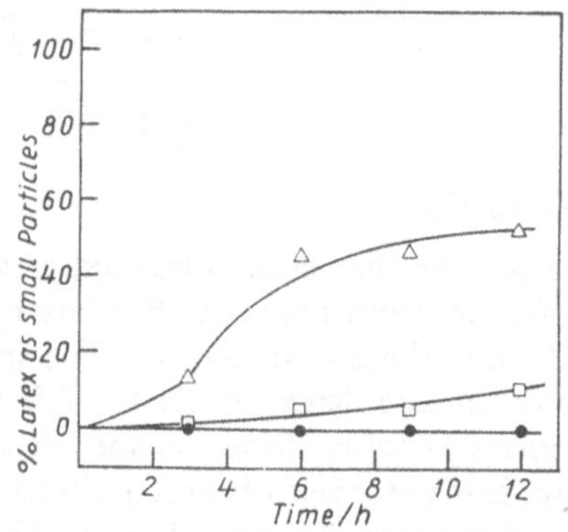

Fig. 4. Percentage of small particles formed as a function of time with various concentrations of added seed latex (RB53) at 60°; ●, latex YRGC, 1% seed; □, latex YRGE, 0.33% seed; △, latex YRGF, 0.12% seed

5.2.2. Results

The results obtained in the growth of new latices using RB53 as a seed are given in numerical form in tab. 4 and in graphical form in figs. 3 and 4. The extent of secondary growth was expressed as the percentage of the total number of particles counted that were small compared to the size of the seed latex particles. In general, the distribution of the smaller particles was broad, but for counting purposes the distribution was treated as bimodal, i.e. as seed particles and particles arising from new nucleation.

A series of electron micrographs of samples taken from latex YRGC at various times are given in fig. 5. These show clearly the growth of the seed particles, but also reveal that no secondary growth has occurred in this reaction even after a period of 12 h.

Tab. 4. Formation of small particles in a seeded growth experiment using RB53 diameter (RB53) = 0.915 μm

Reaction time h	LATEX YRGC Small particles %	LATEX YRGC Large particles %	LATEX YRGC Large particles Diam/μm	LATEX YRGE Small particles %	LATEX YRGE Large particles %	LATEX YRGE Large particles Diam/μm	LATEX YRGF Small particles %	LATEX YRGF Small particles Diam/μm	LATEX YRGF Large particles %	LATEX YRGF Large particles Diam/μm
3	0	100	1.163	0.9	99.1	1.379	13.4	0.28	86.6	1.309
6	0	100	1.374	4.8	95.2	1.593	45.5	0.43	54.6	1.628
9	0	100	1.563	5.5	94.5	1.851	46.0	0.61	54.0	1.924
12	0	100	1.722	10.6	89.4	1.970	52.5	0.769	48.5	2.118

5.3. Seeded growth using latex Y—1

5.3.1. Introduction

The procedure in these experiments was identical with that described in section 5.2. A series of five experiments was carried out using different concentrations of the seed latex Y—1 as shown in tab. 5.

The first experiment YGA, in addition to being followed by electron microscopy, was also followed by means of Coulter Counter analysis.

5.3.2. Experiment YGA

In this experiment the samples taken, at regular time intervals, were examined using the Coulter Counter. This enabled the number concentration of the seed particles to be obtained throughout the run, in addition to their average diameter.

An electron microscope examination was also carried out to determine size and to detect the presence of small particles formed by secondary growth.

The results obtained using the Coulter Counter are listed in tab. 6.

From the results given in tab. 6 and fig. 8, it can be seen that over the period of time examined, the increase in particle diameter with time was linear; this was also found in the early stages of YRGC (fig. 3), which gave essentially monodisperse growth. YGA was also found to be monodisperse and no secondary growth was detected in electron micrographs of this material (see fig.6).

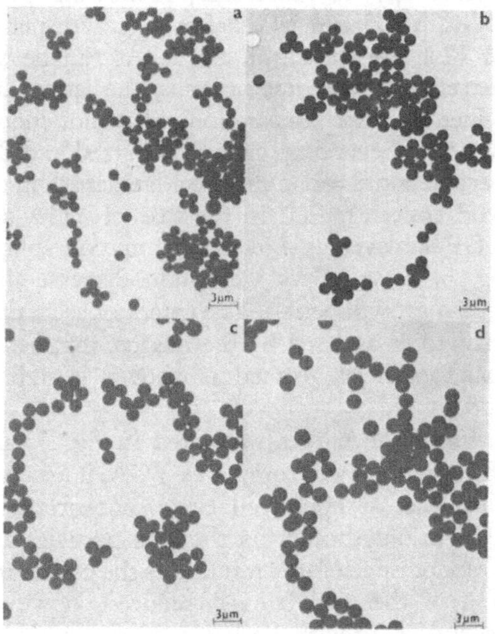

Fig. 5. Electron micrographs of samples taken from latex YRGC at various stages during the polymerization, a) 3 h; b) 6 h; c) 9 h; d) 12 h

Tab. 5. Growth experiments using latex Y—1 as seed initial aqueous phase volume = 720 cm^3

Experiment designation	% of seed (*w/w*) in initial total volume	No. conc. of seed per cm^3 in initial aqueous volume
YGA	1.65	3.7×10^9
YGB	1.32	3.0×10^9
YGC	1.00	2.3×10^9
YGD	0.67	1.5×10^9
YGE	0.33	7.5×10^8
YGF	0	0

Tab. 6. Experiment YGA. Particle size and number concentration obtained by the Coulter counter

Time/h	Seed particle diameter/μm	No. particles cm^{-3} aqueous phase
0	2.16	–
3	2.50	2.9×10^9
6	2.77	2.8×10^9
9	3.07	2.8×10^9
12	3.40	2.7×10^9

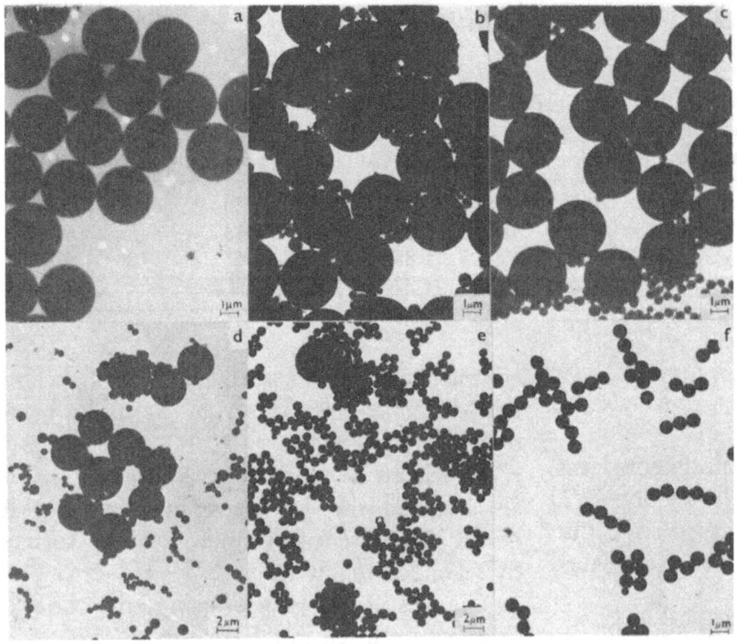

Fig. 6. Electron micrographs taken from seeded latex growth at 12 h after the initiation of polymerization, a) YGA; b) YGB; c) YGC; d) YGD; e) YGE; f) YGF

From the experimental data a small decrease in seed particle number appeared to occur during the reaction. However, owing to the transfer of monomer into the aqueous phase and its subsequent conversion into polymer, the total volume of the aqueous dispersion i.e. the portion sampled, gradually increases with time. This resulted in a percentage decrease in total particle number concentration of,

$$100/\left(1+\frac{V\varrho_p}{w_M Y}\right)$$

where V = volume of the aqueous dispersion, ϱ_p = density of polystyrene, w_M = weight of monomer added and Y = fractional conversion of monomer to polymer at a particular time in the reaction. Assuming that complete conversion occurs a decrease in particle number concentration of 8.7% would be expected at the end of the reaction. This is very close to the observed decrease and indicates that the number of seed particles remains constant throughout the reaction. Since the final latex formed in the case of YGA, was monodisperse, it suggests that all the new polymer formed in the reactions has been incorporated on or into the seed particles. Assuming that this is the case and that complete conversion of monomer into polymer had occurred, the estimated final particle diameter is found to be 3.4 μm. This agrees exactly with the experimental result thus confirming the correctness of the above conclusions.

5.3.3. Experiments YGB to YGE

These experiments were analysed by electron microscopy only. Micrographs showing YGB, YGC, YGD and YGE after a growth period of 12 h are shown in fig. 6. As can be observed from the micrographs, the latices obtained in these preparations were not monodisperse. Secondary growth occurred and this became more pronounced with decrease in the seed concentration. In the case of YGA and YGF however, as shown in the micrographs of fig. 6, these latices were monodisperse after a 12 h growth period. The extent of secondary growth as assessed by the relative number of small particles formed is shown in tab. 7 and fig. 7.

From the curves presented in fig. 7 and the data obtained from Latex YGA, it becomes clear that at high seed latex concentrations, growth only occurs on the seed particles and a monodisperse latex results. As the concentration of the seed latex is reduced, however, secondary growth becomes more dominant. In fact, at the lowest seed additions the number of seed particles become small compared to the number of new particles created; more-

Tab. 7. Formation of small particles in seeded growth experiments using Y–1

Reaction time h	LATEX YGB Small %	LATEX YGB Large %	LATEX YGC Small %	LATEX YGC Large %	LATEX YGD Small %	LATEX YGD Large %	LATEX YGE Small %	LATEX YGE Large %
3	6	94	8	92	13	87	88	12
6	43	57	60	40	48	52	97	3
9	50	50	64	36	77	23	98	2
12	66	34	73	27	89	11	99	1

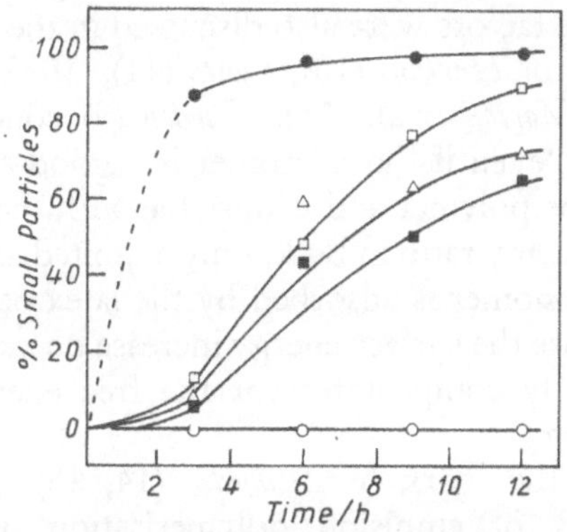

Fig. 7. Percentage of small particles formed as a function of time with various concentrations of added seed latex (Y1) at 60°. ○, YGA, 1.65% seed; ■, YGB, 1.32% seed; △, YGC, 1.0% seed; □, YGD, 0.67% seed; ●, YGE, 0.33% seed

over, the nucleation of new particles appears to occur almost immediately after the start of the reaction. In the intermediate regions of the seed concentrations examined, the rate of increase of particles by secondary growth appeared to reach a maximum between 3 and 6 h. This was also observed with latex YRGF (see fig. 4). Although the seed particles were different in the two situations, the initial seed number concentrations were very similar. This evidence leads to the conclusion that for the same polymerisation conditions the number concentration of the seed latex plays a very important role in controlling the particle size distribution of the final latex.

5.3.4. *Experiment YGF*

This latex, which was monodisperse (see fig. 6), was prepared in the absence of added seed particles and therefore the preparation conditions were identical to those reported earlier for the formation of monodisperse latices without addition of an emulsifying agent; from the earlier work, a final particle size of 0.92 μm was anticipated, whereas after 12 h a particle diameter of 0.806 μm was obtained for YGF.

5.3.5. *Increase of particle diameter with time, YGA to YGF*

For the latex series YGA to YGF, the particle diameter was obtained in all cases as a function of time; in the case of YGA by using the Coulter Counter and by electron microscopy and in all the other cases, by electron microscopy. The results obtained are given in tab. 8 and fig. 8.

Tab. 8. Particle diameters as a function of time seeded growth using latex Y–1
seed diameter, Y–1 = 2.07 μm

Latex designation	3h New	3h Seed	6h New	6h Seed	9h New	9h Seed	12h New	12h Seed
YGA	–	2.50	–	2.77	–	3.07	–	3.40
YGB	0.396	2.57	0.492	2.79	0.623	3.19	0.754	3.42
YGC	0.564	2.63	0.437	2.93	0.515	3.00	0.609	3.26
YGD	0.495	2.56	0.491	3.06	0.666	3.44	0.758	3.57
YGE	0.400	2.66	0.602	2.99	0.721	3.34	0.885	3.61
YGF	0.278	–	0.433	–	0.578	–	0.806	–

(Particle diameter/μm at different times)

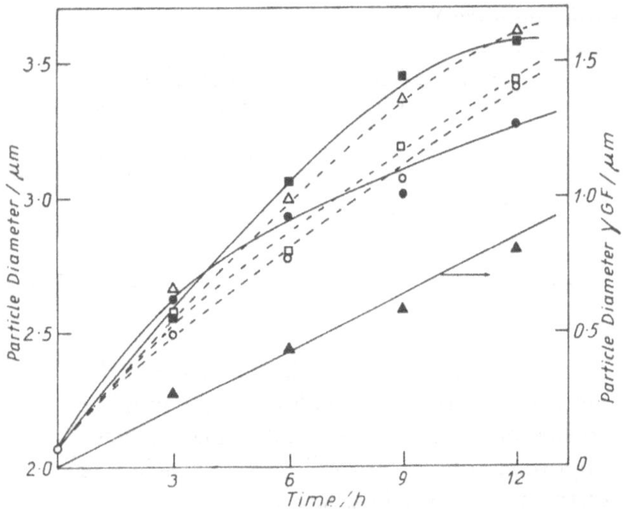

Fig. 8. Particle diameter against time for a series of seeded growth experiments carried out at 60° using seed Y1. ○, YGA, 1.65% seed; □, YGB, 1.32% seed; ●, YGC, 1.0% seed; ■, YGD, 0.67%seed; △, YGE, 0.33% seed; ▲, YGF, no added seed

6. General discussion

6.1. The swelling of latex particles by monomer

The experimental results shown in fig. 1, for latex particles with an initial diameter of 2.1 μm, show that the swelling of the particles by monomer occurs at a slow rate. 24 h after putting the latex particles into an aqueous phase, saturated with monomer and containing a reservoir of monomer, the average diameter of the particles had increased by only 0.9%. However, the increase in rate, after an initial induction period does suggest that the uptake of monomer is facilitated once some swelling has occurred.

At first sight, the results may appear to be somewhat surprising since styrene is known to be a good solvent for polystyrene. Moreover, in a well-stirred system, even in the absence of emulsifier, mass transfer of monomer from the monomer droplets would be fast and also the diffusion of the monomer molecules through the aqueous medium would be fast; styrene, for example, would be expected to have a diffusion coefficient of the order of 0.8 $cm^2\ s^{-1}$ even in an unstirred system. It must be concluded, therefore, that there is a high activation energy to the entry of styrene molecule into a polymer particle, or that the diffusion of the molecule in the particle is a very slow process. Undoubtedly the extremely high viscosity of the assembly of polymer molecules in the particle would give a diffusion coefficient for the monomer molecule in the particle, many orders of magnitude below that in the aqueous phase.

In a consideration of the equilibrium swelling of latex particles in emulsion polymerizing system it was pointed out by *Gardon* (9) that the swelling process depended on, the particle, size, the interfacial tension between the particle and the aqueous phase and temperature. These factors were also discussed in the earlier work of *Harkins* (10), *Smith* (11), *Meehan* (12) and *Morton* et al. (13). *Gardon* (9) concluded that, "even if the monomer is a good solvent for the polymer and is miscible with the polymer at any ratio in bulk, only a limited amount of monomer is adsorbed by the latex particles because the surface energy increase on swelling partially compensates for the free energy of mixing."

In the work of *Medvedev* (14, 15) on the theory of emulsion polymerisation, it was assumed: –

i) that all the unconverted monomer was absorbed into the latex particles from the beginning of the reaction

ii) that the surface area between the monomer-swollen latex particles and the aqueous phase was constant throughout the reaction

iii) that the propagation rate was controlled by the diffusion of monomer to the surface of the particles.

Such assumptions can only be regarded as reasonable if it can be proved that the latex particles initially absorb large quantities of monomer. The experimental data obtained in the present work show that these assumptions are not applicable to preformed latex particles in emulsifier-free systems.

In the experiments (section 4) in which polymerisation was initiated under seeded growth conditions, it was found that in system A a general increase in diameter of the seed particles occurred which was a smooth function of time. In experiment B, in which a sample was short-stopped after 3 h, a small increase in diameter occurred for a further period of 1 h. After this, no further increase in diameter was observed, but it must be remembered that if a particle was swollen with monomer, and no further uptake occurred after short-stopping, a small contraction could occur owing to the density change on converting monomer to polymer. After short-stopping, it would certainly be anticipated that some radicals would remain in the particles (*Smith-Ewart* (16) – case 2) so that polymerization would continue. In experiment C, a small increase in diameter occurred for about 1 h after short-stopping; the diameter then remained essentially constant.

At the time of sampling both B (3 h) and C (6 h) latex samples exhibited creaming. Since a minimum of about 39% of monomer by volume, would be required in, or on, the particle, to achieve a density inversion, it is clear from this observation and from the increase in particle diameter obtained, 35% for B after 3 h and 54% for C after 6 h, that up to the time of adding the short-stopping reagent the particles had acquired substantial quantities of monomer. However, after stopping the uptake of monomer appeared to be small.

The conclusion reached from these experiments is that it seems unlikely that swelling of particles with monomer can account for the rapid growth of latex particles under seeded-growth conditions in emulsifier-free systems. Hence, the transport of the bulk of the monomer to the seed particles must take place by a mechanism which is alternative to, or acts in addition to, the mass transfer of monomer by molecular diffusion in the aqueous phase. We suggest, therefore, that the monomer is transported to the seed particles by new particles which are formed in the aqueous phase. The latter particles, having been formed *in statu nasendi*, are probably heavily swollen with monomer. This leads to a low surface charge which renders them unstable in the colloidal sense of the word and means that they can readily heterocoagulate with the seed particles.

6.2. *A Possible mechanism for seeded growth*

A tentative formulation of the heterocoagulation mechanism for the growth process can be put forward in the following manner: –

If the reaction is started with N_s seed particles per cm^3 present in the system, then as soon as the initiator is added, new particles will be formed in the aqueous phase. Their concentration will be N_n. N_n, however, will be a function of time; probably it will rise rapidly during the early stages of the reaction, with a high rate initiation, and then decrease as the rate of initiation decreases and particles disappear (4) by homo- or heterocoagulation.

Once new particles, N_n, are present, then three possible coagulation processes can be considered: –

I. Coagulation of seed particles

The rate of disappearance of seed particles will be given by (17, 18, 19),

$$-\frac{dN_s}{dt} = \frac{k_s}{W_s} N_s^2$$

where k_s = rapid rate constant for the coagulation of seed particles and W_s – the stability ratio of the seed particles. W_s is defined by the equation,

$$W_s = 2 \int_0^\infty \exp(V_s/kT)\, du/(u+2)^2$$

where V_s = the total potential energy of interaction between the seed particles as given by the *Derjaguin-Landau* (20) – *Verwey-Overbeek* (21) theory as the sum of the electrostatic repulsion and van der Waals attraction energies, and $u = H_0/a$, with H_0 = distance between the seed particle surfaces and a = radius of the seed particles.

For the seed particles, in view of their surface charge and large radius, it can readily be shown that W_s is very large, of the order of 10^{10}. Hence coagulation of the seed particles appears unlikely to occur. Indeed, this is confirmed experimentally (tab. 6) where it is shown that N_s remains, within experimental error, constant during the course of an experimental.

For the new particles formed, two alternative coagulation mechanisms are possible, they can coagulate with themselves (homocoagulation) or with the seed particles (heterocoagulation).

II. Coagulation of new particles with new particles

The rate of disappearance of new particles by this process will be given by,

$$-\frac{dN_n}{dt} = \frac{k_n}{W_n} N_n^2$$

where k_n = rapid rate constant for coagulation and W_n = stability ratio. Since the new particles as formed will be small and swollen with monomer, W_n will be small and hence this is a possible reaction. In the absence of seed particles this is a reaction of prime importance and has already been invoked in this context to explain the mechanism of the nucleation and growth of particles in both emulsion polymerisation (22, 23) and in emulsifier-free systems (4).

III. Coagulation of new particles with seed particles

The rate of disappearance of new particles by coagulation with seed particles will be given by: –

$$-\frac{dN_n}{dt} = \frac{k_{ns}}{W_{ns}} N_n N_s$$

where k_{ns} = rapid rate constant for coagulation and W_{ns} = the stability ratio for new particle-seed particle interaction. The low W_{ns} favours the coagulation of the new particles with the seed particles, whilst the seed particles themselves (large W_{ns}) remain stable.

In order to maintain a monodisperse latex, it is therefore of prime importance that III should be the dominant reaction. That is, enough seed particles must be present initially to scavenge all the new particles formed. In this way N_n is maintained as a small number and hence reaction II is never able to become significant. The experiments reported in this paper show that in latices YRGC and YGA growth occurred on the seed particles only. Thus these experiments do also provide recipes for the preparation of monodisperse latices containing particles with diameters in the size range 1 μm to 4 μm. A more detailed discussion of the preparation of such systems will be given in a later paper.

On the other hand, if the initial seed concentration N_s is not high enough, then reaction II can lead to appreciable coagulation of the new particles and their subsequent growth to form a new population, i.e. secondary growth. This situation is clearly demonstrated in the series of experiments YGB, YGC, YGD and YGE where, as the number of seed particles was decreased, secondary growth increasingly became the dominant feature.

The mechanism suggested for the seeded growth of latex particles which involves the heterocoagulation of the new particles formed with the seed particles already present in the system appears to be plausible on both experimental and theoretical grounds. A qualitative theoretical analysis immediately shows that the process should depend on seed concentration, ionic strength, temperature, stirring rate and initiator concentration. It is clear from the present experimental work that low temperatures and ionic strengths of the order of 10^{-2} favour monodisperse systems. Monomer concentration will also be an important variable. Initially, the rate will depend on the concentration present in the aqueous phase and the final size of the particles will depend on the total amount added. So far, we have only examined, in detail, the variation of the seed concentration. A more extensive investigation of the other variables and the theoretical aspects of the problem is now in progress.

Acknowledgements

We wish to express our thanks to the People's Republic of China for supporting the visit of Mr. *Yuan Chung-li* to the University of Bristol, where this work was carried out. Our thanks are also due to the British Council for making all the necessary arrangements for the visit and to the Science Research Council for providing funds for technical support.

Summary

Recent developments have led to the preparation of polymer latices in the size range 0.1–1.0 μm in the absence of added surface active agents. A method has now been developed using an extension of this procedure to prepare latices with sizes in the range 1 to 4 μm. The method involves the polymerization of monomer in the presence of seed latex particles.

Data are also presented for the rate of swelling of latex particles by monomer and for the rate of swelling of polymer freshly deposited on to latex particles. Both processes were found to be too slow to give a satisfactory explanation of the kinetics of particle growth. However, from an examination of the variation of the seed number concentration at constant temperature, monomer, initiator and electrolyte conditions, it was concluded that the heterocoagulation of the freshly formed particles on to the seed particles constituted the basic particle growth mechanism.

Reaction conditions are given for the preparation of ca. 1, 2 and 3.5 μm monodisperse latices.

References

1) *Matsumoto, T., A. Ochi*, Kobunshi Kagaku **22**, 481 (1965).

2) *Kotera, A., K. Furusawa, Y. Takeda*, Kolloid-Z. u. Z. Polymere **239**, 677 (1970).

3) *Kotera, A., K. Furusawa, K. Kudo*, Kolloid-Z. u. Z. Polymere **240**, 837 (1970).

4) *Goodwin, J. W., J. Hearn, C. C. Ho, R. H. Ottewill*, Br. Polymer J. **5**, 347 (1973).

5) *Goodwin, J. W., J. Hearn, C. C. Ho, R. H. Ottewill*, Colloid & Polymer Sci. **252**, 464 (1974).

6) *Hearn, J., R. H. Ottewill, J. N. Shaw*, Br. Polymer J. **2**, 116 (1970).

7) *Hearn, J.*, Ph. D. thesis, University of Bristol (1971).

8) *Allen, T.*, Particle Size Measurement, p. 143 (London 1968).

9) *Gardon, J. L.*, J. Polymer Sci., A–I **6**, 2859 (1968).

10) *Harkins, W. D.*, J. Amer. Chem. Soc. **69**, 1428 (1947).

11) *Smith, W. V.*, J. Amer. Chem. Soc. **70**, 3695 (1948).

12) *Meehan, E. J.*, J. Amer. Chem. Soc. **71**, 628 (1949).

13) *Morton, M., S. Kaizerman, M. W. Altier*, J. Colloid Sci. **9**, 300 (1954).

14) *Medvedev, S. S.*, Proc. Int. Symp. Macromol. Chem., Prague, p. 174, (New York 1957).

15) *Berezhnoi, G. D., P. M. Khomikovsnii, S. S. Medvedev*, Vysokomol. Soedin. **2**, 141 (1960).

16) *Smith, W. V., R. H. Ewart*, J. Chem. Phys. **16**, 592 (1948).

17) *Smoluchowski, M. von*, Z. physik. Chem. **92**, 129 (1917).

18) *Fuchs, N.*, Z. physik. **89**, 736 (1934).

19) *Kruyt, H. R.*, Colloid Science, **Vol. 1**, p. 278 (Amsterdam 1952).

20) *Derjaguin, B. V., L. Landau*, Acta physicochim. U.R.S.S. **14**, 633 (1941).

21) *Verwey, E. J. W., J. Th. G. Overbeek*, Theory of Stability of Lyophobic Colloids (Amsterdam 1948).

22) *Fitch, R. M., C. H. Tsai*, Polymer Colloids, p. 73, (New York 1971).

23) *Fitch, R. M.*, Brit. Polymer J. **5**, 467 (1973).

Author's address:

Professor *R. H. Ottewill*
School of Chemistry, University of Bristol,
Cantock's Close
Bristol BS8 1TS
(England)

Progr. Colloid & Polymer Sci. **60**, 176–182 (1976)

12.

Meß- und Prüflaboratorium der BASF Aktiengesellschaft, Ludwigshafen am Rhein

Kolloide Ionenaustauscher in porösen Fasern*)

G. Kanig

Mit 11 Abbildungen

(Eingegangen am 14. Dezember 1975)

A. Einleitung

Der Ionenaustausch ist ein Diffusionsvorgang, der in komplizierter Weise von einigen physikalischen Größen der Reaktionsteilnehmer abhängt, wie z. B. Temperatur, geometrische Dimensionen, Porenweite des Austauschers, Art der Ionen und der Konzentration in der Lösung (1).

An Ionenaustauscher werden hohe Anforderungen gestellt; sie sollen vor allem große mechanische und chemische Widerstandsfähigkeit, hohe Austauschgeschwindigkeit und hohe Kapazität besitzen.

Ionenaustauscher werden heute hauptsächlich aus Kunststoffen gemacht. Die häufigste Form ist die Perlform, die in der gängigsten Größe von ca. 0,5–1 mm Durchmesser hergestellt wird. Aber auch Ionenaustauscher in Membranform haben eine immer größere Bedeutung erlangt.

Die Ionenaustauscher haben besonders nach dem letzten Krieg eine vielseitige Anwendung erfahren und es ist vorauszusehen, daß ihre Bedeutung im Zusammenhang mit der Umweltreinerhaltung noch zunehmen wird.

Das wichtigste Anwendungsgebiet der Austauscher in der Industrie ist die Wasseraufbereitung, z. B. für die Kühlung und für chemische und pharmazeutische Prozesse. Bei den verschiedenen Verfahren werden die säulenförmig geschichteten Austauscherperlen von zu entsalzendem Wasser durchströmt und von Zeit zu Zeit – wenn sie beladen sind – mit einer geeigneten Lösung regeneriert.

Große Bedeutung haben Ionenaustauscher für die Entfernung von schädlichen oder wertvollen Ionen aus Abwässern erlangt. Quecksilber, Zink, Kupfer, Chrom, Gold, Silber und radioaktive Substanzen seien hier besonders erwähnt.

Der Einsatz von Austauschern in der präparativen und analytischen Chemie ist vielseitig, ebenso wie in der Pharmazie und Medizin.

Die Verwendung von Ionenaustauschmembranen bei elektro-chemischen Prozessen sei besonders hervorgehoben. Hierbei werden vorwiegend die Gegenionen durch die Membrane transportiert.

Eine interessante Anwendung haben Ionenaustauscher auch als Katalysatoren gefunden. Sie bieten alle Vorteile von festen Katalysatoren; katalytisch wirksam sind dabei die Gegenionen.

B. Allgemeine Bemerkungen über Ionenaustauschfasern

Aus vielerlei Gründen und nicht zuletzt aus wirtschaftlichen Gründen wäre es von Wichtigkeit, wenn die Austauschgeschwindigkeit der Ionenaustauscher erhöht werden könnte. Bei perlartigen Austauschern konnte gezeigt werden, daß die Austauschgeschwindigkeit um so größer ist, je kürzer der Diffusionsweg der Ionen, d. h. je kleiner die Perlen sind. Je kleiner diese aber sind, um so größer werden die Schwierigkeiten beim Manipulieren. Überdies verlangsamen die dichteren Packungen der kleineren Perlen den Durchfluß der Lösungen und kompensieren dadurch wieder den schnelleren Austausch. Die handelsüblichen Perlgrößen liegen daher etwa zwischen 0,5 und 1 mm Durchmesser. Perlen dieser Größenordnung werden zur Erhöhung der Austauschgeschwindigkeit auch in poröser Form hergestellt.

*) Herrn Prof. Dr.-Ing. *H. Zahn* zum 60. Geburtstag gewidmet.

Ein anderer Weg, die Austauschgeschwindigkeit zu erhöhen, besteht darin, den Austauscher in Faserform anzuwenden. Man hat hier ein Raumgebilde vor sich, das in zwei Dimensionen sehr klein – bis zu ca. 10 μm herab –, dessen dritte Dimension aber beliebig groß sein kann und somit eine gute Handhabung zuläßt. In zahlreichen Patenten sind Ionenaustauschfasern beschrieben worden (2). So sind direkt ionengruppentragende Fasern hergestellt oder durch chemische Nachbehandlung vorgegebene Fasern ionenaustauschfähig gemacht oder aber vorgegebene Fasern durch Aufpfropfen von austauschfähigen Polymeren erzeugt worden. Auch durch Einmischen von pulverigem Ionenaustauscher in die Spinnmasse ließen sich Austauschfasern herstellen.

Doch ist bisher offenbar keine derartige Faser ein brauchbares Handelsprodukt geworden. Dies mag unter anderem damit zusammenhängen, daß die Fähigkeit, Ionen auszutauschen und die faserbildende Fähigkeit zwei entgegengesetzte Forderungen darstellen, die nur schwer miteinander vereinigt werden können.

Im folgenden Kapitel soll nun über eigene Versuche berichtet werden, die zu einer guten Ionenaustauschfaser führten.

C. Herstellung kolloider Ionenaustauscher in einer Fasermatrix

Aus dem vorangegangenen folgt, daß kolloide Ionenaustauscher wegen ihrer Kleinheit besonders große Austauschgeschwindigkeiten zeigen sollten. Leider sind diese aber auch besonders schlecht zu handhaben. Sie wurden daher in eine Fasermatrix eingebettet, wobei allerdings ein Rückgang der Austauschgeschwindigkeit in Kauf genommen werden mußte. Diesen kann man in Grenzen halten, wenn durch Zusatz von geeignetem Lösungsmittel bei der Herstellung der Faser Porosität erzeugt wird.

Für die Herstellung der Ionenaustauschfaser wurden zwei Wege beschritten: Beim ersten Weg wird ein fertiges Dispersionspulver (z. B. vernetztes Polystyrol) mit dem Faserausgangsmaterial (z. B. Polypropylen) und dem Lösungsmittel (z. B. Paraffinöl) unter Erwärmen vermischt und dann versponnen, beim zweiten Weg wird die Dispersion durch Polymerisation von Ausgangsmonomeren (z. B. Styrol und Divinylbenzol) in der erwärmten Mischung aus Faserausgangsmaterial und Lösungsmittel direkt erzeugt und dann versponnen. Bei beiden Wegen wird zuerst eine Ausgangsfaser hergestellt, aus der dann durch chemische Nachbehandlung die eigentliche Ionenaustauschfaser entsteht. Die Mengen, die zum Einsatz kamen, lagen meistens zwischen 1–4 Gewichtsteilen Polypropylen, 1 Teil Styrol (mit 8% Divinylbenzol) und 0,5–3 Teilen Paraffinöl.

1. Weg zur Herstellung des Ausgangsmaterials

Eine mit 8% Divinylbenzol vernetzte Polystyroldispersion wird in bekannter Weise durch Emulsionspolymerisation hergestellt, ausgefällt und schonend getrocknet. Dieses Material wird in Paraffinöl bei Raumtemperatur in einem Kneter eingemischt, und dann das Polypropylengranulat hinzugegeben, wobei eine gewisse vorteilhafte Mahl- und Zerteilerwirkung auf das Dispersionspulver ausgeübt wird. Erst nach guter Durchmischung der drei Komponenten bei Raumtemperatur wird durch Erhitzen auf ca. 170 °C das Polypropylen mit dem Paraffinöl in den Zustand einer mikroheterogenen Mischung überführt, in der die vernetzten Polystyrolpartikelchen gleichmäßig fein verteilt vorliegen. Es entsteht eine glatte weiße Schmelze, die direkt oder nach Umformung in Granulat zur Fadenherstellung benutzt werden kann.

An Stelle von Paraffinöl, das wegen seiner Ungefährlichkeit bevorzugt wurde, sind auch andere Lösungsmittel, wie z. B. Tetralin und Campher, benutzt worden.

2. Weg zur Herstellung des Ausgangsmaterials

In einem Rührkolben werden unter N_2 Polypropylengranulat und Paraffinöl auf ca. 180 °C erhitzt, wobei sich eine klare, gut rührbare Mischung bildet. Dazu wird im Verlauf mehrerer Stunden ein Monomergemisch aus Styrol und Divinylbenzol unter Zusatz von Inhibitor und Initiator eingetropft und homogen in der Schmelze verteilt. Der Zusatz von Inhibitor ist gerade am Anfang wichtig, damit nicht schon vor der homogenen Verteilung eine Polymerisation der Monomeren einsetzt. Als Inhibitor wurde meistens p-Methoxyphenol und als Initiator *t*-Butylhydroperoxid benutzt. Mit fortschreitender Polymerisation trübt sich die Schmelze immer mehr, bis sie schließlich weiß aussieht. Dies ist darauf zurückzuführen, daß die Ausgangsmonomeren zwar in der Schmelze vollständig gelöst sind, das durch die Polymerisation aus ihnen entstandene Polymerisat aber praktisch unlöslich ist und sich in Form von Kolloidteilchen ausscheidet. Nach beendetem Monomerzusatz wird noch einige Stunden auspolymerisiert. Die fertige Schmelze, die der nach dem 1. Weg hergestellten ähnelt, kann dann wieder direkt oder nach Umformung in Granulat in der Schmelzspinnmaschine verarbeitet werden.

3. Herstellung der eigentlichen Ionenaustauschfaser

Die nach beiden Wegen hergestellten Ausgangsmaterialien lassen sich in bekannter Weise nach dem Schmelzspinnverfahren verspinnen, wobei Monofile bis zu ca. 20 μm Durchmesser erhalten werden konnten. Das Fasermaterial läßt sich als Spinnvlies oder als Nadelvlies gut weiterverarbeiten; auch Garne wurden hergestellt. Zunächst wird das Paraffinöl mit Aceton aus dem Material herausgewaschen, wodurch der Faden seine Porosität erhält. Erst dann wird aus diesem Ausgangsfaden der eigentliche Ionenaustauscher erzeugt. Dies kann nach bekannten Methoden geschehen (1, 3). So läßt sich leicht ein stark saurer Austauschfaden durch Sulfonierung herstellen, während ein stark basischer Austauscher durch Chlormethylierung und nachfolgender Quaternierung gewonnen werden kann. Bei Verwendung von primären oder sekundären Aminen erhält man entsprechend schwach basische Austauscher. Schwach saure Austauschfäden lassen sich dagegen durch Verwendung von Acrylaten an Stelle von Styrol in der Ausgangsmischung erzeugen, wenn die Estergruppe am Schluß verseift wird.

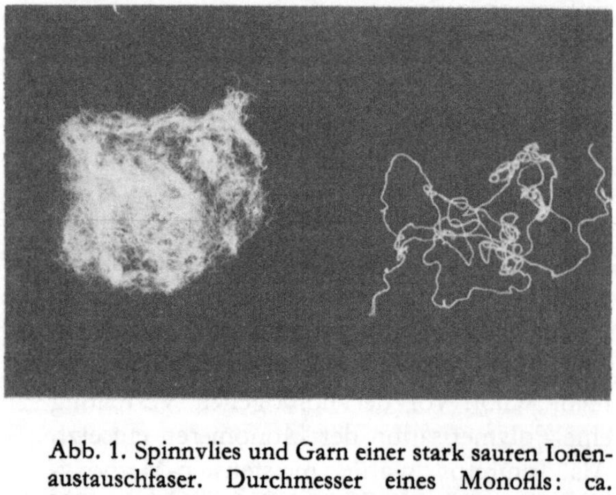

Abb. 1. Spinnvlies und Garn einer stark sauren Ionenaustauschfaser. Durchmesser eines Monofils: ca. 30 μm. Das Garn besteht aus 26 Monofilen

Abb. 1 zeigt ein Spinnvlies und ein Garn von einem stark sauren Ionenaustauschermaterial. Die Festigkeit dieser Fasern ist natürlich geringer als diejenige von reinen Polypropylenfasern.

An dieser Stelle sei erwähnt, daß das Ausgangsprodukt auch in anderer Form, z.B. als Folie, verarbeitet werden kann. Diese Folie kann dann durch entsprechende chemische Nachbehandlung in eine Ionenaustauschmembrane umgewandelt werden.

D. Feinstruktur der Fasern

Durch elektronenmikroskopische Untersuchungen ließ sich die Feinstruktur der Austauschfasern aufklären. Es wurden Ultradünnschnitte von einer sauren Austauschfaser angefertigt, wobei die Sulfonsäuregruppen mit Uranyl beladen waren. Die kolloiden Polystyrolteilchen erhielten dadurch eine höhere Dichte, so daß sie kontrastreich abgebildet werden konnten. Es wurden zwei Fasertypen untersucht, die beide nach dem 2. Weg hergestellt wurden. Die Faser F 185/11 (Abb. 2) enthielt ca. 33% und die Faser F 584 (Abb. 3) ca. 50% Polystyrolkügelchen. Die nachfolgenden Abbildungen 2–5 zeigen Durchstrahlungsaufnahmen von Ultradünnschnitten, die senkrecht zur Faserrichtung geschnitten wurden. Die eigentlichen kolloiden Ionenaustauscher sind als schwarze Kugeln in der hell erscheinenden Polypropylenmatrix sichtbar. In den Abb. 2 und 3 ist die Oberfläche der Fasern als Grenze zu erkennen.

Der Durchmesser der Teilchen beträgt in der Abb. 2 im Mittel ca. 0,1 μm und in der Abb. 3 ca. 0,4 μm. In der Abb. 4 und besonders in der Abb. 5 erkennt man, daß die Teilchen eine „Brombeerstruktur" besitzen. Diese Struktur könnte durch eine Agglomerierung von noch kleineren Teilchen zustande gekommen sein, die während der Auspolymerisation bei der Herstellung des Materials sich ereignete.

Elektronenmikroskopische Ultradünnschnittaufnahmen von Ionenaustauschfasern

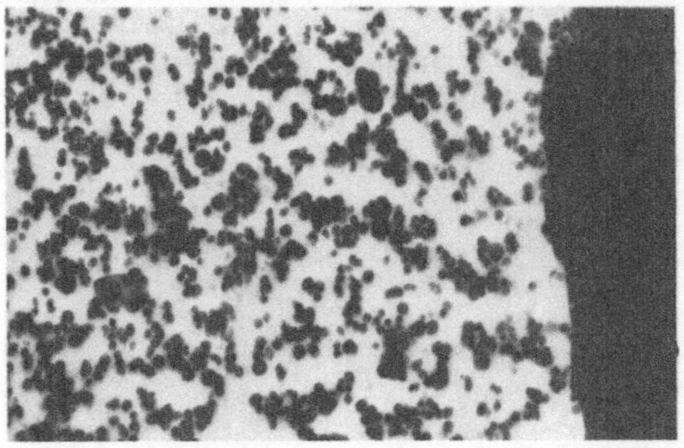

Abb. 2. Faser F 185/11 mit ca. 33% kolloidem Ionenaustauscher ⊢—⊣ 1 μm

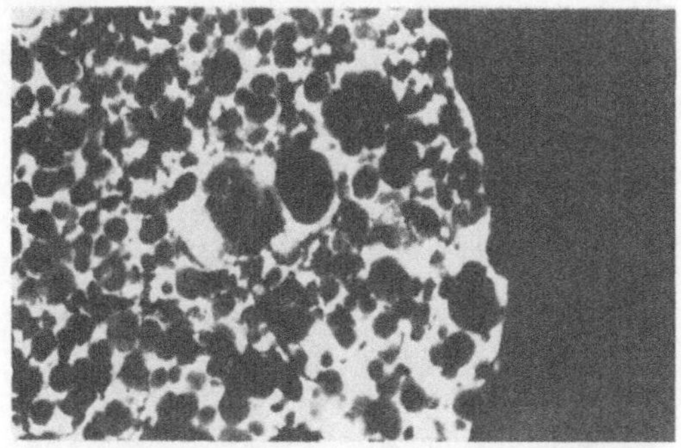

Abb. 3. Faser F 584 mit ca. 50% kolloidem Ionenaustauscher ⊢—⊣ 1 μm

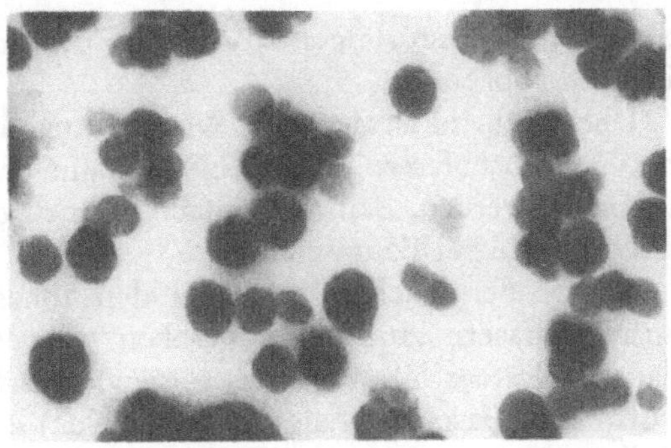

Abb. 4. Ausschnittvergrößerung von Abb. 2 ⊢⊣ 0,1 μm

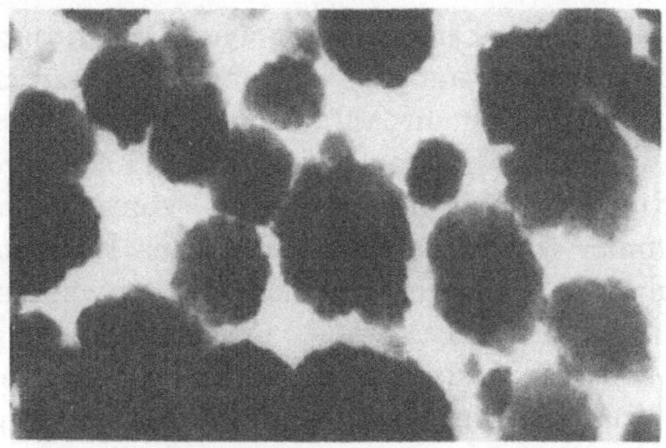

Abb. 5. Ausschnittvergrößerung von Abb. 3 ⊢⊣ 0,1 μm

Wie schon beschrieben, erhalten die Fasern durch die Entfernung des Paraffinöls eine Porosität. Durch Messungen nach der BET-Methode konnte eine innere Oberfläche von ca. 2–3 m^2/g festgestellt werden. Die elektronenmikroskopischen Aufnahmen geben aber leider keine Hinweise auf die Porosität. Offenbar sind die Poren oder Spalten sehr klein.

Zunächst mag es verwundern, daß Polypropylen überhaupt als Fasermaterial benutzt wird, weil es ja eine ausgesprochen hydrophobe Substanz darstellt und daher für diesen hier geschilderten Einsatz gar nicht geeignet sein sollte. Es zeigte sich aber, daß bei der chemischen Behandlung der Fasern zur Herstellung des eigentlichen Ionenaustauschers, auch an der inneren Oberfläche der Faser chemische Reaktionen stattfinden, die somit hydrophile Eigenschaften erzeugen. So konnte nachgewiesen werden, daß Chlorsulfonsäure, die zur Einführung der Sulfonsäuregruppe im Polystyrol benutzt wurde, auch teilweise mit dem Polypropylen reagiert, so daß dieses dadurch hydrophil wird. (An anderer Stelle (4) wurde beschrieben, wie unter Ausnutzung der Selektivität dieser Reaktion die partiellkristalline Mikrostruktur von Polyäthylen u.a. unter dem Elektronenmikroskop sichtbar gemacht werden kann).

E. Eigenschaften der Austauschfasern

Im folgenden Kapitel sollen nun die Eigenschaften der Ionenaustauschfasern besprochen werden. Da keine vergleichbaren Handelsprodukte in Faserform zu erhalten sind, wurden Vergleichsmessungen mit den üblichen perlförmigen Produkten ausgeführt.

Aus 50% polystyrolhaltigen Fasern hergestellte stark saure Ionenaustauschfasern zeigten eine Austauschkapazität von 2,5 mval/g, während stark basische Fasern eine Kapazität von 1,8 mval/g besaßen. Hierbei bezieht sich die Kapazitätsangabe auf 1 g Fasermaterial.

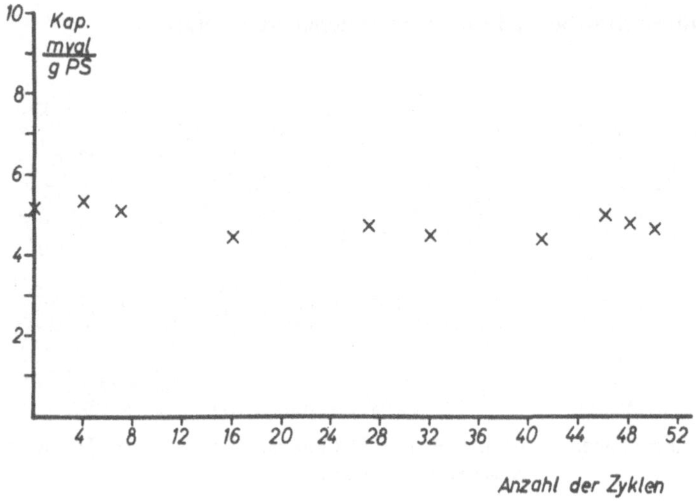

Abb. 6. Überprüfung der Kapazitätskonstanz der Ionenaustauschfasern F 584 in Abhängigkeit von der Anzahl der Austausch-Regenerier-Zyklen im Zeitraum von 2 Monaten (H^+/K^+-Austauscher)

In einem Dauerversuch wurde die Kapazitätskonstanz und der Abrieb der Austauschfasern geprüft. In Abb. 6 sind die Ergebnisse aufgeführt. Es zeigte sich, daß bei ständiger Rührung, wobei die Fasern vom Rührer immer wieder bewegt wurden, die Kapazität über 52 Austausch-Regenerierzyklen während eines Zeitraumes von 2 Monaten konstant blieb und kein Abrieb zu beobachten war. Käufliche Ionenaustauscher in Perlform zeigten unter den gleichen Rührbedingungen schon nach wenigen Stunden Abrieb; besonders starke Zerstörungen wurden bei porösen Perlen beobachtet.

Überraschend ist die hohe Wasseraufnahme der Austauschfasern. Aus Abb. 7 kann entnommen werden, daß sie beinahe doppelt so hoch ist wie bei Baumwolle.

Als großer Nachteil mag bei den Ionenaustauschfasern zunächst angesehen werden, daß mindestens 50% des Gesamtgewichtes in Form des Fasermaterials (Polypropylen) als Ballast vorliegen, während dann höchstens 50% als eigentlicher kolloidaler Ionenaustauscher zur Verfügung stehen. In der Abb. 8 ist aber zu erkennen (F 584), daß beim H^+-K^+-Austausch schon nach ca. 10 min bereits die gesamte vorhandene Kapazität ausgenützt wird. Im Vergleich dazu zeigen zwei perlförmige Handelsprodukte (Hp.) D

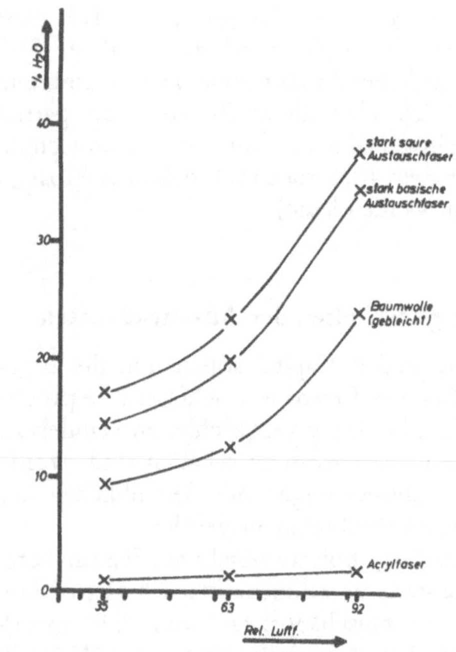

Abb. 7. H_2O-Aufnahme bei 35, 63, 92% Rel. Feuchte und 20 °C im Exsikkator nach 8 Tagen

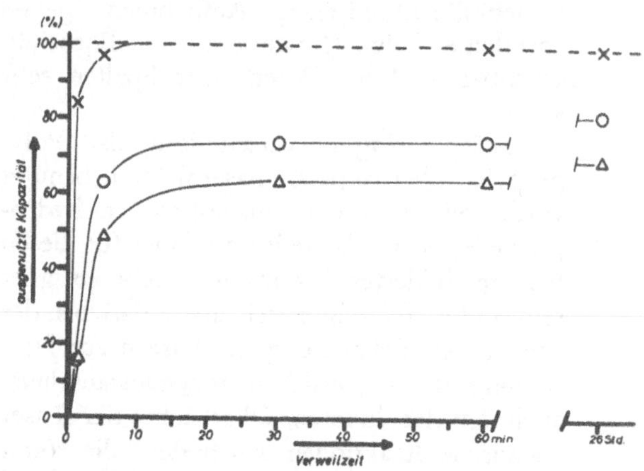

Abb. 8. Ausnutzung der Totalkapazität von Ionenaustauschfasern F 584 (X) und von Ionenaustauschperlen Hp.D (O) und Hp.E (Δ) H^+-K^+-Austausch; 0,1 n – KCl)

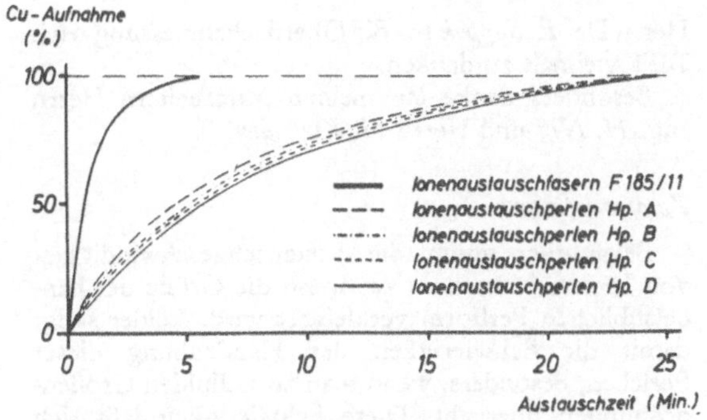

Abb. 9. Kupferrückgewinnung aus einer Kupfersalzlösung. Jeweils 1 g Austauscher und 300 ml einer $[Cu(NH_3)_4]SO_4$-Lösung (80 mg Cu/l)

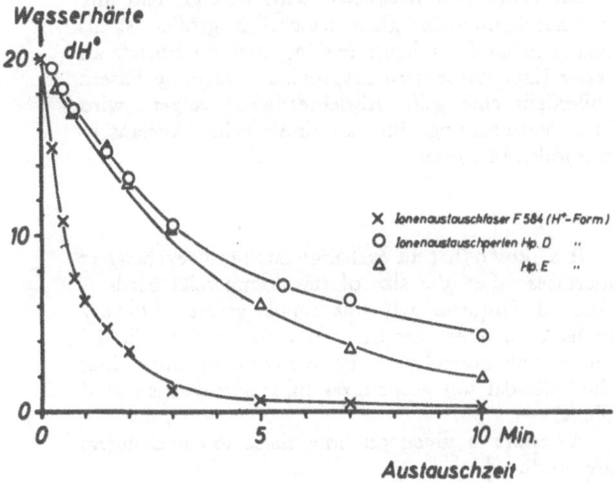

Abb. 10. Wasserenthärtung. 2 l Wasser von 20 dH°. 12,67 g Kationenaustauscher (H^+-Form)

(kompakt) und E (porös), daß sie – obwohl sie zu 100% aus austauschfähigem Material aufgebaut sind – nach 10 min ihre Kapazität nur zu 60–70% ausgenutzt haben; auch hier liegen dann 30–40% Ballast vor. Noch nach 26 Stunden sind 20–30% der Kapazität nicht genutzt. Der Vergleich zeigt, daß sowohl die Ionenaustauschfasern als auch die Austauschperlen im Endeffekt Ballast in der gleichen Größenordnung besitzen.

Zur Überprüfung der Ionenaustauschgeschwindigkeit wurde die Entkupferung eines simulierten „Blauwassers", so wie es etwa beim Kupferspinnverfahren anfällt, mit einer sauren Ionenaustauschfaser (F 185/11) durchgeführt.

Wie aus Abb. 9 zu entnehmen ist, wurde die vorgegebene Lösung bereits nach ca. 5 min total entkupfert. 1 g saure Austauscherperlen von 4 verschiedenen Herstellungsfirmen (Hp. A–D) brauchten unter den gleichen Bedingungen dagegen ca. 25 min.

Abb. 10 zeigt eine Wasserenthärtungskurve in Abhängigkeit von der Zeit. Wieder wurde eine Austauscherfaser mit perlförmigen Handelsprodukten verglichen. Es ist ersichtlich, daß die Abnahme des Deutschen Härtegrades von 20 auf den Wert 10 durch die Faser F 584 schon nach ca. 30 sec erreicht wurde, während die beiden Handelsprodukte Hp. D und E dafür die Zeit von ca. 3 min benötigten.

In einer weiteren Untersuchung wurde die Veresterung von Adipinsäure mit *n*-Butanol in benzolischer Lösung unter Verwendung von sauren Ionenaustauschern als Katalysator ausgeführt. Auch hier war die vollständige Veresterung bei Auskreisen des entstehenden Wassers in Gegenwart der Ionenaustauschfaser (F 340) schon nach ca. 7 Stunden erreicht (Abb. 11), während bei Verwendung des perlförmigen Handelsproduktes Hp. E nach gleicher Zeit erst eine ca. 50%ige Veresterung vorlag.

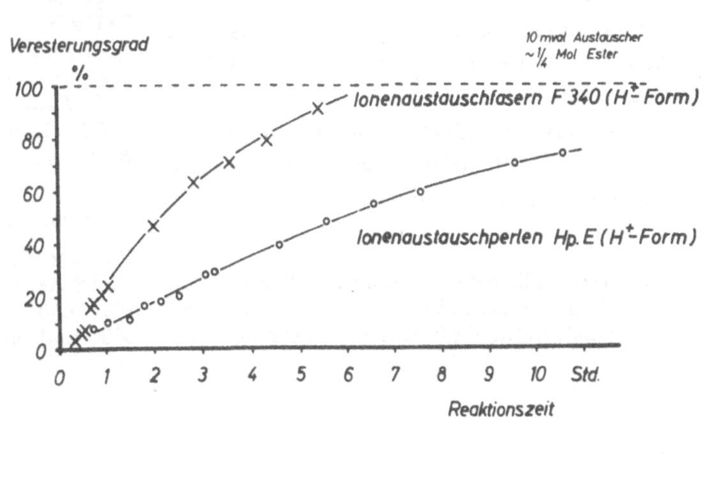

Abb. 11. Veresterung von Adipinsäure mit n-Butanol in benzotischer Lösung mit Auskreisen des Wassers

F. Schluß

Im letzten Kapitel konnte die Leistungsfähigkeit der neuen Ionenaustauschfasern an Hand verschiedener Versuche dargelegt werden. Im Vergleich zu handelsüblichen Perlaustauschern zeigte sich, 1. daß die Austauschfasern wesentlich schneller austauschen, 2. daß sie eine bessere Abriebfestigkeit besitzen und 3. daß sie in vielen Fällen eine bessere Handhabung ermöglichen, die z. B. Filtrier- oder Dekantiervorgänge überflüssig macht.

Die hohe Austauschgeschwindigkeit würde echte kontinuierliche Vorgänge ermöglichen; im Prinzip in der Weise, daß Unendlichbänder aus den Ionenaustauschfasern in einem Zyklus einmal die auszutauschende Lösung durchlaufen und zum anderen dann geeignete Regenerierbäder.

Die Faserform der Austauscher erlaubt überall schnellen Einsaz, wo Ionen im wahrsten Sinne des Wortes herausgeangelt werden müssen, auch dort, wo das Medium aus irgendeinem Grunde nicht filtrierbar ist. Hierbei sind besonders Einsatzgebiete in der Medizin denkbar. Auch die Verwendung als medizinische Watte ist vielversprechend.

Die Einführung von Wirkungsgruppen in die Fasern würde Anwendungsgebiete in der Pharmazie ermöglichen.

In der Textilbranche wären die Austauschfasern als desodorierende Substanz geeignet, so daß sie ein breites Anwendungsgebiet, z. B. bei der Arbeitskleidung, finden können.

Durch Einführung entsprechender Gruppen (z. B. Chelatbildner) lassen sich Selektivionenaustauscher in Faserform herstellen. Auch der Einsatz der Fasern bei der Abgasreinigung wäre möglich.

Nicht zuletzt sei auf die Anwendung von Ionenaustauschfasern in der Chromatographie hingewiesen.

Diese Beispiele mögen genügen, um aufzuzeigen, wo Ionenaustauschfasern interessante Anwendungsgebiete finden können.

An dieser Stelle habe ich meinen Kollegen Herrn Dr. *H. Linge* für die Hilfe bei der Herstellung des Fasermaterials und für die Feuchtigkeitsmessungen und Herrn Dr. *R. Sappok* für die Oberflächenmessung nach BET vielmals zu danken.

Besonders danke ich meinen Mitarbeitern Herrn Ing. *H. Neff* und Herrn *H. Kullmann*.

Zusammenfassung

Bekanntlich nimmt die Austauschgeschwindigkeit von Ionenaustauschern zu, wenn die Größe der handelsüblichen Perlform verkleinert wird. Leider steigt damit die Schwierigkeit der Handhabung dieser Perlchen, besonders, wenn man zu kolloiden Größenordnungen übergeht. Diese Schwierigkeit läßt sich vermeiden, wenn die kolloiden Ionenaustauscher in einer porösen Fasermatrix eingebettet vorliegen.

Es wird berichtet, wie solche Ionenaustauschfasern hergestellt werden können.

An Hand von Beispielen wird gezeigt, daß ihre Austauschgeschwindigkeit wesentlich größer ist als diejenige handelsüblicher Perlen. Auch ihr Einsatz als fester Katalysator wird besprochen. Da diese Fasern außerdem eine gute Abriebfestigkeit zeigen, wird ihre Verwendung für kontinuierliche Austauschmethoden interessant.

Summary

It is known that the exchange rate of ion exchangers increases when the size of the commercial beads is reduced. Unfortunately this entails greater difficulty in handling these beads, particularly in the colloidal range. This difficulty can be overcome by embedding the colloidal ion exchangers in a porous matrix of fibres.

A report is given on how these ion exchangers are produced.

Examples are taken to demonstrate that their exchange rate is much larger than that of commercial beads. Their use as fixed-bed catalysts is also dicussed. Since these fibres also display good abrasion resistance, their use for continuous exchange techniques is interesting.

Literatur

1) *Helfferich, F.*, Ionenaustauscher, Band I (Weinheim 1959).

2) *Tjugenova, M. A., M. Ju. Mazov*, Sowjet. Beiträge zur Faserforschung u. Textiltechnik, Heft 2, 79 (1973).

3) *Braun, D., H. Cherdron, W. Kern*, Praktikum der makromolekularen Chemie (Heidelberg 1966).

4) *Kanig, G.*, Kolloid-Z. u. Z. Polymere **251**, 782 (1973), Kunststoffe **64**, 470 (1974), Progr. Colloid & Polymer Sci. **57**, 176 (1975).

Anschrift des Verfassers:

Prof. Dr. *G. Kanig*
BASF Aktiengesellschaft
Meß- und Prüflaboratorium
6700 Ludwigshafen/Rh., Germany

Progr. Colloid & Polymer Sci. **60**, 183–193 (1976)

13.

Fachbereich Physikalische Chemie der Universität Marburg, Marburg/Lahn

Fließverhalten und Struktur der Lösungen von Poly-L-Leucin und dessen Copolymeren mit L-Glutaminsäure-γ-Methylester*)

Chr. Ebert, *G. Ebert* und *V. Kroker*

Mit 7 Abbildungen und 2 Tabellen

(Eingegangen am 15. November 1975)

Einleitung

Polypeptide und Proteine können – ebenso wie die durch Polymerisation von N-Carboxyanhydriden darstellbare Poly-α-aminosäuren formal als Polyamide des 2-Nylontyps mit dem Strukturelement (HN–CH R–CO) beschrieben werden. Dieses Strukturelement bedingt, daß die entsprechenden Polymeren in mehreren, für sie charakteristischen Konformationen wie z. B. der α-Helix, den Prolinhelices, der β-Faltblattstruktur, auftreten können. Welche dieser möglichen Konformationen von der Polypeptidkette eingenommen werden, wird im wesentlichen durch die Seitengruppen *R* bestimmt, wie *Fasman* und *Blout* (1) an homopolymeren Poly-L-α-aminosäuren gezeigt haben. So können L- bzw. D-α-Aminosäuren, die am β-C-Atom der Seitenkette eine Verzweigung aufweisen oder ein Heteroatom wie O oder S enthalten, keine α-Helix bilden. Andererseits aber kann die α-helicale Konformation durch Verstrecken in die β-Faltblattstruktur und diese durch thermische Behandlung wieder in die α-Helix umgewandelt werden. Dies ist nicht nur von theoretischem sondern auch von großem praktischem Interesse, da die Konformation der Polypeptidketten die physikalisch-chemischen und die textilen Eigenschaften daraus hergestellter Fasern und Gewebe entscheidend beeinflussen. So ist z. B. Poly-L-alanin ($R = CH_3$) in β-Faltblattstruktur der Naturseide sehr ähnlich, während α-helicales Poly-L-leucin ($R = -CH_2-CH(CH_3)_2$) nach *Noguchi* et al. (2) sich in vieler Hinsicht als wollähnlich erweist. Maßgebend ist wohl nicht allein die α-helicale Konformation der Polymerketten, sondern auch der sperrige Charakter der Isobutylseitengruppen (Abb. 1).

Ein hoher Gehalt an Aminosäuren mit sperrigen Seitengruppen ist aber – zugleich mit dem Vorliegen der α-helicalen Kettenformation – ein Charakteristikum der Keratinfasern. Poly-L-leucin und Copolymere des Leucins mit polaren Aminosäuren können daher als Modellsubstanzen für das Verständnis des physikalisch-chemischen Verhaltens der chemisch und morphologischen hochkomplizierten Keratinfasern dienen.

Wir haben zu diesem Zweck neben dem Homopolymeren des L-Leucins Copolymere mit L-Glutaminsäure-γ-methylester (Glu Me) dargestellt und im Naßspinnverfahren zu Fasern versponnen. Wie in dieser Arbeit gezeigt wird, hängt die Spinnbarkeit dieser Polymeren nicht nur vom Vorliegen hinreichend hoher Polymerisationsgrade ab, sondern wird wesentlich durch die Polymerisationsbedingungen und durch Alterungsvorgänge beeinflußt.

Darstellung und Eigenschaften der Polymeren

Die Darstellung der Polymeren geschieht nach dem folgenden Schema:

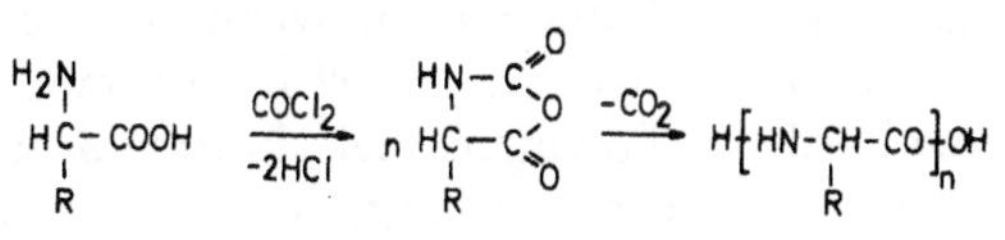

$R = -CH_2-CH(CH_3)_2$ (L-Leucin)

$R = -CH_2-CH_2-COOCH_3$ (L-Glutaminsäure-γ-methylester)

*) Auszug aus der Dissertation *V. Kroker*, Marburg 1976.

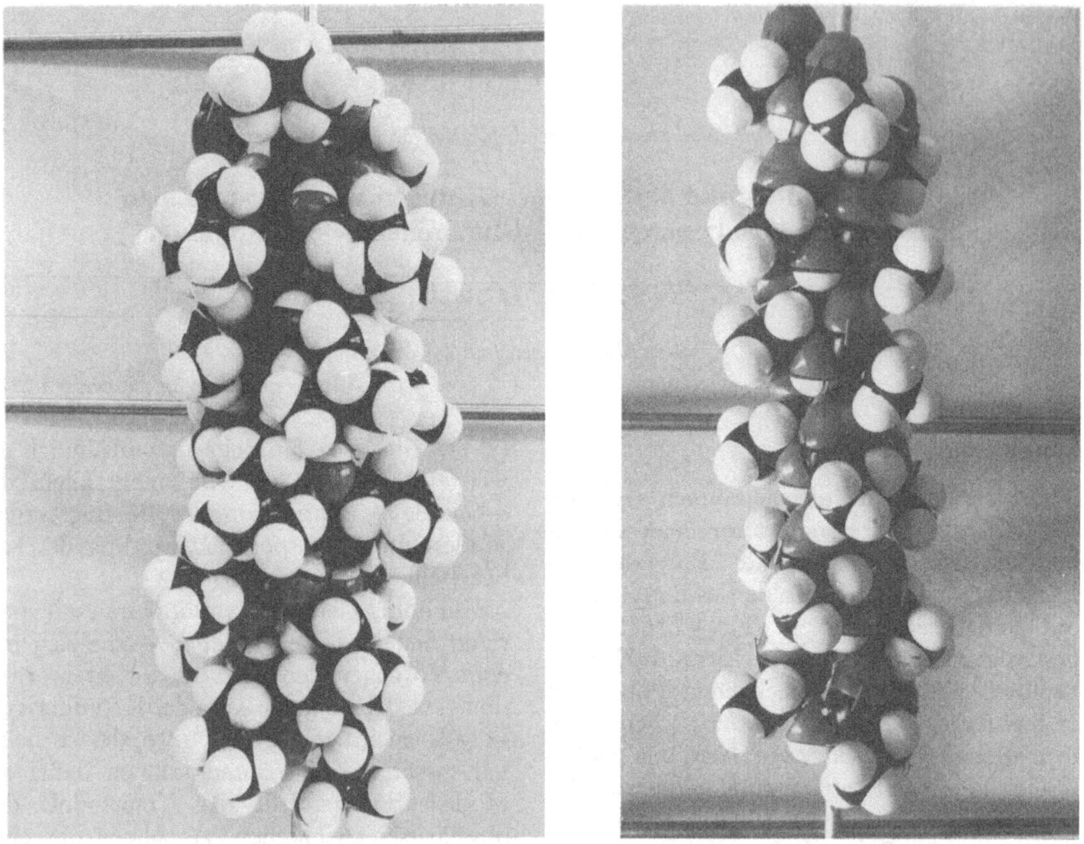

a) b)

Abb. 1. Kalottenmodelle der α-Helices a) des Poly-L-alanin; b) des Poly-L-Leucin

Die Polymerisation wurde thermisch initiiert und bei 70 °C in benzolischer Lösung durchgeführt. Entscheidend für die Löslichkeit und damit für die Spinnbarkeit des erhaltenen Polymeren ist, daß die Polymerisation im abgeschlossenen Gefäß, also unter dem Eigendruck des bei der Polymerisation abgespaltenen CO_2 erfolgt. Bei der Polymerisation im offenen Gefäß, bei der das gemäß [1] gebildete CO_2 durch ein Trockenrohr entweicht, wird zwar auch ein klares Gel erhalten, das sich von nem unter Druck erhaltenen äußerlich nicht unterscheidet, sich jedoch bei Zusatz von weiterem Benzol nicht in ein Gel >51 °C überführen läßt (3).

Dasselbe beobachtet man, wenn man das unter Druck erhaltene, zunächst vollständig benzollösliche Polymere bei Normaldruck einige Wochen altern läßt. Das folgende Schema soll dieses Verhalten verdeutlichen.

α-Aminosäuren
↓
N-carboxyanhydrid
/ \

Polymerisation unter CO_2-Eigendruck:	Polymerisation unter Normaldruck:
↓	↓
Polymeres I (benzollöslich) Dekompression und Alterung	Polymeres II (in Benzol und anderen Lösungsmitteln weitgehend unlöslich)*)
↓	
Polymeres IIa (in Benzol und anderen Lösungsmitteln weitgehend unlöslich)*)	

Man kann daher nur von den „Polymeren I" Folien**) und Fasern erhalten. Dies gilt sowohl für homopolymeres Poly-L-leucin als

Abb. 2. Mittleres Molekulargewicht von Poly-L-Leucin und seinen Copolymeren mit L-Glutaminsäure-γ-methylester in Benzol bei 55 °C mit der Ultrazentrifuge bestimmt

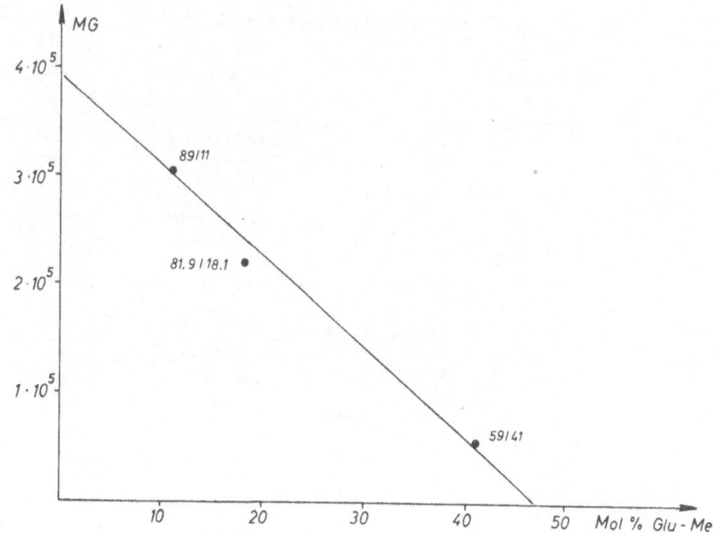

auch für seine Copolymere mit L-Glutaminsäure-γ-methylester zumindest bis ca. 12 Mol-% Glu Me. Mit zunehmendem Gehalt an Glu Me nimmt die Spinnbarkeit der Polymerlösungen ab, d.h. die mechanische Festigkeit der koagulierten Fäden nach dem Verlassen des Fällbades (Isopropanol) wird zunehmend geringer, so daß sie nicht mehr ohne zu reißen verstreckt, gewaschen, thermisch behandelt und aufgespult werden können.

Dies ist offensichtlich auf die mit dem Glu Me-Gehalt einhergehende Abnahme des Molekulargewichtes zurückzuführen, wie Abb. 2 zeigt.

Die mittleren Molekulargewichte wurden mit einer analytischen Ultrazentrifuge der Fa. Beckman ermittelt. Sie liegen zwischen 400000 und 50000 bei einem Copolymeren mit 41 Mol-% Glu Me. Unter der Annahme, daß die Molekeln als reine α-Helices mit den bekannten Abmessungen (3,6 Aminosäurereste/Windung, ≈ 5 Å Ganghöhe, Mol.-Gew. des Leucinrestes 113) vorliegen, errechnet man hieraus eine Länge von ≈ 5000 Å (Durchmesser ca. 20 Å). Es handelt sich also um extrem anisometrische Teilchen, die nahezu doppelt so lang sein können wie die Molekeln des Tropokollagens mit 2800 Å.

Trotz dieser Länge handelt es sich um weitestgehend starre, stäbchenförmige Gebilde, da die α-Helix durch die intrachenaren Wasserstoffbrückenbindungen gegen Verbiegungen stabilisiert ist. Man muß sich dies bei der Diskussion des viskosimetrischen bzw. rheologischen Verhaltens solcher Lösungen stets vor Augen halten, um nicht Fehlinterpretationen zu unterliegen.

Reduzierte Viskositäten und Viskositätszahl

Die reduzierten Viskositäten und die Viskositätszahl $[\eta]$ wurden mit Hilfe des Ubbelohde-Viskosimeters ermittelt und sind in Abb. 3 wiedergegeben. Entsprechend dem eben Gesagten ist im vorliegenden Fall also die Dichte der Molekeln im Unterschied zu Knäuelmolekeln vom Molekulargewicht praktisch unabhängig, jedoch spielt die Anisometrie der Molekeln eine wesentliche Rolle für die Viskosität der Lösungen. Die starke Abhängigkeit der Neigung der $\frac{\eta_{sp}}{c}$-c-Geraden vom Glu Me-Gehalt kann sowohl auf die Ab-

---

*) Es handelt sich dabei um folgende Lösungsmittel: Acetonitril, Ameisensäure, Brombenzol, Chlorbenzol, Chloroform, Dicyclohexylamin, Dichloressigsäure, Dimethylacetamid, Dimethylformamid, Dimethylsulfoxid, Dioxan, Eisessig, Hexamethylphosphorsäuretrisamid, Nitrobenzol. Pentylamin, Perchlorsäure, Phosphorsäure, Pyridin, Tetrahydrofuran. In konz. Schwefelsäure lösten sich die Polymeren II und IIa unter Molekulargewichtsabnahme.

**) Von den Polymergelen II und IIa konnten nur unter Druck (≈ 3000 kp/cm²) bei 60 °C Folien gepreßt werden.

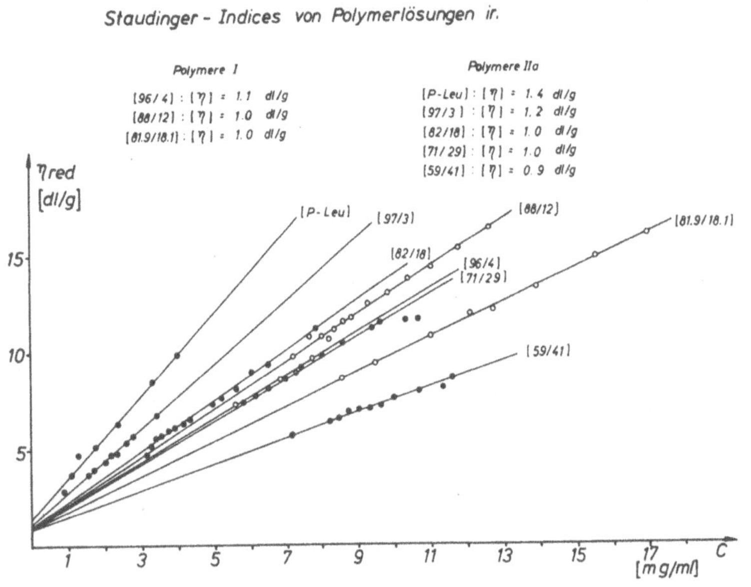

Abb. 3. η_{red}-c-Diagramme von Poly-L-Leucin und seinen Copolymeren mit L-Glutaminsäure-γ-methylester. Die Zahlen an den Geraden geben das Verhältnis von Leu zu Glu-Me an

nahme der Anisometrie infolge des abnehmenden Molekulargewichtes, als auch auf eine Änderung der Solvation mit zunehmendem Gehalt an Glu Me zurückgeführt werden. Bekanntlich entspricht der Huggins-Parameter $k_H[\eta]^2$ in der Huggins-Gleichung (4)

$$\eta_{red} = [\eta] + k_H[\eta]^2 c + \ldots$$

dem 2. Virialkoeffizienten. Da jedoch infolge der hohen Polarisierbarkeit des Benzols und des polaren Charakters der Glu Me-Seitenketten eher eine stärkere Solvation mit zunehmendem Glu Me-Gehalt stattfinden sollte,

Tab. 1. Viskositätszahl und Huggins-Konstante von Poly-L-leucin und dessen Copolymeren mit γ-Glutaminsäuremethylester in benzolischer Lösung bei 51 °C

Probe	$[\eta]$	$[\eta]^2$	$k_H[\eta]^2$	k_H
a. Polymeres I				
Poly-Leu	1,05	1,10	1,11	1,01
Poly-Leu/Poly Glu Me				
88/12	0,95	0,90	1,23	1,36
82/18	1,00	1,00	0,89	0,89
b. Polymeres IIa*)				
Poly-Leu	1,40	1,96	2,13	1,09
97/3	1,15	1,32	1,64	1,24
82/18	1,06	1,05	1,30	1,23
71/29	0,95	0,90	1,10	1,21
59/41	0,90	0,81	0,66	0,82

*) Es handelt sich hierbei um die unter Druck bei 51 °C erhaltenen verdünnten Filtrate des gealterten schwer löslichen Polymeren IIa.

ist wohl die abnehmende Anisometrie der Molekeln für die abnehmbare Neigung der Geraden verantwortlich. Dies bedarf aber noch weiterer Klärung.

In Tab. 1 sind neben den Werten für $[\eta]$ auch die der Huggins-Konstanten k_H und die Produkte $k_H[\eta]^2$ für das Polymere I und für die Filtrate von den gealterten Polymerisaten IIa aufgeführt. Wie man sieht, durchläuft k_H bei den Proben IIà mit zunehmenden Glu-Me-Gehalt ein Maximum, während $k_H[\eta]^2$ monoton abnimmt.

Röntgen-Weitwinkel-Diagramme

Das Vorliegen von α-Helices geht aus den Röntgen-Weitwinkel-Diagrammen der unverstreckten und der im Verhältnis 1:2 verstreckten Fasern hervor (Abb. 4a u. b). Bei diesem

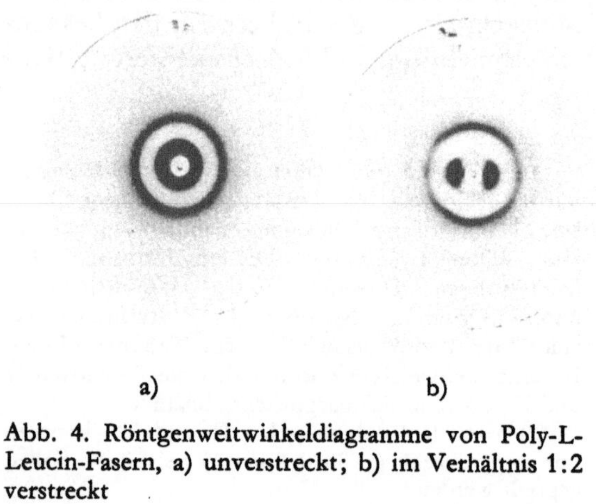

a) b)

Abb. 4. Röntgenweitwinkeldiagramme von Poly-L-Leucin-Fasern, a) unverstreckt; b) im Verhältnis 1:2 verstreckt

Verstreckverhältnis tritt im wesentlichen nur eine Orientierung der Molekeln auf, während die α-β-Umwandlung nur eine sehr untergeordnete Rolle spielt. Der für die β-Faltblattstruktur u.a. charakteristische 7 Å-Reflex ist kaum vom Untergrund zu unterscheiden.

Debye-Scherrer-Aufnahmen der getrockneten, pulverförmigen Polymeren I, II und IIa zeigen gegenüber denen der unverstreckten Fasern keine signifikanten Unterschiede.

Im Gegensatz zu den nach Dekompression gealterten Polymergelen IIa, dem unter Normalbruck erhaltenen Polymeren II sowie aus dem Gel bzw. Lösungen ausgefallenen Polymeren lösen sich die verstreckten Fasern auch nach mehreren Wochen wieder in Benzol. Dieses Verhalten legt den Schluß nahe, daß sowohl bei der Polymerisation unter Normaldruck als auch beim Alterungsprozeß gegenüber dem unter Druck erhaltenen Polymeren I möglicherweise – wenn auch geringe – Konformationsänderungen vorliegen, die eine interchenare Vernetzung etwa über Wasserstoffbrückenbindungen verursachen und damit zur Bildung unlöslicher Aggregate führen. Infrarotuntersuchungen an gealterten Gelen (Polymeres IIa) deuten – wie sich aus Aufspaltungen der Amid I- und Amid II-Bande ergibt – darauf hin, daß neben der α-helicalen Konformation auch β-Faltblattstrukturen vorliegen. Dies würde einen Hinweis auf die Deutung der weitgehenden Unlöslichkeit der Polymeren II und IIa geben.

Rheologisches Verhalten

Wegen der Bedeutung des rheologischen Verhaltens für die Spinnbarkeit der Polymerlösungen haben wir die als Polymere I, IIa und II bezeichneten Polymerisate mit einem Rotationsviskosimeter (Rotovisko der Fa. Haake) untersucht. Da – wie *Noguchi* et al. (3) festgestellt haben – Poly-L-leucin-Systeme bei 50 °C eine Gel-Sol-Umwandlung erleiden, wurden die Messungen bei 51 °C vorgenommen.

Für das Fließverhalten gilt in gewissen Bereichen von $\dot{\gamma}$ näherungsweise:

$$\dot{\gamma} = K \cdot \tau^m$$

wobei $\dot{\gamma}$ die Schergeschwindigkeit im Spalt, gegeben durch γ = Geometriefaktor (1) $\cdot\, n$ mit n = Umdrehungen des Rotors pro Minute. K ist die Fließkonstante, τ ist die Schubspannung an der Wand, gegeben durch τ = Geometriefaktor (2) $\cdot\, a \cdot s$ (SKt) mit der Apparatekonstanten $a = 0{,}454 \dfrac{p_{am}}{SKt}$ m ist der Fließexponent.

Ist $m = 1$, so liegt Newton'sches Fließverhalten vor, da

$$\eta = \frac{1}{K} = \frac{\tau}{\gamma} = \frac{\text{Schubspannung}}{\text{Schergeschwindigkeit}},$$

die Viskosität also von der Schergeschwindigkeit γ unabhängig ist. Dies folgt auch aus der durch Einsetzen in die logarithmische Beziehung

$$\log \gamma = \log K + m \log \tau$$

erhaltenen Gleichung

$$\log \eta = -\frac{1}{m} \ln K + \frac{m-1}{m} \log \dot{\gamma}$$

Ist m dagegen größer als 1, so ist η eine Funktion von $\dot{\gamma}$ und es liegt dann also Strukturviskosität eer Lösung vor. m ist allerdings selbst von $\dot{\gamma}$ abhängig.

η und m beschreiben also das Fließverhalten beim Vorliegen von Strukturviskosität. Für m gilt die Beziehung:

$$m = \frac{\Delta[\log n]}{\Delta[\log s]}$$

Wie die Abb. 5 zeigt, verlaufen die Kurven bei nicht allzu kleinen m-Werten im mittleren m-Wertbereich linear.

Ergebnisse und Diskussion der rotationsviskosimetrischen Messungen

Die Lösungen der im geschlossenen Gefäß dargestellten Polymeren I zeigen in 1,5%igen Lösungen Newton'sches Fließverhalten (Abb. 5a). Wie aus Tab. 2 hervorgeht, liegt ihr m-Wert nahe bei 1. Diese *verdünnten* Lösungen des Polymeren I kurz nach der Dekompression bilden kein Gel unterhalb 50 °C und lassen sich unter Druck rückstandslos durch eine Glasfritte G 2 filtrieren.

Im Gegensatz hierzu entmischen die dekomprimierten gealterten Polymeren IIa bei

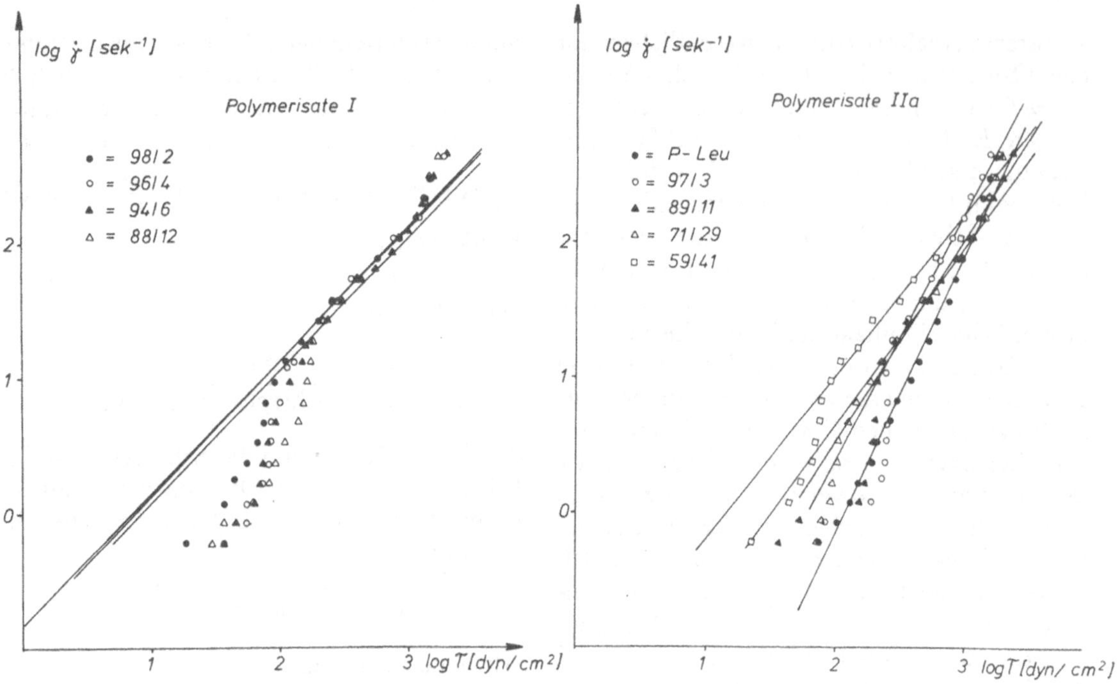

Abb. 5. Fließkurven, a) des Polymeren I; b) des Polymeren IIa

der Druckfiltration, wobei der größte Teil des Polymeren auf der Fritte zurückbleibt und eine verdünnte Lösung von offensichtlich nicht vernetzten Molekeln das Filtrat bildet. Diese Lösungen bilden jedoch im Unterschied zu den frisch dekomprimierten Polymeren unterhalb 51 °C Gele. Außerdem ergaben die Messungen mit dem Rotationsviskosimeter als wohl wesentlichstes Resultat, daß die Filtrate *dieser gealterten Polymeren IIa bei 51 °C* – also oberhalb der Gel-Sol-Umwandlung – im Unterschied zu den teilweise wesentlich konzentrierteren Lösungen des Polymeren I (vgl. Tab. 2) *Strukturviskosität* zeigen. Der *m*-Wert liegt – wie Tab. 2 zeigt – deutlich über 1. Er nimmt mit zunehmendem Glu Me-Gehalt stark ab, vor allem wenn man berücksichtigt, daß die Konzentration der untersuchten Lösungen der Filtrate von IIa – mit dem Glu Me-Gehalt zunimmt. Dies steht sicherlich mit dem abnehmenden Mol.-Gewicht in Zusammenhang. Auch visuell unterscheiden sich die Polymeren IIa mit zunehmendem Glu Me-Gehalt deutlich voneinander (vgl. Tab. 2).

Tab. 2.

Polymerisate I Mol% Leu/Glu Me	Äußerer Zustand der Polymerlösungen bei 20 °C	Konzentration c (%)	Fließexponent m bei 51 °C
98/2	viskose Lösung	1,5	1,02
96/4	viskose Lösung	1,5	1,02
94/6	viskose Lösung	1,5	1,02
88/12	viskose Lösung	1,5	1,02
82/18	viskose Lösung	1,5	1,01
Polymerisate II*)			
100/–	Gel, trüb, heterogen	0,25	2,07
97/3	Gel, trüb, heterogen	0,50	1,87
89/11	Gel, homogen, klar	1,42	1,52
71/29	hochviskose Flüssigkeit	1,50	1,33
59/41	hochviskose Flüssigkeit	2,44	1,21

*) Es handelt sich hierbei um die bei 51 °C unter Druck erhaltenen Filtrate.

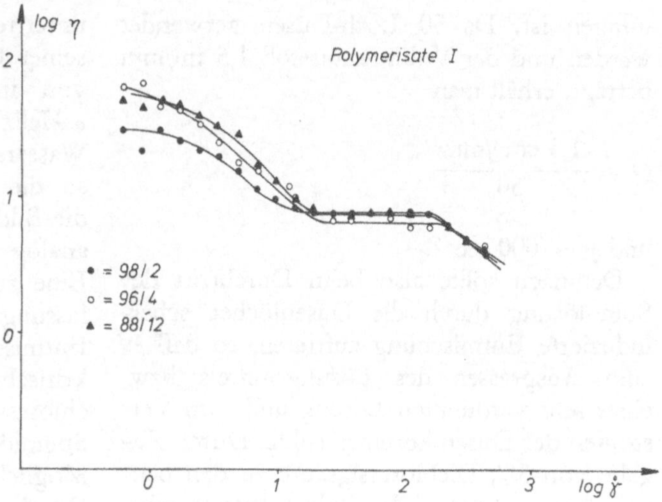

Abb. 6. log η als Funktion von log $\dot{\gamma}$,

a) Polymeres I

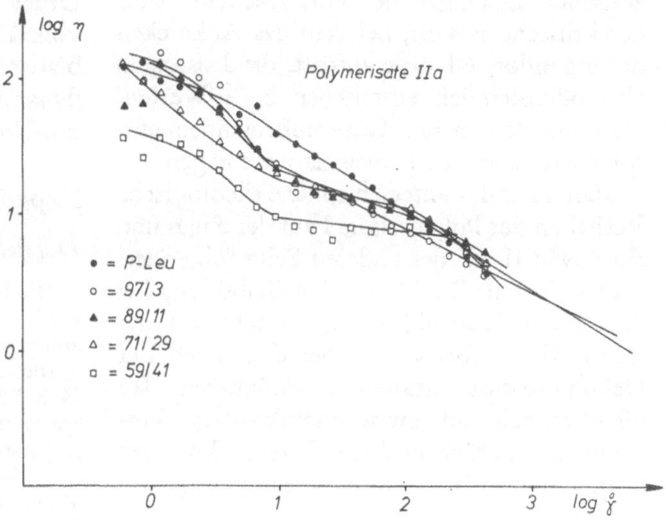

b) Polymeres IIa

Die Fließexponenten *m* der Newton'schen Lösungen des Polymeren ergeben als Funktion des Glu Me-Gehaltes eine leicht abfallende Gerade.

Die log η-Werte der Polymeren I und IIa als $f(\log \dot{\gamma})$ zeigen dieselbe Tendenz, wie sie bei den Fließkurven (Abb. 5) beobachtet wird (Abb. 6). Während für die Polymeren I bei niedrigeren Schergeschwindigkeiten gemäß ihrem Newton'schen Fließverhalten Parallelen zur Abszisse erhalten werden, ergeben die strukturviskosen Polymerlösungen (Filtrate) IIa Geraden unterschiedlicher Neigung in Abhängigkeit von ihrem Gehalt an Glu Me. Auch die durch Extrapolation auf log $\gamma = 0$ erhaltenen Viskositäten η nehmen mit zunehmendem Glu Me-Gehalt ab, entsprechend der Abnahme der Molekulargewichte und der damit abnehmenden Anisometrie der Molekeln.

Ein gemeinsames Merkmal der Newton'schen (Abb. 6a) und der strukturviskosen Lösungen (Abb. 6b) ist, daß alle Kurven etwa bei log $\gamma \approx 2{,}17$ gegen die Abszisse abbiegen und sich schneiden. Dies weist darauf hin, daß sich die Polymerlösungen bei einer bestimmten Schergeschwindigkeit entmischen, so daß es zu einem Viskositätsabfall kommt. Wenn die Entmischung bei log $n \approx 2{,}17$ stattfindet, so entspricht dies einer zugehörigen Schergeschwindigkeit von $\gamma_{\text{ent}} \approx 90$ sec^{-1}. Dieser Befund ist deshalb von Belang, weil beim Verspinnen in den Düsenöffnungen erhebliche Schergeschwindigkeiten auftreten. Sie errechnen sich nach der Beziehung:

$$\gamma = \frac{4\,Q}{\pi\,R^3}$$

wobei Q der Volumenausstoß an Spinnlösung pro Minute und R der Radius der Düsenöffnungen ist. Da 50 Loch-Düsen verwendet werden und der Volumenausstoß 1,5 ml/min beträgt, erhält man

$$Q \approx \frac{1{,}5\ \mathrm{cm^3/min}}{50}$$

und $\gamma \approx 7000\ \mathrm{sec}^{-1}$.

Demnach sollte also beim Durchtritt der Spinnlösung durch die Düsenlöcher scherinduzierte Entmischung auftreten, so daß es zum Auspressen des Lösungsmittels bzw. einer sehr verdünnten Lösung und zum Verstopfen der Düsen kommen sollte. Durch Zugabe von 5% Dichloressigsäure zu den benzolischen Lösungen des Poly-L-leucins wird der kritische γ-Wert, bei dem das Abknicken der log η/log $\dot{\gamma}$-Kurve auftritt, die Lösungen also offensichtlich entmischen zu γ-Werten, die etwa den in der Düse auftretenden entsprechen, bzw. noch etwas darüber liegen.

Man kann das unterschiedliche rheologische Verhalten der Polymerisate I auf der einen und IIa sowie II auf der anderen Seite folgendermaßen deuten: Die irreversible Gelbildung bei dem unter Normaldruck dargestellten Polymeren II ist ebenso wie bei dem nach der Dekompression gealterten Polymeren IIa offensichtlich auf zwischenmolekulare Vernetzungen zurückzuführen. Hierfür kommen insbesondere Wasserstoffbrückenbindungen in Betracht.

Dafür spricht, daß die lyophoben Wechselwirkungen in benzolischer Lösung wohl kaum eine Rolle spielen und daß andererseits der Zusatz von Dichloressigsäure zu den Spinnlösungen Newton'sches Fließverhalten bewirkt. Eine Vernetzung über Wasserstoffbrückenbindungen, die mit einer lokalen Konformationsänderung der α-Helices einhergehen müßte, kann durch eine Blockierung der Carbonamidgruppen durch Wasserstoffbrükkenbindungen mit der Dichloressigsäure verhindert werden. Es ist bekannt, daß die thermisch induzierte Knäuel-α-Helix-Umwandlung von Poly-L-glutaminsäure-γ-benzylester z.B. in Dichloressigsäure-1,2-Dichloräthan-Gemischen auf solchen Assoziations- bzw. Entassoziationsvorgängen zwischen der Dichloressigsäure und den –CO–NH-Gruppen des Peptidenkettengerüstes beruht.

Andererseits ist es denkbar, daß bei der Polymerisation im geschlossenen Gefäß das unter recht hohem Druck gelöste CO_2 infolge seiner C=O Partialdipole sich beim Öffnen von intrachenaren Wasserstoffbrücken der α-Helix sich z.B. an die NH-Gruppen über Wasserstoffbrückenbindungen anlagert und so die interchenare Vernetzung und damit die Bildung kaum reversibler Gele verhindert, analog zur Wirkung der Dichloressigsäure. Eine zusätzliche Bestätigung für diese Auffassung scheint die Heraufsetzung des mit Entmischung der Lösung einhergehenden kritischen $\dot{\gamma}$-Wertes durch Zugabe von Dichloressigsäure im Falle der benzolischen Spinnlösungen des Poly-L-leucins zu sein. Möglicherweise wird auch durch den erhöhten Druck die kompaktere Konformation der vollständigen, nicht durch gestrecktere β-Faltblattstrukturen unterbrochene α-Helix thermodynamisch stabilisiert und damit eine partielle α-β-Umwandlung unterdrückt.

Experimentelles

Darstellung der Substanzen

Die N-carboxyanhydride wurden in der in Abb. 7 wiedergegebenen Apparatur (5) dargestellt. Da hierbei unter strengstem Feuchtigkeitsanschluß gearbeitet werden muß, wurde das Reaktionsgefäß im Vakuum 24 h bei 350 °C ausgeheizt, danach mit trockenem Stickstoff und anschließend mit Phosgen gespült. Die Apparatur wurde dann unter Stickstoffspülung mit einer Suspension von 20 g mit einer Mikro-Schnell-Mühle (Fa. Retsch) feinstpulverisierten und über P_2O_5 getrockneten L-Leucin (Fa. Serva, Heidelberg) in 600 ml Dioxan beschickt. Dann wurde ca. 45 Minuten bei 55 °C unter Rühren Phosgen eingeleitet bis sich das L-Leucin gelöst hat. Nach dem Absaugen dieser Lösung wurde am Rotationsverdampfer eingeengt und noch je 2 × mit Dioxan aufgenommen, erneut eingeengt und schließlich im Vakuum über $P_2O_{5_t}$ im Vakuum getrocknet. Nach viermaligem Umkristallisieren aus Essigester Pebroläther hatte das L-Leucin –NCA einen Schmelzpunkt von 68–69 °C bei einer Ausbeute von 18,9 g = 94,5% der Literatur. Im Falle des L-Glutaminsäure-γ-Methylesters betrug die Reaktionstemperatur 40 °C und die Reaktionszeit 1$^1/_2$ Stunden. Das Produkt wurde wie schon beschrieben aufgearbeitet.
Schmelzpunkt 86 °C
Ausbeute 169 g = 84,5% der Theorie

Polymerisation der N-carboxyanhydride

Polymerisat I

In den im Vakuum bei 350 °C ausgeheizten starkwandigen (ca. 5 mm Wandstärke) Polymerisationsgefäßen wurden unter Durchleiten von trockenem Stickstoff 15% je Lösung des NCA in Benzol ausgesetzt. Nach dem Verschließen der Gefäße mit einem

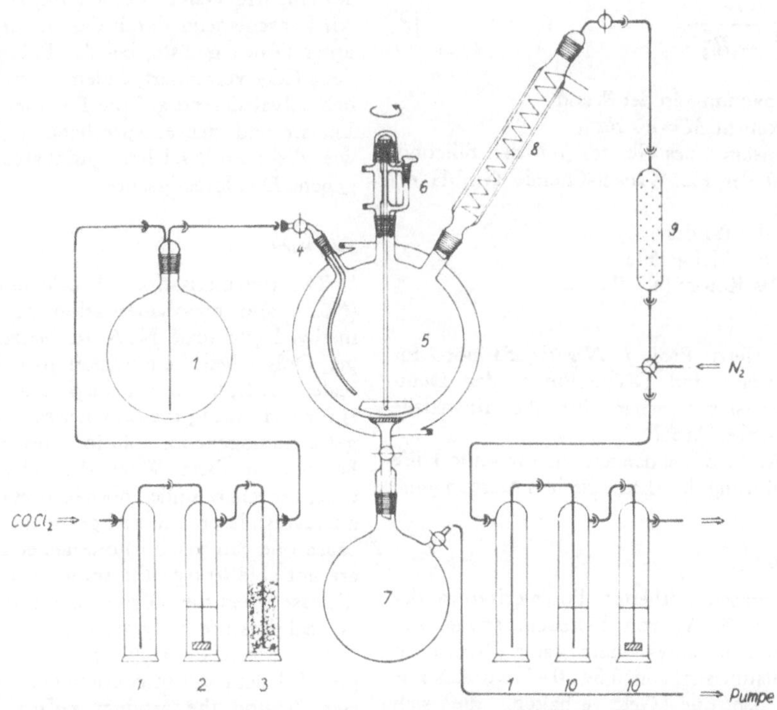

Abb. 7. Apparatur zur Darstellung der N-Carboxyanhydride, 1. Sicherheitsgefäße, 2. Gaswaschflasche mit conc. H_2SO_4, 3. Gaswaschflasche mit Glaswolle, 4. Gaseinleitungsrohr, 5. Reaktionsgefäß mit Tempermantel und eingeschmolzener Glasfitte G 2, 6. KPG-Rührer, 7. Auffanggefäß, 8. Intensivkühler, 9. $CaCl_2$-Rohr, 10. Gaswaschflaschen mit 20%iger KOH

durch Metallverschlüsse gehaltenen Glasstopfen (NS29) und einer als Dichtung dienenden Teflonmanschette erfolgte die Polymerisation ohne Zugabe eines Initiators bei 70 °C unter Rühren mit einem Magnetrührer.

Polymerisat II

Auch hier fand die Polymerisation in 15%iger benzolischer Lösung bei 70 °C ohne Initiatorzugabe statt. Als Polymerisationsgefäß dienten mit Rückflußkühler und Trockenrohren versehene Rundkolben.

Die Molekulargewichtsbestimmungen wurden mit einer analytischen Ultrazentrifuge, Typ E der Fa. Beckmann in benzolischer Lösung bei 55 bzw. 60 °C in Aluminium-Doppelsektorzellen mit Saphirfenstern nach der Gleichgewichtsmethode (24000 U/Min. = g). ermittelt. Die Sedimentation wurde mit Hilfe der Schlieren-Optik verfolgt (Schlierenwinkel 75 °C).

Zur Auswertung wurde der dem Plateau vorgelagerte Konzentrationsgradient herausgezogen. $\bar{v}$ wurde zu 0,87 ermittelt. Die Dichtemessungen erfolgten pyknometrisch.

Spinnbedingungen

Die Fasern wurden nach dem Naßspinnverfahren gewonnen*). Die benzolischen Spinnlösungen enthielten 7,5% Polymeres und außerdem 5% Dichteressigsäure. Gesponnen wurde aus einer Gold/Platin-Düse (Fa. Heraeus) mit 50 × 90 μ Löchern unter einem Druck von ca. 0,2 atü Stickstoff. Als Fällbad diente auf 55 °C erwärmtes Isopropanol, die Fällstrecke betrug 1 m. Anschließend wurde im Verhältnis 1:2 verstreckt im Waschbad I mit 70 °C warmem Wasser und im Waschbad II mit Wasser von 83 °C gewaschen. Die Waschstrecke betrug jeweils 1 m, die Abzugsgeschwindigkeit 24 m/min.

Es erfolgte noch eine thermische Nachbehandlung bei 100 °C mit Hilfe eines Trockenduos, wobei die Fäden jeweils 10 × um eine Galette geführt wurden. Aufgespult wurde auf einen EKS-Kopf der Fa. Bamag.

Rotationsviskosimetermessungen

Die Meßlösungen wurden vor Beginn der Messungen heiß über eine Fritte G2 druckfiltriert. Zur Messung wurde das Rotationsviskosimeter RV3/MVI der Fa. Haake (Rotordurchmesser 2,025 cm, Durchmesser des Meßgefäßes 2,300 cm, Meßkopf MK 50) eingesetzt. Mit einem Thermostaten wurde die Meßanordnung auf 51 °C ± 0,05 °C gehalten. Als Meßwerte wurden zum jeweils zugehörigen Skalenausschlag *s* (*skt*) die entsprechenden Drehzahlen *n* ($\bar{n}$/min) notiert.

Zur Auswertung der rotationsviskosimetrischen Messungen gelten folgende Gleichungen:

$$\tau = \frac{M}{2\pi h\, R_i^2} \qquad [1]$$

*) Wir danken der Fa. Hoechst AG, insbesondere Herrn Dr. *Hörold* für die Möglichkeit unsere Proben auf der Naßspinnanlage verspinnen zu können.

$$\dot{\gamma} = 2\,\omega \frac{R_a^2}{R_a^2 - R_i^2} \qquad [2]$$

τ = Schubspannung an der Wand
M = Drehmoment $M = a\,s\,skt$
a = Eichkonstante des Gerätes (mit den Siliconöl AP 200 der Fa. Wacker-Chemie GmbH ermittelt)
R_i = Radius des Rotors
R_a = Radius des Meßgefäßes
h = Höhe des Rotors (3,110 cm).

Wir danken Herrn Prof. *J. Noguchi*, Sapporo für wertvolle Hinweise und Diskussionen, der Deutschen Forschungsgemeinschaft für die finanzielle Unterstützung dieser Arbeit.

Herrn Dr. *R. K. Bayer* danken wir für seine Hilfe bei der Durchführung der rheologischen Messungen.

Zusammenfassung

Bei der thermisch initiierten Polymerisation der Carboxanhydride (NCA) von L-Leucin sowie von L-Leucin/L-Glutaminsäure-γ-methylester Gemischen bis zu Molverhältnissen von 0,59 : 0,41 werden nur dann optisch isotrope Gele erhalten, die sich > 50 °C in spinnbare Sole überführen lassen, wenn die Polymerisation im geschlossenen Gefäß – also unter dem Druck des bei der Polymerisation entstehenden CO_2 – durchgeführt wird (vgl. auch [2]). Beim Stehenlassen, insbesondere nach Druckentlastung altert dieses Polymergel I und ergibt schließlich > 50 °C keine homogenen, spinnbaren Lösungen mehr (Polymers IIa).

Huggins-Konstante k_H und die dem 2. Virialkoeffizienten entsprechende Größe $k_H[\eta]^2$ liegen bei dem frischen unter Druck dargestellten Polymeren I nahe bei 1 und zeigen praktisch keine Abhängigkeit vom Gehalt an L-Glutaminsäure-γ-methylester, während beim gealterten Polymeren IIa $k_H[\eta]^2$ linear mit dem Gehalt an diesen Comonomeren von 2,1 auf 0,66 abnimmt. Aus den rheologischen Messungen mit einem Rotationsviskosimeter folgt, daß die benzolischen Lösungen des Polymerisats I > 50 °C Newtonsches Fließverhalten zeigen. Sie lassen sich durch Glasfritten G2 praktisch rückstandlos filtrieren. Im Gegensatz dazu entmischen sowohl die gealterten Polymerisate IIa ebenso wie die unter Normaldruck dargestellten Polymerisate II bei der Filtration. Dabei bleibt der größte Teil des Polymeren auf der Fritte, das stark verdünnte Filtrat zeigt strukturviskoses Verhalten. Alle diese Polymerlösungen (I, II und IIa) zeigen bei einem Schergefälle von ≈ 90 Sec.$^{-1}$ scherinduzierte Entmischung. Dies ist deshalb wichtig, weil in den Düsenöffnungen beim Verspinnen zu Fasern Schergeschwindigkeiten bis zu 7000 Sec.$^{-1}$ auftreten. Zugabe von 5% Dichloressigsäure [2] verschiebt das kritische Schergefälle, bei dem Entmischung beobachtet wird auf ungefähr 1000 Sec.$^{-1}$. Das unterschiedliche rheologische Verhalten der frisch im geschlossenen Gefäß dargestellten Polymerisate I auf der einen und das der gealterten bzw. unter Normaldruck dargestellten Polymeren IIa bzw. II wird auf eine irreversible Vernetzung zurückgeführt. Diese wird anscheinend durch das bei den Polymerisaten I unter Druck gelöste, bei der Polymerisation entstandene CO_2 verhindert, indem es möglicherweise ähnlich solvatisierend auf die Polymerketten des Poly-L-Leucin und der entsprechenden Copolymere wirkt wie die zum Erzielen spinnbarer Lösungen zugegebene Dichloressigsäure.

Summary

The polymerisation of L-leucin-N-carboxyanhyd. (NCA) and copolymerisation of L-leucin- and γ-methyl-L-glutamat NCA in benzene yields a clear gel. Only when the polymerisation is carried out in a sealed bottle, i. e. under the pressure of the CO_2 which is formed during the polymerisation process, one can get a homogeneous solution above 50 °C, which can be spun to fibers. When the gel is stored for some time, especially under normal pressure (polymer IIa), a irreversible crosslinked gel seems to be formed because one can get no homogeneous solutions which are not able to pass the spinning nozzle. This is also the case when the polymerisation is carried out under normal pressure (polymer II).

In the case of freshly in a sealed bottle prepared poly-L-leucin and in copolymers the Huggins-parameter k_H and the product $k_H[\eta]^2$ corresponding 2. virialcoefficient are approximately 1 and almost independent from the content of the comonomer. On the contrary the polymer IIa shows a dependence of $k_H[\eta]^2$ with the content of γ-methyl-L-glutamat and decreases from 2,1 to 0,66.

It could be shown that the solutions of the polymers I (> 50 °C) are Newtonian liquids which are able to pass porous glas-filters with pore diameters of 90 μm. The polymers II and IIa, however are separated in a diluted solution and a obviously irreversible crosslink gel which remains on the filter, whereas the diluted filtrate shows a non-Newtonian behaviour.

However, also the homogeneous solutions of polymer I show phase separation at shear rates ≈ 90 sec^{-1}. This is of same practical importance because during the spinning process shear rates up to 7000 sec^{-1} occur in the holes of the nozzle. This critical shear rate at which phase separation occurs in shifted to ≈ 1000 sec^{-1} by adding 5% dichloric acetic acid. In this way the necessity of adding this agent for getting spinnability of the polymer solutions found by *Noguchi* et al. [2] can be explained. The difference in the rheological behaviour of the polymers I on the one hand and of the polymers IIa and II on the other may be due to irreversible gel formation by "crosslinking" of the polymer-chains by intermolecular forces (polymer IIa and II).

This formation of irreversible "crosslinked" gel is obviously prevented by the soluted CO_2 (polymer I), which probably acts as a solvating agent in respect to the polymer chains.

Literatur

1) *Blout, E. R., C. de Loze, S. M. Bloom, G. D. Fasman*, J. Amer. Chem. Soc. **82**, 3878 (1960); *Blout,*

E. R., in: Poly-amino acids, Polypeptides and Proteins, S. 275 (Madison 1972); *Fasman, G. D.*, in: Poly-amino acids, Biological Macromolecules series (New York 1967).

2) *Noguchi, J., S. Tokura, N. Nishi*, Angew. Makromol. Chem. **22**, 107 (1972).

3) *Noguchi, J., T. Nakamura, T. Hayakawa, Ch. Ohizumi*, Kogyo Kagaku Zschi **70**, 1254 (1967).

4) *Huggins, M. L.*, J. Phys. Chem. **46**, 151 (1942); J. Amer. Chem. Soc. **64**, 1712 (1942).

5) *Werner, W.*, Diplomarbeit (Marburg 1972).

Anschrift der Verfasser:

Prof. Dr. *G. Ebert*, Dr. *Ch. Ebert* und Dipl.-Chem. *V. Kroker*
Fachbereich Physikalische Chemie
der Universität Marburg,
Auf den Lahnbergen, Gebäude H
3550 Marburg

Progr. Colloid & Polymer Sci. 60, 194–202 (1976)

14.

Pharmazeutisch-technologische Abteilung am Institut für Pharmazie und Lebensmittelchemie der Universität München

Einfluß funktioneller Gruppen kolloider Trägersubstanzen auf die Reaktion mit Arzneistoffen

H. Rupprecht und *G. Kindl*

Mit 8 Abbildungen und 3 Tabellen

(Eingegangen am 28. Oktober 1975)

Einleitung

Anorganische Substanzen vom Typ der kolloiden Kieselsäure bewähren sich schon seit langem als wertvolle und universell einsetzbare Hilfsstoffe bei der Arzneibereitung (1, 2). Ihr chemisches Verhalten gegenüber Arzneistoffen wird vor allem von den Silanolgruppen geprägt, die zur Wasserstoffbrückenbildung sowie, mit zunehmendem pH-Wert in steigendem Ausmaß, zum Ionenaustausch mit Arzneistoffkationen befähigt sind (3, 4, 5). Im Hinblick auf die Stabilität der Zubereitungen und der Wirkstoffliberation bei der Anwendung erscheint dieses Sorptionsverhalten nicht in allen Fällen optimal (2). Es liegt daher nahe, die Reaktionsfähigkeit der Kieselsäureoberfläche durch Einführung organischer funktioneller Gruppen gezielt zu beeinflussen, um so ein breites Spektrum für die Anwendung im pharmazeutischen Bereich, etwa zur Steuerung der Wirkstoffliberation im Sinne eines Depoteffektes zu eröffnen.

Hierbei ist hervorzuheben, daß solche grenzflächenmodifizierte Kieselsäuren in ihrer chemischen und thermischen Stabilität rein organischen Matrixsubstanzen weit überlegen sein können (6), keinerlei Quellungserscheinungen aufweisen und eine relativ genaue Normierung ihrer funktionellen Gruppen an der Oberfläche erlauben (7).

Ergebnisse und Diskussion

In die Untersuchungen wurden vier Kieselsäurepräparate aufgenommen, die verschiedene funktionelle Gruppen an der Oberfläche tragen und deren wichtigste Parameter in Tab. 1 gegenübergestellt sind.

Hydrophile Kieselsäure A 200 und Methylaerosil sind Handelsprodukte der Firma

Tab. 1. Erläuterungen siehe Text

Als Sorbentien verwendete Kieselsäuren					
	Funktionelle Gruppen an der Oberfläche		Spezif. Oberfläche BET	Eigenschaften	
	Art	Belegung [µmol/m²]	[m²/g]	Austauschkap. (pH 7) [µmol/m²]	Benetzbarkeit mit Wasser
Aerosil 200	≡Si–OH	4,30	231	0,6	gut
Methylaerosil	≡Si–O–Si(CH₃)₂–O–Si(CH₃)₂–Si≡	3,34	79	nicht erfaßbar	hydrophob
Benzylaerosil	≡Si–CH₂–C₆H₅	2,32	215	0,3	gut
Sulfoniertes Benzylaerosil	≡Si–CH₂–C₆H₄–SO₃⁻	1,31	215	1,27	gut

Tab. 2. Erläuterungen siehe Text

Sättigungssorption von Arzneistoffen an modifizierten Kieselsäuren in wäßrigen Dispersionen (Sorbierte Mengen in µmol/g Sorbens)						
	Arzneistoffe					
	anionisch		kationisch			
	nicht aggregierend Benzoesäure 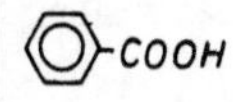	aggregierend Natriumlaurylsulfat $H_{25}C_{12}OSO_3^- Na^+$	nicht aggregierend Codein 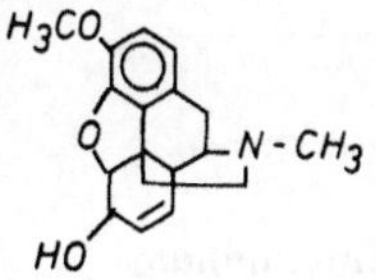	schwach aggregierend Amitriptylin 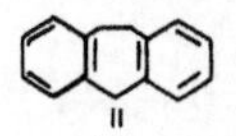 $HC-(CH_2)_2-N(CH_3)_2$	stark aggregierend Alkylpyridinium - Cl 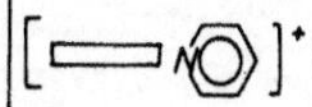 Dodecyl-	Tetradecyl-
Sorbentien: Aerosil 200	x)	x)	30	30	195	230
Methylaerosil	x)	225	x)	80	200	230
Benzylaerosil	x)	208	5	65	400	450
Sulfoniertes Benzylaerosil	x)	x)	245	280	580	620

x) Sorption unterhalb der analytischen Erfassungsgrenze

Degussa. Benzylaerosil wurde aus A 200 durch Umsetzung mit Benzyltrichlorsilan und nachfolgender Hydrolyse, sulfoniertes Benzylaerosil aus Benzylaerosil durch Reaktion mit Chlorsulfonsäure hergestellt (8).

Wie aus dem Vergleich der Belegungswerte hervorgeht, wird bei keinem der modifizierten Präparate eine vollständige Umsetzung der ursprünglich vorhandenen Silanolgruppen erreicht. Beim Benzylaerosil ist die niedrige Belegung auch darauf zurückzuführen, daß Benzyltrichlorsilan mono- und bifunktionell mit der Oberfläche reagieren kann.

Bis auf das extrem hydrophobe Methylaerosil sind alle Präparate mit Wasser benetzbar. Die Ionenaustauschkapazität bei pH 7 sinkt durch Einführung der Benzylgruppen ab, nimmt aber nach Sulfonierung des Benzylaerosils wieder deutlich zu.

Aus Tab. 2 geht das unterschiedliche Sorptionsverhalten der Kieselsäurepräparate gegenüber Arzneistoffen hervor. Dabei sind die maximal erreichbaren Sorptionswerte ausgewählter Arzneistoffmodelle in rein wäßrigen Ansätzen, d.h. ohne gezielten Eingriff in die Wasserstoffionenkonzentration gegenübergestellt:

Bei anionischen Arzneistoffen ohne Aggregationsvermögen bleiben die Sorptionswerte bei allen Kieselsäuren unter der analytischen Erfassungsgrenze[1]). Anionische Tenside, wie Natriumlaurylsulfat, werden allerdings vom methylierten und benzylierten Aerosil stark gebunden. Ein kationischer, nicht aggregierender Arzneistoff, wie Codein, erreicht am Aerosil 200 eine geringe, am sulfonierten Benzylaerosil dagegen hohe Sorptionswerte. Am Methylaerosil ist keine Sorption festzustellen; auch am Benzylaerosil liegt die Bindung nahe an der Nachweisgrenze.

Demgegenüber zeigen die aggregationsfähigen Arzneistoffe, wie Amitriptylin und Alkylpyridiniumchloride bei allen Präparaten eine deutliche Bindung, wobei nun das hydrophobe Produkt Methylaerosil das hydrophile A 200 übertrifft. Die stärkste Bindung findet am sulfonierten Benzylaerosil statt, dessen Austauschkapazität sogar noch weit überschritten wird. Daraus geht hervor, daß die Sorption der aggregierenden Arzneistoffe besonderen Gesetzmäßigkeiten folgt.

Näheren Einblick in die Bindungsverhältnisse an den verschiedenen Grenzflächen gibt

[1]) Analytische Erfassungsgrenze ca. $0{,}5 \cdot 10^{-6}$ mol/g

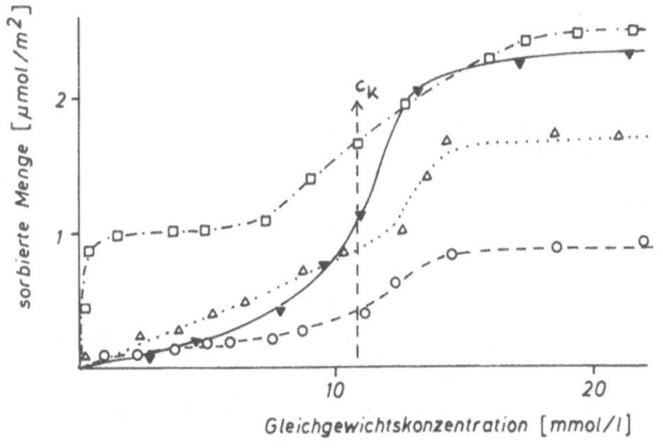

Abb. 1. Sorptionsverhalten von Dodecylpyridiniumchlorid an kolloidalen Kieselsäuren in wäßrigem Milieu
□–·–·–□ sulfoniertes Benzylaerosil (pH 2,7)
▼———▼ Methylaerosil (pH 4,1)
△·······△ Benzylaerosil (pH 4,2)
○– – – –○ Aerosil 200 (pH 4,0)

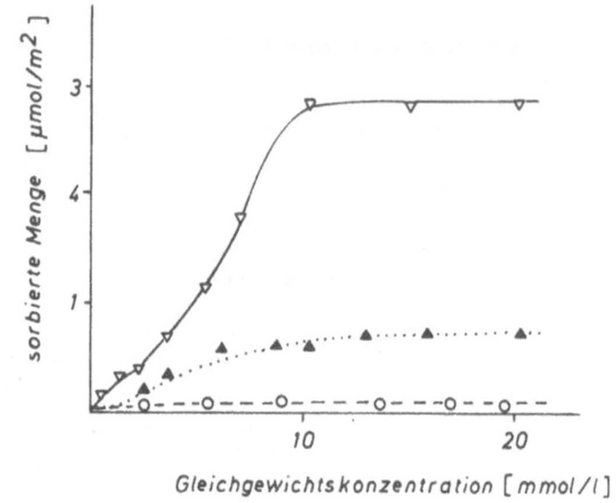

Abb. 2. Sorption von Na-Laurylsulfat an kolloidale Kieselsäuren in wäßrigem Milieu
▽———▽ Methylaerosil
▲———▲ Benzylaerosil
○– – – –○ Aerosil 200, sulfoniertes Benzylaerosil

die quantitative Verfolgung der Adsorptionsvorgänge. Abb. 1 zeigt die Adsorptionsisothermen eines kationischen aggregierenden Arzneistoffes, des Dodecylpyridiniumchlorids an den verschiedenen Kieselsäurepräparaten. Dabei fällt auf, daß der von hydrophiler Kieselsäure her bekannte sigmoide Verlauf und der Zusammenhang mit der kritischen Mizellbildungskonzentration des Tensides auch an den modifizierten Produkten festzustellen ist.

Im Konzentrationsbereich unterhalb der kritischen Mizellbildungskonzentration findet sich bei der mit den stark sauren Benzylsulfonsäuregruppen belegten Kieselsäure ein ausgeprägtes Plateau, welches mit 1,02 μval/m² der Austauschkapazität der Benzylsulfonsäuregruppen entspricht. Im Bereich der c_k steigt die sorbierte Menge weiter an, um bei Sättigung etwa das Zweieinhalbfache der Austauschkapazität zu erreichen.

Ein vergleichbar hohes Sorptionsvermögen zeichnet auch das Methylaerosil aus. Allerdings weist hier die Isotherme unterhalb der kritischen Mizellbildungskonzentration – ähnlich wie beim Benzylaerosil – kein Plateau, sondern einen mehr kontinuierlichen Anstieg auf, um oberhalb der kritischen Mizellbildungskonzentration dann rasch dem Sättigungswert zuzustreben.

Einen ähnlichen Verlauf nimmt die Sorption des anionischen Mizellbildners Natriumlaurylsulfat (Abb. 2) an den mit unpolaren Gruppen modifizierten Produkten, wobei das hydrophobe Methylaerosil in seinem Bindungsvermögen das Benzylaerosil weit übertrifft. Dieser Unterschied im Sorptionsverhalten ist nicht nur auf die geringere Belegung durch Benzylgruppen – ca. 60 %, bezogen auf die Methylgruppen – zurückzuführen: Wahrscheinlich stoßen die am Benzylaerosil vorhandenen Silanolgruppen mit ihrem anionischen Charakter die gleichnamig geladenen Tensidionen ab, so daß eine hydrophobe Wechselwirkung (9) mit den vorhandenen Benzylgruppen behindert wird.

Am sulfonierten Benzylaerosil, ebenso wie am Aerosil 200, kann praktisch keine Bindung nachgewiesen werden, da hier die abstoßende Wirkung der anionischen Gruppen hydrophobe Wechselwirkungskräfte überwiegt.

Zur Diskussion der Sorptionsvorgänge ist also vom unterschiedlichen Verhalten der funktionellen Gruppen an der Oberfläche und den Eigenschaften der organischen Wirkstoffe auszugehen. Die Einführung der hydrophoben Methyl- bzw. Benzylgruppe blockiert die Austauschfähigkeit der Kieselsäureoberfläche gegenüber Arzneistoffkationen und erklärt den starken Rückgang der Sorptionswerte für Codein bei Methylaerosil auf praktisch Null. Diese grenzflächenständigen Gruppen bewirken außerdem, daß Stoffe mit ausgeprägt unpolaren Molekülanteilen durch hydrophobe Wechselwirkungen an die Festkörperoberfläche gelangen. Im Grenzfall werden sogar die zur Kieselsäure gleichnamig geladenen

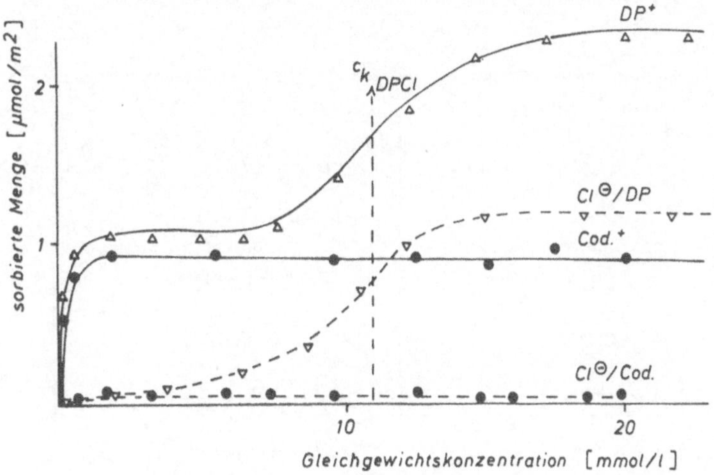

Abb. 3. Sorptionsverhalten kationischer Arzneistoffe an sulfoniertem Benzylaerosil (pH 2,7)
△——△ Dodecylpyridiniumkationen ●——● Codeinkationen
▽- - - -▽ Dodecylpyridinium-Chlorid-Gegenionen ●- - - -● Chlorid-Gegenionen des Codeins

Aniontenside gebunden. Allerdings verringern sich die Sorptionswerte anionischer Tenside drastisch, wenn, wie bei Benzylaerosil noch negativ geladene OH-Gruppen vorhanden sind.

Bei den Kationtensiden ergänzen sich Ionenaustausch und hydrophobe Wechselwirkungen an den polaren Kieselsäuren. Dies geht aus dem Verlauf der Bindung von Dodecylpyridiniumchlorid am sulfonierten Benzylaerosil hervor (Abb. 3).

Im Falle des Kationtensids kommt die Bindung zunächst durch Ionenaustausch zustande, da keine Gegenionensorption erfolgt. Erst im zweiten Anstieg der Isotherme werden auch die Gegenionen mit in das Sorbat aufgenommen. Im Vergleich dazu findet beim nichtaggregierenden Codein nur eine Bindung der Kationen*), d. h. Ionenaustausch, statt.

Aus dem unterschiedlichen Sorptionsverlauf muß auf verschiedene Bindungsmechanismen an den Kieselsäureoberflächen geschlossen werden, wie sie in Abb. 4 schematisch dargestellt sind.

Entsprechend ihrer Austauschkapazität binden Aerosil 200 bzw. sulfoniertes Benzylaerosil Arzneistoffkationen über Ionenaustausch. Am hydrophoben Methylaerosil lagern sich die Tensidionen wahrscheinlich mit ihren unpolaren Ketten direkt an die methylierten Oberflächenbezirke an. Ähnlich dürfte auch am Benzylaerosil die Wechselwirkung mit Benzylgruppen ablaufen.

Am Aerosil 200 und am sulfonierten Benzylaerosil übersteigt bei aggregationsfähigen Kationen die Bindung bei weitem die Austauschkapazität, da an den primär über Ionenaustausch gebundenen Kationen weitere Tensidkationen unter Mitnahme ihrer Gegenionen in die Sorbatschicht eingebaut werden und mit ihren hydrophilen Gruppen zur Wasserphase orientiert sind.

Die Gegenionen sind offenbar zum größten Teil an der Oberfläche der Sorbate im Bereich der Sternschicht der sich ausbildenden elektrischen Doppelschicht lokalisiert, während der Rest sich im diffusen Teil der elektrischen Doppelschicht befindet (10, 11).

Bei der großen Zahl an Komponenten in Arzneizubereitungen ist den Milieubedingungen bei Herstellung, Lagerung und Anwendung besondere Aufmerksamkeit zu schenken, da sie die vielfältigen Reaktionsmöglichkeiten in einem Arzneimittel in differenzierter Weise beeinflussen können.

Im Falle der vorliegenden Hilfsstoffe ist von einer Änderung der Wasserstoffionenkonzentration vor allem ein Eingriff in die Austauschreaktionen zu erwarten.

Dies bestätigen die Sättigungssorptionswerte kationischer Arzneistoffe an den verschiedenen Kieselsäurepräparaten in Abhängigkeit vom pH-Wert (Abb. 5).

*) Im gewählten pH-Bereich liegt Codein praktisch 100% in Form der Kationen im Dissoziationsgleichgewicht vor, pK_b Codein 6, 1 (12).

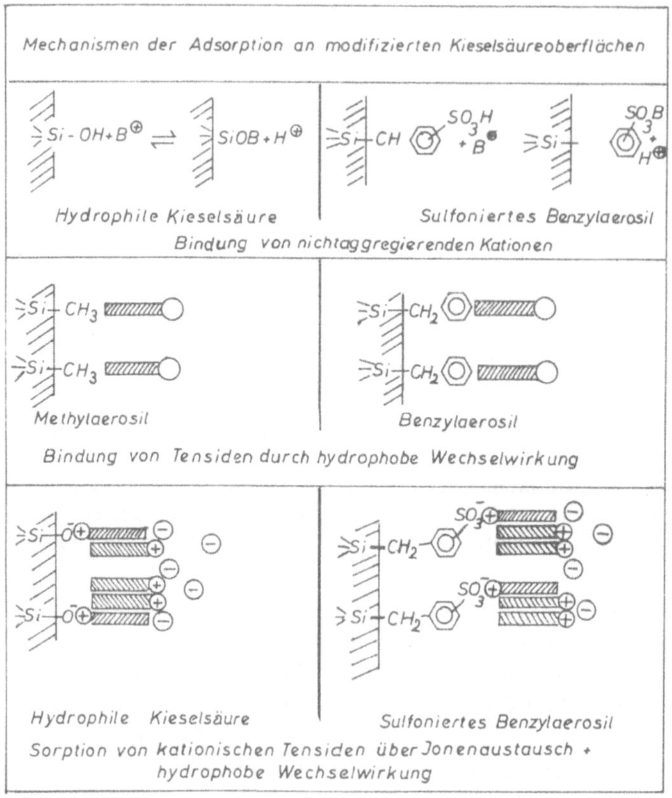

Abb. 4 (siehe Text)

Gegenüber dem hydrophilen Aerosil mit seinen schwach sauren Silanolgruppen zeichnet sich die stark sauer reagierende Benzylsulfonsäuregruppe des sulfonierten Benzylaerosils dadurch aus, daß die Austauschreaktionen mit Arzneistoffkationen weniger vom pH der Suspensionen beeinflußt wird. Vor allem beim nichtaggregierenden Codein tritt dabei ein deutlicher Unterschied auf: Während am Aerosil die Bindung über Ionenaustausch

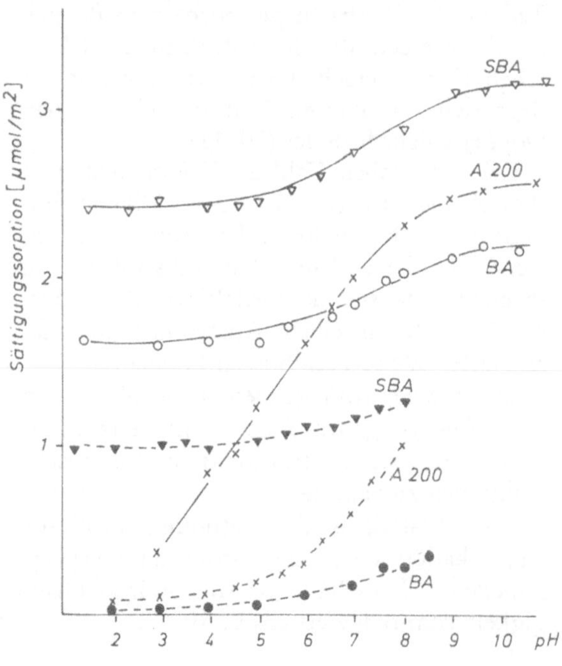

Abb. 5. Sättigungssorption kationischer Arzneistoffe an hydrophiler Kieselsäure A 200 und sulfoniertem Benzylaerosil in Abhängigkeit vom pH-Wert

▽——▽	sulfoniertes Benzylaerosil	Dodecylpyridiniumchlorid
○——○	Benzylaerosil	
×——×	Aerosil 200	
▼——▼	sulfoniertes Benzylaerosil	Codein
×- - -×	Aerosil 200	
●- - -●	Benzylaerosil	

zwischen pH 3 und pH 8 auf etwa das Achtfache ansteigt, erhöht sich am sulfonierten Benzylaerosil die Sättigungssorption im gleichen pH-Bereich nur geringfügig.

Da auch am Benzylaerosil eine geringfügige, annähernd parallele Zunahme der Austauschkapazität mit steigendem pH-Wert nachzuweisen ist, dürften für diesen Ionenaustausch an den benzylierten Produkten reaktionsfähige Silanolgruppen verantwortlich sein, die auch den hydrophilen Charakter und die geringe Bindungsfähigkeit gegenüber Aniontensiden bewirken. Solche Silanolgruppen stammen entweder von der Oberfläche des Aerosils und sind bei der Chemisorption mit Benzyltrichlorsilan nicht erfaßt worden oder sie wurden bei der Hydrolyse des chemisorbierten Benzyl-chlor-silylrestes neu gebildet.

Der Sorptionsverlauf bei der Invertseife Dodecylpyridiniumchlorid bestätigt diese Befunde, wobei allerdings die Zuwachsraten der Sorption mit Erhöhung des pH-Wertes stärker ansteigen als bei Codein.

Die deutliche Zunahme der Sorption bei Dodecylpyridiniumchlorid läßt einen Zusammenhang mit der Aggregationsfähigkeit des Tensides vermuten. Offenbar bewirkt die zur Verschiebung des pH-Wertes notwendige Menge Natronlauge auch eine verstärkte Aggregation an der Grenzfläche.

Um näheren Aufschluß über den Einfluß steigender Elektrolytkonzentrationen auf die Vorgänge an der Grenzfläche zu erhalten, wurde die Sorption in Gegenwart von Neutralelektrolyten untersucht. Dabei bewirken Art und Konzentration der zugesetzten Ionen nicht nur charakteristische Veränderungen im Kurvenverlauf der Isothermen, sondern sie bestimmen auch die im Sättigungsgleichgewicht gebundene Arzneistoffmenge.

Aus Abb. 6 geht hervor, wie am sulfonierten Benzylaerosil die Bindung kationischer Arzneistoffe durch Natriumchloridzusatz verändert wird. Der Steilanstieg der Sorptionsisotherme verschiebt sich beim Tetradecylpyridiniumchlorid mit steigender Salzkonzentration – entsprechend der Verringerung der kritischen Mizellbildungskonzentration – zu niedrigeren Konzentrationen. Gleichzeitig nimmt die Sättigungssorption zu. Beim Codein dagegen wird die Austauschkapazität durch die Anwesenheit der Na^+-Ionen erst bei hohen Gleichgewichtskonzentrationen erreicht.

Das unterschiedliche Ausmaß der Sorptionsbeeinflussung am sulfonierten Benzylaerosil ist auch aus den Sättigungssorptionswerten in Abhängigkeit von der Elektrolytkonzentration (Abb. 7) zu entnehmen:

Auf die Sorption des nichtaggregierenden Codeins hat Natriumchlorid keinen, auf Ami-

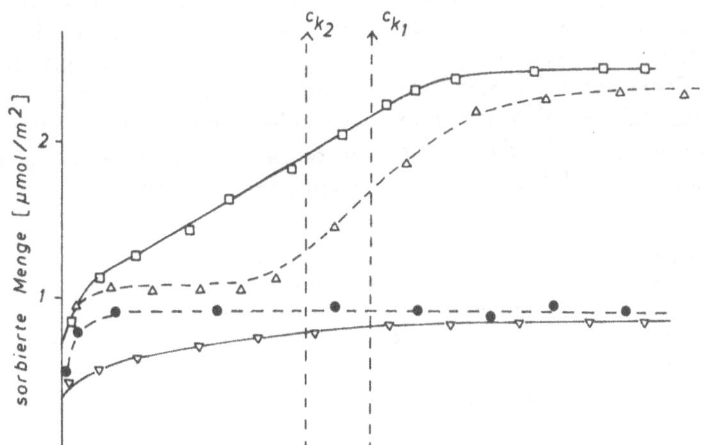

Abb. 6. Sorptionsisothermen von Codein und Dodecylpyridiniumchlorid in Gegenwart von 0,01 n NaCl an sulfoniertem Benzylaerosil

□———□ Dodecylpyridiniumchlorid 0,01 n NaCl
△- - - - - -△ Dodecylpyridiniumchlorid in H_2O
▽———▽ Codein 0,01 n NaCl
●- - - -● Codein in H_2O

C_{k_1} = kritische Micellbildungskonzentration in wäßriger Lösung
C_{k_2} = kritische Micellbildungskonzentration in 0,01 n NaCl

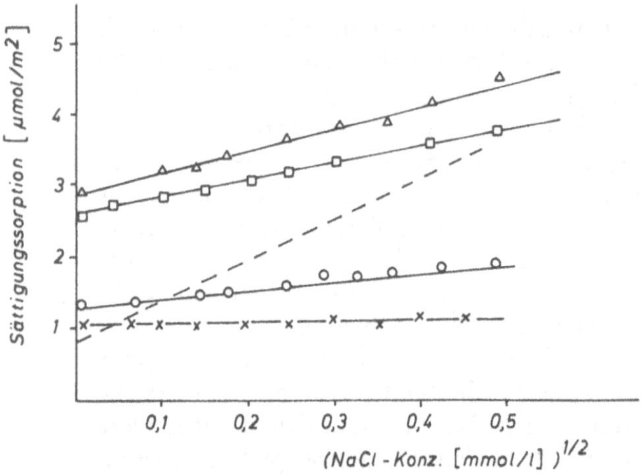

Abb. 7. Sättigungssorption kationischer Arzneistoffe am sulfonierten Benzylaerosil in Abhängigkeit von der NaCl-Konzentration
△———△ Hexadecylpyridiniumchlorid
□———□ Dodecylpyridiniumchlorid
○———○ Amitriptylin
×———× Codein
- - - - - - - - - Dodecylpyridiniumchlorid an Aerosil 200

triptylin einen leicht steigernden Effekt. Die Bindung der Invertseife steigt mit der Wurzel der Salzkonzentration linear an. Zunehmende Hydrophobie des Arzneistoffes durch Verlängerung der Kohlenwasserstoffketten verstärkt den Sorptionseffekt, wie der Kurvenverlauf bei Dodecyl- und Hexadecylpyridiniumchlorid zeigt. Dies bedeutet, daß die Bindung von Tensiden bei Verlängerung der KW-Ketten empfindlicher auf Salzzusatz reagiert. Allerdings ist der Anstieg nicht mehr so stark ausgeprägt, wie an der Oberfläche der hydrophilen Kieselsäure Aerosil 200.

Eine weitere Vermehrung der gebundenen Menge ist – unter Berücksichtigung äquivalenter Salzkonzentrationen – durch Natriumnitrat zu erreichen, sofern nicht bei höherem pH-Wert bereits maximal dicht gepackte Sorptionsschichten vorliegen (Tab. 3).

Die Interpretation dieses Salzeffektes hat einmal die unterschiedliche Wirkung der anorganischen Ionen auf die Mizellbildung des Tensides sowie die Gesetzmäßigkeit in der elektrischen Doppelschicht an der Grenzfläche zu berücksichtigen (13, 14). Offenbar wird auch am sulfonierten Benzylaerosil der Einbau weiterer Tensidionen über hydrophobe Wechselwirkungen vom Ausmaß der Gegenionenbindung gesteuert. Nitrationen erhöhen die Sorption an den Kieselsäuren stärker als Chloridionen, da sie als strukturbrechende Ionen (15) mit ihren Hüllen beweglicheren Wassers besser an die Sorbatschichten der aggregierenden Tensidionen gelangen und so zu einem intensiven Ladungsausgleich in der Lage sind. Dies ist jedoch die Voraussetzung für den weiteren Einbau von Tensidionen in die Grenzflächenschicht.

Der Unterschied zwischen Aerosil 200 und sulfoniertem Benzylaerosil zeigt auf, daß durch die Modifizierung der Ionenaustausch eine vorrangige Bedeutung erlangt und damit das Sorptionsgeschehen gegenüber Milieuänderungen weniger empfindlich reagiert. Der sorptionssteigernde Effekt der Nitrationen ist auf Arzneistoffe mit amphiphilem Charakter beschränkt, wie das Beispiel des nichtaggregierenden Codeins zeigt: in Gegenwart von Nitrationen ist keine Zunahme der gebundenen Menge festzustellen.

Tab. 3. Erläuterungen siehe Text

Sättigungssorptionen kationischer Arzneistoffe an hydrophiler Kieselsäure (A200) und sulfoniertem Benzylaerosil in Abhängigkeit von der Elektrolytkonzentration (μmol/m^2)

	Hydrophile Kieselsäure A 200			Sulfoniertes Benzylaerosil		
	ohne Salz	0,2 m NaCl	0,2 m $NaNO_3$	ohne Salz	0,2 m NaCl	0,2 m $NaNO_3$
Tetradecylpyridiniumchlorid	0,82	3,56	6,62	2,88	3,67	5,72
Codein-HCl	0,13	0,13	0,12	1,1	1,1	0,9

Für die Anwendung der untersuchten modifizierten Hilfsstoffe ergeben sich folgende Gesichtspunkte:

1. Durch die Einführung organischer Gruppen, wie Methyl- oder Benzylgruppen sinkt die Fähigkeit der Kieselsäuren, Arzneistoffkationen über Ionenaustausch zu binden, drastisch ab.
2. Liegen amphiphile Wirkstoffe vor, dann steigern die organischen unpolaren Gruppen das Sorptionsvermögen der Kieselsäure und erweitern es auch auf anionische Tenside, die an hydrophile Kieselsäure nicht sorbiert werden.
   Die Bindung über hydrophobe Wechselwirkung nimmt dabei mit steigender Kettenlänge der Kohlenwasserstoffreste zu.
3. Die Sulfonierung der Benzylgruppe hat zur Folge, daß an den stark sauren Ionenaustauscher die differenzierenden Effekte des pH-Wertes und der Neutralelektrolytkonzentration bei der Reaktion mit Arzneistoffkationen zurückgedrängt werden und eine im physiologischen Bereich zwischen pH 2 und 8 annähernd gleichmäßige Austauschkapazität vorliegt.

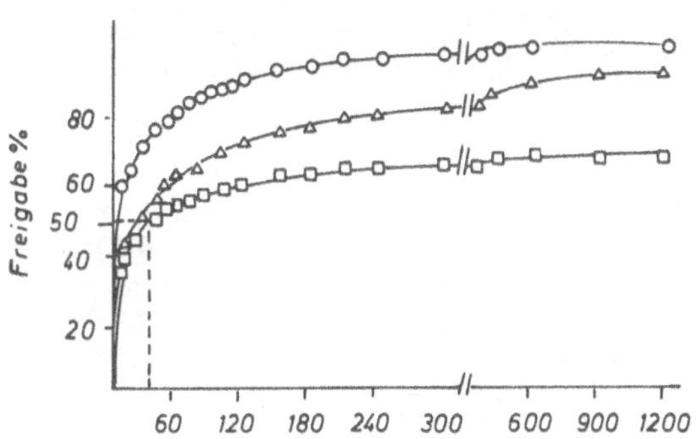

Abb. 8. Desorption von Tetradecylpyridiniumchlorid aus Sorbaten modifizierter Kieselsäuren in Abhängigkeit von der Zeit (Freigabemilieu: H_2O)
○——○ Aerosil 200
△——△ Benzylaerosil
□——□ sulfoniertes Benzylaerosil

Für Fragen der Arzneistoffverfügbarkeit hat neben den milieuabhängigen Sorptionsgleichgewichten auch der zeitliche Verlauf der Wirkstoffliberation aus Sorbaten der Kieselsäure größte Bedeutung. Dabei zeigt sich, daß durch die Modifizierung an kolloiden Trägern kein signifikanter Unterschied im Freigabeverhalten hervorgerufen wird: In der Abb. 8 ist die Freigabe von Dodecylpyridiniumchlorid aus Sorbaten von Aerosil, Benzyl- und sulfoniertem Benzylaerosil gegenübergestellt. Bereits nach 10 bis 30 Sekunden ist die Hälfte des gebundenen Arzneistoffes an die Desorptionsflüssigkeit abgegeben. Die endgültige Gleichgewichtseinstellung wird praktisch bei allen Präparaten nach etwa 15 Minuten erreicht.

Eine Verzögerung der Wirkstoffliberation im Sinne eines Depoteffektes ist deshalb mit den untersuchten kolloiden und porenfreien Kieselsäuren kaum zu realisieren. Hierfür kommen poröse Kieselsäuren (6) in Frage. Gerade im Zusammenhang mit dem Freigabeverhalten dieser porösen Träger sind die mit den kolloiden, porenfreien Kieselsäuren erhaltenen Ergebnisse jedoch von größtem Interesse, da zwischen Effekten der Porenstruktur und Einflüssen von Grenzflächenreaktionen differenziert werden kann. Dies ist die Voraussetzung für eine gezielte Optimierung solcher Matrixsubstanzen zur Steuerung der Wirkstoffliberation.

Zusammenfassung

Durch Einführung funktioneller Gruppen (Methyl-, Benzyl- und Benzylsulfonsäuregruppen) an Kieselsäureoberflächen wird das Sorptionsvermögen des Trägermaterials erhöht bzw. erweitert. Eine Erhöhung ist bei kationischen Substanzen festzustellen; im Falle der mit Methyl- und Benzylgruppen belegten Kieselsäure jedoch nur für Mizellbildner, im Falle der mit Benzylsulfonsäuregruppen belegten Kieselsäure sowohl für aggregierende als auch für nicht aggregierende Arzneistoffe. Methyl- und Benzylgruppen erweitern das Sorptionsvermögen auch auf anionische Tenside. Die von Ionenaustauschreaktionen und hydrophoben Wechselwirkungen bestimmte Bindung an die Grenzfläche wird von Milieubedingungen (pH, Elektrolyte) in unterschiedlichem Ausmaß beeinflußt. Die stark sauren Benzylsulfonsäuregruppen zeigen ein vom pH weitgehend unabhängiges Sorptionsverhalten (physiologischer pH-Bereich). Neutralelektrolyte wirken sich an den mit organischen Gruppen modifizierten Kieselsäuren weniger stark auf das Sorptionsgeschehen aus. Die Ergebnisse werden mit dem Aufbau elektrischer Doppelschichten an der Grenzfläche und Auswirkungen von Strukturänderungen des Wassers auf die Aggregationsvorgänge in Zusammenhang gebracht.

Summary

The reactions of silica in aqueous media are influenced by chemisorbed methyl-, benzyl- and benzyl sulphonic acid groups at the surface. While the adsorption of cationic nonaggregating drugs like

Codein is drastically reduced on methylated and benzylated surfaces, the benzyl sulphonic acid groups enhance adsorption of cations. Cationic and anionic surfactants are strongly adsorbed on methylated and benzylated silicas by hydrophobic bonding. The influence of pH and neutral salts on the adsorption equilibria of drugs is reduced on the modified silica samples. The adsorption phenoma are discussed, considering ion exchange, hydrophobic interactions and the concept of the electrical double layer at the interface.

Literatur

1) *Ferch, H.*, Pharm. Ind. **32**, 478 (1970).

2) *Rupprecht, H.*, Mitt. Dtsch. Pharmaz. Ges. **40**, 3 (1970).

3) *Boehm, H. P.*, Angew. Chem. **78**, 617 (1966).

4) *Hair, M. L.*, Infrared Spectroscopy in Surface Chemistry (New York 1967).

5) *Allen, L. H., E. Matijević*, J. Colloid Interf. Sci. **31**, 287 (1969).

6) *Unger, K.*, Angew. Chem. **84**, 331 (1972).

7) *Rupprecht, H., G. Kindl*, Arch. Pharmaz. **308**, 46 (1975).

8) *Rupprecht, H., E. Ullmann, G. Kindl*, Arch. Pharmaz., im Druck.

9) *Nemethy, G.*, Angew. Chem. **79**, 260 (1967).

10) *Bijsterbosch, B. H.*, J. Colloid Interf. Sci. **47**, 186 (1974).

11) *Rupprecht, H.*, Acta Pharm. Technolog., **22**, 37 (1976).

12) *Martin, A. N., J. Swarbrick, A. Cammarata*, Physikalische Pharmazie (Stuttgart 1975).

13) *Anacker, E. W., N. M. Ghose*, J. Phys. Chem. **67**, 1713 (1963).

14) *Sonntag, H., K. Strenge*, Koagulation und Stabilität disperser Systeme (Berlin 1970).

15) *Luck, W. A. P.*, Structure of Water and Aqueous Solutions (Weinheim 1974).

Für die Verfasser:

Priv.-Doz. Dr. *Herbert Rupprecht*
Sophienstraße 10
8000 München 2

Progr. Colloid & Polymer Sci. **60**, 203–212 (1976)

15.

Hauptlaboratorium der BASF Aktiengesellschaft, Ludwigshafen/Rhein

Laser-optisches Verfahren zur Messung der elektrophoretischen Beweglichkeit kolloid-disperser Teilchen bei hoher Pigment-Volumen-Konzentration

D. Horn und *W. Ditter*

Mit 10 Abbildungen und 1 Tabelle

(Eingegangen am 10. November 1975)

Einleitung

Die kolloide Stabilität disperser Systeme ist in vielen Fällen eng verknüpft mit dem elektrischen Ladungszustand der dispergierten Teilchen. Insbesondere bei wäßrigen Systemen gehört daher die Messung des elektrokinetischen Potentials zu den wichtigsten Aufgaben der kolloidchemischen Forschung (1).

Bei nicht-wäßrigen Dispersionen wurde die Bedeutung des elektr. Ladungszustandes ebenfalls in zahlreichen Fällen nachgewiesen (2). Insgesamt gesehen scheinen jedoch in diesen Systemen sterische Stabilisierungseffekte zu überwiegen, die auf der Ausbildung festhaftender Bindemittelhüllen an den dispergierten Partikeln beruhen.

Elektrokinetische Messungen liefern neben dem direkten Nachweis des elektrischen Ladungszustandes der Grenzflächen indirekt auch Hinweise auf die Ausbildung solcher Polymerhüllen. Somit gestatten sie einen Einblick in die kolloidchemischen Zusammenhänge, die über elektrostatische und sterische Effekte die anwendungstechnischen Eigenschaften disperser Systeme, wie z. B. von Lacken und Druckfarben, maßgeblich bestimmen (2).

In jüngster Zeit hat nun das elektrophoretische Verhalten von Farbstoffpigmenten in nicht-wäßrigen Systemen selbst erheblich an Interesse gewonnen, nachdem neueste Entwicklungen im Bereich der elektrographischen und elektrophotographischen Reprographie-Prozesse auf elektrophoretischen bzw. photoelektrophoretischen Prinzipien beruhen (3).

Die Übertragung der klassischen, für wäßrige Systeme entwickelten Meßverfahren, wie Mikroelektrophorese, Massetransportanalyse u. a. (4, 5), auf nicht-wäßrige Systeme stößt jedoch häufig auf Schwierigkeiten, insbesondere dann, wenn es sich um Dispergiermedien mit kleiner DK handelt, also z. B. um Kohlenwasserstoffe (6).

Von verschiedenen Autoren wurden daher modifizierte Anordnungen vorgeschlagen, bei denen die elektrophoretische Wanderung der Teilchen entweder mikroelektrophoretisch (6, 7, 8, 9) oder durch Elektrodenabscheidung (10, 11, 12) gemessen wird.

Die Anwendung der mikroelektrophoretischen Verfahren ist grundsätzlich beschränkt auf Systeme mit visuell beobachtbaren Teilchen bei sehr kleiner Pigment-Volumen-Konzentration, so daß pigmentierte Systeme der Praxis einer direkten Messung im allgemeinen nicht zugänglich sind.

Diese Einschränkung entfällt zwar bei der zweiten Verfahrensweise, jedoch werden hier die interessierenden Meßwerte nur indirekt auf gravimetrischem Wege oder über die Analyse von Strom-Zeit-Kurven erhalten.

An dieser Stelle soll nun über Erfahrungen mit einem laser-optischen Verfahren (13) berichtet werden, bei dem die genannten Einschränkungen entfallen. Es ist vielmehr insbesondere für Messungen an praxisnahen nicht-wäßrigen Systemen mit hoher Pigmentvolumenkonzentration und submikroskopischen Teilchengrößen geeignet.

Meßprinzip

In Abb. 1 ist der Aufbau und die Funktionsweise der Meßzelle schematisch wiedergegeben.

Die Meßzelle besteht aus einer kondensatorartigen Elektrodenanordnung mit angekitte-

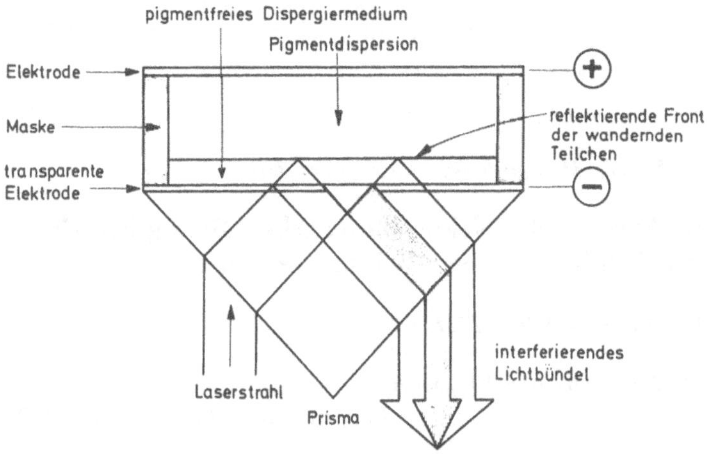

Abb. 1. Meßzelle zur interferenzoptischen Messung der elektrophoretischen Wanderungsgeschwindigkeit von Pigmentteilchen in nicht-wäßrigen Medien. Die Zeichnung ist nicht maßstäblich. Elektrodenabstand 0.4 bis 5 mm. Länge der Prismabasisfläche 5 cm. Die Überlappung der interferierenden Teilbündel beträgt in Wirklichkeit mehr als 90%

tem Kronglasprisma. Die der Prismabasis benachbarte Elektrode ist optisch durchlässig (SnO_2-beschichtete Glaselektrode). Der Elektrodenabstand wird durch eine elektrisch isolierende Maske (®Viton B) festgelegt.

Durch Anlegen eines elektrischen Feldes an die mit der Dispersion gefüllte Meßzelle bildet sich bei gleichsinnigem Ladungszustand von transparenter Elektrode und dispergierten Teilchen eine Front abwandernder Partikel aus, die sich mit konstanter Wanderungsgeschwindigkeit von der Elektrode entfernt.

Trifft nun in der in Abb. 1 wiedergegebenen Weise ein monochromatisches Lichtbündel, vorzugsweise ein Laserstrahl, auf die Meßanordnung, dann erfolgt an der Grenzschicht zwischen transparenter Elektrode und Dispergiermedium eine Teilreflexion des Bündels. Ein Teilbündel dringt in die Meßzelle ein und trifft auf die wandernde Grenzschicht der Pigmentteilchen. Je nach Art des Pigmentes wird dort der größte Teil des Lichtes absorbiert oder gestreut. Ein kleinerer Teil wird jedoch, abhängig vom Wert der optischen Konstanten von Dispergiermedium und Pigment, spiegelnd reflektiert. Dieses kohärente Lichtbündel trifft nun im Prisma auf das an der Elektrodengrenzfläche reflektierte erste Teilbündel. Es kommt zur Interferenz und bei wandernder Grenzschicht, infolge der sich ständig ändernden Phasendifferenz zwischen den beiden Teilbündeln, zu einer periodischen Schwankung der Lichtintensität, die photoelektrisch registriert wer-

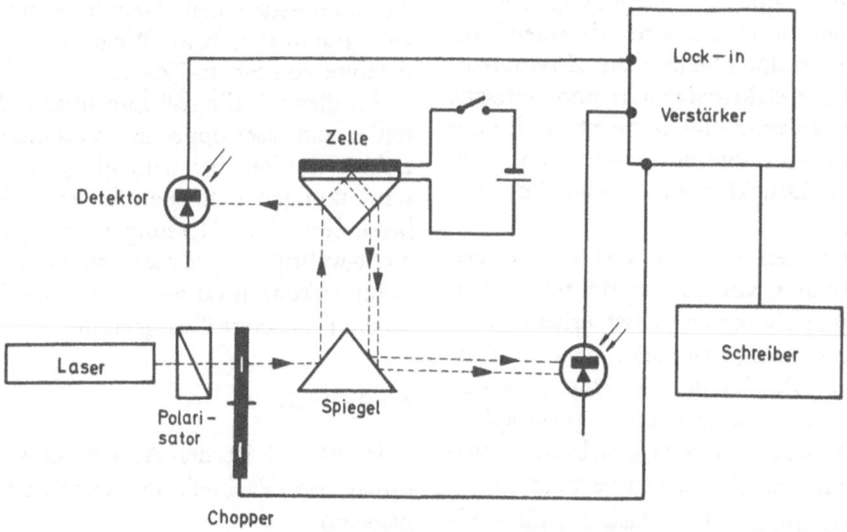

Abb. 2. Experimentelle Anordnung zur interferenzoptischen Messung der elektrophoretischen Wanderungsgeschwindigkeit von Pigmentteilchen

den kann. Der zeitliche Abstand aufeinanderfolgender Interferenzmaxima entspricht dabei, nach Berücksichtigung einiger geometrischer Faktoren, der Wanderungszeit der Teilchen für die Strecke einer Lichtwellenlänge.

Abb. 2 zeigt schematisch den gesamten Aufbau der experimentellen Anordnung.

Gegenüber dem früheren Aufbau (13) wurde die Empfindlichkeit des Systems durch den Einsatz eines Lock-in-Verstärkers (PAR, Modell 186, ® Synchro-Het) sowie durch die Verwendung einer optischen Kompensationsschaltung zur Eliminierung von Intensitätsschwankungen der Lichtquelle verbessert. Als Lichtquelle wird ein einfacher He-Ne Justierlaser (Spectra-Physics, 0.5 mW) verwendet. Mit Hilfe des Polarisators kann die Polarisationsebene des Lichtes gedreht werden. Hierdurch wird eine Optimierung der Reflexionsverhältnisse an den Grenzflächen ermöglicht. Dieser experimentelle Aufwand ist jedoch nur bei ungünstigen Meßbedingungen erforderlich. Normalerweise kann auf die Verwendung des Lock-in-Verstärkers verzichtet werden und die Registrierung des Interferogramms gelingt ohne optische Kompensation allein durch Einsatz einer Photodiode und eines Schreibers.

Abb. 3 zeigt den Laboraufbau der in Abb. 2 wiedergegebenen Meßanordnung.

Probenvorbereitung

Das Meßverfahren wurde bisher vorwiegend zur Untersuchung von Pigmentdispersionen in aromatischen und aliphatischen Kohlenwasserstoffmedien eingesetzt. Abb. 4 zeigt eine elektronenmikroskopische Aufnahme eines für die Untersuchungen verwendeten β-Cu-Phthalocyanin-Pigmentes (β-CuPc). Weitere Einzelheiten zur Charakterisierung der eingesetzten CuPc-Pigmente wurden an anderer Stelle mitgeteilt (14, 15).

Als Dispergiermedien wurden Toluol und aliphatische *n*-Alkane (C_8–C_{11}) unter Zusatz wechselnder Mengen praxisüblicher Bindemittel (z. B. ®Albertol KP 670) verwendet. Die Ansätze wurden in der Vibrationskugel-

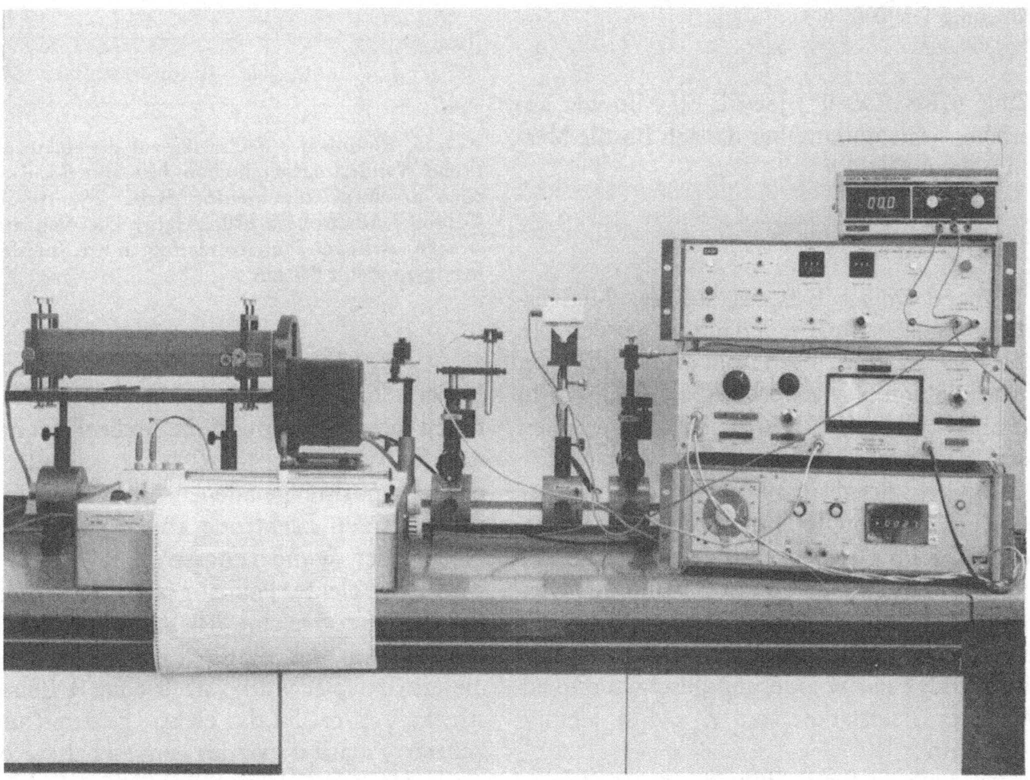

Abb. 3. Laboraufbau der interferenzoptischen Meßanordnung

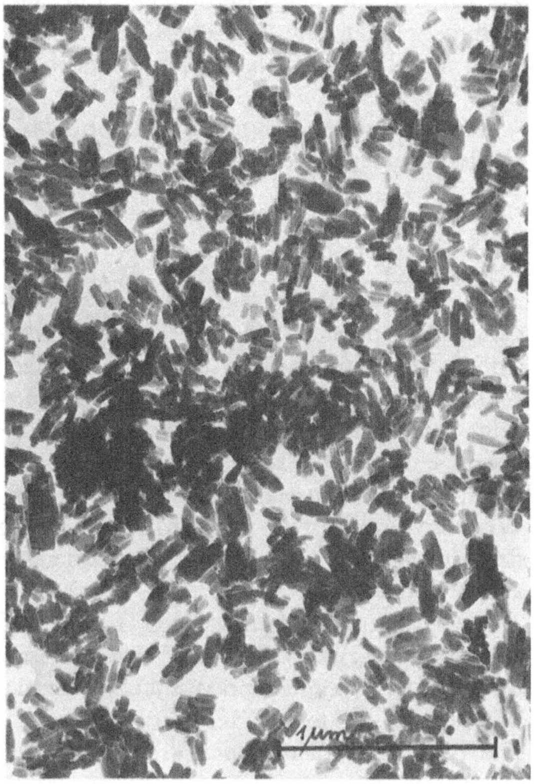

Abb. 4. Elektronenmikroskopische Aufnahme des untersuchten β-Cu-Phthalocyanin-Pigmentes; Vergrößerung 1:50000

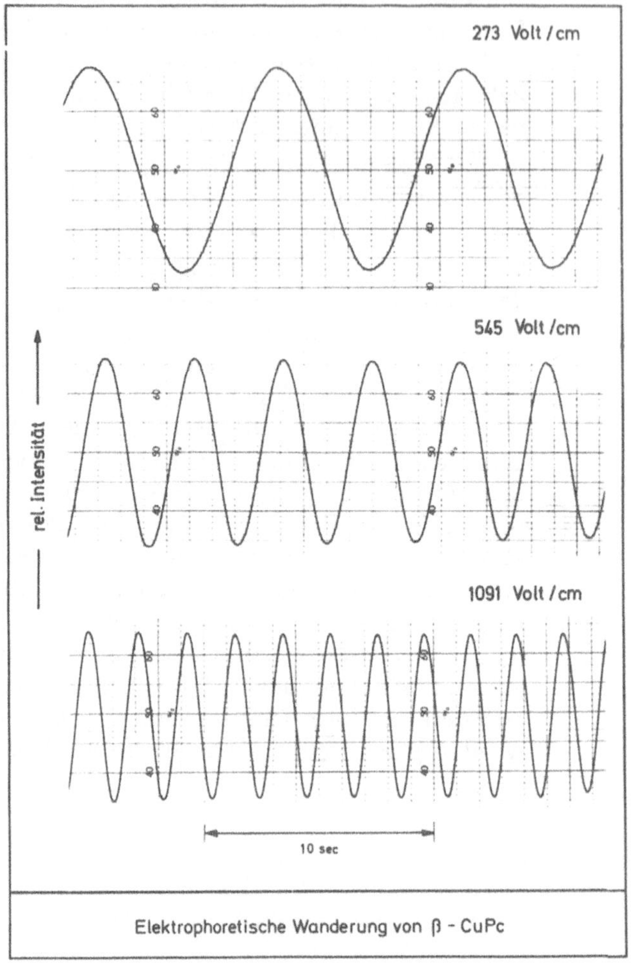

Abb. 5. Einfluß der Feldstärke auf die elektrophoretische Wanderungsgeschwindigkeit von β-CuPc-Teilchen in einer Toluoltiefdruckfarbe (5% β-CuPc in Toluol/® Albertol KP 670, 35%ig). Die Wanderungsstrecke zwischen aufeinanderfolgenden Interferenzmaxima beträgt 0.7 μm

mühle („Red Devil") jeweils 30 Minuten angerieben und unmittelbar danach für die Messung eingesetzt.

Meßergebnisse

Anhand einiger Beispiele soll das Meßverfahren zunächst näher erläutert werden. In Abb. 5 sind drei Interferogramme, die von einer Toluoltiefdruckfarbe (5% β-CuPc in Toluol/® Albertol KP 670, 35%ig) erhalten wurden, wiedergegeben.

Aus Abb. 5 geht klar hervor, daß mit der jeweiligen Verdopplung des Wertes der elektr. Feldstärke im gleichen Zeitraum die Zahl der Interferenzen um den Faktor 2 zunimmt. Dies entspricht einer jeweiligen Verdopplung der Wanderungsgeschwindigkeit. In diesem Beispiel beträgt die Wanderungsgeschwindigkeit bei einer Feldstärke von $E = 273$ $V\text{cm}^{-1}$ ~ 0.06 $\mu\text{m}\ s^{-1}$.

Die völlige Reversibilität der Teilchenwanderung wird in Abb. 6 demonstriert.

Bei diesem Experiment wurde nach Einfüllen der Dispersion in die Meßzelle zunächst eine Feldstärke von $+82$ $V\text{cm}^{-1}$ angelegt, so daß die positiv geladenen Teilchen von der transparenten Elektrode abgestoßen wurden. Nach einer Wanderungsstrecke von ca. 13λ wurde das elektr. Feld abgeschaltet. Unmittelbar darauf setzte eine Rückdiffusion der Teilchenfront in das partikelfreie Serum ein. In diesem Beispiel wurde nach einer Diffusionsstrecke von ca. 5λ das elektr. Feld mit umgekehrter Polarität wieder eingeschaltet. Nunmehr durchwanderten die Pigmentteilchen die noch zurückzulegende Strecke mit erhöhter

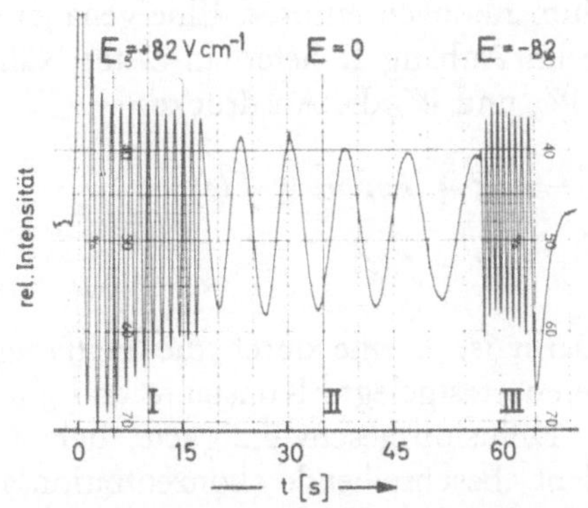

Abb. 6. Abwanderung (Stufe I), Rückdiffusion bei abgeschaltetem elektr. Feld (Stufe II) und erneute Rückwanderung bei umgekehrter Feldrichtung (Stufe III) von positiv geladenen β-CuPc-Teilchen einer C_8—C_{11} *n*-Alkan-Dispersion. Pigment-Konzentration 5 Gew. %

Geschwindigkeit bis zum Elektrodenkontakt nach ca. 8λ.

Dieses Beispiel demonstriert die mit dem Verfahren erzielbare hohe Meßgenauigkeit. Bei höherer Viskosität des Systems und Feldstärken von der Größenordnung 1 $V cm^{-1}$ können noch wesentlich kleinere Wanderungsgeschwindigkeiten bis zu Werten von 1 nm s^{-1} (entsprechend $\sim$ 3 cm/Jahr) ohne Schwierigkeit beobachtet werden:

Auswertung der Meßergebnisse

Elektrophoretische Beweglichkeit u_e

Für die in Abb. 1 wiedergegebene Anordnung kann die elektrophoretische Beweglichkeit u_e, aus dem Zeitintervall Δt aufeinanderfolgender Interferenzmaxima nach Gl. [1] berechnet werden:

$$u_e = \frac{d}{V \cdot \Delta t} \cdot \frac{\lambda_0}{\sqrt{2\, n_P^2 - 1} + 1} \qquad [1]$$

Darin bedeuten

- u_e elektrophoretische Beweglichkeit
- d Elektrodenabstand der Meßzelle
- V Spannungsabfall an der Meßzelle
- Δt Zeitintervall aufeinanderfolgender Interferenzmaxima
- λ_0 Vakuumwellenlänge des Meßlichtes (633 nm für He-Ne Laser)
- n_p Brechungsindex des Prismenmaterials

Die Beziehung wird im Anhang I abgeleitet.

d, V, λ_0 und n_p sind durch die Meßanordnung festgelegte Konstanten. Aus den Interferogrammen wird Δt entnommen, das mit steigender Zahl der berücksichtigten Interferenzen mit wachsender Genauigkeit ermittelt werden kann.

Für Dispersionen auf Kohlenwasserstoffbasis kann dann gegebenenfalls aus u_e nach der Hückelgleichung, die für die Stabilitätstheorie kolloiddisperser Systeme wichtige Größe des zeta-Potentials errechnet werden (7):

$$\zeta = \frac{54 \cdot 10^7 \cdot \pi \cdot \eta}{DK} \cdot u_e \qquad [mV]$$

η = Viskosität [poise]
DK = Dielektrizitätskonstante

Einfluß der Wanderungsrichtung auf u_e

Aus Abb. 6 geht hervor, daß der Betrag der elektrophoretischen Beweglichkeit offensichtlich richtungsabhängig ist: Bei gleichem Absolutwert der Feldstärke wird für die Geschwindigkeit der Teilchenwanderung in Richtung auf die transparente Elektrode ein höherer Wert beobachtet als für die Bewegung in umgekehrter Richtung.

Anomalien dieser Art wurden verschiedentlich auch bei der „moving-boundary"-Elektrophorese wäßriger Systeme in der Tiselius Apparatur beobachtet (4, 5). Sie treten immer dann auf, wenn sich im Bereich der wandernden Grenzschicht die elektr. Leitfähigkeit sprunghaft ändert. Bei nicht-wäßrigen Dispersionen, insbesondere bei Verwendung von Kohlenwasserstoffen als Dispergiermedien, können diese Effekte wegen der extrem niedrigen Werte der elektr. Leitfähigkeit noch deutlicher in Erscheinung treten.

Betrachten wir hierzu Abb. 7.

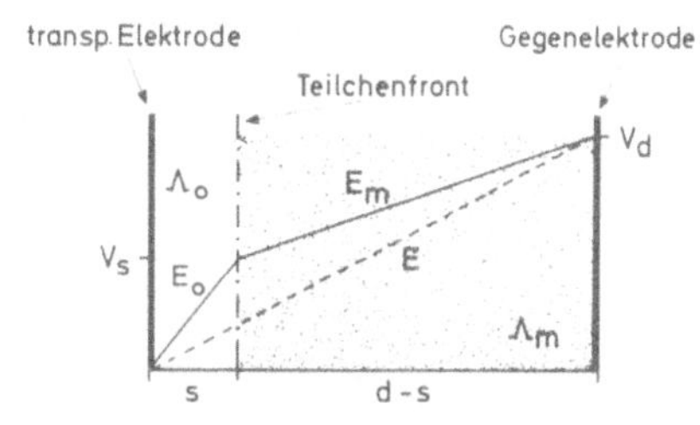

Abb. 7. Spannungsabfall in der pigmentfreien und der pigmentierten Zone der Elektrophoresezelle (schematisch). Die elektr. Leitfähigkeit sei in der pigmentierten Zone höher als im freien Serum. $s \ll d$

Bei allen hier diskutierten Dispersionen entspricht die Feldverteilung in der Meßzelle dem in Abb. 7 gezeigten Schema. Die Leitfähigkeit der pigmentierten Zone ist höher als die des freien Serums (Größenordnung $10^{-11} - 10^{-12}$ Scm^{-1}). Entsprechend ist die Feldstärke im pigmentierten Bereich, E_m, kleiner als im pigmentfreien, $E_m < E_o$.

Die elektrophoretische Wanderung der Einzelteilchen einer Dispersion erfolgt im allgemeinen nicht einheitlich sondern gemäß einer Häufigkeitsverteilungsfunktion (16). Bei einer Feldverteilung wie in Abb. 7 dargestellt, werden daher bei einer Wanderung in Richtung zur Meßelektrode die schnelleren Teilchen in den Bereich höherer Feldstärke hineinwandern. Sie erfahren dort bis zur Ausbildung eines stationären Endzustandes eine weitere Beschleunigung. Die Grenzschicht wird zunehmend diffuser und die gemessene Wanderungsgeschwindigkeit, W_h, ist die der schnellsten Teilchen. Im umgekehrten Falle, also bei Abwanderung der Front von der Elektrode, erfahren die langsamsten Teilchen in dem Maße wie Sie hinter der Grenzschicht zurückbleiben eine zusätzliche Beschleunigung. Dieser Effekt wirkt einer diffusen Verbreiterung der Grenzschicht entgegen und führt zu einer Stabilisierung der Teilchenfront. Sie wandert mit einer für die Mehrzahl der Teilchen repräsentativen Geschwindigkeit, W_r. Die Differenz zwischen W_r und W_h, mit $W_r < W_h$, wird bestimmt durch die Feldstärke E und die Pigment-Volumenkonzentration c. Eine genauere Analyse im Anhang II liefert in erster Näherung für W_h und W_r die Ausdrücke.

$$W_h = u_e E + k u_e c E + f(c) \quad [2]$$

$$W_r = u_e E - f(c) \quad [3]$$

Darin ist k eine durch die Leitfähigkeitsdifferenz festgelegte Konstante und $f(c)$ eine die Diffusionsgeschwindigkeit der Grenzschicht beschreibende konzentrationsabhängige Funktion.

In Abb. 8 sind für eine Meßreihe einer 5%igen CuPc-Dispersion die Meßpunkte $\frac{W}{E}$ als Funktion von E aufgetragen.

Die Übereinstimmung mit dem nach Gl. [2] bzw. [3] bei entsprechender Wahl der Parameter theoretisch vorhergesagten Kurvenverlauf für $\frac{W_r}{E}$ und $\frac{W_h}{E}$ ist in Anbetracht des zugrundeliegenden einfachen Modells der Abb. 7 befriedigend.

Aus Abb. 8 geht hervor, daß zur Bestimmung der elektrophoretischen Beweglichkeit, u_e, eines Pigmentes W_r bei hohem E gemessen werden sollte. Dann ist nach Gl. [3] $f(c)/E \approx O$ und W_r/E strebt dem gesuchten Wert von u_e zu. Wird E zu klein gewählt, dann macht sich zunehmend der Beitrag der Diffusionsverbreiterung für die Messung störend bemerkbar. Im Beispiel der Abb. 8 kann aus diesem Grunde bei einer Feldstärke von

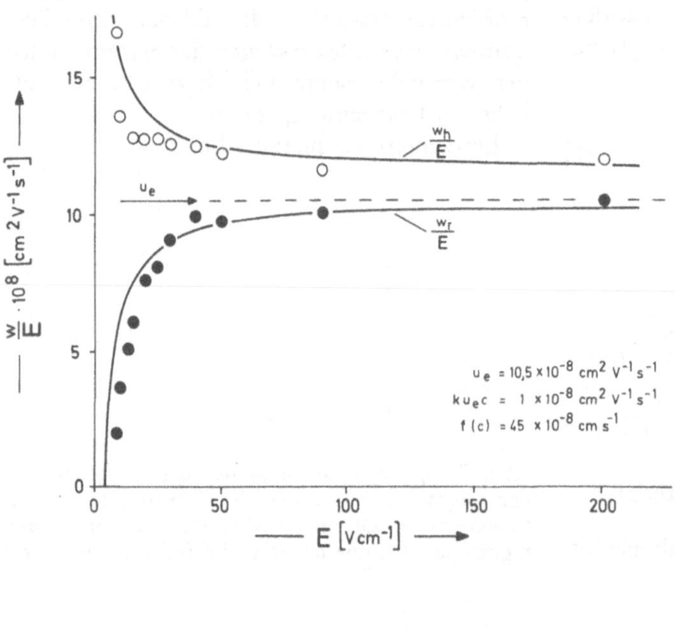

Abb. 8. Einfluß der Wanderungsrichtung und der Feldstärke auf die Messung der elektrophoretischen Beweglichkeit. Die Kurven wurden nach Gl. 2 und 3 unter Verwendung der angegebenen Zahlwerte berechnet. 5% β-CuPc in Toluol/Albertol KP 670, 35%ig

~5 V/cm die pigmentierte Grenzschicht von der Meßelektrode nicht mehr abgestoßen werden. Anhaltspunkte über die Größe von $f(c)$ liefert dabei die Auswertung einer reinen Diffusionsmessung, wie sie in Abb. 6 wiedergegeben ist.

Der in den Gleichungen [2] und [3] geforderte Einfluß der Pigmentkonzentration auf die Hin- und Rückwanderung der Grenzschicht bei gegebenem el. Feld wird durch die Messungen ebenfalls bestätigt. Für die Differenz der Beweglichkeiten gilt nach Gl. [2] und [3]

$$\frac{W_h}{E} - \frac{W_r}{E} = k\, u_{ec} + \frac{2 f(c)}{E} \qquad [4]$$

Für großes E, d. h. $\frac{2 f(c)}{E} \to o$, ist daher eine direkte Proportionalität zur Pigmentkonzentration c zu erwarten. Dieser Zusammenhang wird auch experimentell beobachtet (Abb. 9).

Neben dem in Abb. 9 gezeigten Einfluß der Pigmentkonzentration auf die elektrophoretische Wanderungsgeschwindigkeit, der direkt auf die Beeinflussung der Leitfähigkeit des Gesamtsystems durch die Pigmentierung zurückzuführen ist, können sich insbesondere bei kleinen Feldstärken mit zunehmender Pigmentkonzentration Einflüsse einer sich aufbauenden Strukturviskosität störend auf die Messung auswirken. Es bleibt noch zu prüfen, ob nicht umgekehrt diese Störeinflüsse meßtechnisch genutzt und durch das Studium der Anlaufvorgänge Hinweise über elektroviskose Eigenschaften hochpigmentierter Dispersionen erhalten werden können.

Ergebnisse der Beweglichkeitsmessungen

Bei der Ausführung elektrophoretischer Messungen muß insbesondere im Falle nichtwäßriger Dispersionen sichergestellt sein, daß die beobachtete Teilchenwanderung rein elektrophoretisch und unbeeinflußt von dielektrischen Polarisationseffekten ist (6, 7). Ein sicheres Kriterium hierfür ist die exper. Bestätigung des für die reine Elektrophorese theoretisch geforderten linearen Zusammenhangs zwischen Feldstärke und Wanderungsgeschwindigkeit. In Abb. 10 sind die Ergebnisse dreier Meßreihen wiedergegeben, bei denen die Feldstärke durch Änderung der

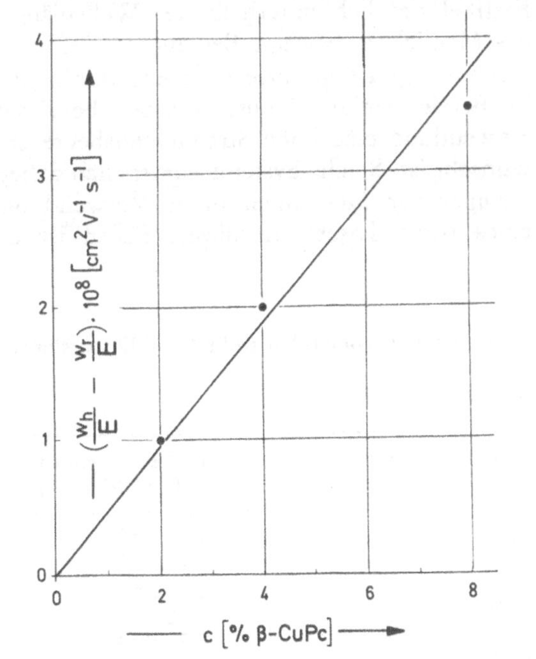

Abb. 9. Einfluß der Pigmentkonzentration auf die Beweglichkeitsanomalie bei Hin- und Rückwanderung der Grenzschicht. $E \geqslant 100$ V/cm, β-CuPc in Toluol/Albertol KP 670

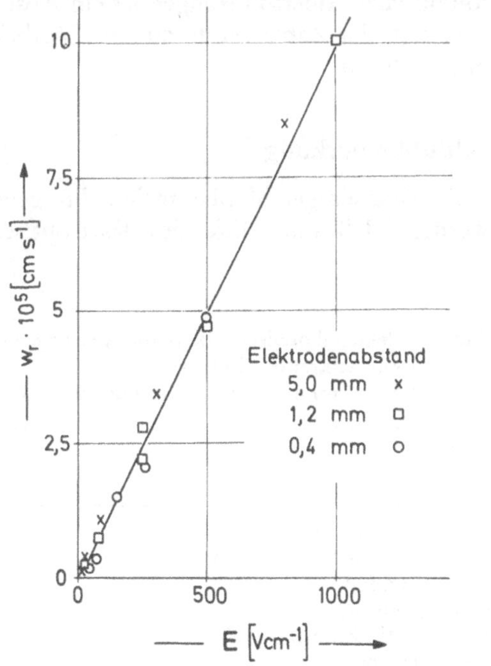

Abb. 10. Elektrophoretische Wanderungsgeschwindigkeit W_r von β-CuPc (5% in Toluol/Albertol KP 670, 35%ig) als Funktion der Feldstärke

angelegten Spannung oder des Elektrodenabstandes variiert wurde.

Die strenge Proportionalität zwischen W_r und E gilt bis zu Feldstärkewerten von 1000 Vcm^{-1}. Für dielektrische Polarisationseffekte, die sich durch eine E^2-Abhängigkeit bemerkbar machen würden (6, 7), ergeben sich daher keine Anhaltspunkte. Offenbar wird durch die hier gewählte Elektrodenanordnung eine strenge Homogenität des elektr. Feldes gewährleistet, so daß die beobachtete Teilchenwanderung rein elektrophoretisch erfolgt.

In weiteren Untersuchungen wurde der Einfluß der Pigmentkonzentration auf den Ladungszustand der Teilchen geprüft. Erwartungsgemäß ergab sich, bei Berücksichtigung der im vorangegangenen Abschnitt diskutierten Korrekturen, im Konzentrationsbereich von 1% bis 8% für die Beweglichkeit u_e stets der gleiche Wert.

In Tab. 1 sind einige Zahlenwerte der elektrophoretischen Beweglichkeit verschiedener organischer und anorganischer Pigmente zusammengestellt. Sie sollen lediglich eine Vorstellung über den Ladungssinn und die gefundene Größenordnung der Beweglichkeitswerte vermitteln. Wegen der großen Schwankungsbreite der Viskositätswerte toluolischer Albertollösungen ist ein Absolutvergleich der Zahlenwerte nur mit Vorbehalt durchführbar.

Schlußbemerkung

Anhand einiger Meßbeispiele sollte gezeigt werden, daß mit Hilfe des laser-optischen Verfahrens die elektrophoretische Beweglichkeit dispergierter Pigmentteilchen in nichtwäßrigen Medien bei praxisüblichen Pigmentkonzentrationen mit hoher Genauigkeit gemessen werden kann. Durch Verwendung des interferenzoptischen Prinzips können noch Beweglichkeiten erfaßt werden, die um 2 bis 3 Größenordnungen unterhalb der bei herkömmlichen Meßmethoden erreichbaren Meßgrenze liegen. Somit besteht die Hoffnung, daß damit ein Teilgebiet der Kolloidchemie experimentell zugänglich wird, das trotz seiner erheblichen praktischen Bedeutung, vorwiegend aufgrund experimenteller Schwierigkeiten, bisher nur eine vergleichsweise geringe Beachtung gefunden hat.

Für die erfolgreiche Anwendung des Meßverfahrens müssen von der Pigmentdispersion jedoch einige Voraussetzungen erfüllt werden, die gelegentlich auch im Widerspruch zu den anwendungstechnisch interessanten Dispersionseigenschaften stehen können.

So sind aus Gründen der starken Lichtabsorption interferometrische Messungen an Ruß-Dispersionen kaum durchführbar.

Zur Erzielung eines günstigen Signal-Rausch-Verhältnisses ist es andererseits wichtig, daß sich die mittlere Teilchengröße der Partikel deutlich unterhalb der Wellenlänge des Meßlichtes bewegt. Bei anorg. Weißpigmenten liegt die optimale Teilchengröße häufig im Bereich einiger Zehntel μm, falls bei ihrer Anwendung eine hohe Streulichtausbeute erwünscht ist. Solche Systeme eignen sich daher weniger für Messungen unter Verwendung eines roten Lasers. In diesen Fällen ist es

Tab. 1. Elektrophoretische Beweglichkeit org. und anorg. Pigmente in Toluol-Albertol KP 670-Dispersionen
Albertol-Konzentration 35 Gew.%;
Pigment-Konzentration 5% (org. Pigmente) bzw. 10% (anorg. Pigmente)

Pigment	Ladungszustand	el. Beweglichkeit u_e [cm^2 V^{-1} s^{-1}]
β–Cu–Phthalocyanin	+	$1.1 \cdot 10^{-7}$
Polychlor–Cu–Phthalocyanin	−	$1.7 \cdot 10^{-8}$
γ–Chinacridon	+	$2.3 \cdot 10^{-8}$
α_I–Indanthron	(±)	0
Br_2–iso–Violanthron	+	$2.7 \cdot 10^{-8}$
β–Pyranthron	(±)	0
γ–Fe_2O_3	+	$8.0 \cdot 10^{-9}$
γ–Al_2O_3	+	$7.9 \cdot 10^{-9}$
TiO_2	+	$2.7 \cdot 10^{-8}$

vorteilhaft, als Strahlungsquelle einen im nahen Infrarot emittierenden Laser einzusetzen (z. B. NIR-He-Ne-Laser, $\lambda = 1{,}152\,\mu m$).

Zwischen diesen beiden Extremen stehen jedoch die zahlreichen nicht-wäßrigen Dispersionen org. und anorg. Farbpigmente (Lacke, Druckfarben, elektrophotographische Entwickler), bei denen die genannten Voraussetzungen hinsichtlich der Absorptions- und Streueigenschaften erfüllt sind, so daß in diesen Fällen das interferenzoptische Meßverfahren mit Erfolg eingesetzt werden kann.

Anhang I

Ableitung von Gl. [1]

Für nicht-wäßrige Dispergiermedien ist in vielen Fällen $n_L \approx n_P$, d.h. die Brechungsindizes von Serum (n_L) und Meßelektrode (n_P) sind annähernd gleich. Bei Reflexion an planparallelen Ebenen gilt für den Gangunterschied δ zweier zusammengehöriger Strahlen die bekannte Beziehung

$$\delta = 2\,s\cos\alpha$$

Darin ist s der Abstand zwischen der Elektrodenoberfläche und der Teilchenfront; α ist der Einfallswinkel des Laserstrahls an der Meßelektrode. Interferenzmaxima treten auf, wenn der Gangunterschied ein ganzzahliges Vielfaches der Wellenlänge λ ist, $\delta = m\,\lambda$. Für die Wanderungsstrecke Δs, die durch den zeitlichen Abstand Δt aufeinanderfolgender Interferenzmaxima angezeigt wird ($\Delta m = 1$), gilt somit

$$\Delta s = \frac{\lambda_0}{2\,n_P\cos\alpha}$$

wenn noch $\lambda = \lambda_0/n_P$ berücksichtigt wird.

Bei Verwendung eines 45°-Prismas gilt bei einer Strahlenführung wie in Abb. 1 für $\cos\alpha$

$$\cos\alpha = \frac{1}{2\,n_P}\left(\sqrt{2\,n_P^2 - 1} + 1\right)$$

Für die elektrophoretische Beweglichkeit u_e ergibt sich somit aus

$$u_e = \frac{W}{E} = \frac{\Delta s/\Delta t}{V/d}$$

Gleichung [1]

$$u_e = \frac{d}{V\,\Delta t}\cdot\frac{\lambda_0}{\sqrt{2\,n_P^2 - 1} + 1}$$

Darin ist V der Spannungsabfall an der Meßzelle bei einer Schichtdicke d.

Anhang II

Einfluß der Wanderungsrichtung auf $\frac{W}{E}$

Nach Abb. 7 gilt für die Feldstärke im pigmentfreien Bereich $E_0 = V_s/s$ und im pigmentierten Bereich $E_m = \frac{V - V_s}{d - s}$.

Beide Werte unterscheiden sich von der theoretischen Feldstärke $E = V/d$.

Nun ist aber s sehr klein gegen d, so daß näherungsweise gilt $E_m \approx \frac{V}{d} = E$.

Die Feldstärken im pigmentierten und im pigmentfreien Bereich sind umgekehrt proportional den dort wirksamen el. Leitfähigkeiten, also

$$\frac{E_0}{E_m} = \frac{\Lambda_m}{\Lambda_0} \qquad [I]$$

mit Λ_m: spez. Leitfähigkeit der Dispersion
Λ_0: spez. Leitfähigkeit des Serums

Für Λ_m setzen wie an

$$\Lambda_m = (1 - \gamma)\,\Lambda_0 + \gamma\Lambda_P \qquad [II]$$

mit Λ_P: spez. Leitfähigkeit des reinen Pigments
γ: $\frac{\text{Pigmentkonzentration } c \text{ in } \%}{100}$

Die Substitution von [II] in [I] liefert

$$E_0 = E + k\,c\,E \qquad [III]$$

Die Konstante k hat darin die Bedeutung

$$k = \frac{\Lambda_P - \Lambda_0}{100\cdot\Lambda_0}$$

Den durch E_0 und E_m festgelegten Wanderungsgeschwindigkeiten $W_h = E_0 u_e$ und $W_r = E_m u_e$ überlagert sich nun noch additiv oder subtraktiv eine durch die Diffusionsverbreiterung der Grenzschicht bedingt Komponente $f(c)$.

Wir finden somit für die Wanderungsgeschwindigkeit in Richtung zur Meßelektrode, W_h (wirksame Feldstärke E_0)

$$\frac{W_h}{E} = u_e + k u_e c + \frac{f(c)}{E} \qquad [IV]$$

und für die Wanderungsgeschwindigkeit in der Gegenrichtung, W_r (wirksame Feldstärke $E_m \approx E$)

$$\frac{W_r}{E} = u_e - \frac{f(c)}{E} \qquad [V]$$

Bei Systemen mit $\Lambda_P > \Lambda_0$ ist es zur Bestimmung von u_e daher sinnvoll, W_r/E bei großem E gemäß Gl. [V] zu messen. Dann findet man für u_e einen konzentrationsunabhängigen Wert.

Wir danken den Herren Dr. *Honigmann*, Dr. *Hauser* und Dr. *Sappok* für die Bereitstellung zahlreicher Pigmentproben. Die elektronenmikroskopische Aufnahme wurde von Herrn Dr. *Jettmar* zur Verfügung gestellt.

Zusammenfassung

Es wird ein neuartiges interferenzoptisches Verfahren zur Messung der elektrophoretischen Beweglichkeit dispergierter Teilchen vorgestellt. Das Verfahren eignet sich insbesondere für Messungen an hochkonzentrierten nicht-wäßrigen Dispersionen org. und anorg. Farbpigmente mit submikroskopisch kleinen Teilchen.

Die Methode basiert auf dem Prinzip der Phasendifferenzmodulation zweier interferierender Laserstrahlen durch die wandernde Grenzschicht einer Pigmentdispersion.

Dank der hohen Meßgenauigkeit des Verfahrens können noch Geschwindigkeiten von der Größenordnung 1 nm s^{-1} erfaßt werden. Neben der Messung der elektrophoretischen Beweglichkeit wird daher auch die der Diffusionsgeschwindigkeit dispergierter Partikel ermöglicht.

Summary

A novel interference optical method is described for the measurement of the electrophoretic mobility of pigment particles.

The method is particularly suited for measurements on highly concentrated non-aqueous dispersions with submicroscopic particle sizes.

The method is based on the principle of phase shift modulation between two interfering laser beams by a moving boundary.

Owing to the high accuracy of the method, the measurements can be extended to extremely small velocities on the order of 1 nm s^{-1}. Therefore, besides the electrophoretic mobility, the rate of diffusion of migrating particles in highly viscous media can be measured.

Literatur

1) *Dukhin, S. S., B. V. Derjaguin,* in: Surface and Colloid Science, Vol. 7 (New York 1974).

2) *Lyklema, J.,* Advances Colloid Interf. Sci. **2**, 66 (1968).

3) *Bestenreiner, E., D. Giglberger, R. Kohler,* 4. Intern. Kongress f. Reprographie und Information, Kongreßband I, S. 65 (Hannover 1975).

4) *Shaw, D. J.,* Electrophoresis (London-New York 1969).

5) *Ross, S., R. F. Long,* Ind. Eng. Chem. **61**, No. 10, 58 (1969).

6) *van der Minne, J. L., P. H. J. Hermanie,* J. Colloid Sci. **7**, 600 (1952).

7) *Parfitt, G. D.,* J. Oil Col. Chem. Assoc. **51**, 137 (1968).

8) *Harris, L. B.,* Rev. Sci. Instrum. **40**, 905 (1969).

9) *Stotz, S.,* 4. Intern. Kongreß f. Reprographie und Information, Kongreßband II, S. 130 (Hannover 1975).

10) *Franklin, M. J. B.,* J. Oil Col. Chem. Assoc. **51**, 499 (1968).

11) *Mohn, E.,* Photogr. Sci. and Eng. **15**, 45 (1973).

12) *van Engeland, J., W. Verlinden, J. Marien, W. Palmans,* 4. Intern. Kongreß f. Reprographie und Information, Kongreßband II, S. 117 (Hannover 1975).

13) *Horn, D., W. Ditter,* 4. Intern. Kongreß f. Reprographie und Information, Kongreßband II, S. 127 (Hannover 1975).

14) *Horn, D., B. Honigmann,* XII. Fatipec Kongreß 1974, Kongreßband S. 181 (Garmisch-Partenkirchen 1974).

15) *Hauser, P., D. Horn, R. Sappok,* XII. Fatipec Kongreß 1974, Kongreßband S. 191 (Garmisch-Partenkirchen 1974).

16) *Riddick, Th. M.,* Control of Colloid Stability through zeta Potential, Chapter 16 (Wynnewood, Pennsylvania 1968).

Adresse der Verfasser:

Dr. *D. Horn* und *Walter Ditter*
Hauptlaboratorium der BASF Aktiengesellschaft
6700 Ludwigshafen/Rhein

Progr. Colloid & Polymer Sci. **60**, 213–219 (1976)

16.

Teilinstitut für Strukturforschung, Fritz-Haber-Institut der Max-Planck-Gesellschaft, Berlin-Dahlem

Bedeutung des parakristallinen Zustandes für die Kolloidwissenschaft*)

R. Hosemann

Mit 3 Abbildungen und 1 Tabelle

(Eingegangen am 28. November 1975)

I. Einleitung

Eine kürzlich im Buchhandel erschienene Broschüre (1) gibt einen interessanten Überblick über die Entwicklung der Begriffsbildung in der Kolloidchemie in den letzten 50 Jahren. Es kommt in dieser Zusammenstellung sehr deutlich zum Ausdruck, daß „die räumliche oder sonstige Heterogenität der hier betrachteten Gebilde nicht an eine chemische Heterogenität geknüpft ist. Vielmehr kommen für uns als kennzeichnend ausschließlich die physikalischen Grenzflächen in Frage“ (2).

Diese schon vor über 70 Jahren erkannte Problemstellung zeigt, daß die Chemie allein hier hilflos ist, sondern der Physik bedarf. Nach Spiro sollte man dieses Wissenschaftsgebiet darum „Kolloidik“ nennen (3), das mit *Kohlschütter* „deshalb im Verbundsystem der Naturwissenschaften gesehen werden“ muß (4). Hier ist in den letzten 25 Jahren aufgrund zahlreicher Einzelbeobachtungen eine neue Entdeckung gemacht worden, die Existenz eines strukturellen Zustandes mit flüssigkeitsstatistischer Nahordnung, der sich mittels einer Zahl neuer statistischer Parameter beschreiben läßt und den kristallinen und amorphen Zustand als entartete Sonderfälle mit umfaßt (5).

Es ist das Ziel des vorliegenden Beitrages, an einigen Beispielen zu zeigen, daß es an der Zeit ist, diese neuen Erkenntnisse in der Kolloidik aufzunehmen, die mit *Stauff* (6) bisher „nicht das Glück hat, bei der Bezeichnung ihres Wissensgebietes einen Namen oder Begriff verwenden zu können, aus dessen Anschaulichkeit sich von selbst die Abgrenzung und Ordnung des Gebietes ergibt“.

II. Bedeutung der Mikroparakristalle für die Kolloidwissenschaft

Schon aus den eingangs zitierten Feststellungen von *Wo. Ostwald* ist klar, daß man mit solch einfachen, an speziellen Stoffklassen gewonnenen Vorstellungen wie fest, flüssig, gasförmig nicht mehr auskommen kann. Die Strukturtheorie des Parakristalls kennt Mikrobereiche, die makroskopisch fest sind, aber in zwei Dimensionen typische Flüssigkeitsstruktur haben. Sie treten in fast allen synthetischen Hochpolymeren auf. Diese Theorie kennt aber auch Mikrobereiche, die makroskopisch zwar flüssig sind, aber dennoch stets dreidimensionale Raumgitter, klein zwar und kurzlebig aufbauen. So umfaßt auch die von Hermann definierten Mesophasen (7), ob smektisch oder nematisch, die insbesondere für die sog. „flüssige Kristalle“ Bedeutung erlangten. Durch die in ihr verfügbaren neuen statistischen Parameter stellen diese Mesophasen genau wie oben erwähnt die Kristalle und sog. amorphen Stoffe nur Spezialfälle einer allgemeinen Strukturtheorie dar. Wenn diese neue Strukturtheorie auch etwas komplizierter, da tiefgründiger ist, als die bekannten Vorstellungen, sollte es doch nicht so weit kommen, wie erst jüngst *Matijević* beklagt (8). „Viele Studenten werden dazu erzogen zu glauben, Materie müsse entweder fest, flüssig oder gasförmig sein. De facto gibt es aber zahllose natürliche und synthetische Systeme, welche keinem dieser Zustände zugeordnet werden können. So sind z.B. Gele weder flüssig noch fest. Weil sie nicht exakt klassifiziert und definiert sind, werden sie von vielen Hochschullehrern und Lehrbüchern einfach negiert ungeachtet der Tatsache, daß Gele eine ausgesprochene allgemeine Form der

*) Herrn Prof. Dr. *W. Kern* zum 70. Geburtstag gewidmet.

Materie repräsentieren". *P. v. Weimarn* (9) zieht hieraus zwar zutreffenderweise die Folgerung, daß es „zwischen den kolloiden, amorphen und kristallinischen Zustandsformen ... keine scharfen Grenzen" gibt, diskutiert hierbei aber statt des atomaren Gitteraufbaues die im Mikroskop sichtbare Gestalt der dispersen Teilchen und unterscheidet lediglich zwischen solchen, die immer kolloid bleiben und solchen, die auskristallisieren können. Diese nennt er „Kristalloide". Unbeantwortet bleibt die Frage, welches die möglichen Gründe für dieses Auskristallisieren sind.

Das Kernproblem ist also die Frage, warum es überhaupt Kolloide („Dispersoide" (9)) gibt, ob nun „grobe Dispersionen" oder „Molekulardispersoide" (10), ob „Polydispersoide" oder „Dispersionskolloide", „Molekülkolloide" („Eukolloide") und „Mizellkolloide" (11), oder ob schließlich „Kristalloide" und „Schutzkolloide", die wenigstens über gewisse Zeit ihre große innere Oberfläche (einen hohen Dispersitätsgrad) behalten, ohne durch Alterung (Synärese (12)) auszuflocken oder zu aggregieren, zu koagulieren oder zu denaturieren, zu gelatinieren, zu gerinnen oder schließlich sogar zu kristallisieren. Die vielen Wortbildungen verraten die Schleierhaftigkeit der Kolloidwissenschaft.

Für sicher viele Sole ergibt sich die Antwort in der chemischen Heterogenität und der Existenz abstoßender elektrischer Kräfte oder schützender Umhüllungen. Für die Gele und synthetischen und biologischen hochpolymeren „Festkörper" ist damit keine Erklärung gefunden. Das Geheimnis birgt sich offensichtlich hinter der Tatsache, daß sie im Gegensatz zu den Vertretern der heutigen „Festkörperphysik" keine „Kristalloide" sind, sondern je nach sog. „Kristallinitätsgrad y" y-Volumprozent höher geordneter Bereiche aufweisen, die sich in den meisten Fällen als „Mikroparakristalle" (mPC's) herausstellen (13).

Im folgenden wird das Wort „Kristallinität" und „Amorphie" nicht mehr auf die äußere Form eines Teilchens angewandt. Bei *Hagiwara* gilt: „Amorphie ist Irrtum" (14). Denn selbst flüssiges Blei besteht aus allerdings kleinsten mPC's kürzester Lebensdauer (15). Und jedes nebenvalenzmäßig vernetzte Gel weist in seinen Verknüpfungsstellen offensichtlich gleichfalls derartige Mikro-bereiche auf (16). Diese Mikrobereiche haben aufgrund ihrer parakristallinen Struktur ganz andere Eigenschaften als Mikrokristalle und umfassen Mikrobereiche von 0,2–100 mμ Ausdehnung mit einer großen Mannigfaltigkeit bisher nicht erfaßbarer interatomarer und intermolekularer Strukturen von echtem Kristall über die bereits erwähnte smektische und nematische Mesophasen (7) mit allen kontinuierlichen Übergängen bis herab zu extrem ungeordneten Gebilden. Ihre Interferenzen sind oftmals so diffus, daß man sie einem gas- oder glasartigen („amorphen") Stoff zuschreiben möchte (17).

III. Anschauliche Einführung in das Wesen des parakristallinen Zustandes

Wenn weiter oben glossiert wurde, daß vielerorts nur die einfachen makroskopischen Zustände fest, flüssig und gasförmig gelehrt und gelernt werden, so gilt das im selben Maß für die interatomaren Zustände. Der Mikrokosmos ist katalogiert in kristalline und amorphe Zustände. Zu letzterem gehören Flüssigkeiten und Gläser, Hochpolymere werden als Kolloide verstanden, bestehend aus einer kristallinen und amorphen Phase. Dazwischen gibt es nichts! Gewiß werden in der Festkörperphysik zahlreiche Störungen des kristallinen Zustandes diskutiert. Mikrospannungen in verformten Metallen und ihr Zusammenhang mit Stufen- und Schraubenversetzungen sind bekannt, Ordnungs- und Unordnungsvorgänge in Mehr-Komponenten-Systemen werden behandelt. Meistens handelt es sich dabei aber um Zustände, die sich in einer Art thermodynamischen Gleichgewichts befinden. Bis zur Welt der Kolloide ist es aber von dort noch ein weiter Weg. Denn hier sortieren sich die Atome oder Moleküle in vielen Fällen in Mikrobereichen nicht mehr zu Strukturen, in denen die Fernordnung herrscht. Wenn man z. B. die Gitterkonstanten kennt, kann man ab eines gewissen, durch den „Wirkungsbereich" gegebenen Abstandes (17) nicht mehr aussagen, ob man hier den n'ten oder $(n+1)$'ten Nachbarn antrifft.

Es gibt nämlich ganz andere, bisher in der Festkörperphysik nicht behandelte, für die Kolloidik aber hochbedeutsame Fälle, die die folgenden drei Abbildungen veranschaulichen mögen: Mehrere tausend gleichgroße Stahlkugeln sind auf eine locker gespannte Folie gebracht. Nach einigem Schütteln stellt sich der Zustand größter freier Energie, ein zweidimensionaler Kristall, ein (Abb. 1a). Rein statistisch werden nun vom Experimentator etwa 30 Kugeln aus der mittleren Partie des „Gitters" vorsichtig mit der Pinzette durch 10% dickere Kugeln ersetzt (Abb. 1b). Wird nun wieder eine Weile geschüttelt, kann eine Erniedrigung der freien Energie des Systems nur dadurch stattfinden, daß sich die dickeren Kugeln den nötigen Platz verschaffen, um auch auf der Folie zu liegen. Man sieht als Folge dieses Prozesses in der Peripherie zwei Stufenversetzungen, durch die die nötige Aufweitung der Mittelpartie des Ensembles erfolgt (Abb. 1c). In dieser mittleren Partie gemischter Kugelgrößen sind die Gittergeraden nun durch Gitterkrumme ersetzt. Das Gitter ist natürlich nun keinesfalls in einem endgültigen thermodynamischen Gleichgewicht. Dazu müßten sich die dicken Kugeln von den dünnen seggregieren. Es behält diese Struktur aber zumindest über eine gewisse Dauer weiteren Schüttelns. Denn die Bildung der Stufenversetzung (Abb. 1b) verlangt weit geringere Energiezufuhr als die Seggregation der beiden Kugelsorten. Die in der Festkörperphysik diskutierten Stufen- und Schraubenversetzungen erzeugen nicht statistisch gekrümmte Netzebenen und liefern deshalb Röntgeninterferenzen, die sich typisch von denen der Mikroparakristalle unterscheiden (18).

Die oben beschriebene Fernordnung ist hier verloren gegangen, solange die dickeren Kugeln (=Punktstörungen) rein statistisch verteilt bleiben. Verfolgt man nämlich längs einer dieser krummen Gitterlinien die Abstände der Schwerpunkte benachbarter Kugeln, so haben diese jeweils einen Radius R bzw. $R+\delta$, wobei die dickeren Kugeln mit $R+\delta$ mit der statistischen Häufigkeit γ vorkommen mögen. Der mittlere Teilchenradius $\bar{R}$ ist also gegeben durch

$$\bar{R} = (1-\gamma)\,R + \gamma\,(R+\delta) = R + \gamma\delta. \quad [1]$$

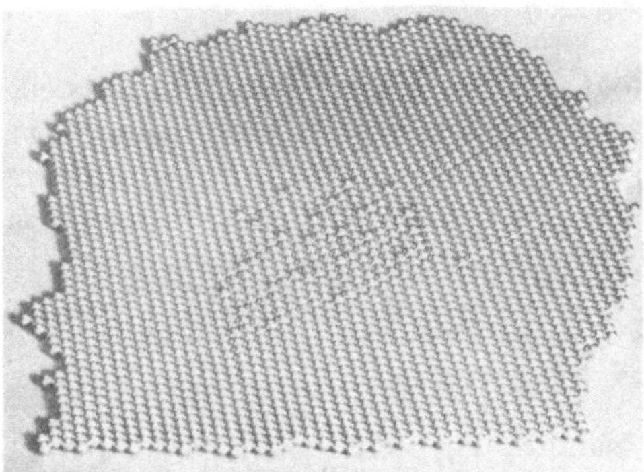

1a

1b

1c

Abb. 1. Gleichgroße Stahlkugeln auf leicht durchhängender Folie. a) In den mittleren Partien sind rein statistisch einige Kugeln vorsichtig durch etwas größere ersetzt, ohne das übrige Kristallgitter zu stören. b) Dasselbe nach kurzem Schütteln. Die dickeren Kugeln schaffen sich Platz. Als Folge dessen laufen Stufenversetzungen nach außen. c) Ein metastabiles Minimum der freien Energie ist erreicht. Im Zentrum hat sich ein Parakristall aufgebaut.

Seine statistische Schwankung quadriert ist demnach $\overline{R^2} - \bar{R}^2$ mit

$$\overline{R^2} = (1-\gamma)\, R^2 + \gamma\, (R+\delta)^2$$
$$= R^2 + 2\gamma\delta R + \gamma\delta^2 \qquad [2]$$

Also folgt für das statistische Schwankungsquadrat der Kugelradium

$$\Delta^2 R = \overline{R^2} - \bar{R}^2 = \gamma(1-\gamma)\,\delta^2\,. \qquad [3]$$

Wenn die benachbarte Kugel wieder rein nach Zufall eine dickere oder dünnere Kugel sein kann, so addiert sich nach den Regeln der Statistik beider Schwankungsquadrate, also ist das Abstandsschwankungsquadrat $\Delta_1^2 d$ nächster Kugeln gegeben durch

$$\Delta_1^2 d = 2\gamma(1-\gamma)\delta^2;\ \bar{d} = 2\,(R+\gamma\delta)\,. \qquad [4]$$

Die Abstandsschwankung zur n'ten Kugel ist dann

$$\Delta_n^2 = n 2\gamma(1-\gamma)\,\delta^2 = n\Delta_1^2 \qquad [5]$$

und erreicht schließlich Werte, die in die Größenordnung des mittleren Kugelabstandes $\bar{d}$ kommen.

Dies ist schematisch in Abb. 2 für einen aus 8 Netzebenen bestehenden Parakristall dargestellt. Die Punkte stellen die Schwerpunkte der Atome bzw. Monomeren bzw. „Bausteine" dar, die die Struktur aufbauen. Dieses sog. „Punktgitter" (19) bildet „Netzebenen", von denen die links den Parakristall begrenzende Atomreihe vereinfachend ungestört dargestellt

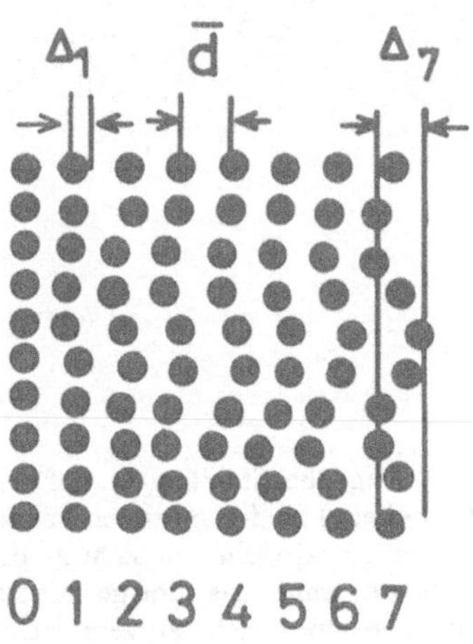

Abb. 2. Ein aus 8 Punktreihen bestehender zweidimensionaler Parakristall. Vereinfachend ist die linke Begrenzungsreihe $n = 0$ kristallartig gekennzeichnet.

ist. Die n'te Reihe schwankt ihr gegenüber $\sqrt{n}$ mal mehr als die Schwankung Δ_1 zwischen benachbarten Netzebenen beträgt. Wenn bei genügend großem n schließlich $\Delta_n > \bar{d}$ geworden ist, ist man an der Grenze des sog. „Wirkungsbereiches" angekommen (17). Hier hört die Fernordnung (oder wenn man will, die Nahordnung) auf, denn man kann in diesem Abstand nicht mehr unterscheiden, ob man es mit der n'ten oder $(n+1)$'ten Nachbarnetzebene zu tun hat.

IV. Der Begriff der Nah- und Fernordnung und ein fundamentales, empirisch gefundenes Grundgesetz der Kolloidwissenschaft

Aus dem oben genannten kann man ersehen, daß statistisch in einem Punktgitter verteilte „Punktstörungen" (in diesem Fall die dickeren Kugeln) die Fernordnung zerstören, die den kristallinen Zustand auszeichnet. Man kann umgekehrt auch sagen, daß die Ordnung eines kristallartigen Zustandes nur noch in gewissen Nahbereichen, gegeben durch

$$\sqrt{n}\,\Delta_1 = \Delta_n \lesssim \bar{d} \qquad [6]$$

besteht. Nur dort kann man noch feststellen, die wievielte Nachbarnetzebene anzutreffen ist. Das Wort „Nahordnung" oder „Fernordnung" ist aus dieser Sicht ein Synonym und besagt lediglich, daß die Fernordnung nicht mehr weiter reicht als bis zur Netzebene

$$\sqrt{n} = 1/g;\ g = \Delta_1/\bar{d} \qquad [7]$$

die Nahordnung sich aber noch auswirkt bis zur selbigen Netzebene n.

Wie von uns an vielen Beispielen in den letzten Jahren gezeigt, kann man nur aus sorgfältiger Analyse der Profile von Röntgeninterferenzen beide Größen N_{max} und g von mPC's bestimmen, wobei also N_{max} die maximal vorkommende Zahl von Netzebenen einer gewissen Netzebenenschaar dieses parakristallinen Mikrobereiches und g die durch Gl. [7] definierte relative Abstandsschwankung benachbarter Netzebenen bezeichnet (20, 21).

Es stellt sich dabei rein empirisch heraus, daß N_{max} weit kleiner ist als das durch den parakristallinen Wirkungsbereich durch Gl. [7] definierte n, sondern der Relation folgt

Tab. 1. Zusammenhang zwischen parakristallinem g-Wert und Partikelgröße $D = N_{max}\bar{d}$ der Mikroparakristalle von synthetischen und Biopolymeren, verschiedenen Katalysatoren, Schmelzen und von parakristallinen Stapelstrukturen von Paraffinlamellen

No.	Probe		Netzebene	d/Å	D/Å	N_{max}	g/%	α^*
1	PÄ Einkristalle getempert 125 °C		(110)	4.1	330	80	2.1	0.15
2			(110)	4.1	530	128	1.4	0.15
3	PÄ heiß verstreckt		(110)	4.1	95	22	3.2	0.14
4			(110)	4.1	185	45	2.2	0.14
5	Polybuten I		(110)	8.8	390	44	2.1	0.14
6	getempert 104 °C		(110)	8.8	570	65	1.9	0.15
7	getempert 127 °C		(110)	8.8	760	87	1.7	0.16
8	Zellulose, nativ		(020)	5.4	460	85	1.2	0.12
9	regeneriert		(020)	5.4	110	21	1.5	0.07
10	Graphit, $P = 2{,}2$		(0002)	3.74	26	7	10.0	0.25
11	$P = 1{,}2$		(0002)	3.47	76	22	4.1	0.19
12	$P = 0{,}9$		(0002)	3.42	210	61	3.0	0.23
13	$P = 0$		(0002)	3.36	1270	380	≈0	
14	Graphit von Kohlenteer	1300 °C 2h	(0002)	3.45	48	14	4.6	0.17
15		1500 °C 2h	(0002)	3.44	55	16	3.4	0.14
16		1700 °C 2h	(0002)	3.43	93	27	3.1	0.16
17		2000 °C 2h	(0002)	3.39	510	151	2.3	0.28
18	Ammoniak-Katalysator	400 °C 15h	(110)	2.03	53	260	0.90	0.15
19		600 °C 24h	(110)	2.03	53	260	0.77	0.11
20		800 °C 24h	(110)	2.03	91	450	0.69	0.11
21	Metallschmelzen (Au, Cu, Fe, Al, Pb)		(111)	~2.8	~12	~4	~8.0	0.15
22	Lamellenbündel von Tetratetracontan $C_{44}H_{90}$ monoklin		(001)	52.3	1200	23	3.3	0.16
23	orthorhombisch		(001)	58.5	760	13	1.4	0.05

$$\sqrt{N_{max}} \leq \alpha^*/g\,; \qquad [8]$$

wobei α^* aus den Experimenten Werte weit unterhalb 1 hat (Tab. 1). Dieses bedeutet in Worten, daß entsprechend Gl. [6] die statistische Abstandsschwankung ΔN_{max} zwischen den beiden äußersten einen parakristallinen Mikrobereich begrenzenden Netzebene in der Natur nur den Bruchteil $\alpha^*\bar{d}$ eines mittleren Netzebenenabstandes $\bar{d}$ erreichen kann. Dann ist die kolloide Partikel nicht mehr in der Lage, weiter in der Richtung senkrecht zu dieser Netzebenenschar zu wachsen. Das erste auf diese Weise nachgewiesene Beispiel war der mit 3 Gew% Al_2O_3 promotierte Ammoniak-Katalysator (22). In Gl. [1]–[5] ist demzufolge $\gamma = 0{,}03$ einzusetzen. Da seine Gitterkonstante dieselbe ist wie die des reinen α-Eisens, war und ist zum Teil auch heute noch die landläufige Meinung, daß sich Al_2O_3 an der inneren Oberfläche des hochdispersen Kolloids etwa als monomolekulare Schicht formiert, also etwa als Schutzkolloid ein weiteres Wachsen der etwa 20 mμ dicken kristallinen α Fe-Partikel verhindert (23)

Die oben skizzierte Profilanalyse widerlegt diese Ansicht. Wie man aus Tab. 1 ersieht, läßt sich beispielsweise für die (110)-Netzebene des Ammoniak-Katalysators ein Wert $\alpha^* = 0.15$ errechnen. Der bei 400 °C getemperte Katalysator besteht demzufolge bei einem verhältnismäßig großem g-Wert von 0.90% aus nur 260 (110)-Netzebenen. Falls 24 h bei 800 °C getempert, sinkt g auf 0.69 % und eine Rekristallisation auf $N = 450$ (110)-Netzebenen ist darum möglich unter Beibehaltung des genannten α^*-Wertes.

Dieses bedeutet, wie eine eingehendere Diskussion zeigt, daß „endotaktisch“ in das α Fe-Gitter nach der H_2-Reduktion des Mischspinells „Punktstörungen“ in Form von $Fe^{++}Al_2^{+++}O_4^{--}$-Gruppen rein statistisch verteilt eingebaut sind. Sie haben zwar dasselbe Volumen wie die 7 ersetzten metallischen α Fe-Atome, nicht aber dieselbe Gestalt (Abb. 3), weil die 4 Anionen zu groß, die 3 Kationen

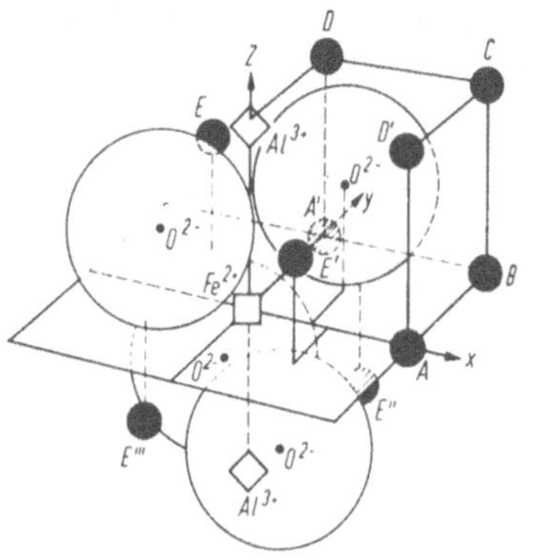

Abb. 3. Eine immobile „Punktstörung“ $Fe^{++}Al_2^{+++}$ O_4^{--} im α Fe-Gitter (●●) des Ammoniak-Katalysators.

entsprechend weit kleiner als metallische α Fe-Atome sind.

Für den in Gl. [7] definierten parakristallinen g-Wert folgt aus Gl. [4]

$$g = \sqrt{2\gamma(1-\gamma)}\ \delta/\bar{d} \qquad [8]$$

Unter plausiblen Annahmen kann ein effektives δ dieser endotaktisch in den Katalysator eingebauten Ionenkomplex abgeschätzt werden und führt bei bekannter Gitterkonstante $\bar{d}$ der (110)-Netzebene und bekannten $\gamma = 0.03$ auf den experimentell beobachteten g-Wert von 0.90 %.

Bei 800 °C können offensichtlich nach 24 h schon einige der $FeAl_2O_4$-Punktstörungen aus jedem mPC an die Oberfläche diffundieren. g wird deshalb, wie in Tab. 1 gezeigt, kleiner und die Kolloidteilchen können entsprechend durch Rekristallisation wachsen. Bei den in der Tab. 1 angeführten weiteren Beispielen von synthetischen Hochpolymeren treten senkrecht zur Kettenrichtung stets parakristalline Gitterstörungen auf, die ihre Ursache in der variablen Konformation der Kettenmoleküle, vorzüglich in Kinken haben und dazu führen, daß die mPC's in lateraler Richtung stets nur aus einer begrenzten Zahl $N_{max} \lesssim 100$ Netzebenen bestehen. Beim Tempern nimmt auch hier wie in Tab. 1 an einer Reihe Beispiele gezeigt, g ab, N_{max} entsprechend zu, wobei α^* meist recht konstant bleibt.

Die weiterhin angeführten Beispiele von Kohlenstoffen verschiedenen Graphitisierungsgrades P zeigen, daß die parakristallinen Gitterstörungen der hexagonalen Graphitnetzebenen in senkrechter Richtung (der a_3-Achse) die Ausdehnung D dieser Netzebenenbündel in ähnlicher Weise begrenzen, wobei mit steigendem P die Störungen g wachsen und L abnimmt und α^* recht schön konstant bleibt im Sinne von Gl. [8]. Welches die Ursache dieser Störungen der Lamellenstruktur sind, ist ein interessantes, in Arbeit befindliches weiteres Problem. Jedenfalls nimmt mit zunehmendem Graphitisierungsgrad P nach Definition a_3 zu, so daß die hexagonalen Graphitebenen offenbar mehr Platz haben sich zu krümmen und dadurch ihre wechselseitigen Abstände zu variieren.

Herrn Prof. Dr. *G. Rehage* danke ich für wertvolle Hinweise, durch die die Arbeit sehr bereichert wurde.

Herr Prof. Dr. *H. W. Kohlschütter* gab mir viele Anregungen.

Zusammenfassung

Wenn *Wo. Ostwald*, wie eingangs zitiert, schon vor mehr als 70 Jahren erkannt hatte, daß kennzeichnend für alle Kolloidstrukturen ausschließlich die physikalischen Grenzflächen in Frage kommen, so ist dem hinzuzusetzen, daß diese Grenzflächen die Folge der sie bildenden Partikel sind. Die Theorie des Parakristalls erkennt sie als Mikroparakristallite (mPC's). Diese Partikel stellen sich als Mikrodomänen heraus mit speziellen, in der konventionellen Festkörperphysik noch wenig erkannten Eigenschaften. Diese sind nämlich bedingt durch mehr oder weniger statistisch verteilte Punktdefekte, die in den hier behandelten Fällen so immobil sind, daß die freie Energie innerhalb der Beobachtungsdauer ihren geringsten Wert nicht erreichen kann. Dann tritt innerhalb dieses Zeitraumes auch keine Alterung ein, auch keine Synärese, Aggregation, Ausflockung, Koagulation, Denaturierung, Gerinnung, Gelatinierung, oder welche Worte man sonst noch zu gebrauchen pflegt. Kurz und physikalisch interpretiert: Die mPC's behalten ihren parakristallinen g-Wert, sind mit *Wo. Ostwald* also keine Kristalloide, die kristallisieren können, sondern Mikroparakristalle (mPC's), die sich in einem metastabilen thermodynamischen Gleichgewicht befinden.

Summary

Wo. Ostwald has recognized 70 years ago, as mentioned above, that colloidal structures are marked by the physical nature of their inner surfaces. The theory of paracrystals shows, that these surfaces are the direct consequence of the structure of the colloidal particles. These particles are microdomains with special distortions not recognized by the conventional concept of solid state physics. The theory of paracrystals defines them as microparacrystallites (mPC's). Point defects more or less randomly distributed within the mPC's are so immobil in the examples discussed here, that the free energy cannot reach the absolute minimum value within the time of observation. Then the colloid cannot be aged or agehardened and cannot aggregate, precipitate, denaturate, coagulate, curdle, gelatinize or suffer syn erese, what ever words are used. Clearly spoken from the physical point of view: The mPC's retain their paracrystalline g-values and are according to *Wo. Ostwald* not Crystalloids (which can crystallize) but microparacrystallites (mPC's), which are essentially metastable.

Literatur

1) Konzepte der Kolloidchemie, Aussagen aus fünf Jahrzehnten, Ausgewählt von *Jürgen Steinkopff* (Darmstadt 1975).

2) *Ostwald, Wo.*, Pflügers Arch. ges. Physiol. **94**, 251 (1903).

3) vgl. hierzu *A. v. Buzágh*, Kolloidik (Dresden und Leipzig 1936).

4) *Kohlschütter, H. W.*, Kolloidchemie im Verbundsystem der Naturwissenschaften, Beitrag in (1).

5) *Hosemann, R.*, Z. Physik, **127**, 16 (1949) und **128**, 465 (1950).

6) *Stauff, J.*, Kolloid Z. u. Z. Polymere **168**, 1 (1960).

7) *Hermann, C.*, Z. Krist. **79**, 186 und 337 (1931).

8) *Matijević, E.*, Chemtech., The Innovatore Magazine (Nov. 1973) Deutsche Fassung: Mitt. Koll. Ges. N. F. 13 (Darmstadt 1974).

9) *Weimarn, v. P.*, Die Allgemeinheit des Kolloidzustandes, Bd. I, 2. Aufl. (Dresden und Leipzig 1925).

10) *Ostwald, Wo.*, Grundriß der Kolloidchemie, Teil I, 7. Aufl. (Dresden und Leipzig 1923).

11) *Üblein, E.*, aus *H. Römpp*, Chemie-Lexikon, Bd. II (Stuttgart 1966).

12) *Graham, Th.*, Phil. Trans. Roy. Soc. **1861**, Liebigs Ann. **121**, 1 (1862).

13) *Yeh, G. S. Y., R. Hosemann, J. Loboda-Čačković, H. Čačković*, Polymer (im Druck).

14) *Hagiwara, T.*, Kolloid, Beitr. **23**, 400 (1927).

15) *Steffen, B., R. Hosemann*, Phys. Rev. (Im Druck).

16) *Rehage, G.*, Progr. Colloid & Polymer Sci. **57**, 7 (1975).

17) *Hosemann, R., S. N. Bagchi*, Direct Analysis of Diffraction by Matter (Amsterdam 1962).

18) *Vogel, W., J. Haase, R. Hosemann*, Z. Naturforschg. **29a**, 1152 (1974).

19) *Ewald, P. P.*, Proc. Phys. Soc. (London), **52**, 167 (1940).

20) *Hosemann, R.*, ENDEAVOUR **XXXII**, 99 (1973).

21) *Hosemann, R.*, Makromol. Chem. Supp. **1**, 559 (1975).

22) *Hosemann, R., A. Preisinger, W. Vogel*, Ber. Bunsenges. **70**, 796 (1966).

23) *Peters, Cl., K. Schäfer, R. Krabetz*, Z. Elektrochem. Ber. d. Bunsenges. **64**, 1194 (1960).

Adresse des Verfassers:
Prof. Dr. *R. Hosemann*
Teilinstitut für Strukturforschung,
Fritz-Haber-Institut der Max-Planck-Gesellschaft,
Berlin-Dahlem, Faradayweg 4–6
1000 Berlin 33

Progr. Colloid & Polymer Sci. 60, 220–229 (1976)

17.

Institut für Makromolekulare Chemie der Technischen Hochschule Darmstadt und Sonderforschungsbereich 41 „Chemie und Physik der Makromoleküle"

Verfolgung der Mikrogelbildung in Lösungen von Makromolekülen

Messungen an Lösungen von Polyvinylalkohol, Polyvinylacetat und Vinylalkohol-Vinylacetat-Copolymeren

E. Gruber und *B. Subendra*

Mit 15 Abbildungen und 1 Tabelle

(Eingegangen am 10. November 1975)

1. Einleitung

1.1 Instabilität und Alterung makromolekularer Lösungen

Lösungen von Makromolekülen befinden sich häufig nicht im thermodynamischen Gleichgewicht. Dies liegt zum Teil daran, daß sie verschiedene Lösungszustände einnehmen können, die sich in ihrem Ordnungsgrad und ihrer Dispersität unterscheiden. Abb. 1 zeigt schematisch, daß die Moleküle in Lösung in einem molekular und in einem micellar dispersen Zustand vorliegen können. Die Bezeichnung „micellar" wird hier allgemein für den Lösungszustand angewandt, in dem keine Einzelmoleküle, sondern aggregierte oder assoziierte Makromoleküle auftreten. Solche übermolekularen, kolloidalen Teilchen werden mitunter „Gelpartikel" oder „Mikrogele" genannt, wenngleich auch die Auffassung vertreten wird, daß diese Namen echt kovalent vernetzten Teilchen vorbehalten werden sollten. Bei der letzteren Definition fällt es aber schwer, den Begriff „Gelpartikel" gegen den Begriff „Makromolekül" abzugrenzen.

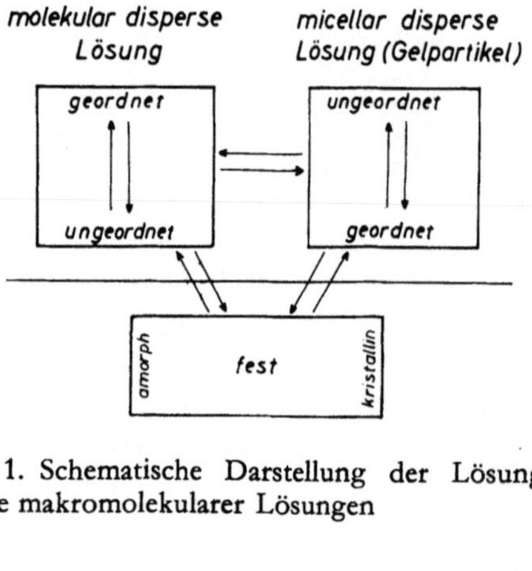

Abb. 1. Schematische Darstellung der Lösungszustände makromolekularer Lösungen

Die Lage der Gleichgewichte zwischen den einzelnen Lösungszuständen und dem getrenntphasigen Zustand ist lediglich von den thermodynamischen Parametern des Systems abhängig. Eine durch Änderung der Zustandsvariablen erzwungene Verschiebung des Gleichgewichts kann aber sehr lange Zeit beanspruchen, so daß sich makromolekulare Lösungen oft in einem thermodynamisch metastabilen Lösungszustand befinden, der von der Vorgeschichte des Systems abhängt und langsam in den thermodynamisch stabileren Zustand übergeht. Diesen Vorgang wollen wir im Unterschied zur chemischen Alterung, bei der chemische Reaktionen auftreten, „physikalische Alterung" nennen.

1.2 Untersuchung der physikalischen Alterung von Lösungen

Bei der physikalischen Alterung von Lösungen von Makromolekülen spielen Umordnungs-, Assoziations-, Dissoziations-, Aggregations- und Phasentrennungsvorgänge eine Rolle. Diese Vorgänge lassen sich mit physikalischen Meßmethoden verfolgen, die auf das sich ändernde Merkmal spezifisch ansprechen. So sind für die Messung von Umordnungsprozessen Methoden geeignet, die die Molekülkettenkonformation und die Anisotropie der Teilchen erfassen (z. B. Streu- und resonanzoptische Methoden) während sich für die Verfolgung der Änderung des Dispersitätsgrades dimensions- und massenspezifische

Methoden empfehlen. Darunter fällt die Bestimmung des osmotischen Drucks, der ein indirektes Maß für eine mittlere Teilchenmasse darstellt, und die Messung rheologischer Größen wie z. B. von Staudinger-Index und Diffusionskonstanten, die in erster Linie, wenn auch in komplexerer Weise, von den Dimensionen der Makromoleküle abhängen.

Besonders gut für die Verfolgung von Assoziations- und Dissoziationsvorgängen eignet sich die Lichtstreumethode, weil es sich bei dieser erstens um eine Absolutmethode handelt, zweitens bei der Messung das zu untersuchende System in keiner Weise gestört wird (wenn es sich nicht um lichtempfindliche Substanzen handelt) und drittens simultan eine Information über Teilchenmasse und unabhängig davon über die Teilchengröße erhalten wird. Aus diesen Gründen wurden Streulichtmessungen schon des öfteren zur Bestimmung von Assoziationsgleichgewichten (1) und des Gelgehalts von Lösungen herangezogen (2). Bei diesen Arbeiten wurde jedoch nur im wesentlichen die Information verarbeitet, die man aus der Absolutstreuung erhält (Masse) und lediglich in geringem Ausmaß die Lichtstreufunktion ($P(\Theta)$-Funktion) ausgewertet, aus der man zusätzlich Angaben über die Teilchendimensionen gewinnen kann.

In unseren Arbeiten wurde dagegen besonders Gewicht auf die Analyse der Streufunktion gelegt, wobei wir die Streufunktion in der besonders übersichtlichen Guinier'schen Form darstellten. Hierbei wird lg $\bar{R}$ gegen h^2 aufgetragen ($\bar{R} = \Delta I/K.c$; $h = (4\pi/\lambda)$ sin $\theta/2$; $\bar{R}$ = Absolutstrennintensität in Molekulargewichtseinheiten, ΔI = Überschußstreuintensität Lösung-Lösungsmittel, K = optische Konstante, c = Konzentration des Gelösten, λ = Lichtwellenlänge in der Lösung, θ = Streuwinkel). Für eine monodisperse Lösung von gegen die Lichtwellenlänge kleinen Teilchen gilt allgemein $\bar{R} = M.\exp(-S^2h^2/3)$ mit S = Streumassenradius (3). In der Guiner'schen Auftragung ergibt dies eine Gerade mit der Steigung $-S^2/3$. Kommen in der Lösung mehrere Teilchensorten nebeneinander vor, addieren sich deren Streukurven, wodurch eine gekrümmte Summenstreufunktion entsteht. Bei einer molekular dispersen Lösung von Makromolekülen mit einer annähernd normalen Molekulargewichtsverteilung (Polydispersität erster Ordnung) ist diese Krümmung jedoch sehr schwach ausgeprägt und kann für die meisten praktischen Anforderungen vernachlässigt werden. Durch geradlinige Mittelung erhält man in diesem Fall das Gewichtsmittel des Molekulargewichts und das z-Mittel des Streumassenradienquadrates.

Befinden sich in der Lösung neben Einzelmolekülen auch noch übermolekulare Teilchen (Polydispersität zweiter Ordnung), ergeben sich stark nach oben konkav gekrümmte Streufunktionen. Eine Analyse dieser Streufunktion, wie sie von uns schon früher beschrieben wurde (4) (Guinier-Analyse) liefert eine Information über die Größe der vorhandenen Teilchensorten, unter bestimmten Voraussetzungen auch über deren Konzentration. Das Verfahren beruht darauf, daß bei großen Werten des Streuparameters h praktisch nur die Streuung des molekular dispersen Anteils gemessen wird und diese daher unabhängig von den daneben vorhandenen großvolumigen Teilchen ausgewertet werden kann. Der Streubeitrag der großen Teilchen kommt nur bei kleinen h-Werten zum Tragen und kann dort gesondert berücksichtigt werden. Sind die übermolekularen Teilchen immer noch wesentlich kleiner als die Lichtwellenlänge, läßt sich ihre Streufunktion mit Hilfe der genannten Guinier'schen Näherung linearisieren, bei größeren Teilchen muß man jedoch mit dem Auftreten einer nicht monotonen, durch Nebenmaxima charakterisierten Teilchenstreufunktion rechnen. Da es sich in allen von uns betrachteten Fällen um stark solvatisierte Partikel mit geringem Brechzahlkontrast und einer diffusen Teilchenoberfläche handelt, ist zur Beschreibung des Streuverhaltens die einfache Rayleigh-Gans-Theorie (5) sogar besser geeignet als die an sich exaktere Mie'sche Theorie (6). Dabei wird die Streuung der übermolekularen Teilchen mit Hilfe von streuungsäquivalenten Kugeln beschrieben, die nach *Gans* (5) durch folgende Formel wiedergegeben werden können:

$$\bar{R}_{c\to 0} = M \cdot \left[\frac{3}{u^3}(\sin u - u\cos u)\right]^2$$

Darin bedeutet $u = h \cdot r$ (r = Kugelradius). Aus der Lage der Nebenmaxima dieser Funktion lassen sich die Äquivalentdimensionen großer Gelpartikel ermitteln.

In der vorliegenden Arbeit sollte gezeigt werden, wie man die genannten Zusammenhänge benutzen kann, um mit Hilfe von Streulichtmessungen langsam ablaufende Alterungsvorgänge in Polymerlösungen zu verfolgen. Als Beispiel sollen dazu eigene Messungen an wäßrigen Lösungen von Polyvinylalkoholen und an Lösungen von Polyvinylacetat und Vinylacetat-Vinylalkohol-Copolymeren in organischen Lösungsmitteln beschrieben werden.

2. Experimentelles

2.1 Bereitung der Lösungen

2.1.1 Polyvinylalkohol (PVAL)

Es wurden 5 Proben von PVAL (Nippon Ghosenol) mit abgestuftem Polymerisationsgrad untersucht. Die Proben hatten viskosimetrisch bestimmte Molekulargewichte (nach der von *Dialer* und *Patat* (7) angegebenen Beziehung $[\eta] = 0{,}3 \cdot M^{0,5}$) zwischen $2{,}6 \cdot 10^4$ und $1{,}32 \cdot 10^5$ (PVAL – A: $M_v = 1{,}32 \cdot 10^5$; PVAL – B: $M_v = 1{,}09 \cdot 10^5$; PVAL – C: $M_v = 8{,}6 \cdot 10^4$; PVAL – D $= 5{,}1 \cdot 10^4$; PVAL – E: $2{,}6 \cdot 10^4$), einem Hydrolysengrad von 98,5 – 100% und Syndiotaktizitäten von 25–30% (nach *Murahashi* mit Hilfe der IR-Absorption $E_{916}:E_{849}$ bestimmt (8)).

Von jeder Probe wurden fünf verschieden konzentrierte Lösungen bereitet. Die festen Substanzen wurden vorgequollen und bei 90 °C bis zum Erreichen einer optisch klaren Lösung erhitzt. Nach dem Abkühlen wurden die erhaltenen Lösungen je fünfmal durch Membranfilter (Nucleopore 0,4 μm Porendurchmesser, das letztemal in staubfreie Lichtstreuküvetten filtriert. Die Konzentration wurde jeweils an einem aliquoten Teil gravimetrisch bestimmt.

Alle Messungen wurden sofort nach Erhalt der Lösungen vorgenommen und später in gegebenen Zeitabständen wiederholt. In den zwischen den Messungen liegenden Ruhepausen ließen wir die Lösungen in den versiegelten Küvetten im Dunklen bei 25,0 °C altern.

2.1.2 Polyvinylacetat (PVAc)

Die Probe PVAL-C wurde nach der von *Elias* und *Patat* beschriebenen Methode (9) mit Acetanhydrid in Dioxan erschöpfend acetyliert. (15,00 g PVAL, 6 cm³ Methanol, 180 cm³ Dioxan, 120 cm³ Acetanhydrid, unter Luftabschluß 7 Tage bei 95 ± 1 °C gehalten). Das PVAc wurde viermal in Aceton gelöst und in Eiswasser gefällt, anschließend aus benzolischer Lösung gefriergetrocknet. Eine Acetylgruppenbestimmung (siehe unten) ergab einen Acetylierungsgrad von 99,9 Massen-%). Die PVAc-Proben wurden in Butanon (MEK) gelöst und in gleicher Weise wie die PVAL-Proben untersucht.

2.1.3 Vinylacetat-vinylalkohol-copolymer (PVAc-co-PVAL)

Das wie oben beschrieben hergestellte PVAc wurde nach der Methode von *Elias* und *Vogt* (10) 30–60 Sekunden mit Natriummethylat verseift, die Reaktion mit 0,1 N-HCl gestoppt und das Produkt durch Umfällen gereinigt (5 g PVAc in 500 cm³ CH_3OH + 2 cm² $NaOCH_3$ 2%). Die Bruttozusammensetzung der hergestellten Copolymeren wurde durch Bestimmung des Acetylgruppengehalts nach *Aydin*, *Kaczmar* und *Schulz* (11) ermittelt. Die in dieser Arbeit als Beispiel angeführten Untersuchungen erfolgten an einem Copolymeren mit einem Hydroxylgruppen-Gehalt von (7,6 Masse-% = 12,1 Mol-%) das in Butanon gelöst wurde.

2.2 Durchführung der Messungen

Das Streuverhalten der durch Filtration entstaubten Lösungen wurde in Zylinderküvetten in einem FICA-Lichtstreuungsmeßgerät (PGD 42000) bei 25,0 °C untersucht. Die Streukurven wurden in einem Winkelbereich von $30 \leqslant \theta \leqslant 150°$ (2,5°) bei $\lambda_0 = 546$ nm gemessen und der Form lg $\bar{R}_\theta$ vs h^2 dargestellt. Die Absolutstreuintensität wurde mit Benzol geeicht (verwendeter Benzolwert: $R_{90,B} = 16{,}3 \cdot 10^{-6}$ cm^{-1}).

Die Brechungsinkremente wurden mit Hilfe eines Zeiss-Interferometers und eines Brice-Phoenix-Differentialrefraktometers bestimmt. Es wurden folgende Werte gefunden: PVAL/Wasser: $\partial n/\partial c = 0{,}1616 - 0{,}1703$; PVAc/MEK: $\partial n/\partial c = 0{,}082$ PVAc-co-PVAL/MEK: $\partial n/\partial c = 0{,}084$. Bei allen Proben war das ermittelte Brechungsinkrement unabhängig von Konzentration und Alterungszustand der Lösungen.

3. Ergebnisse und Diskussion der Ergebnisse

3.1 Polyvinylalkohol

An allen frisch gelösten Proben wurden mehr oder weniger stark gekrümmte Streukurven gemessen. Abb. 2 zeigt die Abhängigkeit der Streukurvenform bei PVAL-B von der Konzentration. Mit zunehmender Konzentration steigt hier die Streustrahlung bei kleinen Streuwinkeln stark an, was auf das Auftreten einer Teilchenkomponente mit größeren Dimensionen hindeutet.

Als Maß für den relativen Gewichtsanteil

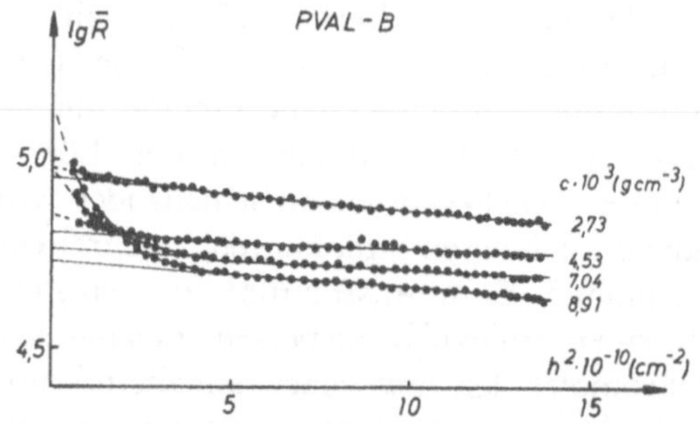

Abb. 2. Streukurven des frisch gelösten PVAL-B

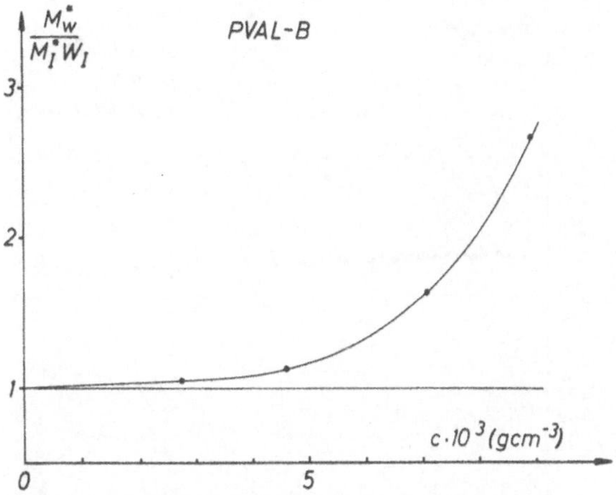

Abb. 3. Anstieg des Gewichtsmittels des scheinbaren Molekulargewichts im Verhältnis zur Masse der nicht assoziierten Komponente mit der Gesamtkonzentration

kann man das Verhältnis $M_W^*/M_I^*W_I$ verwenden (M^* bezeichnet den bei einer bestimmten endlichen Konzentration erhaltenen Wert $\bar{R}_{\theta=0}$ der absoluten Streumasse). Der Wert $M_I^*W_I$ der nicht assoziierten Komponente wird aus der Extrapolation des Streukurvenauslaufs auf $\theta \to 0$ erhalten, während sich M_W^* aus der Summe aller auf $\theta \to 0$ extrapolierten logarithmisch-linearen Partialstreukurven ergibt. Trägt man den so ermittelten Assoziatanteil gegen die Konzentration auf, erhält man eine verzerrte Dissoziationskurve. Abb. 3 zeigt ein Beispiel für die Probe PVAL-B.

Bei den Proben PVAL-C und PVAL-D wurde eine ganz analoge Form der Streufunktionen gefunden, die auch in gleicher Weise von der Konzentration abhing. Im Gegensatz dazu verschwand bei PVAL-A der Kleinwinkelanstieg der Streukurve bei höheren Konzentrationen (siehe Abb. 4). Dies läßt sich dadurch erklären, daß man in der Lösung einen offenen Assoziationsprozeß annimmt. Mit zunehmender Konzentration bilden sich dabei

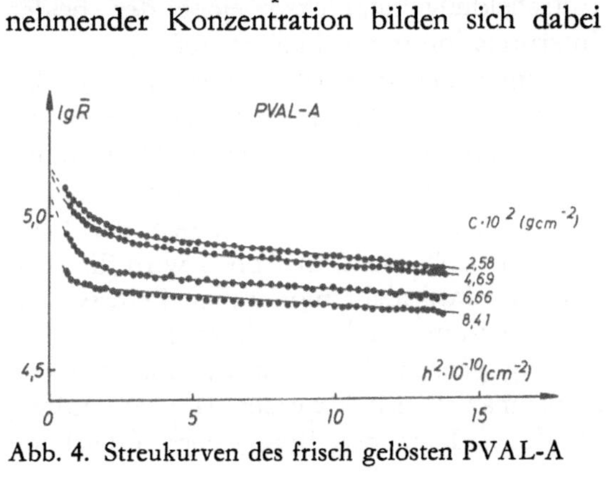

Abb. 4. Streukurven des frisch gelösten PVAL-A

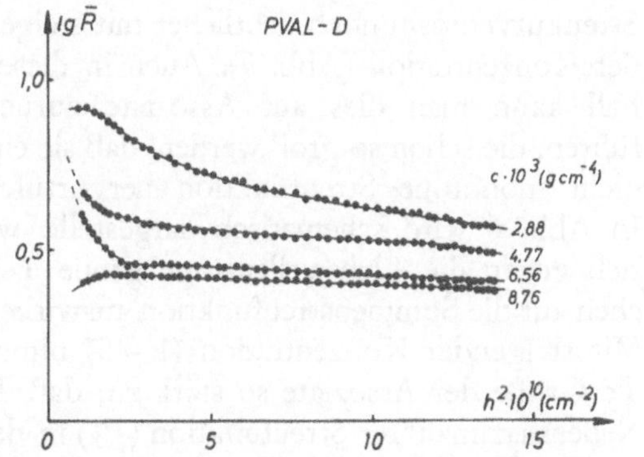

Abb. 5. Streukurven des frisch gelösten PVAL-D

sehr großvolumige Teilchen, deren Streuung praktisch nur bei zu kleinen Streuwinkeln zum Tragen kommt, als daß sie durch den Meßbereich erfaßt werden könnte.

Bei der Probe PVAL-D änderte sich die

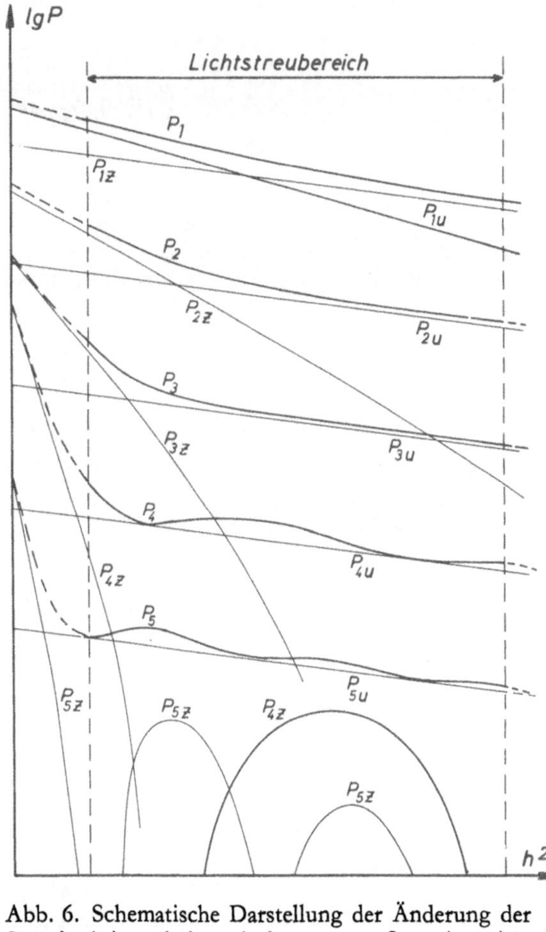

Abb. 6. Schematische Darstellung der Änderung der Streufunktion beim Auftreten großer Assoziate (P: Gesamtstreukurve, P_u: Streukurve der nicht assoziierten Komponente; P_Z: Streukurve der assoziierten Komponente; 1–5 Index verschiedener Gesamtkonzentrationen)

Streukurvenform noch deutlicher mit steigender Konzentration (Abb. 5). Auch in diesem Fall kann man dies auf Assoziate zurückführen, die schon so groß werden, daß sie eine nicht monotone Streufunktion hervorrufen. In Abb. 6 wird schematisch dargestellt, wie sich gegen die Lichtwellenlänge große Teilchen auf die Summenstreufunktion auswirken. Mit steigender Konzentration (1 → 5) nimmt die Größe der Assoziate so stark zu, daß die Nebenmaxima ihrer Streufunktion (P_Z) in den Meßbereich rücken. Dadurch kann der Gesamtstreukurve (P) eine Feinstruktur aufgeprägt werden, wie sie für PVAL-D (Abb. 5) tatsächlich festgestellt wurde. Die in Abb. 6 gezeigten Kurven wurden für streuungsäquivalente Kugeln nach der Rayleigh-Gans-Theorie (5) berechnet.

Da man aus der Form einer Streukurve nie eindeutig auf die physikalische Natur des zu-

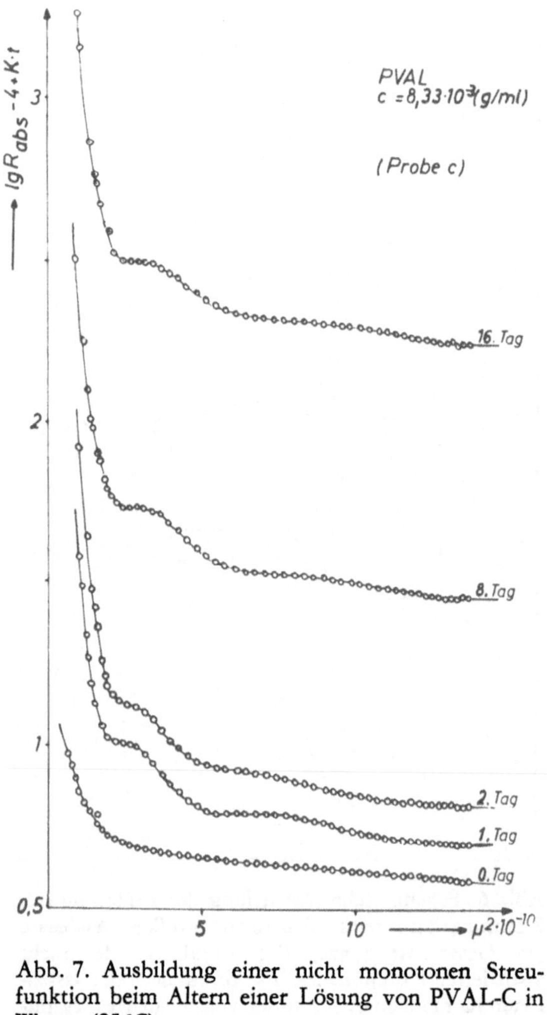

Abb. 7. Ausbildung einer nicht monotonen Streufunktion beim Altern einer Lösung von PVAL-C in Wasser (25 °C)

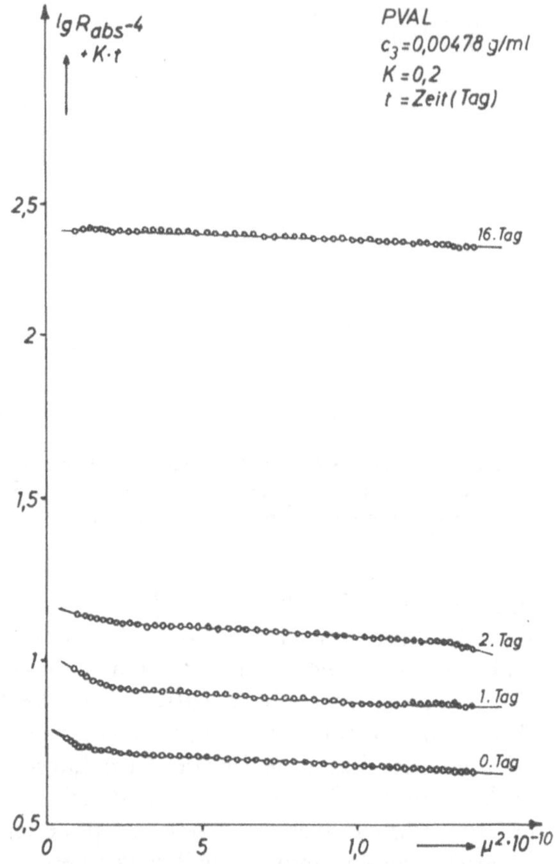

Abb. 8. Streukurven einer stärker verdünnten Lösung von PVAL-C nach verschieden langem Altern

grunde liegenden Streuphänomens schließen kann, ist es natürlich auch möglich, die Streukurvenfeinstruktur in anderer Weise zu interpretieren. So haben wir selbst in einer früheren Arbeit versucht, den nicht monotonen Anteil der Streufunktion auf eine in der Lösung vorhandene Fernordnung (flüssig kristalline Phase) zurückzuführen (12). Bei frischen Lösungen, an denen nur selten eine nicht monotone Feinstruktur zu beobachten war, kann man keine Entscheidung zugunsten einer der beiden Interpretationsmöglichkeiten treffen.

Beim Lagern der PVAL-Lösungen trat bei allen Proben die charakteristische Form der Streufunktion deutlicher hervor. Man konnte sowohl einen Anstieg der Kleinwinkelstreuung als auch ein Schärferwerden der Feinstruktur beobachten. In Abb. 7 wird die Ausbildung einer nicht monotonen Feinstruktur der Streufunktion beim Altern einer PVAL-Lösung gezeigt. Da in diesem Fall mehrere Nebenmaxima erfaßt werden, läßt sich prüfen, ob deren Lage der Bragg'schen Gleichung entspricht, nach der die Extremwerte einschließlich des Nullreflexes in h-Richtung äquidistant sein müßten. Dies ist aber nur sehr ungenau erfüllt. Für die Lage der Extremwerte der Rayleigh-Gans-Partikelstreukurve konnte dagegen folgender Zusammenhang gefunden werden (13):

$$h_{\text{extrem}} = \frac{3{,}14}{D}(N + 0{,}89)$$

(N ganze Zahl, für Minima geradzahlig, für Maxima ungeradzahlig, D = Durchmesser der Rayleigh-Gans-äquivalenten Kugeln). Mit dieser Formel läßt sich die Lage aller Streukurvenextremwerte bei gealterten PVAL-Lösungen sehr gut beschreiben. Dies kann als Hinweis dafür betrachtet werden, daß es sich bei dem zugrundeliegenden Streuvorgang tatsächlich um eine Partikelstreuung von übermolekularen Teilchen handelt. (Die Äquivalentdurchmesser betragen bei PVAL-C ca. 500 nm).

Der Alterungsvorgang von PVAL-Lösungen besteht demnach in der Bildung sehr großer übermolekularer Teilchen. Er ist stark konzentrationsabhängig. Bei stark verdünnten Lösungen konnten wir keine wesentliche Änderung der Streufunktion mit der Lagerungsdauer bemerken (als Beispiel siehe Abb. 8). Der bei größeren Lösungskonzentrationen ablaufende Assoziationsvorgang führt aber nicht zu einem echten Gleichgewichtszustand sondern läuft sehr langsam weiter. Bei mehrwöchigem Stehen werden die Lösungen optisch trüb und allmählich setzt eine geringe Sedimentation ein.

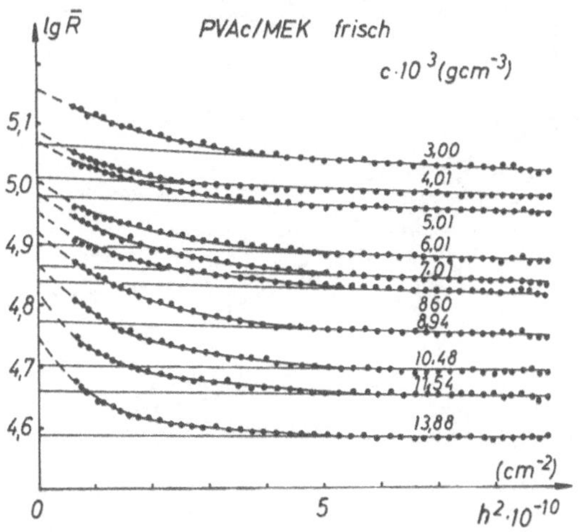

Abb. 9. Streukurven von frisch bereiteten Lösungen von PVAc in Butanon

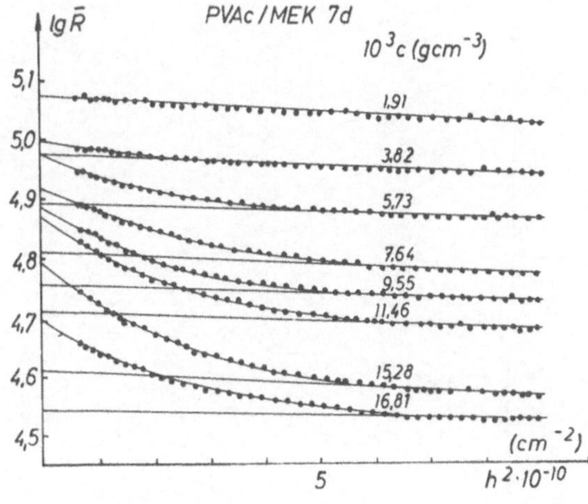

Abb. 10. Streukurven von sieben Tage gelagerten Lösungen von PVAc in Butanon

3.2 *Polyvinylacetat*

An den Lösungen von PVAc in Butanon wurde auch eine von der Konzentration abhängige Multimerisations-Polydispersität festgestellt. Abb. 9 zeigt die Streukurven der frisch bereiteten Lösungen. Im Gegensatz zum System PVAL/Wasser ist das System PVAc/MEK auch bei höheren Konzentrationen bei 25 °C beständig. Hier findet man aber eine Änderung bei niedrigen Konzentrationen. In Abb. 10 ist zu sehen, daß die an frischen, durch Verdünnung einer Stammlösung hergestellten Lösungen gefundenen Polydispersitäten im Verlauf von einigen Tagen verschwinden. Die entsprechenden Assoziationskurven werden in Abb. 11 dargestellt. Die in frischen verdünnten

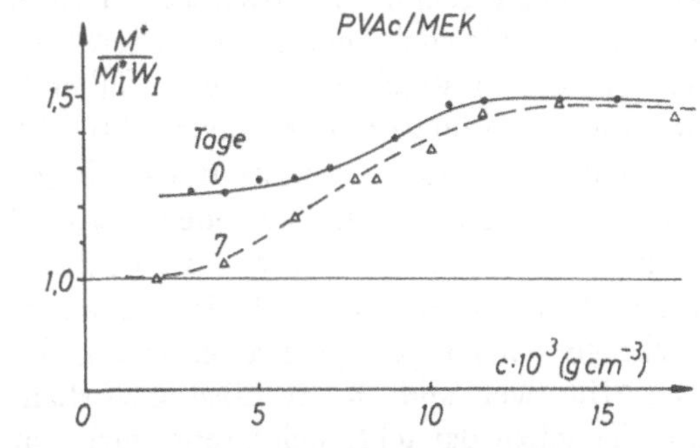

Abb. 11. Konzentrationsabhängigkeit der für den Assoziatanteil charakteristischen Größe $M_W^*/M_I^* W_I$ bei frischen und gealterten Lösungen von PVAc in Butanon

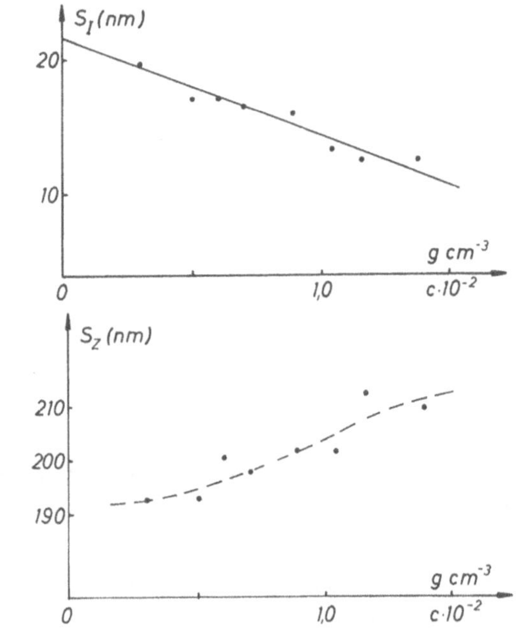

Abb. 12. Konzentrationsabhängigkeit des scheinbaren Streumassenradius der Unimerenkomponente und der Gesamtprobe (PVAc/MEK, 25 °C)

Lösungen gefundenen Assoziate sind thermodynamisch instabile Reste von bei der höheren Ausgangskonzentration stabilen Assoziaten. In der ruhenden Lösung brauchen die in den Gelteilchen vorhandenen Einzelmoleküle einige Tage bis sie sich voneinander gelöst haben. Man kann vermuten, daß die Überstruktur durch einfache Molekülverhängungen vorübergehend zusammengehalten wird.

Die Neigung der an den Kurvenauslauf gelegten Tangente ist nur wenig von der Konzentration abhängig. Errechnet man aus der Neigung für die einzelnen, endlichen Konzentrationen einen scheinbaren Streumassenradius, so ist dieser, wie auch bei nicht assoziierenden Knäuellösungen üblich, eine schwach fallende Funktion der Konzentration (siehe Abb. 12). Dies kann auf die konzentrationsbedingte Knäuelkompression und auf den Einfluß interpartikulärer Interferenzen zurückgeführt werden. Der aus dem Innenteil der Streukurve errechnete scheinbare Streumassenradius, der einen Mittelwert aller in der Lösung vorhandener Teilchen darstellt, steigt sehr stark mit der Konzentration an (Abb. 12). Dafür sind die bei hohen Konzentrationen vorhandenen Assoziate verantwortlich.

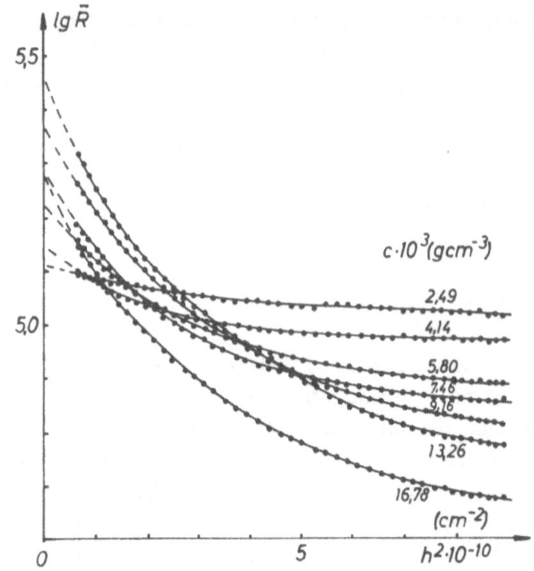

Abb. 13. Streukurven von frisch bereiteten Lösungen von PVAc–co–PVAL in Butanon

3.3 *PVAc-co-PVAL*

Partiell verseiftes PVAc zeigt in Butanon eine wesentlich stärkere Tendenz zur Assoziatbildung als reines PVAc. Abb. 13 zeigt Beispiele von Streukurven von PVAc-co-PVAL/MEK. Die auf der Assoziatpolydispersität beruhende Krümmung nimmt mit der Konzentration stark zu. Beim Stehenlassen der Lösung ändert sich die Kurvenform nur wenig; in keinem Fall wurde ein stärkerer Anstieg der Streuung bei kleineren Winkeln festgestellt. Der Gelanteil scheint im Gegenteil

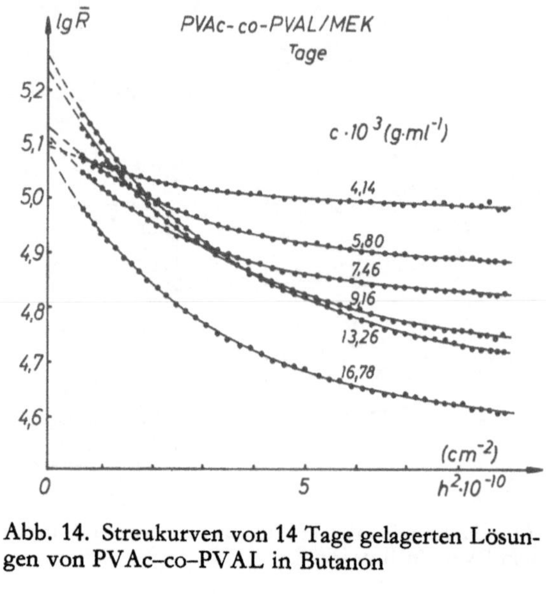

Abb. 14. Streukurven von 14 Tage gelagerten Lösungen von PVAc–co–PVAL in Butanon

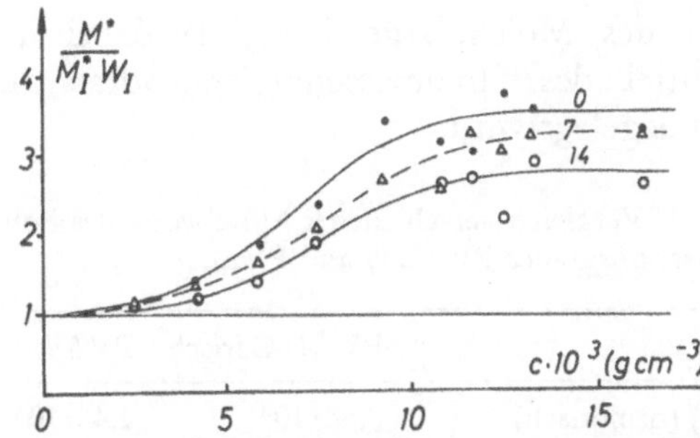

Abb. 15. Konzentrationsabhängigkeit der für den Assoziatanteil charakteristischen Größe $M_w^*/M_I^* W_I$ bei frischen und gealterten Lösungen von PVAv–co–PVAL in Butanon

abzunehmen (Abbn. 14 u. 15). Gleichzeitig sinkt die Gesamtstreuintensität etwas. Dies könnte auf einer Änderung der optischen Eigenschaften der gelösten Partikeln, einer Verringerung ihrer Masse oder auf einer Abnahme der Lösungskonzentration beruhen. Paralleluntersuchungen ergaben, daß sich das Brechungsinkrement beim Altern nicht ändert, daß aber die Dichte und die Konzentration in der Lösung abnehm. In einem Sedimentationsrohr stellte sich ein Konzentrationsgefälle von unten nach oben ein. Alle diese Erscheinungen traten nur bei höheren Konzentrationen (über $c \approx 5 \cdot 10^{-3}$ g cm^{-3}) auf, Lösungen niedriger Konzentration waren völlig alterungsstabil. Die Instabilität der Lösungen beruht daher auf der Wirkung der bei höheren Konzentrationen entstehenden Assoziate, die so schwer werden, daß sie sedimentieren. Die Nachbildung der Assoziate erfolgt langsamer als die Sedimentation, so daß die mittlere Molmasse aller in der Lösung enthaltenen Teilchen sinkt.

Das Vorhandensein von Hydroxylgruppen im PVAc-Molekül bewirkt zum einen eine verstärkte intermolekulare Anziehung, die zur Assoziatbildung führt. Es kann aber auch eine verstärkte intramolekulare Anziehung festgestellt werden, weil der Streumassenradius der nicht assoziierten Moleküle trotz gleichen Polymerisationsgrades deutlich kleiner ist als bei der PVAC-Vergleichssubstanz.

4. Diskussion der Ergebnisse

In allen untersuchten Lösungen fanden sich übermolekulare Assoziatteilchen, deren Menge und Größe von der Gesamtkonzentration des Polymeren abhing. Die Tendenz zur Assoziatbildung war bei PVAL/Wasser am stärksten, bei PVAc/Butanon am geringsten. Die frisch bereiteten Lösungen höherer Konzentration waren nicht im thermodynamischen Gleichgewicht, sondern veränderten sich bei längerem Stehen (physikalische Alterung). Beim System PVAL/Wasser bildeten sich sehr großvolumige Teilchen aus, die sich als Rayleigh-Gans-Streuer interpretieren lassen. Ein früherer Versuch, die Lichtstreuung solcher Lösungen durch Annahme einer entstehenden Fernordnung zu erklären (12), hat zu Widersprüchen geführt. Die gebildeten Teilchen sind sehr locker und neigen nur sehr wenig zum Sedimentieren. Die partielle Dichte und das Brechungsinkrement sind im untersuchten Bereich praktisch nicht konzentrationsabhängig. Erst bei den höchsten vermessenen Konzentrationen stieg der Brechungsindex überproportional an. Alle Messungen wurden oberhalb der Konzentration vorgenommen, bei der sich der Brechungsindex sprunghaft ändert (13).

Im Gegensatz zum Verhalten konzentrierter Lösungen (14, 15) sinkt bei verdünnten Lösungen die Viskosität beim Altern. Der Staudinger-Index fiel bei PVAL-C im Verlaufe von 14 Tagen von 88 auf 78 cm^3 g^{-1}.

Dies deutet darauf hin, daß die Assoziatteilchen eine weitgehend kugelähnliche Form annehmen, wodurch auch die Anwendung der Rayleigh-Gans-Auswertung der Lichtstreuung möglich wird. Die Bildung von Assoziaten konnte schon bei Konzentrationen beobachtet werden, die wesentlich niedriger waren als diejenige Konzentration, bei der infolge des Volumsbedarfs der Molekülknäuel eine Knäueldurchdringung (oder eine Knäuelkompression) erzwungen wird. Diese Konzentration liegt bei $[\eta]^{-1}$ ($[\eta]$Staudinger-Index) (16).

Beim Altern der PVAL-Assoziate werden diese bis zu einem gewissen Grad stabilisiert und dissoziieren nicht mehr beim Verdünnen. Es kann vermutet werden, daß dies auf der Ausbildung parakristalliner Vernetzungsbereiche beruht. *Klenin* et al. (12) haben Trübungsmessung an wäßrigen PVAL-Lösungen durch Annahme teilkristalliner übermolekularer Strukturen erklärt. Wie *Rehage* (18) aufzeigte, sind wäßrige PVAL-Gele über kristalline Bereiche vernetzt, was auch teilweise für die in verdünnter Lösung gebildeten Gelpartikel angenommen werden könnte. Im PVAL-PVAc-Copolymeren mit geringem Acetatgehalt konnte von *Rehage* in Wasser auch eine Mischungslücke festgestellt werden, die allerdings erst bei höheren Temperaturen und höherer Konzentration auftritt (18).

Eine Absolutauswertung der Lichtstreuung zur Bestimmung des Molekulargewichts ist in einem assoziierenden System sehr schwierig, weil dazu jeweils eine Konzentrationsextrapolation erforderlich ist. Bei anderen Methoden spielen die übermolekularen Partikeln eine geringere Rolle. So wird der osmotische Druck aufgrund der geringen Zahl dieser Teilchen und die Viskosität aufgrund ihrer der molekulardispersen Form ähnlichen hydrodynamischen Dichte nur wenig beeinflußt. Aus den Streulichtdaten kann aber durch eine Guinier-Zerlegung eine Information über die Größe der nicht assoziierten Moleküle erhalten, aus der man deren Polymerisationsgrad errechnen kann, wenn man die für die Knäuelstatistik charakteristischen Parameter kennt. Zu diesem Zweck können die Konstanten der Staudinger-Mark-Howink-Viskositätsbezeichnung herangezogen werden (19). Verknüpft man diese Beziehung mit der Flory'schen Viskositätsgleichung und dem Ptitsyn'schen Aufweitungsansatz (20), erhält man einen Zusammenhang zwischen Streumassenradius und Molekulargewicht:

$$S^2 = K_S \cdot K_M^{2/3} f(\varepsilon)^{0,157} M^{1+1,235\varepsilon}$$

mit $f(\varepsilon) = 1 - 2,63\,\varepsilon + 2,86\,\varepsilon^2$,

$$\varepsilon = \frac{2a-1}{3},$$

$$[3] = K_M \cdot M^a,$$

$$K_S = 3,857 \cdot 10^{-17}$$

Wir verwendeten für PVAL-Wasser $K_M = 7,31 \cdot 10^{-2}$ $a = 0,616$ (21) und für PVAc/Butanon $K_M = 1,34 \cdot 10^{-2}$ und $a = 0,71$ (22). Die so für das Molekulargewicht der nicht assoziierten Komponente der Proben PVAL-C und PVAc erhaltenen Werte werden in Tab. 1 den osmotisch und viskosimetrisch bestimmten gegenübergestellt. Das osmotische Molekulargewicht dürfte infolge der Konzentrationsextrapolation zu niedrig liegen. Andererseits liefert die Lichtstreuung einen höheren Mittelwert des Molekulargewichts, da dabei das z-Mittel des Streumassenradienquadrats zugrundegelegt wird.

Tab. 1. Vergleich verschiedener Mittelwerte des Polymerisationsgrades PVAL-C und PVAc

	PVAL-C frisch	PVAc
$\langle M_n \rangle$ (osmotisch)	$8,58 \cdot 10^4$	$1,45 \cdot 10^5$
$\langle P_n \rangle$ (osmotisch)	$1,95 \cdot 10^3$	$1,68 \cdot 10^3$
$[\eta]$ ($cm^3\ g^{-1}$)	90	82
M_v (viskosimetrisch)	$1,04 \cdot 10^5$	$2,15 \cdot 10^5$
P_v (viskosimetrisch)	$2,36 \cdot 10^3$	$2,50 \cdot 10^3$
$S_{1(z)}$ (nm)	17,5	21,5
$M_{s(z)}$ (Lichtstreuung)	$2,09 \cdot 10^5$	$3,25 \cdot 10^5$
$P_{s(z)}$ (Lichtstreuung)	$4,74 \cdot 10^3$	$3,78 \cdot 10^3$

Im Gegensatz zu wäßrigen PVAL-Lösungen sind Lösungen von PVAc in MEK auch bei höheren Konzentrationen (bei der untersuchten Substanz bis mindestens $c = 1,7 \cdot 10^{-2}$ $g\ cm^{-3}$) stabil. Durch Verdünnung frisch hergestellte verdünntere Lösungen enthalten anfangs Verhängungsassoziate, die langsam in Einzelmoleküle zerfallen. Hydroxylgruppen in der Polymerkette erhöhen die Assoziationstendenz und gleichzeitig die Dichte sowohl der Einzelmoleküle als auch der assoziierten Teilchen. Die Molekülassoziate sedimentieren und werden langsam nachgebildet.

Diese Untersuchungen sollten hier als Beispiel für die Einsatzmöglichkeiten der Lichtstreuungsmethode an nicht stabilen makromolekularen Lösungen dienen. Insgesamt kann festgestellt werden, daß man durch Verfolgung der Konzentrations- und Zeitabhängigkeit der Lichtstreufunktion weitgehende Informationen über die Ausbildung und Auflösung übermolekularer Strukturen erhalten kann.

Der Deutschen Forschungsgemeinschaft danken wir für die Finanzierung und Förderung dieser Arbeit im Rahmen des Sonderforschungsbereichs 41.

Zusammenfassung

In Lösungen makromolekularer Stoffe können physikalische Alterungsvorgänge ablaufen, bei denen sich die Molekülkonformation und/oder die Dispersität ändert. Übermolekulare Assoziate und Gelteilchen lassen sich mit Hilfe einer Guinier-Analyse der Lichtstreuungsfunktion erfassen. Am System PVAL/Wasser konnte gezeigt werden, daß dieses bei 25 °C konzentrationsabhängige Assoziate ausbildet, deren Größe und Gewichtsanteil in Lösungen etwas höherer Konzentration beim Stehen innerhalb von Tagen bis Wochen zunimmt. Diese Alterungs-Gelpartikel sind voluminös und zeigen eine Lichtstreuung, die mit Hilfe der Rayleigh-Gans-Theorie ausgewertet werden kann. PVAc tendiert in Butanon ebenfalls dazu, konzentrationsabhängige Molekülassoziate auszubilden. Nach Verdünnen konzentrierter Lösungen dissoziieren die Verhängungsgelteilchen nur sehr langsam. Die Neigung zur Assoziation wird durch Ersetzen eines Teiles der Acetatgruppen durch Hydroxylfunktionen wesentlich verstärkt. Beim Altern von PVAc-co-PVAL/MEK-Lösungen entstehen große, dichtere Assoziate, die langsam absedimentieren.

Summary

Solutions of macromolecules may undergo aging processes during which molecular conformations and/or the degree of dispersity are changing. Supermolecular associations and gel-particles can be determined by a Guinier-analysis. Systems of PVAL/water could be shown to give associate particles at 25 °C depending on concentration. When the solutions were kept standing for several days to weeks those particles were increased by weight and number. The large aging gel particles were highly solvated and showed a light scattering function, which can be evaluated by means of the Rayleigh-Gans theory. PVAc in butanone is also tending to build up concentration dependent molecular associates. After adding solvent to more concentrated solutions the entanglement particles dissociated only slowly. The association tendency was augmented considerably by substituting some of the acetate groups by hydroxylic functions. On aging of PVAc-co-PVAL/butanone solutions large, denser associate particles were formed which sedimented slowly.

Literatur

1) *Elias, H.-G.*, The Study of Association and Aggregation on Light Scattering in: Light Scattering From Polymer Solutions (London-New York 1972); *Šolc, K., H.-G. Elias*, J. Polym. Sci., Phys. **11**, 137 (1973); *Elias, H.-G., K. Šolc*, Makromol. Chem. **176**, 365 (1975).

2) *Lange, H.*, Kolloid Z. u. Z. Polymere **240**, 747 (1970); *Lange, H.*, Kolloid Z. u. Z. Polymere **250**, 775 (1972).

3) *Guinier, A.*, Ann. phys. **12**, 161 (1939); *Guinier, A., G. Fournet*, Small Angle X-Ray Scattering (New York 1953).

4) *Gruber, E., J. Schurz*, Angew. Makromol. Chem. **29/30**, 121 (1973); *Gruber, E., W. Knell*, Colloid & Polymer Sci. **253**, **462** (1975).

5) *Rayleigh, Lord*, Proc. Roy. Soc. (London) **A 84**, 25 (1911); *Gans, R.*, Ann. Physik (Leipzig) **76**, 29 (1925).

6) *Mie, G.*, Ann. Physik (Leipzig) **25**, 377 (1908).

7) *Dialer, K., F. Patat, K. Vogler*, Helv. Chim. Acta **35**, 869 (1952).

8) *Murahashi, S., S. Nozakura, M. Lumi, H. Juki, K. Hatada*, J. Polym. Sci. **84**, 65 (1964); *Kashmoula, T.*, Dissertation (Darmstadt 1972).

9) *Elias, H.-G., F. Patat*, Makromol. Chem. **25**, 15 (1957).

10) *Elias, H.-G., P. Vogt*, Makromol. Chem. **157**, 263 (1972).

11) *Aydin, O., B. U. Kaczmar, R. C. Schulz*, Angew. Makromol. Chem. **24**, 171 (1972).

12) *Gruber, E., B. Soehendra, J. Schurz*, J. Polymer Sci. C **44**, 105 (1974); *Gruber, E.*, unveröffentlichte Arbeit.

13) *Matsumoto, M., Y. Ohyanagi*, J. Polymer Sci. **31**, 225 (1958).

14) *Matsumoto, M., Y. Ohyanagi*, J. Polymer Sci. **26**, 389 (1957).

15) *Schurz, J., T. Kashmoula, F.-J. Falcke*, Angew. Makromol. Chem. **25**, 51 (1972).

16) *Weissenberg, S. G., R. Simha, S. Rothman*, J. Res. Nat. Bur. Stand. **47**, 289 (1951).

17) *Klenina, O. V., V. J. Klenin, S. Ja. Frenkel*, Vysokomol. Socd. **A 12**, 1277 (1970), **A 14**, 2192 (1972). Mitteilung: 12. Makromolekulares Mikrosymposium: Organized Structures in Polymer Solutions and Gels (Prag 1973).

18) *Rehage, G.*, Kunststoffe **53**, 605 (1963).

19) *Gruber, E.*, unveröffentlichte Arbeit.

20) *Ptitsyn, O. B., J. E. Ejzner*, Šurn. Fis. Kim. **32**, 2464 (1958); Soviet Phys. **4**, 1020 (1960); Polymer **11**, 171 (1970).

21) *Elias, H.-G.*, Makromol. Chem. **54**, 78 (1962).

22) *Schultz, A. R.*, J. Am. Chem. Soc. **76**, 3423 (1954).

Anschrift der Verfasser:

Doz. Dr. *E. Gruber* und Dipl. Ing. *B. Suhendra*
Institut für Makromolekulare Chemie der
Technischen Hochschule
Alexanderstraße 24
D-6100 Darmstadt (BRD)

Für die Schriftleitung verantwortlich: Prof. Dr. H. W. Kohlschütter, Darmstadt
und Prof. Dr. A. Weiss, München
Dr. Dietrich Steinkopff Verlag GmbH & Co. KG, Saalbaustraße 12, Postfach 111008, 6100 Darmstadt 11
Herstellung: Meister Druck, 3500 Kassel

GPSR Compliance

The European Union's (EU) General Product Safety Regulation (GPSR) is a set of rules that requires consumer products to be safe and our obligations to ensure this.

If you have any concerns about our products, you can contact us on ProductSafety@springernature.com

In case Publisher is established outside the EU, the EU authorized representative is:

Springer Nature Customer Service Center GmbH
Europaplatz 3
69115 Heidelberg, Germany

Batch number: 10578403

Printed by Printforce, the Netherlands